应用概率统计

Applied Probability and Statistics

（普及类·第六版）

（General Category · Sixth Edition）

宋占杰　杨雪　主编

内容提要

本书是天津大学理学院数学系所编《应用概率统计》第六版，依据教育部最新的“工科类本科数学基础课程教学基本要求”对原书第五版进行修订而成. 内容包括：随机事件与概率、随机变量及其概率分布、随机变量的数字特征、多维随机变量、大数定律与中心极限定理、数理统计的基本概念、参数估计、假设检验、方差分析与回归分析.

本书内容丰富、说理透彻、文字流畅，收入大量实际问题的实例，对于揭示概念和理论的本质有较大作用. 同时编写了《应用概率统计学习指导及习题解析》一书，并制作有电子课件，便于教师和学生参考.

本书可作为高等院校工科、经济、管理、农医等专业概率统计课程的教材，也可作为工程技术人员、实际工作者的自学参考用书.

图书在版编目(CIP)数据

应用概率统计 ：普及类 / 宋占杰，杨雪主编. 6 版. --天津 ：天津大学出版社，2024. 12. --ISBN 978－7－5618－7774－6

Ⅰ. 0211

中国国家版本馆 CIP 数据核字第 2024NE8813 号

出版发行 天津大学出版社
地　　址 天津市卫津路 92 号天津大学内(邮编：300072)
电　　话 发行部：022-27403647
网　　址 www. tjupress. com. cn
印　　刷 天津泰宇印务有限公司
经　　销 全国各地新华书店
开　　本 787mm×1092mm　1/16
印　　张 16. 25
字　　数 406 千
版　　次 2024 年 12 月第 1 版
印　　次 2024 年 12 月第 1 次
定　　价 39. 00 元

第六版前言

在自然界，随机现象远多于确定性现象，因此加强随机数学的训练和培养在提高大学生能力和素质方面占重要地位。本书的第一版就是为这一目的编排和设计的，历次的修订，都始终体现这一目的。

本书问世34年来，一直保持再版和重印，这是和国内兄弟院校许多同行和学生的大力支持和帮助密切相关的。正是广大热心师生提出的许多宝贵的修改意见，使本书扬长避短、布局合理、日臻完善。

本书是天津大学几代概率任课教师几十年来经验的积累和集体智慧的结晶。从1988年由马逢时教授主持编写第一版开始，教材得到国内同行的认可，并被多所高校选定为教材，累计印数逾十万册。之后历经欧俊豪副教授、王家生副教授、宋占杰教授、胡飞副教授、孙晓晨副教授以及广大任课教师的多次精心修订，逐步成为一本成熟教材。本次的修订工作，依然保持原版的主体风格，由杨雪副教授提供修改建议，经宋占杰教授审定书稿。

在体系的构建方面，本书参考了多所国际一流大学关于随机数学的教学理念，在完整包含教育部最新制定的“工科类本科数学基础课程教学基本要求”的同时，也进行了大胆改革尝试。比如，将概率母函数、特征函数以及信息论中熵等重要概念加入并作为特殊随机变量函数的期望来处理，借此强化说明数学期望的意义和重要性并启发学生的创新思维；在中心矩应用方面，增加了偏度和峰度的概念。因为这些概念在工程中有着重要应用。所有改革的核心都是围绕天津大学“卓越工程师计划”而展开的。

本书所有数学术语都标注了英文，所有习题都给出参考解答，只需扫一扫二维码即可显示。

本书的修订，得到了天津大学教务处和数学学院领导及相关工作人员的热忱帮助，兄弟院校的同行也十分关注本书的再版，在此一并致以衷心的感谢。

由于编者水平有限，疏漏和不当之处恳请同行与读者指正。

联系邮箱：zhanjiesong@tju. edu. cn

编者

2024年2月于天津大学

目　录

第1章 随机事件与概率

本章主要内容

- ○ 概率论中的基本概念及术语
- ○ 随机事件之间的关系及运算
- ○ 随机事件的概率的定义及基本性质
- ○ 古典概型、几何概型的定义及应用
- ○ 条件概率的定义，全概率公式、贝叶斯公式的应用
- ○ 事件独立性的定义及应用

在自然界和人类社会活动中出现的各种现象大体上可以分为两类：一类是在一定条件下必然出现某种结果的现象，称之为**确定性现象**(deterministic phenomenon)；另一类是在一定条件下可能出现也可能不出现的现象，称之为**随机现象**(random phenomenon).

确定性现象的例子非常多. 例如，在标准大气压下，水加热到 100 ℃必然沸腾；同性电荷必然互相排斥，异性电荷必然互相吸引；人们从地面向上抛一石子，经过一段时间石子必然落到地面上；在恒力作用下质点必然做匀加速运动，等等.

随机现象的例子也是广泛存在的. 例如，往桌面上掷一硬币，可能是带币值的一面朝上，也可能是另一面朝上，而且在掷之前不能确定哪一面朝上；检查生产流水线上的一件产品，可能是合格品，也可能是不合格品；打靶射击，尽管经过瞄准，子弹着点却可能在靶心附近的各个位置，不同的射手子弹着点分布密度不同；下一个交易日股市的股价指数可能上升，也可能下跌，而且升跌幅度的大小也不能事先确定，等等.

虽然随机现象在一定的条件下，可能出现这样或那样的结果，而且在每一次试验或观测之前不能预知这一次试验的确切结果，但经过长期的、反复的试验或观测，人们逐渐发现所谓结果的"不能预知"，只是对一次或较少次数试验或观测而言的. 当在相同条件下进行大量重复试验或观测时，这些不确定的结果会呈现出某种规律性. 例如，多次抛掷均匀硬币时，出现带币值的一面朝上的次数约占抛掷总次数的一半. 这种在大量重复试验或观测时，试验结果呈现出的规律性，就是后绪章节所讲的统计规律性. **概率论**(probability theory)是根据随机现象的特点建立确切的数学模型. 系统研究模型的性质和特征，从而对随机现象出现的某一确定结果的可能性作出确切数值判定，并综合分析其共性，形成一门系统化、理论化的学科. 数理统计(mathematical statistics)是以概率论的理论为基础，利用对随机现象的观测数据，判断统计方法、条件、模型、结论的可靠性的一门学科.

作为数学的一个重要分支，概率论与数理统计学科于 1654 年诞生. 在 17 世纪研究概率论的先驱中，最著名的有惠更斯、帕斯卡、费尔马和 J. 伯努利等人，后继者中不乏历代的大数学家和科学家. 当时，由于赌徒们所提出的一些还未能归入数学范围的问题，引起了帕斯卡和费尔马的通信讨论，在讨论过程中逐渐结晶出了概率及数学期望等重要概念. 当时研究的模型较简单，就是现在统称的古典概型.

其后，随着生产实践的发展，特别是在射击理论、人寿保险、测量误差等工作中提出的一些概率问题，促使人们在概率论的极限定理方面进行深入研究. 起初主要对伯努利试验概型进行研究，其后则推广到更为一般的场合. 极限定理的研究在 18 世纪和 19 世纪的整整 200 年中成了概率论研究的中心课题. 在 20 世纪初，由于新的更有力的数学方法的引入，这些问题才得到了较好的解决.

虽然概率论的历史悠久，但它严格的数学基础的建立及理论研究与实际应用的极大发展却推迟到 20 世纪初. 1933 年前苏联著名数学家柯尔莫哥洛夫出版了《概率论基础》，建立了概率论的公理化体系. 这一体系的建立标志着概率论已经成为一门成熟的数学学科.

由于物理学(如统计物理)、生物学及工程技术(如自动电话、无线电技术)发展的推动，概率论与数理统计得到了飞速的发展. 概率统计的思想随着其理论课题的不断扩大与深入，渗入自然科学诸领域并成为现代科学发展的明显标志之一. 目前，概率统计在交通运输、测量学、地质学、天文学、气象学、物理学、化学、电子技术、通信技术、自动化科学、生物学、医学、经济学、军事科学以及各尖端技术中获得了广泛的应用，在工业、农业、商业、军事等部门发挥了重要的作用. 概率论与数理统计已经成为最活跃、最重要的数学学科之一.

1.1　样本空间与随机事件

1.1.1　随机试验

为了研究随机现象内部存在的数量规律性，必须对随机现象进行观察或试验. 今后我们把对随机现象所进行的观察或试验统称为试验.

例 1.1.1　抛一硬币，观察正、反面出现的情况.

例 1.1.2　掷一枚骰子，观察出现的点数.

例 1.1.3　把一硬币连抛两次，观察正、反面出现的情况.

例 1.1.4　一射手进行射击，直到击中目标为止，记录射击次数.

例 1.1.5　在同一生产条件下生产的一种电子元件，任意抽取一件测试其寿命.

上面列举的5个试验的例子，有以下共同特点：①试验可以在相同条件下重复进行；②试验的可能结果不止一个，并且所有可能的结果是预先知道的；③进行一次试验之前不能确定哪一个结果会出现.

我们把具有以上3个特点的试验称为**随机试验**(random experiment)，简称试验(trial)，记为 E.

1.1.2　样本空间

在一个随机试验 E 中，试验的所有可能结果组成的集合称为随机试验 E 的**样本空间**(sample space)，通常用字母 Ω 表示. Ω 中的元素，称作**样本点**(sample point)，常用 ω 表示.

在上述例 1.1.1 中，试验的所有可能结果有两个：正(抛得正面朝上)，反(抛得反面朝上). 因此样本空间 $\Omega=\{正,反\}$. 若记

$$\omega_1=正,\omega_2=反,$$

则样本空间可记为

$$\Omega=\{\omega_1,\omega_2\}.$$

在例 1.1.2 中，试验的所有可能结果有6个：1点，2点，…，6点. 若记

$$\omega_i=i\text{ 点},i=1,2,\cdots,6,$$

则样本空间可记为

$$\Omega=\{\omega_1,\omega_2,\cdots,\omega_6\}.$$

在例 1.1.3 中，试验的所有可能结果有4个：(正，正)，(反，反)，(正，反)，(反，正). 这里记号(正，反)表示“第一次抛得正面，第二次抛得反面”这一结果，其余类似. 因此若记

$$\omega_1=(正,正),\omega_2=(反,反),\omega_3=(正,反),\omega_4=(反,正),$$

则样本空间可记为

$$\Omega=\{\omega_1,\omega_2,\omega_3,\omega_4\}.$$

在例 1.1.4 中，若用 n 表示“击中目标所需要的射击次数为 n”这一结果，$n=1,2,\cdots$，则

样本空间可记为

$$\Omega=\{1,2,3,\cdots\}.$$

在例 1.1.5 中，若用 x 表示“电子元件的寿命为 x h”这一结果，$0\leqslant x<+\infty$，则样本空间可记为

$$\Omega=\{x:\ 0\leqslant x<+\infty\}.$$

上述例 1.1.1、例 1.1.2、例 1.1.3 各随机试验的样本空间都只有有限个样本点. 例 1.1.4的样本空间含有无穷多个样本点，但这些样本点可以依照某种次序排列出来，我们称它的样本点数为可列无穷多个. 例 1.1.5 的样本空间也含有无穷多个样本点，但它们充满区间$[0,+\infty)$，此时我们称它的样本点数为不可列无穷多个.

1.1.3 随机事件

在随机试验中，可能发生也可能不发生的事情称为**随机事件**(random event). 如例 1.1.1中，抛一枚硬币，“正面朝上”；例 1.1.2 中，掷一枚骰子，“出现的点数小于 3”；例 1.1.3 中，一枚硬币连续抛两次，“两次都抛得正面朝上”“仅有一次抛得正面朝上”“至少有一次抛得正面朝上”；例 1.1.4 中，“射击次数是 5”；例1.1.5中，“电子元件寿命为 1 000 h”“电子元件寿命不超过 2 000 h”，等等. 上述情况在试验中，它们可能发生，也可能不发生，因此都是随机事件. 随机事件常用大写英文字母 $A,B,C,\cdots$表示. 因此，这些随机事件也可分别记为

$A=\{$正面朝上$\}$；

$B=\{$点数小于 3$\}$；

$C_1=\{$两次都抛得正面朝上$\}$；

$C_2=\{$仅有一次抛得正面朝上$\}$；

$C_3=\{$至少有一次抛得正面朝上$\}$；

$D=\{$射击次数是 5$\}$；

$E_1=\{$电子元件寿命为 1 000 h$\}$；

$E_2=\{$电子元件寿命不超过 2 000 h$\}$.

对于一个随机试验来说，它的每一个可能结果构成一个随机事件，它们是随机试验中最简单的随机事件，称为**基本事件**(elementary event; fundamental event). 如上述的事件 A，C_1,D,E_1 都是相应随机试验中的基本事件.

在一个随机试验中，除了基本事件外，还有由若干个可能结果所组成的事件，相对于基本事件，称这种事件为**复合事件**(compound event). 例如，上述随机事件 B,C_2,C_3,E_2 都是复合事件.

随机试验中的事件，也可以用样本空间 Ω 的子集来表示. 例如前面所列举的事件就可以用样本空间的子集表示如下：$A=\{$正$\}$，$B=\{1,2\}$，$C_1=\{($正，正$)\}$，$C_2=\{($正，反$)$，$($反，正$)\}$，$C_3=\{($正，正$)$，$($正，反$)$，$($反，正$)\}$，$D=\{5\}$，$E_1=\{1\ 000\}$，$E_2=\{x:\ 0\leqslant x\leqslant 2\ 000\}$.

由此可见，当一个随机事件 B 用样本空间 Ω 的子集来表示时，B 就是样本点的集合. 对于基本事件来说，由于它仅包含某个样本点，所以用以这个样本点为元素的单点集来表示它. 对于复合事件来说，由于它是由若干个样本点所组成的，所以可用这若干个样本点为元素的集合来表示它. **当 B 中某一个样本点出现，称事件 B 发生.**

在随机试验中，每次试验一定发生的事情称为**必然事件**(certain event)；每次试验一定不发生的事情称为**不可能事件**(impossible event). 必然事件用 Ω 表示，不可能事件用 $\varnothing$ 表示. 这是因为样本空间 Ω 包含所有的样本点，它是 Ω 自身的子集，在每次试验中，必然有 Ω 中的某一个样本点出现，所以事件 Ω 在每次试验中一定发生，故 Ω 是必然事件. 又因为在每次试验中，不可能有 $\varnothing$ 中的样本点出现($\varnothing$ 为空集，不含样本点)，所以事件 $\varnothing$ 在每次试验中一定不发生，故 $\varnothing$ 是不可能事件.

必然事件 Ω 和不可能事件 $\varnothing$ 本质上不是随机事件. 为今后研究问题方便，我们把必然事件和不可能事件作为随机事件的两个极端情形统一处理.

1.1.4　事件的关系和运算

由于事件定义为样本空间的某个子集，因此事件之间的关系与运算和集合论中集合之间的关系与运算是一致的. 对应着集合的关系与运算，定义事件的关系与运算如下.

若事件 A 发生时，必然导致事件 B 发生，则称事件 B **包含**(contain)事件 A，记为 $A\subset B$，或 $B\supset A$(图 1.1.1).

若事件 B 包含事件 A，并且事件 A 也包含事件 B，即有 $A\subset B$，且 $B\subset A$，则称事件 A 与事件 B **相等**(equivalent)，记为 $A=B$.

表示事件 A 与事件 B 中至少有一个发生的事件，称为事件 A 与事件 B 的**和事件**(union event)，亦称为事件 A 与 B 的**并**(union)，记为 $A\cup B$(图 1.1.2).

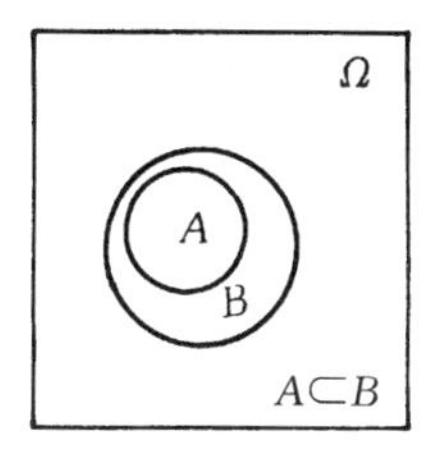

图 1.1.1

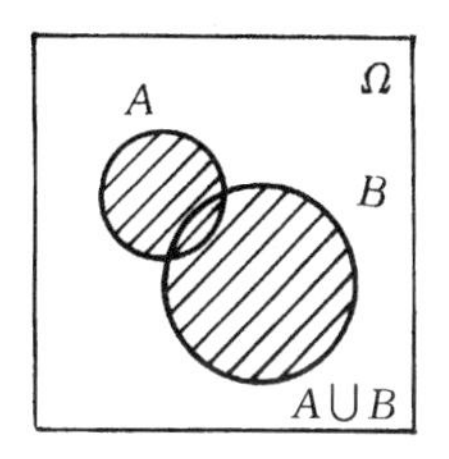

图 1.1.2

关于事件的并，可以推广到有限个甚至无穷多个事件的情形：

$$\bigcup_{i=1}^{n} A_i = A_1\cup A_2\cup\cdots\cup A_n$$

表示事件 $A_1,A_2,\cdots,A_n$ 至少有一个发生；

$$\bigcup_{i=1}^{\infty} A_i = A_1\cup A_2\cup\cdots\cup A_n\cup\cdots$$

表示事件 $A_1,A_2,\cdots,A_n,\cdots$ 至少有一个发生.

表示事件 A 与 B 同时发生的事件，称为事件 A 与 B 的**积事件**(intersection event)，亦称为事件 A 与事件 B 的**交**(intersection)，记为 $A\cap B$ 或 AB(图 1.1.3).

事件的交，可以推广到有限个甚至无穷多个事件的情形：

$$\bigcap_{i=1}^{n} A_i = A_1\cap A_2\cap\cdots\cap A_n$$

表示事件 $A_1,A_2,\cdots,A_n$ 同时发生；

$$\bigcap_{i=1}^{\infty} A_i = A_1 \cap A_2 \cap \cdots \cap A_n \cap \cdots$$

表示事件 $A_1, A_2, \cdots, A_n, \cdots$ 同时发生.

表示事件 A 发生而事件 B 不发生的事件,称为事件 A 与 B 的**差事件**(difference event),记为 $A-B$(图 1.1.4).

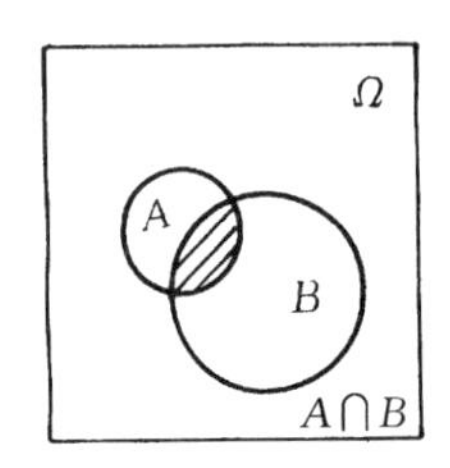

图 1.1.3

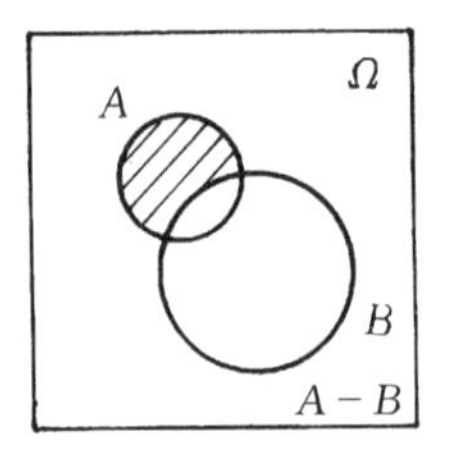

图 1.1.4

若事件 A 与事件 B 不能同时发生,即 $AB=\varnothing$,则称事件 A 与 B 是**互不相容事件**(mutually exclusive events)(或称是**互斥事件**(exclusive events))(图 1.1.5).

若事件 A 与 B 满足 $A\cup B=\Omega$,且 $AB=\varnothing$,则称事件 A 与 B 互为**逆事件**(inverse events),亦称事件 A 与 B 互为**对立事件**(complementary events).这是指对每次试验来说,事件 A 和 B 中必有一个发生,且仅有一个发生.A 的对立事件记为 $\overline{A}$(图 1.1.6),则 $\overline{A}=\Omega-A=B$.必然事件 Ω 与不可能事件 $\varnothing$ 显然互为对立事件.

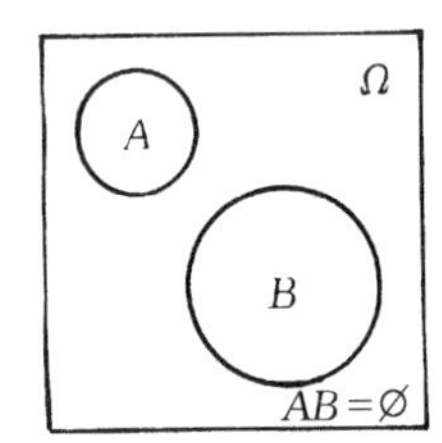

图 1.1.5

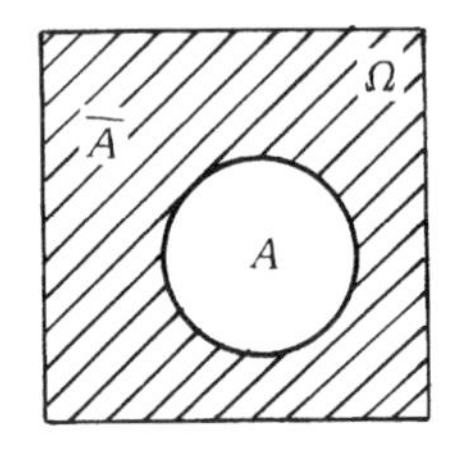

图 1.1.6

在进行事件运算时,经常要用到下述运算规律.

(1) 关于事件和(并)的运算规律:

$A\cup B=B\cup A$; (交换律)

$A\cup(B\cup C)=(A\cup B)\cup C$; (结合律)

$A\cup A=A$; (幂等律)

$A\cup\Omega=\Omega$;

$A\cup\varnothing=A$;

若 $A\subset B$,则 $A\cup B=B$.

(2) 关于事件积(交)的运算规律:

$AB=BA$; (交换律)

$A(BC)=(AB)C$; (结合律)

$AA=A$; (幂等律)

$A\overline{A}=\varnothing$;

$A\Omega=A$；

$A\varnothing=\varnothing$；

若 $A\subset B$，则 $AB=A$.

(3) 关于事件积与事件和的混合运算规律：

$A\cap(B\cup C)=(A\cap B)\cup(A\cap C)$；　　(分配律)

$A\cup(B\cap C)=(A\cup B)\cap(A\cup C)$；　　(分配律)

$\overline{A\cup B}=\overline{A}\,\overline{B}$，$\overline{AB}=\overline{A}\cup\overline{B}$.　　(对偶律)

对偶律对任意有限个事件或可列无穷多个事件的并、交均成立.

例 1.1.6　设 A,B,C 是随机试验 E 中的随机事件，则：

事件"A 与 B 发生，C 不发生"可表示成 $AB\overline{C}$；

事件"A,B,C 中至少有一个发生"可表示成 $A\cup B\cup C$；

事件"A,B,C 中恰好发生一个"可表示成 $A\overline{B}\,\overline{C}\cup\overline{A}B\overline{C}\cup\overline{A}\,\overline{B}C$.

例 1.1.7　把事件 $A\cup B$ 写成互不相容事件的和事件的形式，则有

$$A\cup B=A\cup(B-A)=A\cup(B-AB).$$

1.2　概率与频率

上节介绍了随机试验、样本空间和随机事件等基本概念. 在一个随机试验中，对随机事件发生的可能性大小应如何作定量分析研究呢？以下将要给出的"概率"这一概念正是对随机事件发生可能性大小的一种度量. 为此，先介绍一点预备知识——频率的概念.

1.2.1　频率

设随机事件 A 在 n 次重复试验中发生了 m 次，则称比值

$$f_n(A)=\frac{m}{n} \tag{1.2.1}$$

为事件 A 在 n 次重复试验中发生的**频率**(frequency).

人们经过长期的实践发现，虽然随机事件在一次试验中可能发生，也可能不发生，带有不确定性，但当重复试验次数 n 充分大时，随机事件 A 发生的频率总在一确定的数值附近摆动，有稳定于该确定值的趋势.

例 1.2.1　掷硬币试验.

历史上进行过"掷硬币"的试验，用来观察"正面向上"这一事件发生的规律，下表是试验结果的具体记录.

实验者	投掷次数 n	正面向上次数 m	频率 f_n
蒲丰　(Buffon)	4 040	2 048	0.506 9
皮尔逊(K. Pearson)	12 000	6 019	0.501 6
皮尔逊(K. Pearson)	24 000	12 012	0.500 5

从上面的试验记录可以看到，在多次重复(掷硬币)试验中，事件"正面向上"发生的频率虽不完全相同，但却在一固定的数值 0.5 附近摆动而呈现出一定的稳定性，频率随着试验次

数 n 的增大有越来越接近于数值 0.5 的趋势.频率的这种稳定性表明一个随机事件发生的可能性有一定的大小可言:频率若稳定于较大的数值,表明相应事件发生的可能性较大;频率若稳定于较小的数值,表明相应事件发生的可能性较小;而频率所接近的这个固定数值就是相应事件发生可能性大小的一个客观的定量的度量,称为相应事件的概率.

为了进一步揭示概率的本质,我们先来看看与概率有密切关系的频率所具有的性质.由式(1.2.1)知,频率具有如下性质:

(1) 对任何事件 A,$f_n(A)\geqslant 0$; (非负性)

(2) $f_n(\Omega)=1$; (规范性)

(3) 若事件 A,B 互不相容,即 $AB=\varnothing$,则

$$f_n(A\cup B)=f_n(A)+f_n(B).$$

一般地,对任意有限多个两两互不相容的事件 $A_1,A_2,\cdots,A_n$,$A_iA_j=\varnothing(i\neq j;i,j=1,2,\cdots,n)$,则有

$$f_n(\bigcup_{i=1}^{n}A_i)=\sum_{i=1}^{n}f_n(A_i). \quad \text{(有限可加性)}$$

1.2.2 概率的定义

由频率的稳定性和频率的上述性质得到启发,前苏联数学家柯尔莫哥洛夫(Kolmogorov)在 1933 年给出度量随机事件发生可能性大小的概率的定义.

定义 设 Ω 是随机试验 E 的样本空间,A 是 E 中任一事件,$P(A)$ 是 A 的实函数,且满足

(1) $P(A)\geqslant 0$; (非负性) (1.2.2)

(2) $P(\Omega)=1$; (规范性) (1.2.3)

(3) 若 $A_1,A_2,\cdots,A_n,\cdots$ 两两互不相容,即

$$A_iA_j=\varnothing(i\neq j;i,j=1,2,\cdots),$$

则有

$$P(\bigcup_{i=1}^{\infty}A_i)=\sum_{i=1}^{\infty}P(A_i), \quad \text{(可列可加性)} \quad (1.2.4)$$

称 $P(A)$ 为事件 A 的概率.

由概率的上述定义可推得概率的如下性质.

性质 1 不可能事件 $\varnothing$ 的概率为 0,即

$$P(\varnothing)=0.$$

证明 因 $\Omega=\Omega\cup\varnothing\cup\varnothing\cup\cdots$,由概率的可列可加性即式(1.2.4)可得

$$P(\Omega)=P(\Omega)+P(\varnothing)+P(\varnothing)+\cdots,$$

而 $P(\varnothing)\geqslant 0$,故由上式知 $P(\varnothing)=0$.

性质 2 概率具有有限可加性,即若 $A_iA_j=\varnothing(i\neq j;i,j=1,2,\cdots,n)$,则

$$P(\bigcup_{i=1}^{n}A_i)=\sum_{i=1}^{n}P(A_i). \quad (1.2.5)$$

证明 $P(\bigcup_{i=1}^{n}A_i)=P(A_1\cup\cdots\cup A_n\cup\varnothing\cup\cdots)$,

由式(1.2.4)及$P(\varnothing)=0$得

$$P(\bigcup_{i=1}^{n}A_i)=\sum_{i=1}^{n}P(A_i).$$

性质3　$P(A)=1-P(\overline{A})$.

证明　因$A\cup\overline{A}=\Omega$,且$A\overline{A}=\varnothing$,故由式(1.2.3)及式(1.2.5)得

$$1=P(\Omega)=P(A\cup\overline{A})=P(A)+P(\overline{A}).$$

从而　$P(A)=1-P(\overline{A})$.

性质4　设A,B是两个事件,若$A\subset B$,则有

$$P(B-A)=P(B)-P(A),\tag{1.2.6}$$

$$P(B)\geqslant P(A).\tag{1.2.7}$$

证明　因$A\subset B$,所以$B=A\cup(B-A)$,且$A(B-A)=\varnothing$,再由概率的有限可加性式(1.2.5),得$P(B)=P(A)+P(B-A)$,移项得式(1.2.6).

又因$P(B-A)\geqslant 0$,所以$P(B)\geqslant P(A)$.

性质5　对任意事件A,B,有

$$P(A\cup B)=P(A)+P(B)-P(AB).\tag{1.2.8}$$

证明　因$A\cup B=A\cup(B-AB)$,且$A(B-AB)=\varnothing$,$AB\subset B$,故由式(1.2.5)及式(1.2.6)得$P(A\cup B)=P(A)+P(B-AB)=P(A)+P(B)-P(AB)$.

式(1.2.8)还可推广到多个事件的情形.设A_1,A_2,A_3为任意三个事件,则

$$P(A_1\cup A_2\cup A_3)=P(A_1)+P(A_2)+P(A_3)-P(A_1A_2)-P(A_1A_3)-P(A_2A_3)+P(A_1A_2A_3).\tag{1.2.9}$$

一般地,对任意n个事件$A_1,A_2,\cdots,A_n$有

$$P(\bigcup_{i=1}^{n}A_i)=\sum_{i=1}^{n}P(A_i)-\sum_{1\leqslant i<j\leqslant n}P(A_iA_j)+\sum_{1\leqslant i<j<k\leqslant n}P(A_iA_jA_k)-\cdots+(-1)^{n-1}P(A_1A_2\cdots A_n).\tag{1.2.10}$$

例1.2.2　已知$P(A)=\frac{1}{2}$,$P(B)=\frac{1}{3}$,在下列3种情况下分别求出$P(B\overline{A})$的值.

(1)A与B互不相容;　(2)$B\subset A$;　(3)$P(AB)=\frac{1}{4}$.

解　(1)由于$AB=\varnothing$,所以$B\subset\overline{A}$,$B\overline{A}=B$,故$P(B\overline{A})=P(B)=\frac{1}{3}$.

(2)当$B\subset A$时,$B\overline{A}=\varnothing$,故$P(B\overline{A})=0$.

(3)由于$B\overline{A}=B-A=B-AB$,而$AB\subset B$.所以

$$P(B\overline{A})=P(B-AB)=P(B)-P(AB)=\frac{1}{12}.$$

注:此类问题用文氏图解答既快又准,读者不妨一试.

1.3　古典概型

概率的公理化定义虽然告诉人们如何去识别概率,但它没有告诉人们如何确定概率.在

概率论发展的早期，受到当时数学发展水平的局限，只能计算一类特定的随机试验对应的随机事件的概率. 这类随机试验具有如下两个重要特征：

(1)试验的样本空间 Ω 中只含有有限个样本点，不妨设为 n 个，并记为 $\omega_1,\omega_2,\cdots,\omega_n$；

(2)每个样本点作为基本事件出现的可能性相同，即

$$P(\{\omega_1\})=P(\{\omega_2\})=\cdots=P(\{\omega_n\}).$$

为简便记，后文将 $P(\{\omega\})$ 简化为 $P\{\omega\}$.

一般把这类随机现象的数学模型称为**古典概型**(classical probability). 古典概型中事件 A 发生的概率计算公式为

$$P(A)=\frac{\text{事件 }A\text{ 所包含的基本事件数}}{\text{基本事件总数}}=\frac{\text{事件 }A\text{ 所含的样本点数}}{\text{样本点总数}}=\frac{m}{n}.$$

其理由如下.

设随机试验 E 的样本空间为 $\Omega=\{\omega_1,\omega_2,\cdots,\omega_n\}$. 由于 E 是古典概型，故每个基本事件出现的概率都相同，即有

$$P\{\omega_1\}=P\{\omega_2\}=\cdots=P\{\omega_n\}.$$

由基本事件两两互斥，且 $\{\omega_1\}\cup\{\omega_2\}\cup\cdots\cup\{\omega_n\}=\Omega$，得

$$1=P(\Omega)=P(\{\omega_1\}\cup\{\omega_2\}\cup\cdots\cup\{\omega_n\})=P\{\omega_1\}+P\{\omega_2\}+\cdots+P\{\omega_n\},$$

故 $$nP\{\omega_i\}=1,P\{\omega_i\}=\frac{1}{n}(i=1,2,\cdots,n).$$

设事件 A 含有 m 个样本点，$A=\{\omega_{j_1},\omega_{j_2},\cdots,\omega_{j_m}\}$，则

$$A=\{\omega_{j_1}\}\cup\{\omega_{j_2}\}\cup\cdots\cup\{\omega_{j_m}\},$$

由概率的有限可加性得

$$P(A)=\sum_{k=1}^{m}P\{\omega_{j_k}\}=\frac{m}{n}.$$

古典概型有许多方面的应用，产品抽样检查是其中最为广泛的应用之一. 如灯泡的寿命检验、某器件的耐磨损程度检验等都具有破坏性，我们只能从产品中随机地抽取若干件进行检验，并根据检验结果来判断整批产品的质量. 另外，在理论物理以及运筹学中，古典概型也有重要的应用.

例 1.3.1 在某次集会中，共有 30 人参加，若不考虑闰年，假定一个人在一年内每一天出生的可能性都相同，试求下列事件的概率：

(1)$A=\{30\text{ 人生日全不相同}\}$；

(2)$B=\{30\text{ 人中至少有两个人在同一天出生}\}$.

解 因每个人在一年内每一天出生的可能性都相同，故样本点总数为 365^{30}，30 人生日全不同，相当于第一个人有 365 种选择，第二个人有 364 种选择，……，最后一人有 336 种选择，即 A 中包含的样本点数为 A_{365}^{30}，故

$$P(A)=\frac{\mathrm{A}_{365}^{30}}{365^{30}}\approx0.29.$$

又因为 B 是 A 的对立事件，故

$$P(B)=1-P(A)=0.71.$$

下面给出部分 n 个人中至少有两人生日相同的概率表.

n个人中至少有两人生日相同的概率表

人数 n	10	15	20	25	30	35	40	45	50
对应概率 P	0.12	0.25	0.41	0.57	0.71	0.81	0.89	0.94	0.97

从上表可以看出：在40人左右的人群里，十有八九发生“两人或两人以上生日相同”这一事件.

例 1.3.2　某城市有 N 辆卡车，车号为1到 N. 有一个外地人到该城市去，把遇到的 n 辆车的号码抄下（遇到一辆车抄一辆，可能重复抄到某个车号），求下列事件的概率：

(1) $A=\{$抄到的 n 个号码全不相同$\}$；

(2) $B=\{$抄到的最大车号不大于 $k(1\leqslant k\leqslant N)\}$；

(3) $C=\{$抄到的最大车号恰为 $k(1\leqslant k\leqslant N)\}$.

解　(1)由已知条件，这个外地人可能重复抄到某个车号，即每次遇到 N 个车号之一，故样本点总数为 N^n，而抄到的 n 个号码全不相同，则 A 所包含的样本点数为 A_N^n，故

$$P(A)=\frac{\mathrm{A}_N^n}{N^n}.$$

(2)抄到的最大车号不大于 k，相当于每次抄号只能从 $1,2,\cdots,k$ 中任择其一，所以事件 B 所包含的样本点数为 k^n，故

$$P(B)=\frac{k^n}{N^n}=\left(\frac{k}{N}\right)^n.$$

(3)抄到的最大车号恰为 k，相当于抄到最大车号不大于 k 的 n 个车号的抄写方式 k^n 减去抄到最大车号不大于 $k-1$ 的 n 个车号的抄写方式 $(k-1)^n$，即事件 C 中包含 $k^n-(k-1)^n$ 个样本点，故

$$P(C)=\frac{k^n-(k-1)^n}{N^n}=\left(\frac{k}{N}\right)^n-\left(\frac{k-1}{N}\right)^n.$$

上述的(3)曾在第二次世界大战中被盟军用来估计敌方的军火生产能力，依据被击毁的战车上的出厂号码的大量统计资料预估出 $P(C)$，利用(3)的结果推测其生产批量 N，从而得到较精确的情报.

例 1.3.3　袋内有 a 个白球与 b 个黑球. 每次从袋中任取一个球，取出的球不再放回去，接连取 k 个球$(k\leqslant a+b)$，求第 k 次取得白球的概率.

解　设 $A=\{$第 k 次取得白球$\}$，分析第 k 次取球的所有可能情况，故样本点总数为 C_{a+b}^1，而第 k 次取得白球所包含的样本点数为 C_a^1，所以

$$P(A)=\frac{\mathrm{C}_a^1}{\mathrm{C}_{a+b}^1}=\frac{a}{a+b}.$$

例 1.3.4　从6副不同的手套中任取4只手套，求其中至少有两只手套配成一副的概率.

解　设 $A=\{$取到的4只手套至少有两只配成一副$\}$，则 $\overline{A}=\{$取到的4只手套分别取自不同的4副手套$\}$，从6副手套中一只一只地任取4只共有 $N=\mathrm{A}_{12}^4=12\times11\times10\times9$ 种不同取法. 由于 A 的取法直接计算不便，但对立事件 $\overline{A}$ 的取法较简捷，其取法共有 $M=\mathrm{A}_6^4\times2^4=12\times10\times8\times6$ 种.

上式可理解为先从 6 副手套中任取 4 副，再从 4 副手套的每一副中各取一只. 或理解为第一只有 12 种取法，第二只除去与第一只配套的还有 10 种取法，依次类推. 这样

$$P(\overline{A})=\frac{12\times10\times8\times6}{12\times11\times10\times9}=\frac{16}{33}.$$

从而 $$P(A)=1-P(\overline{A})=\frac{17}{33}.$$

注意，在上述计算中，样本点数 M 和 N 均未求出具体数值，这是由于利用排列组合做商运算时可以约分，节省运算时间. 另外由于题目中出现了“至少”两个字，这种情况一般采用对立事件求解.

例 1.3.5 有外观相同的三极管 6 只，按电流放大系数分类，4 只属甲类，2 只属乙类. 试按下列两种方案抽取三极管 2 只，求下列事件 A,B,C,D 的概率，这里

$A=\{$抽到 2 只甲类三极管$\}$，$B=\{$抽到 2 只同类三极管$\}$，

$C=\{$至少抽到 1 只甲类三极管$\}$，$D=\{$抽到 2 只不同类三极管$\}$.

抽取方案如下.

(1)每次抽取 1 只，测试后放回；然后再抽取下 1 只(这样的抽取方法称为有放回抽取).

(2)每次抽取 1 只，测试后不放回；然后在剩下的三极管中再抽取下 1 只(这样的抽取方法称为无放回抽取).

解 (1)考虑有放回抽取的情况. 由于每次抽取测试后放回，因此每次都是在 6 只三极管中抽取. 第一次从 6 只中取 1 只，共有 6 种可能的取法，第二次还是从 6 只中取 1 只，还是有 6 种可能的取法. 所以，取 2 只三极管共有 $6\times6=36$ 种可能的取法，即基本事件总数为 36，且每个基本事件发生的可能性相同.

因为第一次取 1 只甲类三极管共有 4 种可能的取法，第二次取 1 只甲类三极管还是有 4 种可能的取法. 所以，取 2 只甲类三极管共有 $4\times4=16$ 种可能的取法，即 A 包含的基本事件数为 16. 于是

$$P(A)=\frac{16}{36}=\frac{4}{9}.$$

同理，$\overline{C}=\{$抽到 2 只乙类三极管$\}$包含的基本事件数为 $2\times2=4$. 所以

$$P(C)=1-P(\overline{C})=1-\frac{4}{36}=\frac{8}{9}.$$

注意到 $B=A\cup\overline{C}$，且 A 与 $\overline{C}$ 互斥，得

$$P(B)=P(A)+P(\overline{C})=\frac{4}{9}+\frac{1}{9}=\frac{5}{9}.$$

再由 $D=\overline{B}$，可得

$$P(D)=P(\overline{B})=1-P(B)=1-\frac{5}{9}=\frac{4}{9}.$$

(2)考虑无放回抽取的情况. 由于第一次抽取测试后不放回，因此第一次是从 6 只中取 1 只，共有 6 种可能的取法，而第二次是从 5 只中取 1 只，共有 5 种可能的取法. 所以，取 2 只三极管共有 $6\times5=30$ 种可能的取法，即基本事件总数为 30，且每个基本事件发生的可能性相同.

注意到第一次取 1 只甲类三极管共有 4 种可能的取法，第二次取 1 只甲类三极管共有 3 种可能的取法. 所以，取 2 只甲类三极管共有 $4\times3=12$ 种可能的取法，即 A 包含的基本事件数为 12. 于是

$$P(A)=\frac{12}{30}=\frac{2}{5}.$$

同理，$\overline{C}=\{$抽到 2 只乙类三极管$\}$包含的基本事件数为 $2\times1=2$，所以

$$P(C)=1-P(\overline{C})=1-\frac{2}{30}=\frac{14}{15}.$$

注意到 $B=A\cup\overline{C}$，且 A 与 $\overline{C}$ 互斥，得

$$P(B)=P(A)+P(\overline{C})=\frac{2}{5}+\frac{1}{15}=\frac{7}{15}.$$

再由 $D=\overline{B}$，得

$$P(D)=P(\overline{B})=1-P(B)=1-\frac{7}{15}=\frac{8}{15}.$$

1.4　几何概型

古典概型研究的是样本空间中的样本点总数有限，且每个样本点发生概率相同条件下某事件发生的概率问题. 如果把这一思想推广到样本点数无限，且试验的每个结果出现的可能性相同的情形，古典概型不再适用，人们开始寻找新的计算方法，这就是几何概型.

定义　向某一可度量的区域 G 内任投一点，如果所投的点落在 G 中任意区域 A 内的可能性大小与 A 的度量（一维区间是它的长度，二维区域是它的面积，三维区域是它的体积）成正比，而与 A 的位置和形状无关，则称这一随机试验为**几何概型**(geometric probability model). 在几何概型中，事件 A 发生的概率

$$P(A)=\frac{A\text{ 的度量}}{G\text{ 的度量}}.$$

例 1.4.1　公共汽车站每隔 5 min 有一辆公共汽车到站，乘客到达汽车站的时刻是任意的，求一个乘客候车时间不超过 3 min 的概率.

解　因公共汽车每隔 5 min 一辆，故我们取一辆研究即可. 设汽车在 a 时刻到达，若 A 表示事件"该乘客候车时间不超过 3 min"，则 $A=\{x:a-3\leqslant x\leqslant a\}$，$\Omega=\{x:a-5<x\leqslant a\}$，如图 1.4.1.

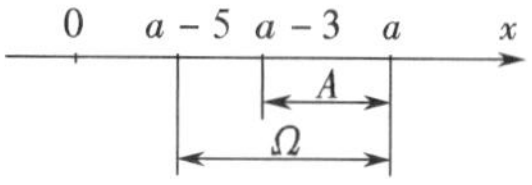

图 1.4.1

$$P(A)=\frac{A\text{ 的度量}}{\Omega\text{ 的度量}}=\frac{3}{5}=0.6.$$

例 1.4.2　甲、乙两人约定在中午 12 时到下午 1 时之间到某站乘公共汽车，又知这段时间内有四班公共汽车，设到站时间分别为 12:15，12:30，12:45，13:00，如果他们约定：

(1)见车就乘；

(2)最多等一辆. 试求甲、乙同乘一辆车的概率. 假设甲、乙两人到达车站的时间是相互独立的，且每人在中午 12 时到下午 1 时的任何时刻到达车站是等可能的.

解 设 x,y 分别表示甲、乙到达车站的时刻,则样本空间

$$\Omega=\{(x,y):0\leqslant x\leqslant 60,0\leqslant y\leqslant 60\}.$$

(1)设 $A=\{$见车就乘,且甲、乙乘同一辆车$\}$,则

$$A=\{(x,y):15k\leqslant x\leqslant 15(k+1),15k\leqslant y\leqslant 15(k+1),k=0,1,2,3\},$$

即图 1.4.2 中对角线上 4 个小正方形. 所以

$$P(A)=\frac{4}{16}=\frac{1}{4}=0.25.$$

(2)设 $B=\{$最多等一辆,且甲、乙同乘一辆车$\}$,则

$$B=\{(x,y):0\leqslant x<15,0\leqslant y\leqslant 30;15\leqslant x<30,0\leqslant y\leqslant 45;$$
$$30\leqslant x<45,15\leqslant y\leqslant 60;45\leqslant x\leqslant 60,30\leqslant y\leqslant 60\},$$

即图 1.4.3 中对角线及相邻上下侧共 10 个小正方形. 所以

$$P(B)=\frac{10}{16}=\frac{5}{8}=0.625.$$

此例也可用容斥原理及后面介绍的全概率公式求解,读者不妨一试.

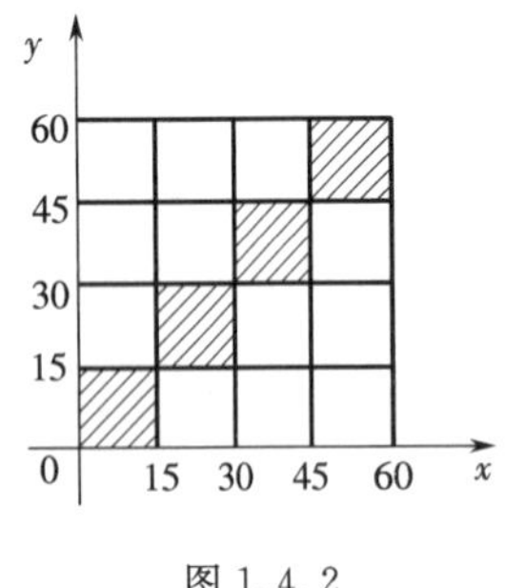

图 1.4.2

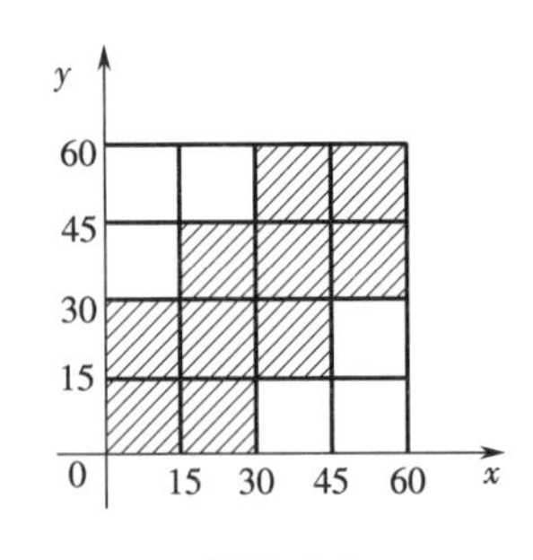

图 1.4.3

例 1.4.3 在圆周上任取 3 个点 A,B 和 C,求三角形 ABC 为锐角三角形的概率.

解 见图 1.4.4,记圆心角 $\angle BOC=x,\angle COA=y$,则三角形 ABC 的 3 个内角分别为 $\frac{1}{2}x,\frac{1}{2}y$ 和 $\pi-\frac{1}{2}(x+y)$,于是样本空间可表示成

$$\Omega=\{(x,y):x>0,y>0,x+y<2\pi\}.$$

$\triangle ABC$ 为锐角三角形当且仅当 $\frac{1}{2}x<\frac{\pi}{2},\frac{1}{2}y<\frac{\pi}{2},\pi-\frac{1}{2}(x+y)<\frac{\pi}{2}$,即 $x<\pi,y<\pi,x+y>\pi$,故该事件可表示成 $E=\{(x,y)\in\Omega:x<\pi,y<\pi,x+y>\pi\}$.

如图 1.4.5,E 为图中阴影部分,所求概率为

$$P(E)=\frac{E\text{ 的面积}}{\Omega\text{ 的面积}}=\frac{1}{4}.$$

例 1.4.4 某码头只能容纳 1 只船卸货. 现预知某日将独立来到 2 只船,且在 24 h 内各时刻来到的可能性都相等,如果甲、乙两船需要卸货的时间分别为 3 h 和 4 h,试求有一船在江中等待的概率.

解 设 $A=\{$有一船在江中等待$\}$. 甲到达时刻为 x,乙到达时刻为 y. 若甲先到乙等待,则需满足 $0<y-x<3$,若乙先到甲等待,则需满足 $0<x-y<4$,于是

$$\Omega=\{(x,y):0<x<24,0<y<24\},$$
$$A=\{(x,y):0<y-x<3,0<x-y<4\}.$$

A 为图 1.4.6 中条形带阴影部分，则有

$$P(A)=\frac{24^2-\frac{1}{2}\times 20^2-\frac{1}{2}\times 21^2}{24^2}\approx 0.27.$$

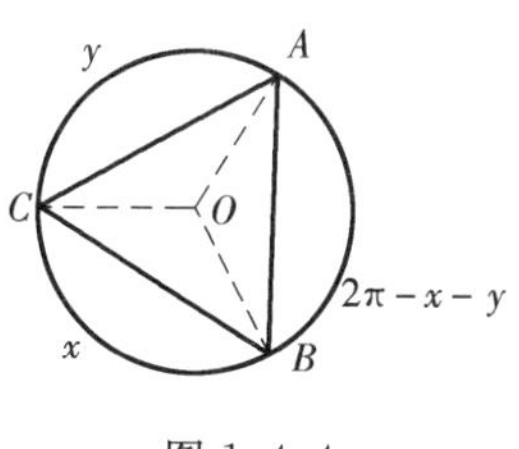

图 1.4.4

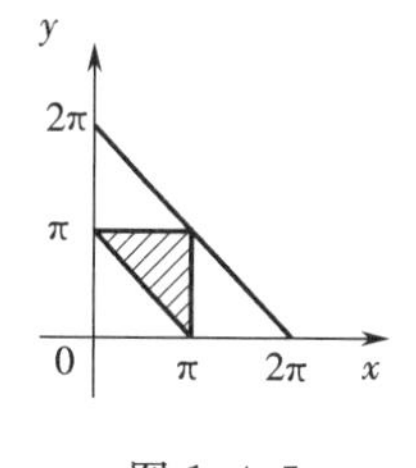

图 1.4.5

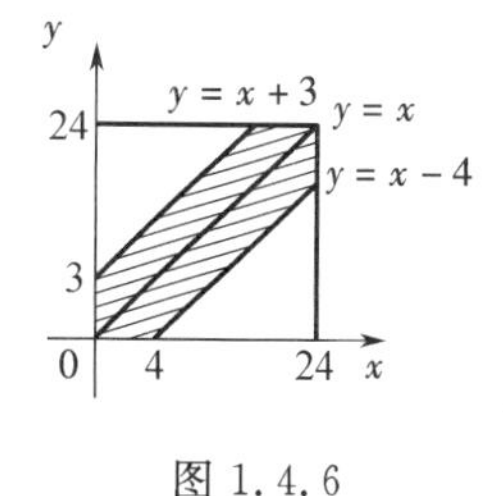

图 1.4.6

1.5 条件概率与乘法公式

到目前为止，我们对概率 $P(A)$的讨论都是在某种确定的试验条件下进行的，除此之外再无其他信息可供使用. 但是在实际问题中，常遇到这样的情形，由于随机事件之间既有联系又有制约，虽然我们考虑的是事件 A 发生的可能性，但某一事件 B 的出现可能提供关于事件A 发生的某些信息，从而必将使事件 A 出现的概率发生变化. 例如，某班有 30 名学生，要评选两名学生代表，假设每个人被评上的可能性是相等的，则每人被评上的概率为$\frac{1}{15}$. 若现要求综合评分位于前 10 名的学生才有资格参评，则前 10 名学生中每人被评上的概率变为$\frac{1}{5}$. 这种在"某事件 B 已经发生"的条件下，考虑另一事件 A 发生的概率，称为条件概率.

此外，在一些实际问题中，概率 $P(A)$并不易直接求出，但事件 A 与许多事件有关，我们可将样本空间 Ω 进行适当的划分，然后各个击破，最终综合得到 $P(A)$，这种求解方式要用全概率公式. 当已知结果，分析产生这一结果的原因时，常用到贝叶斯公式，下面逐一介绍.

1.5.1 条件概率

定义 设 A,B 为任意两个事件，且 $P(B)>0$，在事件 B 已经发生的条件下，事件 A 发生的**条件概率**(conditional probability)定义为

$$P(A|B)=\frac{P(AB)}{P(B)}. \tag{1.5.1}$$

条件概率的概念是基于一种缩小样本空间的思想：已知 B 发生，则只考虑属于 B 的那些样本点. 这由 $P(B|B)=1$ 及当 $AB=\varnothing$时，$P(A|B)=0$ 可以看出. 另一方面，当 B 已发生时，A 发生意味着 A 与 B 同时发生，因此 $P(A|B)$与 $P(AB)$成正比，而比例因子为 $1/P(B)$.

下面仅对古典概型来说明这种定义的合理性.

设试验的样本空间 Ω 共有 N 个等可能的基本事件，而随机事件 A 包含 M_1 个基本事件，事件 B 包含 M_2 个基本事件，事件 AB 包含 M 个基本事件. 则

$$P(A)=\frac{M_1}{N},\quad P(B)=\frac{M_2}{N},\quad P(AB)=\frac{M}{N}.$$

在事件 B 已经发生的条件下，原来的样本空间 Ω 缩减为样本空间 Ω_B，显然 Ω_B 就是 Ω 中属于 B 的基本事件所组成的集合，它仅含有 M_2 个基本事件，在这 M_2 个基本事件中，属于事件 A 的基本事件有且仅有 M 个，这 M 个恰恰是 AB 所包含的那些基本事件，故

$$P(A|B)=\frac{M}{M_2},$$

而
$$P(A|B)=\frac{M}{M_2}=\frac{M/N}{M_2/N}=\frac{P(AB)}{P(B)}.$$

同理，当 $P(A)>0$ 时，在事件 A 已经发生的条件下事件 B 发生的概率为

$$P(B|A)=\frac{P(AB)}{P(A)}. \tag{1.5.2}$$

容易验证，条件概率具有概率定义中的三条基本性质：

(1) $P(A|B)\geqslant 0$；

(2) $P(\Omega|B)=P(B|B)=1$；

(3) 若 $A_1,A_2,\cdots,A_n,\cdots$ 两两互不相容，则有

$$P\left(\bigcup_{i=1}^{\infty}A_i|B\right)=\sum_{i=1}^{\infty}P(A_i|B).$$

所以说条件概率也是概率. 于是在 1.2 节中给出的所有结果，也都适用于条件概率. 例如，对任意事件 A_1 和 A_2，有

$$P(A_1\cup A_2|B)=P(A_1|B)+P(A_2|B)-P(A_1A_2|B).$$

当 $B=\Omega$ 时，条件概率就转化为无条件概率，从这个意义上讲，无条件概率是条件概率的特殊情形.

由式(1.5.1)及式(1.5.2)立即可得

$$P(AB)=P(B)P(A|B),P(B)>0; \tag{1.5.3}$$

$$P(AB)=P(A)P(B|A),P(A)>0. \tag{1.5.4}$$

上述公式称为概率的**乘法公式**(formula of multiplication).

可以将上述乘法公式推广到任意 n 个事件的积事件场合，有

$$P(A_1A_2\cdots A_n)=P(A_1)P(A_2|A_1)P(A_3|A_1A_2)\cdots P(A_n|A_1A_2\cdots A_{n-1}),$$
$$P(A_1\cdots A_{n-1})>0. \tag{1.5.5}$$

这一结果在概率计算中应用十分广泛.

例 1.5.1 设 A,B 为两个事件，且 $0<P(A)<1,P(B)>0,P(B|A)=P(B|\overline{A})$，证明 $P(AB)=P(A)P(B)$.

证明 由条件概率公式

$$P(B|A)=\frac{P(AB)}{P(A)};P(B|\overline{A})=\frac{P(B\overline{A})}{P(\overline{A})}=\frac{P(B-AB)}{1-P(A)}=\frac{P(B)-P(AB)}{1-P(A)}.$$

根据已知条件得

$$\frac{P(AB)}{P(A)}=\frac{P(B)-P(AB)}{1-P(A)},$$

即　$P(AB)[1-P(A)]=P(A)[P(B)-P(AB)]$，

整理得　$P(AB)=P(A)P(B)$.

例 1.5.2　(卜里耶(Polya)罐子模型)设罐中有 a 只红球和 b 只黑球. 现从中随机取出 1 球，观察颜色后放回，并加进 c 只同颜色的球，再摸第二次，如此进行下去，试求：

(1)第一、二次取到红球，第三次取到黑球的概率；

(2)第一、三次取到红球，第二次取到黑球的概率；

(3)n 次抽取中，前 n_1 次取到黑球，后 $n_2=n-n_1$ 次取到红球的概率.

解　设 $A_i=\{$第 i 次摸出黑球$\}$，则 $\overline{A}_i=\{$第 i 次摸出红球$\}$，$i=1,2,\cdots$.

(1)第一、二次取到红球的概率为

$$P(\overline{A}_1\overline{A}_2)=P(\overline{A}_1)P(\overline{A}_2\mid\overline{A}_1)=\frac{a}{b+a}\cdot\frac{a+c}{b+a+c}=\frac{a(a+c)}{(b+a)(b+a+c)}.$$

在第一、二次取到红球的条件下，第三次取到黑球的概率为

$$P(A_3\mid\overline{A}_1\overline{A}_2)=\frac{b}{b+a+2c}.$$

第一、二次取到红球，且第三次取到黑球的概率为

$$\begin{aligned}P(\overline{A}_1\overline{A}_2A_3)&=P(\overline{A}_1)P(\overline{A}_2\mid\overline{A}_1)P(A_3\mid\overline{A}_1\overline{A}_2)\\&=\frac{a(a+c)}{(b+a)(b+a+c)}\cdot\frac{b}{b+a+2c}=\frac{ab(a+c)}{(a+b)(a+b+c)(a+b+2c)}.\end{aligned}$$

(2)第一、三次取到红球，第二次取到黑球的概率为

$$\begin{aligned}P(\overline{A}_1A_2\overline{A}_3)&=P(\overline{A}_1)P(A_2\mid\overline{A}_1)P(\overline{A}_3\mid\overline{A}_1A_2)\\&=\frac{a}{b+a}\cdot\frac{b}{b+a+c}\cdot\frac{a+c}{b+a+2c}=\frac{ab(a+c)}{(a+b)(a+b+c)(a+b+2c)}.\end{aligned}$$

(3)类似可求前 n_1 次取黑球，后 $n-n_1$ 次取红球的概率为

$$P(A_1)=\frac{b}{b+a},P(A_2\mid A_1)=\frac{b+c}{b+a+c},P(A_3\mid A_1A_2)=\frac{b+2c}{b+a+2c},$$

$$\cdots$$

$$P(A_{n_1}\mid A_1A_2\cdots A_{n_1-1})=\frac{b+(n_1-1)c}{b+a+(n_1-1)c};$$

$$P(\overline{A}_{n_1+1}\mid A_1A_2\cdots A_{n_1})=\frac{a}{b+a+n_1c},$$

$$P(\overline{A}_{n_1+2}\mid A_1A_2\cdots A_{n_1}\overline{A}_{n_1+1})=\frac{a+c}{b+a+(n_1+1)c},$$

$$\cdots$$

$$P(\overline{A}_n\mid A_1A_2\cdots A_{n_1}\overline{A}_{n_1+1}\cdots\overline{A}_{n-1})=\frac{a+(n_2-1)c}{b+a+(n-1)c}.$$

代入乘法公式得

$$\begin{aligned}&P(A_1A_2\cdots A_{n_1}\overline{A}_{n_1+1}\cdots\overline{A}_{n-1}\overline{A}_n)\\&=\frac{b}{b+a}\cdot\frac{b+c}{b+a+c}\cdot\frac{b+2c}{b+a+2c}\cdot\cdots\cdot\frac{b+(n_1-1)c}{b+a+(n_1-1)c}\cdot\frac{a}{b+a+n_1c}\cdot\end{aligned}$$

$$\frac{a+c}{b+a+(n_1+1)c}\cdot\cdots\cdot\frac{a+(n_2-1)c}{b+a+(n-1)c}=\frac{\prod\limits_{i=0}^{n_1-1}(b+ic)\prod\limits_{j=0}^{n_2-1}(a+jc)}{\prod\limits_{k=0}^{n-1}(b+a+kc)}.$$

上述模型曾被卜里耶用来作为描述传染病的数学模型.有趣的是,运算结果仅与黑球与红球出现的次数有关,而与黑、红球出现的顺序无关.当 $c=0$ 时,恰好是放回抽样,当 $c=-1$ 时,则是不放回抽样.

1.5.2 全概率公式

在计算比较复杂事件的概率时,往往需要对事件分类,然后化成易于求解的形式,即同时利用概率的有限可加性(加法公式)与乘法公式.

定理 1.5.1 设 E 是随机试验,若 $B,A_1,A_2,\cdots,A_n$ 是 E 中的事件,且满足条件:

(1) $P(A_i)>0,i=1,2,\cdots,n$;

(2)事件组 $A_1,A_2,\cdots,A_n$ 为样本空间 Ω 的一个**分割**(division),即 $A_1,A_2,\cdots,A_n$ 两两互不相容,并且 $A_1\cup A_2\cup\cdots\cup A_n=\Omega$.则有

$$P(B)=\sum_{i=1}^{n}P(A_i)P(B|A_i). \tag{1.5.6}$$

证明 利用 $A_1\cup A_2\cup\cdots\cup A_n=\Omega$,得

$$B=B(\bigcup_{i=1}^{n}A_i)=\bigcup_{i=1}^{n}(A_iB).$$

由于 $A_1,A_2,\cdots,A_n$ 两两互不相容,故 $A_1B,A_2B,\cdots,A_nB$ 亦两两互不相容,即 $(A_iB)(A_jB)=\varnothing(i\neq j;i,j=1,2,\cdots,n)$.利用概率的有限可加性得

$$P(B)=\sum_{i=1}^{n}P(A_iB).$$

再利用乘法公式(1.5.4)得

$$P(B)=\sum_{i=1}^{n}P(A_i)P(B|A_i).$$

式(1.5.6)称为**全概率公式**(total probability formula).

全概率公式的含义是:事件 B 的概率 $P(B)$,可以用 B 在各个条件 A_i 下的条件概率 $P(B|A_i)$ 及各个条件出现的概率 $P(A_i)(i=1,2,\cdots,n)$ 来表示.在许多实际问题中,$P(B)$ 往往不易直接求得,但却容易找到 Ω 的一个分割 $A_1,A_2,\cdots,A_n$(也称事件组 $A_1,A_2,\cdots,A_n$ 为完备事件组),且 $P(A_i)$ 和 $P(B|A_i)$ 或为已知,或易求得,则根据式(1.5.6)即可求出 $P(B)$.使用全概率公式的关键在于找到一个合适的完备事件组.

例 1.5.3 某工厂有甲、乙、丙三个车间生产同一种产品,其产量分别占全厂产量的25%,35%,40%,其次品率分别为5%,4%,2%.从全厂产品中任取一件产品,求取得次品的概率.

解 设 A 表示事件"任取一件产品为次品",B_1,B_2,B_3 分别表示事件"任取一件为甲、乙、丙车间生产的产品".

显然 B_1,B_2,B_3 构成样本空间 Ω 的一个完备事件组,则

$$P(B_1)=25\%,\quad P(B_2)=35\%,\quad P(B_3)=40\%;$$
$$P(A|B_1)=5\%,\quad P(A|B_2)=4\%,\quad P(A|B_3)=2\%.$$

于是由全概率公式得

$$\begin{aligned}P(A)&=P(A|B_1)P(B_1)+P(A|B_2)P(B_2)+P(A|B_3)P(B_3)\\&=\frac{5}{100}\times\frac{25}{100}+\frac{4}{100}\times\frac{35}{100}+\frac{2}{100}\times\frac{40}{100}=0.034\,5.\end{aligned}$$

例 1.5.4　口袋中有 10 张卡片，其中两张卡片是中奖卡，三个人依次从口袋中摸出一张，问中奖概率是否与摸卡的次序有关.

解　设 $A_i=\{$第 i 个人中奖$\}$，$i=1,2,3$，显然 $P(A_1)=\frac{2}{10}=\frac{1}{5}$，第二个人中奖情况与第一人是否中奖有关，即

$$P(A_2|A_1)=\frac{1}{9},\quad P(A_2|\overline{A}_1)=\frac{2}{9}.$$

又 $A_1,\overline{A}_1$ 构成 Ω 的一个完备事件组，所以由全概率公式有

$$P(A_2)=P(A_1)P(A_2|A_1)+P(\overline{A}_1)P(A_2|\overline{A}_1)=\frac{2}{10}\times\frac{1}{9}+\frac{8}{10}\times\frac{2}{9}=\frac{18}{90}=\frac{1}{5}.$$

同理可得，由于$\{A_1A_2,\overline{A}_1A_2,A_1\overline{A}_2,\overline{A}_1\overline{A}_2\}$是 Ω 的一个完备事件组，故

$$\begin{aligned}P(A_3)=&P(A_1A_2)P(A_3|A_1A_2)+P(\overline{A}_1A_2)P(A_3|\overline{A}_1A_2)+\\&P(A_1\overline{A}_2)P(A_3|A_1\overline{A}_2)+P(\overline{A}_1\overline{A}_2)P(A_3|\overline{A}_1\overline{A}_2)\\=&\frac{2\times1}{10\times9}\times0+\frac{8\times2}{10\times9}\times\frac{1}{8}+\frac{2\times8}{10\times9}\times\frac{1}{8}+\frac{8\times7}{10\times9}\times\frac{2}{8}=\frac{9\times8\times2}{10\times9\times8}=\frac{1}{5}.\end{aligned}$$

故由此得出结论：中奖概率与摸卡的次序无关.

例 1.5.5　盒中放有 12 个乒乓球，其中 9 个是新的，3 个是旧的. 第一次比赛时从中任取 3 个来用（新的用一次后就成为旧的），比赛后仍放回原盒中，第二次比赛时再从盒中任取 3 个，求第二次取出的球都是新球的概率.

解　第二次取球与第一次取球的各种可能结果有关，令

$A_i=\{$第一次比赛时取出 i 个新球$\}$，$i=0,1,2,3$；

$B=\{$第二次比赛时取出的都是新球$\}$.

由题意知，B,A_0,A_1,A_2,A_3 满足全概率公式条件，因此有

$$P(B)=\sum_{i=0}^{3}P(A_i)P(B|A_i).\tag{1.5.7}$$

由题意可得

$$P(A_0)=\frac{C_3^3}{C_{12}^3}=\frac{1}{220},\qquad P(B|A_0)=\frac{C_9^3}{C_{12}^3}=\frac{84}{220};$$

$$P(A_1)=\frac{C_9^1C_3^2}{C_{12}^3}=\frac{27}{220},\qquad P(B|A_1)=\frac{C_8^3}{C_{12}^3}=\frac{56}{220};$$

$$P(A_2)=\frac{C_9^2C_3^1}{C_{12}^3}=\frac{108}{220},\qquad P(B|A_2)=\frac{C_7^3}{C_{12}^3}=\frac{35}{220};$$

$$P(A_3)=\frac{C_9^3}{C_{12}^3}=\frac{84}{220},\qquad P(B|A_3)=\frac{C_6^3}{C_{12}^3}=\frac{20}{220}.$$

把以上各值代入式(1.5.7),则得

$$P(B)=\frac{1}{220}\times\frac{84}{220}+\frac{27}{220}\times\frac{56}{220}+\frac{108}{220}\times\frac{35}{220}+\frac{84}{220}\times\frac{20}{220}=0.145\ 8.$$

在实际工作中还常常遇到这样一类问题:已知某个试验结果是由许多“原因”导致的,如果人们通过试验确实观察到了这个结果,于是人们希望通过这个信息来探讨每个“原因”导致这个结果的可能性有多大.比如在例 1.5.3 中,如果已经知道取出的一个产品是次品,而导致这个结果的“原因”可能是甲车间生产的,也可能是乙车间生产的,还可能是丙车间生产的.自然,人们希望知道这个次品出自每个车间的可能性有多大,从而可以比较其中哪个大.又如,在病情诊断的问题中,我们知道某些症状往往是由多种病因导致的,如果在一次看病中,某病人有这些症状,为了确诊病人得的是什么病,医生自然希望知道这种症状由各种病因导致的可能性各有多大.像这样一类问题是例 1.5.3 这类问题的反问题,可如下解决:设 $A_1,A_2,\cdots,A_n$ 是导致某个试验结果 B 的“原因”,需要知道各种“原因”导致这个结果的可能性各有多大,这就是要计算 $P(A_i|B),i=1,2,\cdots,n$.以下介绍的贝叶斯公式正是解决这一计算问题的基本公式.

1.5.3 贝叶斯公式

定理 1.5.2 设 E 是随机试验,若 $B,A_1,A_2,\cdots,A_n$ 是 E 中的事件,且满足:

(1)$P(A_i)>0,i=1,2,\cdots,n$;

(2)事件组 $A_1,A_2,\cdots,A_n$ 是样本空间 Ω 的一个分割;

(3)$P(B)>0$.

则有

$$P(A_i|B)=\frac{P(A_iB)}{P(B)}=\frac{P(A_i)P(B|A_i)}{\sum\limits_{j=1}^{n}P(A_j)P(B|A_j)},i=1,2,\cdots,n. \tag{1.5.8}$$

证明 利用条件概率公式和全概率公式即可得证.

称式(1.5.8)为贝叶斯公式(Bayes formula),也称为逆概率公式.由式(1.5.6)和式(1.5.8)知,如果将事件 B 看成结果,而把 Ω 的一个分割——诸事件 $A_1,A_2,\cdots,A_n$ 看成导致这一结果的原因,则全概率公式是由原因推结果,而贝叶斯公式则正好相反,它的作用在于由结果分析原因,考虑各个原因在产生结果中所起的作用.这一点在日常生活和科学技术研究中十分重要,可以帮助我们抓住主要矛盾,从而有利于问题的解决.

例 1.5.6 在普通人群中男女性别比为 51∶49,男性中色盲占 2%,女性中色盲占 0.25%,现从人群中随机地抽取一人,恰好是色盲,求此人是男性的概率.

解 设$B=\{$查出一人为色盲$\}$;

$A_1=\{$被测者为男性$\}$, $A_2=\{$被测者为女性$\}$.

由已知条件可知

$P(A_1)=51\%$, $P(A_2)=49\%$;

$P(B|A_1)=2\%$, $P(B|A_2)=0.25\%$.

$$P(A_1|B)=\frac{P(A_1)P(B|A_1)}{P(A_1)P(B|A_1)+P(A_2)P(B|A_2)}$$

$$=\frac{51\%\times 2\%}{51\%\times 2\%+49\%\times 0.25\%}=89.3\%.$$

例 1.5.7　在电报通信中需要不断地发出信号 0 和 1，大量统计资料表明，发信号 0 的概率为 0.6，而发信号 1 的概率为 0.4. 由于存在干扰，发 0 时，分别以概率 0.7 和 0.1 收到 0 和 1，而以 0.2 的概率收到模糊信号"x"；发 1 时，以概率 0.85 收到 1，以概率 0.05 收到 0，以概率 0.1 收到模糊信号"x". 问收到"x"时应译成哪个信号为好，为什么？

解　设 $H_i=\{$发出信号 $i\}$，$i=0,1$；$A_j=\{$收到信号 $j\}$，$j=0,1,x$.

由已知条件可知

$P(H_0)=0.6, P(H_1)=0.4$；

$P(A_0|H_0)=0.7$，　$P(A_1|H_0)=0.1$，　$P(A_x|H_0)=0.2$；

$P(A_0|H_1)=0.05$，　$P(A_1|H_1)=0.85$，　$P(A_x|H_1)=0.1$.

代入贝叶斯公式得

$$P(H_0|A_x)=\frac{P(H_0)P(A_x|H_0)}{P(H_0)P(A_x|H_0)+P(H_1)P(A_x|H_1)}$$

$$=\frac{0.6\times 0.2}{0.6\times 0.2+0.4\times 0.1}=0.75,$$

$$P(H_1|A_x)=1-P(H_0|A_x)=0.25.$$

而 $0.75>0.25$，所以收到模糊信号时，译为信号 0 相对较好.

1.6　事件的独立性

上一节介绍了乘法公式，当 $P(A)>0$ 或 $P(B)>0$ 时，分别有

$$P(AB)=P(A)P(B|A), P(AB)=P(B)P(A|B).$$

我们自然联想到，在何种条件下，$P(B|A)=P(B)$，$P(A|B)=P(A)$，从而使两个乘法公式统一起来呢？换句话说，在何种情况下事件 A 发生对事件 B 发生有影响，在何种情况下事件 A 发生对事件 B 发生没有影响呢？这就引出两个事件的独立性问题.

1.6.1　两个事件的独立性

定义 1.6.1　设有两个事件 A,B，若满足

$$P(AB)=P(A)P(B),\tag{1.6.1}$$

则称事件 A,B **相互独立**(mutually independence).

显然，必然事件 Ω 和不可能事件 $\varnothing$ 与任何事件都相互独立.

定理 1.6.1　若 $P(A)>0$，则事件 A,B 相互独立的充分必要条件是 $P(B|A)=P(B)$.

证明　先证必要性. 若 A,B 相互独立，且 $P(A)>0$，则由条件概率定义及式(1.6.1)得

$$P(B|A)=\frac{P(AB)}{P(A)}=\frac{P(A)P(B)}{P(A)}=P(B).$$

再证充分性. 若 $P(B|A)=P(B)$，由乘法公式可得

$$P(AB)=P(A)P(B|A)=P(A)P(B),$$

所以 A,B 相互独立.

定理 1.6.2 若事件 A,B 相互独立，则下列各对事件 $\{\overline{A},B\}$，$\{A,\overline{B}\}$，$\{\overline{A},\overline{B}\}$ 也相互独立.

证明 由于 $B\overline{A}=B-A=B-AB$，且 $AB\subset B$，故由概率性质 4 得

$$P(B\overline{A})=P(B)-P(AB).$$

已知 A,B 相互独立，则有

$$P(AB)=P(A)P(B),$$

从而 $$P(B\overline{A})=P(B)-P(A)P(B)=P(B)[1-P(A)]=P(B)P(\overline{A}).$$

所以事件 $\overline{A},B$ 相互独立. 其他两组同理可证，也可利用轮换对称性证明：

A,B 相互独立$\Rightarrow B,A$ 相互独立$\Rightarrow \overline{B},A$ 相互独立$\Rightarrow A,\overline{B}$ 相互独立$\Rightarrow \overline{A},\overline{B}$ 相互独立.

例 1.6.1 设 $0<P(A)<1$，$0<P(B)<1$，$P(A|B)+P(\overline{A}|\overline{B})=1$，证明事件 A 与 B 相互独立.

证明 由已知条件 $P(A|B)+P(\overline{A}|\overline{B})=1$，知 $P(A|B)=1-P(\overline{A}|\overline{B})=P(A|\overline{B})$.

利用条件概率公式得

$$\frac{P(AB)}{P(B)}=\frac{P(A\overline{B})}{P(\overline{B})}=\frac{P(A\overline{B})}{1-P(B)},$$

即 $$P(AB)[1-P(B)]=P(B)P(A\overline{B}).$$

又 $$P(A\overline{B})=P(A)-P(AB),$$

所以 $$P(AB)-P(AB)P(B)=P(B)[P(A)-P(AB)].$$

整理得 $$P(AB)=P(A)P(B).$$

所以 A 与 B 相互独立.

例 1.6.2 一口袋中装有 a 只黑球和 b 只白球，分别采用有放回摸球和不放回摸球的方式，求在已知第一次摸得黑球的条件下，第二次摸出黑球的概率.

解 设 $A=\{$第一次摸得黑球$\}$； $B=\{$第二次摸得黑球$\}$.

(1)在有放回条件下：

$$P(A)=\frac{a}{a+b},\quad P(AB)=\frac{a^2}{(a+b)^2},\quad P(\overline{A}B)=\frac{ba}{(a+b)^2},$$

所以 $$P(B|A)=\frac{P(AB)}{P(A)}=\frac{a}{a+b},$$

而 $$P(B)=P(AB)+P(\overline{A}B)=\frac{a^2}{(a+b)^2}+\frac{ba}{(a+b)^2}=\frac{a}{a+b}.$$

(2)在不放回条件下：

$$P(A)=\frac{a}{a+b},\quad P(AB)=\frac{a(a-1)}{(a+b)(a+b-1)},\quad P(\overline{A}B)=\frac{ba}{(a+b)(a+b-1)},$$

所以 $$P(B|A)=\frac{P(AB)}{P(A)}=\frac{a-1}{a+b-1},$$

而 $$P(B)=P(AB)+P(\overline{A}B)=\frac{a}{a+b}.$$

由此可见：在有放回的条件下，$P(B)=P(B|A)$，即第二次摸得黑球的概率与在第一次摸得黑球的条件下第二次摸得黑球的概率无关. 但在不放回的条件下，$P(B)\neq P(B|A)$. 因为第一次摸得黑球后，已使袋中球的组成发生了变化，当然要影响第二次摸得黑球的概率.

所以在有放回的条件下，事件 A 与 B 相互独立，而在不放回的条件下，事件 A 与 B 不相互独立.

1.6.2　多个事件的独立性

定义 1.6.2　对于三个事件 A,B,C，若满足下面三个等式：

$$\begin{cases} P(AB)=P(A)P(B), \\ P(BC)=P(B)P(C), \\ P(AC)=P(A)P(C), \end{cases} \tag{1.6.2}$$

则称三个事件 A,B,C **两两相互独立**(pairwise independence).

一般地，当事件 A,B,C 两两相互独立时，并不能保证 $P(ABC)=P(A)P(B)P(C)$ 成立.

例 1.6.3　设袋中装有 4 只球，其中有 1 只红球，1 只白球，1 只黑球，1 只染有红、白、黑三色的球，现从袋中任取 1 球，令 $A=\{$取到的球为有红色的球$\}$；$B=\{$取到的球为有白色的球$\}$；$C=\{$取到的球为有黑色的球$\}$. 则

$$P(A)=P(B)=P(C)=\frac{1}{2},P(AB)=P(BC)=P(AC)=\frac{1}{4},$$

显然满足式(1.6.2)，但 $P(ABC)=\frac{1}{4}$，$P(A)P(B)P(C)=\frac{1}{8}$. 即

$$P(ABC)\neq P(A)P(B)P(C).$$

反之 $P(ABC)=P(A)P(B)P(C)$ 也不能保证式(1.6.2)成立.

例 1.6.4　设有一均匀正八面体，其第 1、2、3、4 面染有红色，第 1、2、3、5 面染有白色，第 1、6、7、8 面染有黑色，现以 A,B,C 分别表示掷一次正八面体出现红、白、黑色的事件，则

$$P(A)=P(B)=P(C)=\frac{4}{8}=\frac{1}{2},P(ABC)=\frac{1}{8},P(A)P(B)P(C)=\frac{1}{8},$$

即 $$P(ABC)=P(A)P(B)P(C).$$

但这时 $$P(AB)=\frac{3}{8},\quad P(A)P(B)=\frac{1}{4},$$

即式(1.6.2)不成立.

定义 1.6.3　对于三个事件 A,B,C，若满足式(1.6.2)及

$$P(ABC)=P(A)P(B)P(C), \tag{1.6.3}$$

则称事件 A,B,C 为**相互独立事件**(mutually independent events).

类似可定义 n 个事件的相互独立性.

定义 1.6.4　对于 n 个事件 $A_1,A_2,\cdots,A_n$，若对任意 $k=2,3,\cdots,n$ 和任意一组 $1\leqslant i_1<i_2<\cdots<i_k\leqslant n$，均有

$$P(A_{i_1}A_{i_2}\cdots A_{i_k})=P(A_{i_1})P(A_{i_2})\cdots P(A_{i_k}), \tag{1.6.4}$$

则称 $A_1,A_2,\cdots,A_n$ 为相互独立事件.

式(1.6.4)中等式个数为

$$C_n^2+C_n^3+\cdots+C_n^n=(1+1)^n-C_n^0-C_n^1=2^n-1-n.$$

推论　若 n 个事件相互独立，则其中任意 $m(<n)$ 个事件也是相互独立的.

定理 1.6.3　若事件 $A_1,A_2,\cdots,A_n$ 相互独立，则将其中任意 $k(1\leqslant k\leqslant n)$ 个事件换成对

立事件,所得新事件组仍然相互独立.

在实际问题中,判断事件是否独立,不是从数学定义出发,而是根据问题的实际背景来判断.例如,一电路中有若干个元件,每个元件都有可能损坏,因而有相应的失效概率.如果元件失效与否并不相互影响,则可以认为这些元件失效与否是相互独立的.

例 1.6.5 甲、乙两个学校有排球、足球、篮球队各一个.同类球队进行比赛时,甲校的各队胜乙校对应各队的概率分别为 0.8,0.4,0.4(假设不可能出现平局).若一个学校在三个球队比赛中有两队赢就算获胜,分别求甲、乙两校获胜的概率.

解 设 A,B,C 分别表示甲校排球、足球与篮球队战胜乙校相应球队的事件,D={甲校获胜},则 $\overline{D}$={乙校获胜}.显然

$$D=(AB\overline{C})\cup(A\overline{B}C)\cup(\overline{A}BC)\cup(ABC).$$

由事件 A,B,C 的含义知 A,B,C 相互独立,由定理 1.6.3 知 $A,B,\overline{C}$ 及 $A,\overline{B},C$ 和 $\overline{A},B,C$ 三组事件也相互独立.

又 $AB\overline{C},A\overline{B}C,\overline{A}BC,ABC$ 互不相容,所以

$$\begin{aligned}P(D)&=P(AB\overline{C})+P(A\overline{B}C)+P(\overline{A}BC)+P(ABC)\\&=0.8\times0.4\times0.6+0.8\times0.6\times0.4+0.2\times0.4\times0.4+0.8\times0.4\times0.4\\&=0.192+0.192+0.032+0.128=0.544,\end{aligned}$$

$$P(\overline{D})=1-P(D)=0.456.$$

故甲校获胜的概率为 0.544,乙校获胜的概率为 0.456.

例 1.6.6 系统可靠性问题.用若干个元件组成一个系统,若每个元件能否正常工作是相互独立的,且每个元件正常工作的概率均为 $r(0<r<1)$.试比较下列三种连接方式下(如图 1.6.1)系统的可靠性(亦称可靠度,即正常工作的概率)R_c,R_s 和 R'_s.

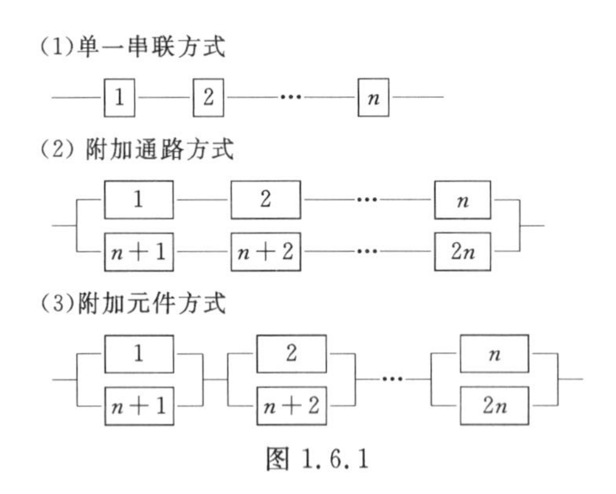

图 1.6.1

解 令 A_i={第 i 个元件正常工作},$i=1,2,\cdots,2n$.

(1)单一串联方式系统的可靠性为

$$R_c=P(A_1A_2\cdots A_n)=P(A_1)P(A_2)\cdots P(A_n)=r^n.$$

(2)附加通路方式系统的可靠性为

$$\begin{aligned}R_s&=P[(A_1\cdots A_n)\cup(A_{n+1}\cdots A_{2n})]=P(A_1\cdots A_n)+P(A_{n+1}\cdots A_{2n})-P(A_1\cdots A_n\cdots A_{2n})\\&=r^n+r^n-r^{2n}=r^n(2-r^n).\end{aligned}$$

(3)附加元件方式系统的可靠性为

$$R'_s=P[(A_1\cup A_{n+1})(A_2\cup A_{n+2})\cdots(A_n\cup A_{2n})]$$

$=P(A_1\cup A_{n+1})P(A_2\cup A_{n+2})\cdots P(A_n\cup A_{2n})$

$=(r+r-r^2)^n=r^n(2-r)^n$,

当 $n>2$ 时,利用函数的单调性易知 $R_s'>R_s>R_c$.

对单一串联方式 $R_c=r^n\to 0(n\to\infty)$ 要提高系统的可靠性,需尽量减少元件数量.例如,两地间的微波通信,如果相距较远,采用地面通信方式需在途中设置许多微波中继站,但采用同步卫星通信方式,则只要在两地各设一个地面站即可.显然后者的可靠性高于前者.

附加通路方式比单一串联方式要增加元件个数,但可靠性有所提高.附加通路方式与附加元件方式相比,所用元件个数相同,但后者的可靠性高于前者.

例 1.6.7　若干人独立地向一游动目标射击,每人击中目标的概率都是 0.6,问至少需要多少人才能以 0.99 以上的概率击中目标?

解　设至少需要 n 个人才能以 0.99 以上的概率击中目标.令

$A=\{$目标被击中$\}$,$A_i=\{$第 i 人击中目标$\}$,$i=1,2,\cdots,n$,

则　$A=A_1\cup A_2\cup\cdots\cup A_n$,

且 $A_1,A_2,\cdots,A_n$ 相互独立.于是 $\overline{A}_1,\overline{A}_2,\cdots,\overline{A}_n$ 也相互独立,利用事件运算的对偶律

$\overline{A_1\cup A_2\cup\cdots\cup A_n}=\overline{A}_1\overline{A}_2\cdots\overline{A}_n$,

得　$P(A)=1-P(\overline{A_1\cup A_2\cup\cdots\cup A_n})=1-P(\overline{A}_1\overline{A}_2\cdots\overline{A}_n)$

$=1-P(\overline{A}_1)P(\overline{A}_2)\cdots P(\overline{A}_n)=1-(1-0.6)^n=1-0.4^n$.

问题转化为求最小的 n,使 $1-0.4^n>0.99$.

解此不等式,得　$n>\dfrac{\ln 0.01}{\ln 0.4}\approx 5.026$.

所以,最小的 n 应为 6,即至少需要 6 人射击,才能保证击中目标的概率在 0.99 以上.

习　题

1. 写出下列随机试验的样本空间.

(1) 同时掷 3 颗骰子,记录 3 颗骰子点数之和;

(2) 生产产品直到有 10 件正品为止,记录生产产品总件数;

(3) 把 a,b 两个球随机地放到 3 个盒子中去;

(4) 一个口袋中有 5 只外形完全相同的球,编号分别为 1,2,3,4,5,从中同时取 3 只球.

2. 设 $\Omega=\{1,2,3,\cdots,10\}$,$A=\{2,3,4\}$,$B=\{3,4,5\}$,$C=\{5,6,7\}$,求下列事件:$\overline{A\cap B}$ 和 $\overline{A\cap(\overline{B\cap C})}$.

3. 设 A,B,C 是三个事件,且 $P(A)=P(B)=P(C)=\dfrac{1}{4}$,$P(AB)=P(CB)=0$,$P(AC)=\dfrac{1}{8}$,求 A,B,C 至少有一个发生的概率.

4. 在房间里有 10 个人,分别佩戴着从 1 号到 10 号的纪念章,任意选 3 人记录其纪念章的号码.(1) 求最小的号码为 5 的概率;

(2) 求最大的号码为 5 的概率.

5. 将 Probability 这个单词中的 11 个字母分别写在 11 张卡片上,从中任意连抽 7 张,

求其排列结果为 ability 的概率.

6. 在 1 500 个产品中有 400 个次品,1 100 个正品,任意取 200 个.求:(1) 恰有 90 个次品的概率;

(2) 至少有 2 个次品的概率.

7. 设有 n 个房间,分给 n 个不同的人,每人都以 $\frac{1}{n}$ 的概率进入每一间房间,而且每间房里的人数无限制.试求"不出现空房"的概率及"恰恰出现一间空房"的概率.

8. 一个人要开他的房间的门,他共有 n 把钥匙,其中仅有一把是能开门的,若他随意地选取钥匙去开门,问在第 r 次才开成功的概率是多少?若他逐个地取钥匙(用后不放回)来试开,这个试开的过程可能需要 $1,2,\cdots,n$ 次,试证明这 n 个结果的每一个概率均为 $\frac{1}{n}$.

9. 从 5 双不同鞋子中任意取 4 只,4 只鞋子中至少有 2 只鞋子配成一双的概率是多少?

10. 将 3 只球随机放入 4 个杯中,问杯中球的最大个数分别为 1,2,3 的概率各为多少?

11. 从一副扑克牌(共 52 张)中一张一张地取牌,求在第 r 次取牌时第一次取出 A 牌的概率和第二次取出 A 牌的概率.

12. 一盒子中有 4 只次品晶体管,6 只正品晶体管,随机地逐个抽取测试,直到 4 只次品管子都找到为止,求第 4 只次品管子在第 5 次测试发现和在第 10 次测试发现的概率.

13. 某油漆公司发出 17 桶油漆,其中白漆 10 桶,黑漆 4 桶,红漆 3 桶.在搬运中所有标签都脱落,交货人随意将这些标签重新贴上.问一个订购 4 桶白漆、3 桶黑漆和 2 桶红漆的顾客,按所定的颜色如数得到订货的概率是多少?

14. 4 名女同学和 3 名男同学决定用抽签的方法分配 4 张电影票,问分到电影票的是 2 名女同学和 2 名男同学的概率是多少?

15. 10 个人中有一对夫妇,他们随意地坐在一张圆桌周围,问这对夫妇正好坐在一起的概率是多少?

16. 在整数 0~9 中任取 4 个数,能构成一个 4 位偶数的概率是多少?

17. 某公共汽车线路共有 15 个停车站,从始发站开车时共有 10 名乘客,假设这 10 名乘客在各站下车的概率相同(始发站除外),试求下列事件发生的概率:

(1) $A=\{10$ 人各在不同站下车$\}$;(2) $B=\{10$ 人在同一站下车$\}$;

(3) $C=\{10$ 人都在第 3 站下车$\}$;(4) $D=\{10$ 人中恰有 3 人在终点站下车$\}$.

18. 甲、乙是位于某省的两个城市,考察这两个城市六月份下雨的情况,以 A,B 分别表示甲、乙两城市出现雨天这一事件,根据以往的气象记录知 $P(A)=P(B)=0.4$,$P(AB)=0.28$,求 $P(A|B)$,$P(B|A)$ 及 $P(A\cup B)$.

19. 为了寻找一本专著,一个学生决定到三个图书馆去试一试.每一图书馆有这本书的概率为 50%,如果有这本书,则已借出的概率为 50%,若已知各图书馆藏书是相互独立的,求这个学生能借到这本书的概率.

20. 已知在 10 只晶体管中有 2 只次品,在其中取 2 次,每次随机地取 1 只,作不放回抽样,求下列事件的概率:

(1) 2 只都是正品;

(2) 2 只都是次品;

(3) 1只是正品,1只是次品;

(4) 第二次取出的是次品.

21. 袋中有9个白球及1个红球,10个人依次从袋中各取1球,取后不放回,问第$k(k=1,2,3,\cdots,10)$个人取得红球的概率是多少?又若袋中原有8个白球,2个红球,10个人依次从袋中各取1球,取后不放回,问这种情况下第k个人取得红球的概率是多少?

22. 设有甲、乙两袋,甲袋中装有n只白球、m只红球,乙袋中装有N只白球、M只红球。从甲袋中任取1只球放入乙袋,再从乙袋中任取1只,问从乙袋中取到白球的概率是多少?

23. 要验收一批乐器,共100件,从中随机地取3件来测试(设3件乐器的测试是相互独立的),如果3件中任意一件经测试认为音色不纯,这批乐器就被拒绝接收.设一件音色不纯的乐器经测试查出的概率为0.95,而一件音色纯的乐器经测试被误认为不纯的概率为0.01.如果已知这100件乐器中有4件是音色不纯的,问这批乐器被接收的概率是多少?

24. 设A,B为两个相互独立的事件,$P(A\cup B)=0.6$,$P(A)=0.4$,求$P(B)$.

25. 设$P(A)>0$,$P(B)>0$,证明A,B相互独立与A,B互不相容不能同时成立.

26. 如下图,1,2,3,4,5表示继电器接点,假设每一继电器接点闭合的概率为p,且设各继电器闭合与否相互独立,求L到R是通路的概率.

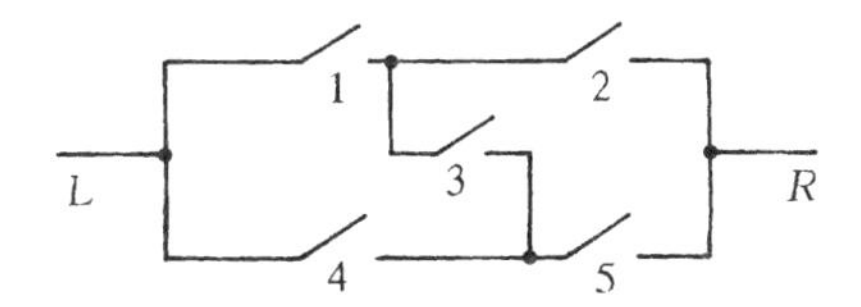

27. 3人独立地去破译一个密码,他们能译出的概率分别为$\frac{1}{5},\frac{1}{3},\frac{1}{4}$,问能将此密码译出的概率是多少?

28. 设由以往记录的数据分析,某船只运输某种物品损坏2%(这一事件记为A_1),10%(事件A_2),90%(事件A_3)的概率分别为$P(A_1)=0.8$,$P(A_2)=0.15$,$P(A_3)=0.05$,现从中随机独立地取3件,发现这3件都是好的(这一事件记为B).试分别求$P(A_1|B)$,$P(A_2|B)$,$P(A_3|B)$(这里设物品件数很多,取出任一件以后不影响取下一件的概率).

29. 设一人群中有37.5%的人血型为A型,20.9%为B型,33.7%为O型,7.9%为AB型,已知能允许输血的血型配对如下表.现在人群中任选一人为输血者,再任选一人为受血者,问输血能成功的概率是多少?

输血者 / 受血者	A型	B型	AB型	O型
A型	√	×	×	√
B型	×	√	×	√
AB型	√	√	√	√
O型	×	×	×	√

30. 有两箱同种类的零件,第一箱装50只,其中10只一等品;第二箱装30只,其中18只一等品,今从两箱中任挑出一箱,然后从该箱中取零件两次,每次取1只,作不放回抽样.试求:(1) 第一次取到的零件是一等品的概率;

(2) 第一次取到的零件是一等品的条件下,第二次取到的也是一等品的概率.

31. 在一张打上方格的纸上投1枚直径为1的硬币,方格要多小才能使硬币与线不相交的概率为正数且小于0.01.

32. 口袋中装有一球,这球可能是白球,也可能是黑球,现在放一白球到袋中去,然后从袋中任取一球,已知取出的球是白球,求剩下的球也是白球的概率.

33. 证明:

(1) 若 $P(B|A)=P(B|\overline{A})$,则事件 A,B 相互独立;

(2) 若 $P(A)=1$,则 A 与任意事件相互独立.

34. 填空题.

(1) 袋中有50个乒乓球,其中20个是黄球,30个是白球.今有两个人依次随机地从袋中各取一球,取后不放回,则第二个人取得黄球的概率是______.

(2) 已知事件 A,B 满足条件 $P(AB)=P(\overline{A}\overline{B})$,且 $P(A)=p(0<p<1)$,则 $P(B)=$______.

(3) 设事件 A,B 的概率分别为 $\frac{1}{3}$ 和 $\frac{1}{2}$,且 $\overline{A}\supset\overline{B}$,则 $P(\overline{A}B)=$______.

(4) 从数字1,2,…,9中(可重复地)任取 n 个数字的乘积能被10整除的概率为______.

(5) 甲、乙两人独立地对同一目标射击一次,命中率分别为0.6和0.5.现已知目标被命中,则它是甲射中的概率为______.

(6) 设 A,B 是两个随机事件,$0<P(B)<1$,且 $AB=\overline{A}\overline{B}$,则 $P(A|\overline{B})+P(\overline{A}|B)=$______.

35. 选择题.

(1) 设 A,B 为随机事件,$P(AB)=0$,则下列命题中正确的是(　　).

(A) A 和 B 互不相容　　(B) AB 是不可能事件

(C) AB 未必是不可能事件　　(D) $P(A)=0$ 或 $P(B)=0$

(2) 设随机事件 A,B,C 两两互不相容,且 $P(A)=0.2$,$P(B)=0.3$,则 $P[(A\cup B)-C]=$(　　).

(A) 0.5　　(B) 0.1　　(C) 0.44　　(D) 0.3

(3) 设当事件 A 与 B 同时发生时,事件 C 必发生,则下列各式中正确的是(　　).

(A) $P(C)\leqslant P(A)+P(B)-1$　　(B) $P(C)\geqslant P(A)+P(B)-1$

(C) $P(C)=P(AB)$　　(D) $P(C)=P(A\cup B)$

(4) 设 A,B 为任意两个事件,且 $A\subset B$,$P(B)>0$,则下列各式中必然成立的是(　　).

(A) $P(A)<P(A|B)$　　(B) $P(A)\leqslant P(A|B)$

(C) $P(A)>P(A|B)$　　(D) $P(A)\geqslant P(A|B)$

(5) 设 $0<P(A)<1$,$0<P(B)<1$,$P(A|B)+P(\overline{A}|\overline{B})=1$,则下列命题中正确的是(　　).

(A) 事件 A 与 B 互不相容　　(B) 事件 A 与 B 互相对立

(C) 事件 A 与 B 不相互独立　　(D) 事件 A 与 B 相互独立

第2章 随机变量及其概率分布

本章主要内容

- ○ 随机变量的引出及概率分布的概念
- ○ 离散型随机变量分布的描述及事件概率的计算
- ○ 常见离散型随机变量的分布律及应用
- ○ 随机变量分布函数的定义、性质及计算
- ○ 连续型随机变量的概率密度函数的定义及计算
- ○ 常见连续型随机变量的定义及应用
- ○ 随机变量的函数的分布的计算

在第1章中我们用集合来表示随机事件，把概率看作定义在这些集合上满足一定条件的实函数. 在这一章我们要把随机试验的结果与实数对应起来，也就是把随机试验的结果“数量化”，这样就可以用高等数学的方法对随机现象进行深入的研究，为此引入一个重要的概念——随机变量.

2.1 随机变量及其概率分布的概念

在随机试验中，常常要考虑某种变量，这种变量是随着试验结果的不同而变化的. 在试验之前，由于不能预知将出现哪个结果，因而无法预知此变量将取何数值，但在试验之后结果已经确定，此变量所取数值也就确定. 这种变量就是**随机变量**(random variable). 先看几个实例.

例 2.1.1 有5件产品，其中2件次品(用 a_1,a_2 表示)，3件正品(用 b_1,b_2,b_3 表示)，从中任取2件. 此试验的样本空间 $\Omega=\{(a_1,a_2),(a_1,b_1),(a_1,b_2),(a_1,b_3),(a_2,b_1),(a_2,b_2),(a_2,b_3),(b_1,b_2),(b_1,b_3),(b_2,b_3)\}$. 用 X 表示所取得的次品数，则 X 就是随着试验结果的不同而变化的变量，X 取值必定是0,1,2这三个数中的一个. 在抽取之前却无法预知是哪一个，只有在抽取后才知道. 此 X 就是随机变量. 用 X 可以表示各种事件，例如 $\{X=k\}$ 表示“恰好取得 k 件次品”，$k=0,1,2$，$\{X\geqslant 1\}$ 表示“至少取得1件次品”，$\{X\leqslant 1\}$ 表示“至多取得1件次品”，等等.

例 2.1.2 每天观察电话总机在某段时间内接到的呼唤次数，这个试验的样本空间 $\Omega=\{0,1,2,\cdots\}$. 用 Y 表示接到的呼唤次数，则 Y 随着试验结果的不同而取不同的值，Y 就是一个随机变量. $\{Y=k\}$ 表示“恰好接到 k 次呼唤”，$k=0,1,2,\cdots$. $\{Y\geqslant 3\}$ 表示“至少接到3次呼唤”，$\{6<Y\leqslant 10\}$ 表示“接到的呼唤次数超过6次而不超过10次”.

例 2.1.3 测试某种灯泡的寿命，这个试验的样本空间 $\Omega=\{t\mid t\geqslant 0\}$. 如果以 X 表示灯泡的寿命(以 h 计)，那么变量 X 随着试验结果的不同而取不同的值，它也是一个随机变量. $\{X=800\}$ 表示“灯泡的寿命为800 h”，$\{500<X\leqslant 1\,000\}$ 表示“灯泡的寿命超过500 h而不超过1 000 h”.

本书一般用大写字母 X,Y,Z 等表示随机变量. 因为在实际问题中需要考虑各种试验中的各种随机变量，所以对随机变量的研究将成为本书的主要内容.

如上所述，随机变量是随着试验结果而变化的，因此从理论上讲，一个随机变量 X 是试验结果 $\omega(\omega\in\Omega)$ 的函数(如图2.1.1所示)，也就是说，一个随机变量 X 是定义在样本空间 Ω 上的实值函数

$$X=X(\omega),\quad \omega\in\Omega,$$

而且对任何实数 a,b，$\{\omega:X(\omega)\leqslant a\}$，$\{\omega:a<X(\omega)\leqslant b\}$，$\{\omega:a<X(\omega)<b\}$，$\{\omega:a\leqslant X(\omega)\leqslant b\}$ 等都是事件. 但以后我们总是把 $X(\omega)$ 简写为 X.

由于全体实数与数轴上的点一一对应，我们往往把随机变量形象地看成是在数轴上随试验结果的不同而随机变动的点，并把随机变量叫作随机点. 随机变量 X 取某一实数值 a，就说成 X 落在该点 a 上，把事件 $\{a<X\leqslant b\}$ 说成 X 落在区间 $(a,b]$ 上.

既然随机变量落在任一区间(包括落在任一点)都是事件，而事件的出现是有一定概率

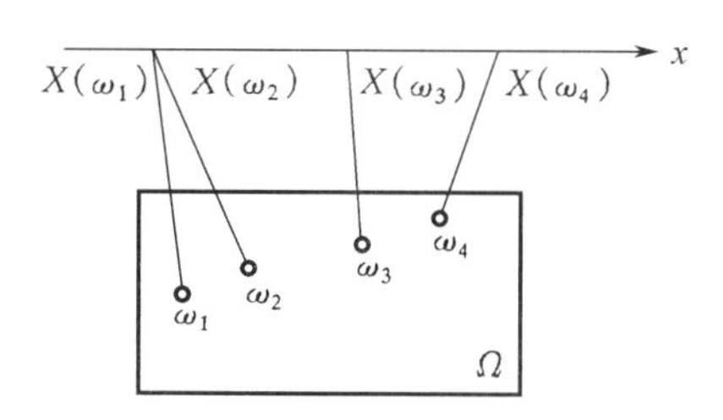

图 2.1.1

的，因此随机变量落在任一区间都有一定的概率. 如果一个随机变量 X 落在各个区间的概率都能求得，我们就掌握了 X 取各个区间内数值的概率规律. 一个随机变量落在各个区间的概率，叫作这个随机变量的**概率分布**(probability distribution). 每个随机变量都有它的概率分布，研究一个随机变量时，弄清它的概率分布无疑是十分重要的.

2.2　离散型随机变量的分布律

按照随机变量的取值情况，我们把只能取有限个或可列个不同数值的随机变量称为**离散型随机变量**(discrete random variable). 如 2.1 节中的例 2.1.1、例 2.1.2 中的随机变量就是离散型随机变量，而例 2.1.3 中的随机变量却是非离散型随机变量.

2.2.1　离散型随机变量的分布律

设离散型随机变量 X 所有可能取的值为 x_k，$k=1,2,\cdots$，X 取各个可能值的概率，即事件 $\{X=x_k\}$ 的概率为

$$P\{X=x_k\}=p_k,\quad k=1,2,\cdots, \tag{2.2.1}$$

称式(2.2.1)为 X 的**分布律**(distribution law)或**分布列**.

根据概率的性质，易知 p_k 具有以下两条基本性质：

(1) $p_k\geqslant 0, k=1,2,\cdots$;

(2) $\sum\limits_k p_k=1$.

X 的分布律也可写成表格的形式

X	x_1	x_2	$\cdots$	x_k	$\cdots$
p_X	p_1	p_2	$\cdots$	p_k	$\cdots$

(2.2.2)

表格中上面一行列出 X 所有可能取的值，下面一行是相应的概率.

如果一个离散型随机变量 X 的分布律已经确定，我们就能求得 X 落在任一区间的概率，不管这个区间是什么样的区间，例如

$$P\{a<X<b\}=\sum_{a<x_k<b}P\{X=x_k\}=\sum_{a<x_k<b}p_k,$$

这里和式是关于所有满足 $a<x_k<b$ 的 k 求和. 可见离散型随机变量的分布律完全决定了它的概率分布. 有时我们也把离散型随机变量的分布律称为它的概率分布.

例 2.2.1　汽车需通过 4 个有红绿信号灯的路口才能到达目的地. 设汽车在每个路口

通过(即遇到绿灯)的概率都是 0.6,停止前进(即遇到红灯)的概率为 0.4,且在各个路口是否遇到绿灯相互独立.求:

(1) 汽车首次停止前进(遇到红灯或到达目的地)时,已通过的路口数的分布律;

(2) 汽车首次停止前进时,已通过的路口不超过 2 个的概率.

解 汽车首次停止前进时已通过的路口数是一个随机变量,用 X 表示.

(1) 所求是 X 的分布律.X 所有可能取的值为 0,1,2,3,4.以 A_k 表示事件"汽车在第 k 个路口遇到绿灯",$k=1,2,3,4$.于是

$$P\{X=0\}=P(\overline{A}_1)=0.4,$$
$$P\{X=1\}=P(A_1\overline{A}_2)=P(A_1)P(\overline{A}_2)=0.6\times 0.4,$$
$$P\{X=2\}=P(A_1A_2\overline{A}_3)=P(A_1)P(A_2)P(\overline{A}_3)=0.6^2\times 0.4,$$
$$P\{X=3\}=P(A_1A_2A_3\overline{A}_4)=0.6^3\times 0.4,$$
$$P\{X=4\}=P(A_1A_2A_3A_4)=0.6^4.$$

即

$$P\{X=k\}=\begin{cases}0.6^k\times 0.4, & k=0,1,2,3;\\ 0.6^4, & k=4.\end{cases}$$

这就是 X 的分布律.结果也可写成如下的表格:

X	0	1	2	3	4
p_X	0.4	0.24	0.144	0.086 4	0.129 6

(2) 即求 $P\{X\leqslant 2\}$.

$$P\{X\leqslant 2\}=P\{X=0\}+P\{X=1\}+P\{X=2\}=0.4+0.24+0.144=0.784.$$

例 2.2.2 设随机变量 X 所有可能的取值为 $1,2,\cdots,n$,且已知概率 $P\{X=k\}$ 与 k 成正比,即 $P\{X=k\}=ak(k=1,2,\cdots,n)$,求常数 a 的值.

解 由分布律的性质

$$\sum_{k=1}^{n}P\{X=k\}=1,$$

即 $\sum\limits_{k=1}^{n}ak=1$,而 $\sum\limits_{k=1}^{n}ak=a\sum\limits_{k=1}^{n}k=a\cdot\dfrac{n(n+1)}{2}$,故 $a\dfrac{n(n+1)}{2}=1$,求得 $a=\dfrac{2}{n(n+1)}$.

2.2.2 几种常见的离散型随机变量的分布

2.2.2.1 (0—1)分布

一个只有两个结果的试验,称为伯努利试验,可表示为 $\begin{pmatrix}A & \overline{A}\\ p & q\end{pmatrix}$,其中 A 与 $\overline{A}$ 表示两个互斥事件,$p=P(A)$,$q=1-p=P(\overline{A})$.一个试验如果我们只关心某一事件 A 出现或不出现,都可以看作这种试验.例如,抽取一个产品时只关心是"正品"还是"次品",打靶时只关心是"命中"还是"不中",等等.在这种试验中,经常引入如下的随机变量

$$X=\begin{cases}1, & \text{若 } A \text{ 发生},\\ 0, & \text{若 } \overline{A} \text{ 发生},\end{cases}$$

则 X 是一个只取 0,1 两个数值的随机变量,其分布律为

X	0	1
P_X	q	p

(2.2.3)

$(0<p<1$，且 $q=1-p)$. 这种分布称为(0—1)分布.

(0—1)分布只有两个取值，所以也称**两点分布**(two-point distribution). 随机变量 X 服从(0—1)分布简记为 $X\sim B(1,p)$

例 2.2.3　100 件产品中，有 95 件正品、5 件次品，现从中随机地取 1 件，则可能是正品，也可能是次品，设随机变量 X 如下：

$$X=\begin{cases}1, & \text{当取得正品；}\\ 0, & \text{当取得次品.}\end{cases}$$

$$P\{X=0\}=\frac{C_5^1}{C_{100}^1}=0.05,$$

$$P\{X=1\}=\frac{C_{95}^1}{C_{100}^1}=0.95.$$

即 X 服从(0—1)分布. 也可写成下面的表格形式：

X	0	1
P_X	0.05	0.95

2.2.2.2　二项分布

设有一个伯努利试验：$\begin{pmatrix} A & \overline{A} \\ p & q \end{pmatrix}$. 现将此伯努利试验独立重复进行 n 次(即 n 重伯努利试验)，用 X 表示 n 重伯努利试验中 A 发生的次数，则 X 是一个随机变量，它所有可能取的值为 $0,1,2,\cdots,n$. $P\{X=k\}$ 正是 A 恰发生 k 次的概率，则 X 的分布律为

$$P\{X=k\}=C_n^k p^k q^{n-k},\quad k=0,1,2,\cdots,n. \tag{2.2.4}$$

则称 X 服从参数为 n,p 的**二项分布**(binomial distribution)，简记为 $X\sim B(n,p)$. 取用二项分布的名称是因为 $C_n^k p^k q^{n-k}$ 是二项展开式 $(p+q)^n=\sum\limits_{k=0}^{n} C_n^k p^k q^{n-k}$ 的一般项的缘故. 易知 $P\{X=k\}\geqslant 0(k=0,1,2,\cdots,n)$，且有

$$\sum_{k=0}^{n} P\{X=k\}=\sum_{k=0}^{n} C_n^k p^k q^{n-k}=(p+q)^n=1.$$

二项分布是一类相当重要的分布，应用广泛. 例如，放回抽样 n 次，所得次品的个数服从二项分布；抛掷 n 个硬币，其中出现正面的个数服从二项分布. 总之，在 n 重伯努利试验中，A 发生的次数 X 服从二项分布，并记为 $X\sim B(n,p)$，其中 $p=P(A)$.

特别当 $n=1$ 时，$X\sim B(1,p)$ 就成为(0—1)分布：

$$P\{X=k\}=p^k q^{1-k},\quad k=0,1. \tag{2.2.5}$$

例 2.2.4　一台机器加工某种产品，设所加工出来的每个产品为一级品的概率都是 0.2，现独立加工出 20 个产品，求这 20 个产品中的一级品数的分布律.

解　加工出一个产品看其是否为一级品，是一个伯努利试验，加工 20 个相当于做 20 重

伯努利试验. 以 X 表示 20 个产品中的一级品数，则 X 服从参数 $n=20, p=0.2$ 的二项分布，即随机变量$X\sim B(20,0.2)$. 由式(2.2.4)即得 X 的分布律

$$P\{X=k\}=C_{20}^{k}(0.2)^{k}(0.8)^{20-k}, k=0,1,\cdots,20.$$

例 2.2.5 随机数字序列要有多长才能使 0 至少出现一次的概率不小于 0.9?

解 随机数字序列就是每次从 0～9 十个数字中随机取 1 个(取后放回)作成的序列. 每次取到 0 的概率为 0.1；取 n 次(n 即随机数字序列的长度)相当于 n 次独立重复试验，其中取到 0 的次数 $X\sim B(n,0.1)$. 依题意应有

$$P\{X\geqslant 1\}=1-P\{X=0\}=1-(0.9)^{n}\geqslant 0.9,$$

即$(0.9)^{n}\leqslant 0.1$，解得 $n\geqslant 22$.

例 2.2.6 某人对一目标进行射击，设每次射击的命中率都是 0.001，独立射击 5 000 次，求至少 2 次击中目标的概率.

解 将每次射击看成是一次试验，设击中目标的次数为 X，则 $X\sim B(5\,000,0.001)$，即

$$P\{X=k\}=C_{5\,000}^{k}(0.001)^{k}(0.999)^{5\,000-k}, k=0,1,2,\cdots,5\,000.$$

于是所求概率为

$$\begin{aligned}
P\{X\geqslant 2\}&=\sum_{k=2}^{5\,000} C_{5\,000}^{k}(0.001)^{k}(0.999)^{5\,000-k}\\
&=1-P\{X<2\}=1-\sum_{k=0}^{1} P\{X=k\}=1-P\{X=0\}-P\{X=1\}\\
&=1-C_{5\,000}^{0}(0.001)^{0}(0.999)^{5\,000}-C_{5\,000}^{1}(0.001)^{1}(0.999)^{4\,999}\\
&\approx 1-0.006\,72-0.033\,64=0.959\,64.
\end{aligned}$$

2.2.2.3 **泊松分布**

若随机变量 X 的所有可能取值均为非负整数，其分布律为

$$P\{X=k\}=\frac{\lambda^{k}e^{-\lambda}}{k!}\quad (\lambda>0 \text{ 为常数}; k=0,1,2,\cdots), \tag{2.2.6}$$

则称 X 服从参数为λ 的**泊松分布**(Poisson distribution)，记为 $X\sim P(\lambda)$.

易知 $P\{X=k\}\geqslant 0(k=0,1,2,\cdots)$，且有

$$\sum_{k=0}^{\infty} P\{X=k\}=\sum_{k=0}^{\infty}\frac{\lambda^{k}e^{-\lambda}}{k!}=e^{-\lambda}\sum_{k=0}^{\infty}\frac{\lambda^{k}}{k!}=e^{-\lambda}\cdot e^{\lambda}=1.$$

泊松变量在实际中存在相当广泛，例如纺纱车间大量纱锭上的纺线在一个时间间隔内被扯断的次数，纺织厂生产的一批布匹上的疵点个数，电话总机在一段时间内收到的呼唤次数，种子中杂草种子的个数，一本书某页(或某几页)上印刷错误的个数，在一个固定时间内从某块放射物质中发射出的 α 粒子的数目等都服从泊松分布. 它也是概率论中一种重要分布.

为了计算泊松分布的数值，书后附有泊松分布表可供查用.

例 2.2.7 设电话总机在某段时间内接收到的呼唤次数服从参数为 $\lambda=3$ 的泊松分布，求：

(1) 恰接收到 5 次呼唤的概率；

(2) 接收到的呼唤不超过 5 次的概率.

解 设 X 表示电话总机接收到的呼唤次数，按题意，

$$P\{X=k\}=\frac{3^k e^{-3}}{k!},\quad k=0,1,2,\cdots.$$

(1) $P\{X=5\}=\frac{3^5 e^{-3}}{5!}=0.1008.$

也可利用泊松分布表计算，

$$P\{X=5\}=P\{X\geqslant5\}-P\{X\geqslant6\}=\sum_{k=5}^{\infty}\frac{e^{-3}3^k}{k!}-\sum_{k=6}^{\infty}\frac{e^{-3}3^k}{k!}$$

$$\xlongequal{\text{(查表)}}0.1847-0.0839=0.1008.$$

(2) $P\{X\leqslant5\}=1-P\{X\geqslant6\}=1-\sum_{k=6}^{\infty}\frac{3^k e^{-3}}{k!}=1-0.0839=0.9161.$

2.2.2.4　**几何分布**

设某射击选手对同一目标连续射击，每次射击命中率为 $p(0<p<1)$. 考虑直到命中目标才停止射击，其首次命中目标所需次数 X 是一个离散型随机变量。X 的可能取值为 1，2，3，…，且

$$P(X=k)=pq^{k-1},k=1,2,\cdots, \tag{2.2.7}$$

列表表示为

X	1	2	3	…	k	…
P_X	p	qp	q^2p	…	$q^{k-1}p$	…

其中 $p+q=1$，则称 X 服从参数为 p 的**几何分布**(geometrical distribution)，记为 $X\sim G(p)$.

由于几何分布各项和构成几何级数，其分布也因之得名.

一般情况下，一个研究对象可用伯努利试验来描述，事件 A 发生的概率为 p. 若试验顺次独立进行，以 X 表示第一次出现 A 时所进行的试验次数，则 X 服从几何分布.

2.2.2.5　**超几何分布**

设一批产品共 N 件，其中 M 件次品，现从中任取 n 件($n\leqslant N$)，则此 n 件产品中的次品数 X 是一个离散型随机变量. X 所能取的值是 $0,1,2,\cdots,\min(n,M)$，其分布律为

$$P\{X=k\}=\frac{C_M^k C_{N-M}^{n-k}}{C_N^n},\quad k=0,1,2,\cdots,\min(n,M), \tag{2.2.8}$$

称 X 服从参数为 M,N,n 的**超几何分布**(hypergeometric distribution). 因为 $P\{X=k\}$ 可看成是超几何级数的一般项系数故得名，记作 $X\sim H(M,N,n)$.

超几何分布在抽样检验中具有重要作用，是质量管理中经常使用的一种分布.

2.2.3　二项分布的近似计算和泊松定理

设 $X\sim B(n,p)$，$P\{X=k\}=C_n^k p^k(1-p)^{n-k}$，$k=0,1,2,\cdots,n$，它共有$n+1$项，在这 $n+1$ 项中，k 取何值时概率 $P\{X=k\}$ 最大是一个值得研究的问题. 为此我们考虑

$$\frac{P\{X=k\}}{P\{X=k-1\}}=\frac{C_n^k p^k(1-p)^{n-k}}{C_n^{k-1}p^{k-1}(1-p)^{n-k+1}}=\frac{(n-k+1)p}{k(1-p)}$$

$$=\frac{(n+1)p+k(1-p-1)}{k(1-p)}=1+\frac{(n+1)p-k}{k(1-p)},$$

故　　当 $k<(n+1)p$ 时，$P\{X=k\}>P\{X=k-1\}$；

当 $k=(n+1)p$ 时，$P\{X=k\}=P\{X=k-1\}$；

当 $k>(n+1)p$ 时，$P\{X=k\}<P\{X=k-1\}$.

于是当

$$k_0=\begin{cases}(n+1)p \text{ 或}(n+1)p-1, & (n+1)p \text{ 是整数}, \\ [(n+1)p], & (n+1)p \text{ 不是整数}\end{cases} \tag{2.2.9}$$

时二项分布取到最大概率值. 其中[　]表示取不超过该值的最大整数值.

另外，在二项分布中，如 n 很大时计算就十分麻烦. 下面的泊松定理给出一个 n 大而 p 小的情况下的近似计算公式. 在这种情况下，可利用二项分布与泊松分布的近似关系，然后通过查泊松分布表近似地求出二项分布的值.

泊松定理　设 $p_n=\dfrac{\lambda}{n}$，$\lambda>0$ 是常数，则对任一非负整数 k，有

$$\lim_{n\to\infty}C_n^k p_n^k(1-p_n)^{n-k}=\frac{\lambda^k e^{-\lambda}}{k!}.$$

证明

$$C_n^k p_n^k(1-p_n)^{n-k}=\frac{n(n-1)\cdots(n-k+1)}{k!}\left(\frac{\lambda}{n}\right)^k\left(1-\frac{\lambda}{n}\right)^{n-k}$$

$$=\frac{\lambda^k}{k!}\left[1\times\left(1-\frac{1}{n}\right)\left(1-\frac{2}{n}\right)\cdots\left(1-\frac{k-1}{n}\right)\right]\left(1-\frac{\lambda}{n}\right)^n\left(1-\frac{\lambda}{n}\right)^{-k}.$$

对任意固定的非负整数 k，因为

$$\lim_{n\to\infty}\left(1-\frac{1}{n}\right)\cdots\left(1-\frac{k-1}{n}\right)=1,$$

$$\lim_{n\to\infty}\left(1-\frac{\lambda}{n}\right)^{-k}=1,$$

$$\lim_{n\to\infty}\left(1-\frac{\lambda}{n}\right)^{n}=e^{-\lambda},$$

所以

$$\lim_{n\to\infty}C_n^k p_n^k(1-p_n)^{n-k}=\frac{\lambda^k}{k!}e^{-\lambda}.$$

根据泊松定理，对需要计算的 $C_n^k p^k(1-p)^{n-k}$，当 n 很大且 p 很小时，可以看作是定理中的 $C_n^k p_n^k(1-p_n)^{n-k}$，即把 p 看作 p_n，而 $\lambda=np$，于是有近似公式

$$C_n^k p^k(1-p)^{n-k}\approx\frac{\lambda^k e^{-\lambda}}{k!}. \tag{2.2.10}$$

一般当 $n\geqslant 10$ 且 $p\leqslant 0.1$ 时就可用泊松分布近似代替二项分布，而泊松分布本书有表可查.

例如，对于例 2.2.6 的击中目标的次数 X，已有

$$X\sim B(5\,000, 0.001), n=5\,000, p=0.001,$$

可以用泊松定理，即用公式(2.2.10)近似计算 $P\{X\geqslant 2\}$，此时 $\lambda=np=5$，于是

$$P\{X\geqslant 2\}=\sum_{k=2}^{5\,000}C_{5\,000}^k(0.001)^k(0.999)^{5\,000-k}$$

$$\approx\sum_{k=2}^{5\,000}\frac{5^k e^{-5}}{k!}\approx\sum_{k=2}^{\infty}\frac{5^k e^{-5}}{k!}\overset{\text{(查表)}}{=\!=\!=}0.959\,57.$$

例 2.2.8　现有同类型设备300台，各台工作相互独立，发生故障的概率都是0.01.为保证设备正常工作，需要配备适量的维修工人(工人配备多了就浪费，配备少了又要影响生产)，假设一台设备的故障由一人来处理，问至少需配备多少工人，才能保证当设备发生故障但不能及时维修的概率小于0.005?

解　设需要配备 N 人.记同一时刻发生故障的设备台数为 X，则 $X\sim B(300,0.01)$.所要解决的问题是确定 N，使得

$$P\{X>N\}<0.005.$$

可用泊松定理近似公式，$\lambda=np=3$，

$$\begin{aligned}P\{X>N\}&=P\{X\geqslant N+1\}\\&=\sum_{k=N+1}^{300}C_{300}^{k}(0.01)^{k}(0.99)^{300-k}\\&\approx\sum_{k=N+1}^{300}\frac{3^{k}e^{-3}}{k!}\approx\sum_{k=N+1}^{\infty}\frac{3^{k}e^{-3}}{k!}<0.005,\end{aligned}$$

查泊松分布表知 $\sum\limits_{k=N+1}^{\infty}\frac{3^{k}e^{-3}}{k!}=0.003\,803<0.005$ 所对应的 $N+1=9$，可知最小的 N 应该是8，因此至少需配备8个维修工人.

例 2.2.9　在上例中，若有20台设备，只配备1个维修工人，求当设备发生故障而不能及时维修的概率.又若有80台设备，配备3个维修工人，求当设备发生故障而不能及时维修的概率.

解　在前一种情况，记 X 为同一时刻发生故障的设备台数，则 $X\sim B(20,0.01)$，$\lambda=np=0.2$，于是设备发生故障而不能及时维修的概率为

$$\begin{aligned}P\{X>1\}&=1-P\{X\leqslant 1\}\\&=1-\sum_{k=0}^{1}C_{20}^{k}(0.01)^{k}(0.99)^{20-k}\approx 1-\sum_{k=0}^{1}\frac{e^{-0.2}(0.2)^{k}}{k!}\\&=\sum_{k=2}^{\infty}\frac{e^{-0.2}(0.2)^{k}}{k!}=0.017\,5.\end{aligned}$$

注：直接用二项分布计算，值为0.016 9，可见 $n=20$ 用泊松分布近似二项分布误差已不大.

在后一种情况，由3人共同负责维修80台，设同一时刻发生故障的设备台数为 X，则 $X\sim B(80,0.01)$，$\lambda=80\times 0.01=0.8$，于是设备发生故障而不能及时维修的概率为

$$P\{X>3\}=P\{X\geqslant 4\}\approx\sum_{k=4}^{\infty}\frac{(0.8)^{k}e^{-0.8}}{k!}=0.009\,1.$$

计算结果表明，后一种情况尽管任务重了(每人平均维修27台)，但不能及时维修的概率变小了.这说明，由3人共同负责维修80台，比由一人单独维修20台更好，既节约了人力又提高了工作效率.所以可用概率论的方法进行国民经济管理，以便达到更有效地使用人力、物力资源的目的.因此概率方法就成为运筹学的一个有力工具.

运用泊松定理可以合理解释许多随机变量服从或近似服从泊松分布的现象.例如体积为 V 的放射性物质在单位时间 T 内发射出的 α 粒子数 X 可用泊松分布来描述.事实上，若将 V 等分成 n 个小块，每个小块体积为 $\Delta V=V/n$，假设 n 很大，ΔV 很小，可认为每一 ΔV 在

时间 T 内发射出的 α 粒子数超过 1 个的概率近似为 0，发射出 1 个 α 粒子的概率为 $p_n=\mu\Delta V=\mu V/n$（常数 $\mu>0$），每一 ΔV 是否发射 α 粒子是相互独立的，于是 X 近似服从 $B(n,p_n)$，即

$$P\{X=k\}\approx C_n^k p_n^k(1-p_n)^{n-k}\approx\frac{(np_n)^k}{k!}e^{-(np_n)}=\frac{(\mu V)^k}{k!}e^{-\mu V}=\frac{\lambda^k}{k!}e^{-\lambda},$$

其中 $\lambda=\mu V$.

2.3 随机变量的分布函数

由于离散型随机变量只能取有限个或可列个数值，故只需求出它取每个可能值的概率，即求出它的分布律，便能确定它落在任一区间的概率，从而准确得到它的概率分布. 但对于非离散型随机变量来说，它的所有可能值可以充满某个区间，甚至整个数轴，是不可列的，不能一个一个地列出来，这样就不能用求出它取每个可能值的概率的方法，来确定它落在任一区间的概率. 其相似于我们不能用每个点的长度(其实每个点的长度都等于零)来确定一个区间的长度.

本节所介绍的随机变量的分布函数，具有普适性，适用于任何类型的随机变量，不管是离散型还是非离散型，均十分有效，故这一内容是用来确定随机变量的概率分布的数学工具.

设 X 是一个随机变量，要确定它的概率分布，也就是要确定它落在任一区间 $(x_1,x_2]$ 的概率 $P\{x_1<X\leqslant x_2\}$，由图 2.3.1 易知

$$P\{x_1<X\leqslant x_2\}=P\{X\leqslant x_2\}-P\{X\leqslant x_1\}.$$

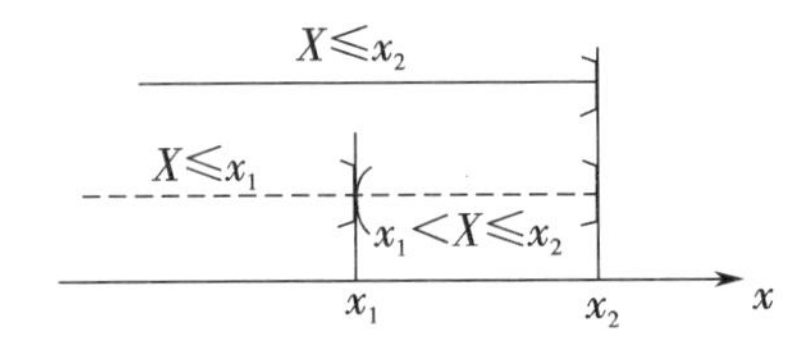

图 2.3.1

由此可见，若对任何给定的实数 x，事件 $\{X\leqslant x\}$ 的概率 $P\{X\leqslant x\}$ 都确定的话，概率 $P\{x_1<X\leqslant x_2\}$ 也就确定了. 概率 $P\{X\leqslant x\}$ 是依赖于实数 x 的，即 $P\{X\leqslant x\}$ 是 x 的函数，于是引进分布函数的概念.

定义 2.3.1 设 X 是一个随机变量，对任何实数 x，令

$$F(x)=P\{X\leqslant x\},\quad x\in(-\infty,\infty),\tag{2.3.1}$$

称 $F(x)$ 为随机变量 X 的**分布函数**(distribution function).

分布函数 $F(x)$ 是一个普通的函数，它的定义域是整个实数轴. $F(x)$ 在 x 点处的函数值表示随机变量 X 落在区间 $(-\infty,x]$ 上的概率，即 X 落在点 x 及其左边的概率.

对于任何实数 $x_1,x_2(x_1<x_2)$，有

$$P\{x_1<X\leqslant x_2\}=P\{X\leqslant x_2\}-P\{X\leqslant x_1\}=F(x_2)-F(x_1).\tag{2.3.2}$$

因此若已知随机变量 X 的分布函数，就能知道 X 落在任一区间 $(x_1,x_2]$ 上的概率.

分布函数 $F(x)$ 具有以下基本性质.

(1) $0 \leqslant F(x) \leqslant 1, \quad -\infty < x < +\infty$.

(2) $F(x)$ 是 x 的不减函数. 即若 $x_1 < x_2$, 则有

$$F(x_1) \leqslant F(x_2).$$

事实上, 由式(2.3.2), 当 $x_1 < x_2$ 时,

$$F(x_2) - F(x_1) = P\{x_1 < X \leqslant x_2\} \geqslant 0.$$

(3) $F(-\infty) = \lim\limits_{x \to -\infty} F(x) = 0, F(+\infty) = \lim\limits_{x \to +\infty} F(x) = 1$.

事实上, 由于 $F(x) = P\{X \leqslant x\}$, 当点 x 沿数轴向左无限移动(即 $x \to -\infty$)时, 随机变量 X 落在 x 点左边的概率趋于 0, 即有 $F(-\infty) = 0$. 当点 x 沿数轴向右无限移动(即 $x \to +\infty$)时, 随机变量 X 落在 x 点左边这个事件 $\{X \leqslant x\}$ 将变为必然事件, 其概率趋于 1, 即有 $F(+\infty) = 1$.

(4) $F(x+0) = F(x)$, 即 $F(x)$ 在每一点 x 处都是右连续的(证略).

如果任何一个函数满足上述 4 条性质, 那么它必是某个随机变量的分布函数.

为了区别不同随机变量的分布函数, 通常将随机变量 X 的分布函数记作 $F_X(x)$.

上面公式(2.3.2)说明, 利用随机变量 X 的分布函数 $F(x)$ 可以求出 X 落在左开右闭区间 $(x_1, x_2]$ 的概率. 在此基础上, 也可以利用 $F(x)$ 求 X 落在开区间或闭区间的概率. 由于

$$P\{x_1 < X < x_2\} = P\{x_1 < X \leqslant x_2\} - P\{X = x_2\} = F(x_2) - F(x_1) - P\{X = x_2\},$$

$$P\{x_1 \leqslant X \leqslant x_2\} = P\{x_1 < X \leqslant x_2\} + P\{X = x_1\} = F(x_2) - F(x_1) + P\{X = x_1\},$$

因此只要再知道如何用 $F(x)$ 求 X 取任一指定值 a 的概率 $P\{X = a\}$, 就可以完全用分布函数 $F(x)$ 表示出 $P\{x_1 < X < x_2\}$ 及 $P\{x_1 \leqslant X \leqslant x_2\}$.

由公式(2.3.2), 对任何正数 ε, 有

$$P\{a - \varepsilon < X \leqslant a\} = F(a) - F(a - \varepsilon),$$

令 $\varepsilon \to 0$, 上式左边将变为 $P\{X = a\}$, 右边将变为 $F(a) - F(a-0)$, 故得

$$P\{X = a\} = F(a) - F(a-0), \tag{2.3.3}$$

而分布函数 $F(x)$ 是右连续的, 上式也可写为

$$P\{X = a\} = F(a+0) - F(a-0).$$

所以概率 $P\{X = a\}$ 等于分布函数 $F(x)$ 在点 a 的右极限与左极限之差, 称为 $F(x)$ 在点 a 处的跳跃值.

总之, 根据公式(2.3.1)、(2.3.2)、(2.3.3)就可以用分布函数 $F(x)$ 求出 X 落在任一区间的概率, 不管这个区间是什么样的区间.

例 2.3.1 有 5 件产品, 其中 2 件次品, 3 件正品, 从中任取 2 件, 所取得的次品数用 X 表示, 求:

(1) X 的分布律;

(2) X 的分布函数;

(3) $P\{1 < X \leqslant 2\}, P\{1 \leqslant X \leqslant 2\}$.

解 X 只能取 0,1,2 这 3 个数值, 是一个离散型随机变量.

(1) X 的分布律为如下的超几何分布

$$P\{X=k\}=\frac{C_2^k C_3^{2-k}}{C_5^2},\quad k=0,1,2.$$

结果也可写成如下的表格

X	0	1	2
p_X	$\frac{3}{10}$	$\frac{6}{10}$	$\frac{1}{10}$

(2) 为了求它的分布函数 $F(x)=P\{X\leqslant x\}$,对自变量 x 分为 $x<0,0\leqslant x<1,1\leqslant x<2$, $x\geqslant 2$ 这 4 种情形讨论.

当 $x<0$ 时,$\{X\leqslant x\}$是不可能事件(见图 2.3.2),

$$F(x)=P\{X\leqslant x\}=0;$$

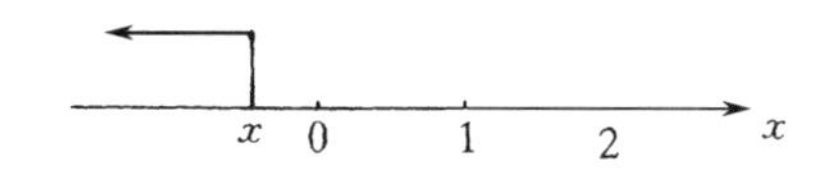

图 2.3.2

当 $0\leqslant x<1$ 时,$\{X\leqslant x\}=\{X=0\}$(见图 2.3.3),

$$F(x)=P\{X\leqslant x\}=P\{X=0\}=\frac{3}{10};$$

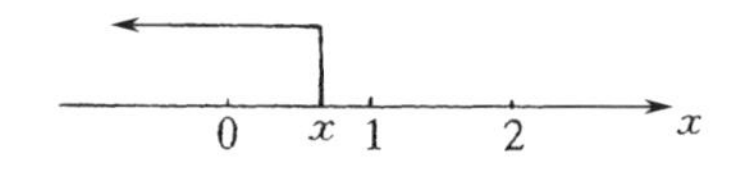

图 2.3.3

当 $1\leqslant x<2$ 时,$\{X\leqslant x\}=\{X=0\}\cup\{X=1\}$(见图 2.3.4),

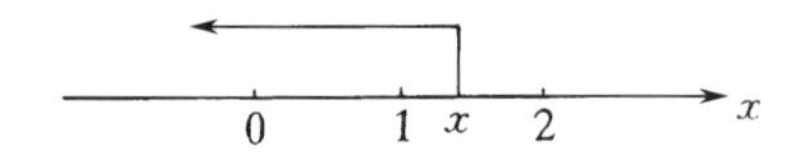

图 2.3.4

$$\begin{aligned}F(x)&=P\{X\leqslant x\}=P(\{X=0\}\cup\{X=1\})\\&=P\{X=0\}+P\{X=1\}=\frac{3}{10}+\frac{6}{10}=\frac{9}{10};\end{aligned}$$

当 $x\geqslant 2$ 时,$\{X\leqslant x\}=\{X=0\}\cup\{X=1\}\cup\{X=2\}=\Omega$(见图 2.3.5),

$$F(x)=P\{X\leqslant x\}=P\{X=0\}+P\{X=1\}+P\{X=2\}=1.$$

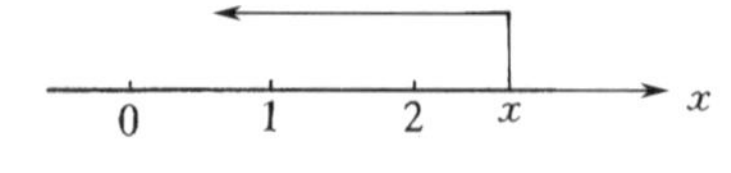

图 2.3.5

综上所述,X 的分布函数

$$F(x)=P\{X\leqslant x\}=\begin{cases}0, & x<0,\\ \frac{3}{10}, & 0\leqslant x<1,\\ \frac{9}{10}, & 1\leqslant x<2,\\ 1, & x\geqslant 2.\end{cases}$$

$F(x)$的图形如图 2.3.6 所示，是一个阶梯形的函数.

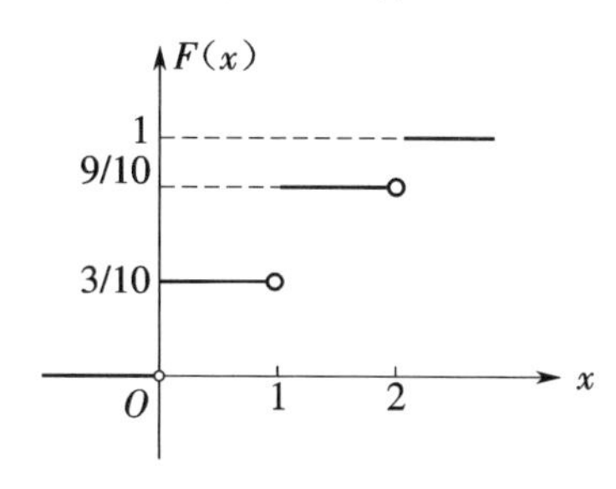

图 2.3.6

(3) 根据 X 的分布律，

$$P\{1<X\leqslant 2\}=P\{X=2\}=\frac{1}{10};$$

$$P\{1\leqslant X\leqslant 2\}=P\{X=1\}+P\{X=2\}=\frac{6}{10}+\frac{1}{10}=\frac{7}{10}.$$

也可利用分布函数 $F(x)$来求，

$$P\{1<X\leqslant 2\}=F(2)-F(1)=1-\frac{9}{10}=\frac{1}{10};$$

$$P\{1\leqslant X\leqslant 2\}=P\{1<X\leqslant 2\}+P\{X=1\}=\frac{1}{10}+\frac{6}{10}=\frac{7}{10};$$

$$(P\{X=1\}=F(1)-F(1-0)=\frac{9}{10}-\frac{3}{10}=\frac{6}{10}.)$$

例 2.3.2　一个靶子是一个半径为 2 m 的圆盘，设击中靶上任一同心圆盘的概率与该圆盘的面积成正比，并设射击都能中靶，以 X 表示弹着点与圆心的距离. 求：

(1) 随机变量 X 的分布函数；

(2) $P\{\frac{1}{2}<X\leqslant 1\}$，$P\{X=1\}$.

解　X 的所有可能值充满区间$[0,2]$，因此此随机变量 X 不是离散型的.

(1) X 的分布函数 $F(x)=P\{X\leqslant x\}$.

若 $x<0$，则$\{X\leqslant x\}$是不可能事件，$F(x)=P\{X\leqslant x\}=0$.

若 $0\leqslant x\leqslant 2$，由题意 $P\{0\leqslant X\leqslant x\}=ax^2$，$a$ 为某一常数. 为了确定 a 的值，取 $x=2$，有 $P\{0\leqslant X\leqslant 2\}=a\cdot 2^2$，因 $P\{0\leqslant X\leqslant 2\}=1$，故得 $a=\frac{1}{4}$. 从而 $P\{0\leqslant X\leqslant x\}=\frac{1}{4}x^2$. 于是

$$F(x)=P\{X\leqslant x\}=P\{X<0\}+P\{0\leqslant X\leqslant x\}=0+\frac{1}{4}x^2.$$

若 $x>2$，则$\{X\leqslant x\}$是必然事件，$F(x)=P\{X\leqslant x\}=1$.

综上所述，X 的分布函数为

$$F(x)=\begin{cases}0, & x<0,\\ \dfrac{x^2}{4}, & 0\leqslant x\leqslant 2,\\ 1, & x>2.\end{cases}$$

它的图形是一条连续的曲线，如图 2.3.7 所示.

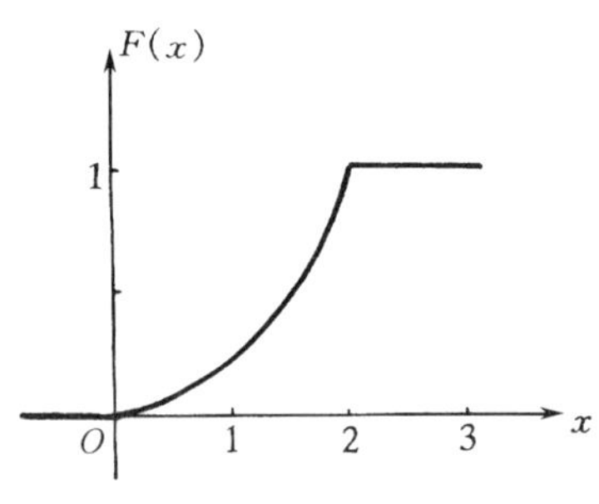

图 2.3.7

(2) $P\{\frac{1}{2}<X\leqslant 1\}=F(1)-F\left(\frac{1}{2}\right)=\frac{1}{4}-\frac{1}{16}=\frac{3}{16}$.

$P\{X=1\}=F(1)-F(1-0)=0$.

需要指出，这里 $P\{X=1\}=0$ 并非意味着事件$\{X=1\}$是不可能事件. 在此例中 X 表示弹着点与圆心的距离，因此事件$\{X=1\}$即“弹着点与圆心的距离等于 1”，亦即“弹着点落在半径为 1 的圆周曲线上”，这事件的概率虽然为 0，但并不是不可能事件，它是有可能发生的. 也就是说，虽然有 $P(\varnothing)=0$，但反之，若 $P(A)=0$，则并不一定意味着 A 是不可能事件. 同样，虽然有 $P(\Omega)=1$，但反之，若 $P(A)=1$，则也不一定意味着 A 是必然事件.

例 2.3.2 中的随机变量 X，其分布函数 $F(x)$不仅是一个连续函数，而且除个别点外(除点 $x=2$ 外)，它的导数都存在，

$$F'(x)=\begin{cases}\dfrac{x}{2}, & 0<x<2,\\ 0, & x\leqslant 0 \text{ 或 } x>2.\end{cases}$$

如果我们定义一个函数 $f(x)$，除 $x=2$ 外，与 $F'(x)$相同，而在 $x=2$ 处，定义其函数值为 0，即

$$f(x)=\begin{cases}\dfrac{x}{2}, & 0<x<2,\\ 0, & x\leqslant 0 \text{ 或 } x\geqslant 2.\end{cases}$$

那么可以验证有

$$F(x)=\int_{-\infty}^{x} f(t)\,\mathrm{d}t,$$

即 $F(x)$可以表示为一个非负函数 $f(t)$在区间$(-\infty,x]$上的积分. 其分布函数 $F(x)$具有此特性的随机变量就是下一节要讲的连续型随机变量.

2.4　连续型随机变量的概率密度

2.4.1　概率密度函数

在非离散型随机变量中，最重要的一类就是**连续型随机变量**(continuous random variable)，如在上一节例2.3.2后所述，其特点是分布函数可以表示为一个非负函数在变上限区间$(-\infty,x]$上的积分.于是有下述定义.

定义　如果对随机变量X的分布函数$F(x)$，存在非负函数$f(x)$，使得对任何实数x有

$$F(x)=\int_{-\infty}^{x}f(t)\mathrm{d}t, \tag{2.4.1}$$

则称X为连续型随机变量.

由式(2.4.1)知，若$f(x)$在点x连续，则有

$$F'(x)=f(x), \tag{2.4.2}$$

即

$$f(x)=F'(x)=\lim_{\Delta x\to 0}\frac{F(x+\Delta x)-F(x)}{\Delta x},$$

而当$\Delta x>0$时，$P\{x<X\leqslant x+\Delta x\}=F(x+\Delta x)-F(x)$，仿照质量密度的概念，

$$\frac{P\{x<X\leqslant x+\Delta x\}}{\Delta x}=\frac{F(x+\Delta x)-F(x)}{\Delta x}$$

表示X落在长为Δx的区间$(x,x+\Delta x]$上的平均概率密度，当$\Delta x\to 0$时，其极限为

$$f(x)=F'(x)=\lim_{\Delta x\to 0}\frac{F(x+\Delta x)-F(x)}{\Delta x}=\lim_{\Delta x\to 0}\frac{P\{x<X\leqslant x+\Delta x\}}{\Delta x},$$

表示随机变量X在点x处的概率密度.所以在上面定义中的非负函数$f(x)$称为X的**概率密度函数**(probability density function)，简称为X的**概率密度或分布密度**.

概率密度$f(x)$具有以下基本性质：

(1) $f(x)\geqslant 0$;

(2) $\int_{-\infty}^{+\infty}f(x)\,\mathrm{d}x=1$.

事实上，由式(2.4.1)知

$$\int_{-\infty}^{+\infty}f(x)\mathrm{d}x=F(+\infty)=P\{-\infty<X<+\infty\}=1.$$

这说明介于密度曲线$y=f(x)$与Ox轴之间的平面图形的面积等于1(图2.4.1).

如果任何一个函数$f(x)$满足基本性质(1)和(2)，那么$f(x)$必是某个随机变量的概率密度函数.

由式(2.4.1)可知道连续型随机变量X的分布函数$F(x)$一定是连续函数，它的图形$y=F(x)$是位于直线$y=0$与$y=1$之间的广义单调上升的连续曲线(如图2.4.2所示).

由式(2.4.1)还得

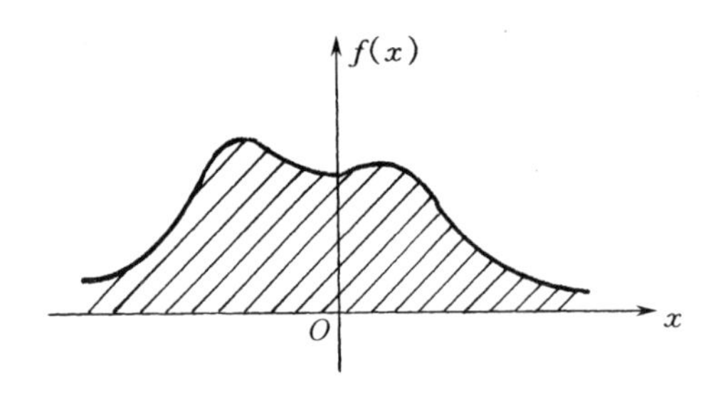

图 2.4.1

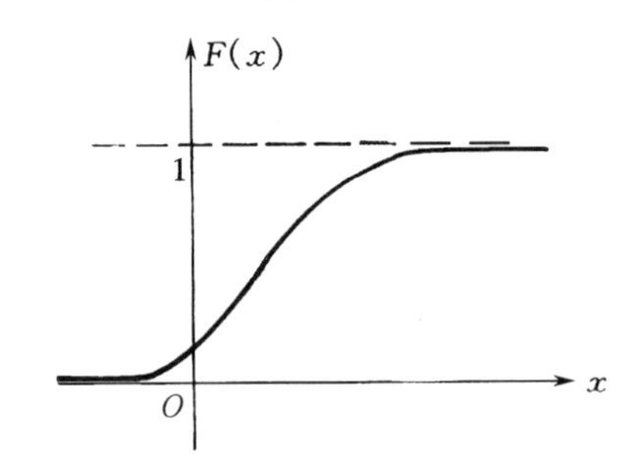

图 2.4.2

$$P\{x_1<X\leqslant x_2\}=F(x_2)-F(x_1)=\int_{x_1}^{x_2}f(x)\mathrm{d}x, \tag{2.4.3}$$

即连续型随机变量 X 落在区间$(x_1,x_2]$上的概率等于它的概率密度 $f(x)$在该区间上的定积分.其几何意义是由直线 $x=x_1$,$x=x_2$,x 轴及曲线 $y=f(x)$所围成的曲边梯形的面积(图 2.4.3).又因为连续型随机变量 X 的分布函数 $F(x)$是连续函数,所以 X 取任一指定值 a 的概率

$$P\{X=a\}=F(a)-F(a-0)=0.$$

因此 $P\{x_1<X<x_2\}=P\{x_1\leqslant X\leqslant x_2\}=P\{x_1\leqslant X<x_2\}=P\{x_1<X\leqslant x_2\}$,公式(2.4.3)左边 X 所落入的区间不必区分该区间是开区间或闭区间或半开半闭区间了.

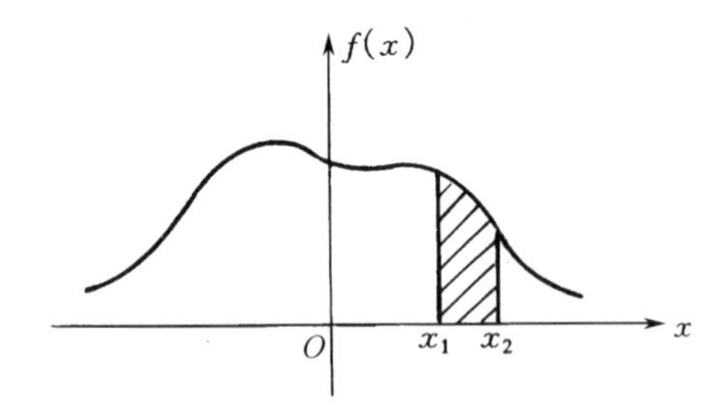

图 2.4.3

公式(2.4.3)表明,连续型随机变量 X 落在任一区间的概率,既可由分布函数$F(x)$求得,也可由概率密度 $f(x)$求得,换句话说,连续型随机变量 X 的概率分布,既可用分布函数 $F(x)$来确定,也可用概率密度 $f(x)$来确定.

当 X 的概率密度 $f(x)$已知时,可由 $F(x)=\int_{-\infty}^{x}f(t)\mathrm{d}t$ 求出分布函数;当 X 的分布函

数 $F(x)$ 已知时，可由 $f(x)=F'(x)$ 求出概率密度. 一般情况下，分布函数 $F(x)$ 如果是连续函数，而且除有限个点外，其导函数 $F'(x)$ 存在且可积，则 $f(x)=F'(x)$ 就是概率密度. 在有限个 $F'(x)$ 不存在的 x 点处，可任意规定 $f(x)$ 的值，这是因为 X 落在任一区间的概率是用概率密度 $f(x)$ 在该区间上的积分来表示的，而改变被积函数在有限个点处的值并不影响积分的结果，故可以在 $F'(x)$ 不存在的点处任意规定 $f(x)$ 的值.

例 2.4.1　设某种元件的寿命 X(单位:kh)具有概率密度

$$f(x)=\begin{cases} k\mathrm{e}^{-3x}, & x>0, \\ 0, & x\leqslant 0. \end{cases}$$ 其中 k 为常数.

(1) 确定常数 k；

(2) 求寿命超过 1(kh)的概率.

解　(1) 根据 $\int_{-\infty}^{+\infty} f(x)\mathrm{d}x=\int_0^{+\infty} k\mathrm{e}^{-3x}\mathrm{d}x=1$，即 $\frac{k}{3}=1$，得 $k=3$. 于是 X 的概率密度为

$$f(x)=\begin{cases} 3\mathrm{e}^{-3x}, & x>0, \\ 0, & x\leqslant 0. \end{cases}$$

(2) 所求概率为

$$P\{X>1\}=\int_1^{+\infty} f(x)\mathrm{d}x=\int_1^{+\infty} 3\mathrm{e}^{-3x}\mathrm{d}x=\mathrm{e}^{-3}=0.049\ 8.$$

例 2.4.2　设连续型随机变量 X 的分布函数为

$$F(x)=\begin{cases} A+B\mathrm{e}^{-\frac{x^2}{2}}, & x>0, \\ 0, & x\leqslant 0. \end{cases}$$

求:(1) 常数 A 与 B；

(2) X 的概率密度函数 $f(x)$；

(3) X 落在区间(1,2)的概率.

解　(1) 因为 $F(+\infty)=1$，即 $\lim\limits_{x\to+\infty}(A+B\mathrm{e}^{-\frac{x^2}{2}})=1$，得 $A=1$. 又因连续型随机变量 X 的分布函数是连续函数，故 $F(x)$ 在 $x=0$ 点连续，从而

$$\lim_{x\to 0^+} F(x)=\lim_{x\to 0^-} F(x),$$

得 $A+B=0$，而已有 $A=1$，所以 $B=-1$. 即

$$F(x)=\begin{cases} 1-\mathrm{e}^{-\frac{x^2}{2}}, & x>0, \\ 0, & x\leqslant 0. \end{cases}$$

(2) 对 $F(x)$ 求导，得 X 的概率密度函数

$$F'(x)=f(x)=\begin{cases} x\mathrm{e}^{-\frac{x^2}{2}}, & x>0, \\ 0, & x\leqslant 0. \end{cases}$$

(3) X 落在区间(1,2)内的概率为

$$P\{1<X<2\}=\int_1^2 x\mathrm{e}^{-\frac{x^2}{2}}\mathrm{d}x=F(2)-F(1)=\mathrm{e}^{-\frac{1}{2}}-\mathrm{e}^{-2}=0.471\ 2.$$

例 2.4.3　设随机变量 X 的概率密度为

$$f(x)=\begin{cases}\frac{1}{2}\cos x, & |x|\leqslant\frac{\pi}{2},\\ 0, & |x|>\frac{\pi}{2}.\end{cases}$$

求：(1) $f(x)$的图形；

(2) X 的分布函数及其图形.

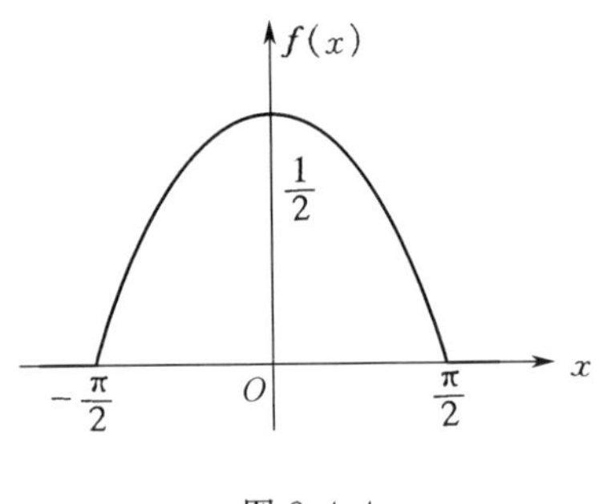

图 2.4.4

解 (1) $f(x)$的图形如图 2.4.4 所示.

(2) $F(x)=\int_{-\infty}^{x}f(t)\mathrm{d}t$,

当 $x<-\frac{\pi}{2}$时， $F(x)=\int_{-\infty}^{x}0\mathrm{d}t=0$；

当$-\frac{\pi}{2}\leqslant x<\frac{\pi}{2}$时，

$$F(x)=\int_{-\infty}^{x}f(t)\mathrm{d}t=\int_{-\infty}^{-\frac{\pi}{2}}0\mathrm{d}t+\int_{-\frac{\pi}{2}}^{x}\frac{1}{2}\cos t\mathrm{d}t$$

$$=\frac{1}{2}+\frac{1}{2}\sin x;$$

当 $x\geqslant\frac{\pi}{2}$时，

$$F(x)=\int_{-\infty}^{x}f(t)\mathrm{d}t=\int_{-\infty}^{-\frac{\pi}{2}}0\mathrm{d}t+\int_{-\frac{\pi}{2}}^{\frac{\pi}{2}}\frac{1}{2}\cos t\mathrm{d}t+\int_{\frac{\pi}{2}}^{x}0\mathrm{d}t=1.$$

于是得 X 的分布函数为

$$F(x)=\begin{cases}0, & x<-\frac{\pi}{2},\\ \frac{1}{2}+\frac{1}{2}\sin x, & -\frac{\pi}{2}\leqslant x<\frac{\pi}{2},\\ 1, & x\geqslant\frac{\pi}{2}.\end{cases}$$

其图形如图 2.4.5 所示.

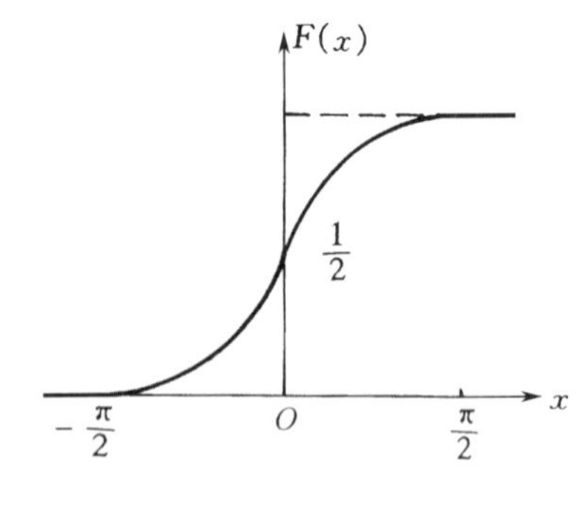

图 2.4.5

2.4.2　几种常见的连续型随机变量的分布

2.4.2.1　均匀分布

设随机变量 X 在有限区间(a,b)内取值，且其概率密度为

$$f(x)=\begin{cases}\dfrac{1}{b-a}, & a<x<b,\\ 0, & \text{其他},\end{cases} \tag{2.4.4}$$

则称 X 在区间(a,b)上服从**均匀分布**(uniform distribution). 记作 $X\sim U(a,b)$.

上述的有限区间(a,b)也可以考虑是有限闭区间或有限半开半闭区间.

由式(2.4.1)可得 X 的分布函数

$$F(x)=\begin{cases}0, & x<a,\\ \dfrac{x-a}{b-a}, & a\leqslant x<b,\\ 1, & x\geqslant b.\end{cases} \tag{2.4.5}$$

$f(x)$及 $F(x)$的图形分别如图 2.4.6 及图 2.4.7 所示.

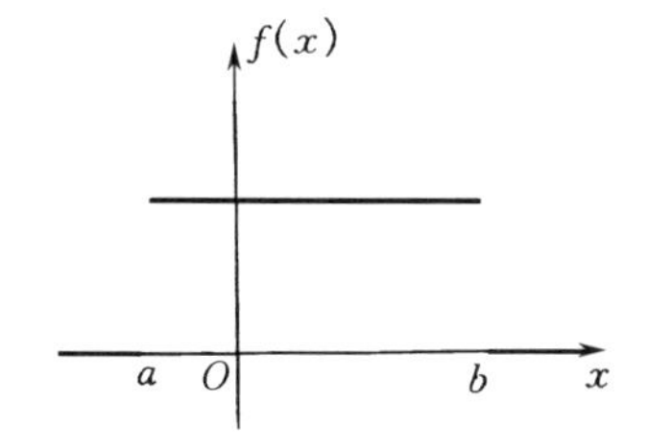

图 2.4.6

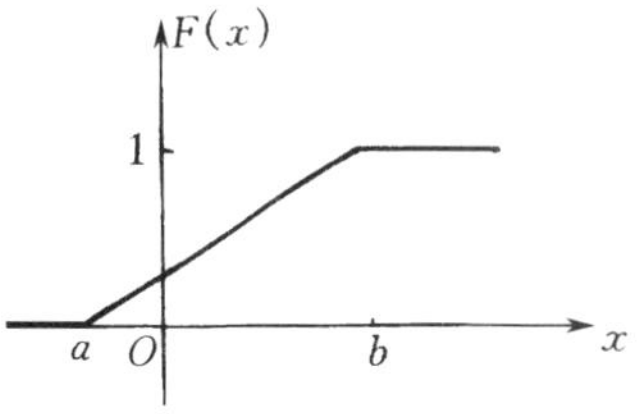

图 2.4.7

设 X 在(a,b)上服从均匀分布，(c,d)是(a,b)内任一子区间，则

$$P\{c<X<d\}=\int_c^d f(x)\mathrm{d}x=\int_c^d \frac{1}{b-a}\mathrm{d}x=\frac{d-c}{b-a}.$$

可见，X 落在子区间(c,d)内的概率只依赖于子区间的长度，而与子区间的位置无关，这说明 X 落在两个长度相等的子区间内的概率是相等的，所以也把均匀分布叫作等概率分布. 具有上述特点的随机变量便是均匀分布的随机变量. 例如，当我们用尺量各种物体的长度时，如果尺的刻度标至 mm，量长度时只读出最接近的刻度数，那么由此产生的误差 X(读数与真实长度之差)是一个随机变量，它在-0.5(mm)至 0.5(mm)之间取值，并且在区间$(-0.5,0.5]$上服从均匀分布. 又如，在(a,b)上随机地掷质点，用 X 表示质点的坐标，一般也把 X 看作在(a,b)上服从均匀分布的随机变量.

例 2.4.4　某公共汽车站从上午 7 时起，每 15 min 来一辆车，即 7:00，7:15，7:30，7:45 等时刻有汽车到达此站. 如果某乘客到达此站的时间是 7:00 到 7:30 之间的均匀分布的随机变量，试求他等候少于 5 min 就能乘车的概率(设公共汽车一来，乘客必能上车).

解　设乘客于 7 时过 X 分到达此站，由于 X 在$[0,30]$上是均匀分布的，于是有

$$f(x)=\begin{cases}\dfrac{1}{30}, & 0\leqslant x\leqslant 30,\\ 0, & \text{其他}.\end{cases}$$

为使等候时间少于 5 min，必须且只需在 7:10 到 7:15 之间或在 7:25 到 7:30 之间到达车站. 因此所求概率为

$$P\{10<X<15\}+P\{25<X<30\}=\int_{10}^{15}\frac{1}{30}\mathrm{d}x+\int_{25}^{30}\frac{1}{30}\mathrm{d}x=\frac{1}{3}.$$

2.4.2.2 **指数分布**

设随机变量 X 的概率密度为

$$f(x)=\begin{cases}\lambda \mathrm{e}^{-\lambda x}, & x>0,\\ 0, & x\leqslant 0,\end{cases} \tag{2.4.6}$$

其中 $\lambda>0$ 为常数，则称 X 服从参数为 λ 的**指数分布**(exponential distribution)，记作 $X\sim EXP(X)$. 由(2.4.1)式得 X 的分布函数为

$$F(x)=\begin{cases}1-\mathrm{e}^{-\lambda x}, & x>0,\\ 0, & x\leqslant 0.\end{cases} \tag{2.4.7}$$

其中 $f(x)$ 和 $F(x)$ 的图形如图 2.4.8 和图 2.4.9 所示.

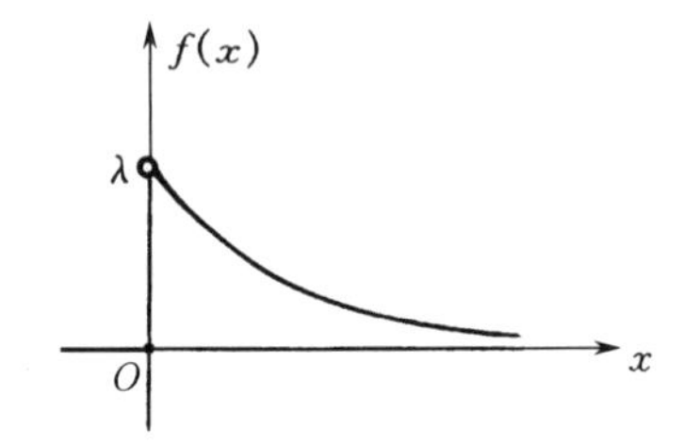

图 2.4.8

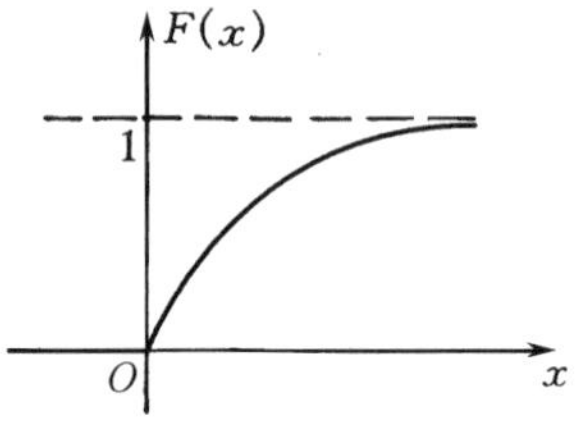

图 2.4.9

指数分布通常用作各种“寿命”分布，例如无线电元件的寿命、动物的寿命. 另外，电话问题中的通话时间，随机服务系统中的服务时间等都认为服从指数分布，因此它在排队论和可靠性理论等领域中广泛应用.

例 2.4.5 设某种动物寿命 X(单位:年)服从参数 $\lambda=1/100$ 的指数分布，求

(1)该动物寿命在 50 岁至 150 岁的概率；

(2)该动物寿命不少于 100 岁的概率；

(3)已知该动物现 100 岁，求它寿命不少于 200 岁的概率.

解 X 的分布函数为

$$F(x)=\begin{cases}1-\mathrm{e}^{-\frac{1}{100}x}, & x>0,\\ 0, & x\leqslant 0.\end{cases}$$

(1) $P\{50\leqslant X\leqslant 150\}=F(150)-F(50)=1-\mathrm{e}^{-\frac{1}{100}\cdot 150}-(1-\mathrm{e}^{-\frac{1}{100}\cdot 50})$

$$=\mathrm{e}^{-\frac{1}{2}}-\mathrm{e}^{-\frac{3}{2}}=0.383\ 4.$$

(2) $P\{X\geqslant 100\}=1-P\{X<100\}=1-F(100)=\mathrm{e}^{-1}=0.367\ 9.$

(3) $P\{X\geqslant 200\mid X\geqslant 100\}=\dfrac{P\{X\geqslant 200\}}{P\{X\geqslant 100\}}=\dfrac{\mathrm{e}^{-2}}{\mathrm{e}^{-1}}=\mathrm{e}^{-1}=0.367\ 9.$

由(2)、(3)可知，该动物活过 100 岁的概率等于该动物已经 100 岁的条件下再活 100 岁的概率，这种性质称为指数分布的“无记忆性”.

2.4.2.3 **正态分布**

设随机变量 X 的概率密度为

$$f(x)=\frac{1}{\sqrt{2\pi}\sigma}e^{-\frac{(x-\mu)^2}{2\sigma^2}}, -\infty<x<+\infty, \tag{2.4.8}$$

其中 $\mu,\sigma>0$ 为常数，则称 X 服从参数为 μ,σ^2 的**正态分布**(normal distribution)，因历史原因也称**高斯分布**(Gauss distribution)，且称 X 为正态变量. 记为 $X\sim N(\mu,\sigma^2)$.

正态分布是概率论和数理统计中最重要的一种分布，在实际问题中许多随机变量服从或近似服从正态分布. 例如，人的身高、体重，农作物的收获量，电子管中的噪声电流、电压，某些机加工零件的长度，测量误差等都可以认为服从正态分布. 一般来说，一个随机变量如果是大量相互独立的偶然因素之和，而且每个因素的个别影响在总的影响中所起的作用都很微小，那么这个随机变量就会服从或近似服从正态分布.

正态概率密度 $f(x)$ 的图形如图 2.4.10 所示.

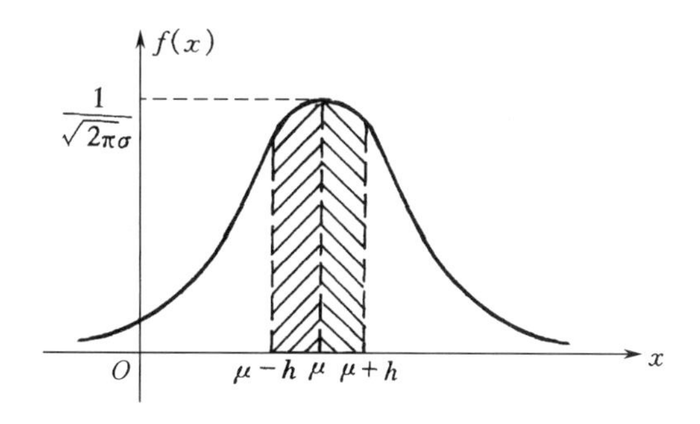

图 2.4.10

正态概率密度曲线 $y=f(x)$ 以 $x=\mu$ 为对称轴，因此对任意 $h>0$，$P\{\mu-h<X\leqslant\mu\}=P\{\mu<X\leqslant\mu+h\}$(见图 2.4.10 中阴影部分). 在 $x=\mu$ 时，$f(x)$ 达到最大值 $f(\mu)=\frac{1}{\sqrt{2\pi}\sigma}$，$x$ 离 μ 越远，$f(x)$ 的值越小，当 $|x|$ 无限增大时，$f(x)$ 很快趋于零.

$f(x)$ 中有两个参数 μ 和 σ. 若固定 σ 而改变 μ 的值，则 $f(x)$ 的图形沿着 Ox 轴平行移动(见图 2.4.11). 若固定 μ 而改变 σ 的值，则由于最大值为 $f(\mu)=\frac{1}{\sqrt{2\pi}\sigma}$，可知当 σ 越小时，$f(x)$ 的图形越尖陡，即分布越集中；当 σ 越大时，$f(x)$ 的图形越低平，即分布越分散(如图 2.4.12 所示).

正态分布的分布函数为

$$F(x)=\frac{1}{\sqrt{2\pi}\sigma}\int_{-\infty}^{x}e^{-\frac{(t-\mu)^2}{2\sigma^2}}dt, \quad -\infty<x<+\infty, \tag{2.4.9}$$

$F(x)$ 不是初等函数，它的图形如图 2.4.13 所示，当 $x=\mu$ 时，

$$F(\mu)=\frac{1}{\sqrt{2\pi}\sigma}\int_{-\infty}^{\mu}e^{-\frac{(t-\mu)^2}{2\sigma^2}}dt=\frac{1}{2}.$$

参数 $\mu=0,\sigma=1$ 的正态分布，即 $N(0,1)$ 称为**标准正态分布**(standard normal distribution)，其概率密度记为

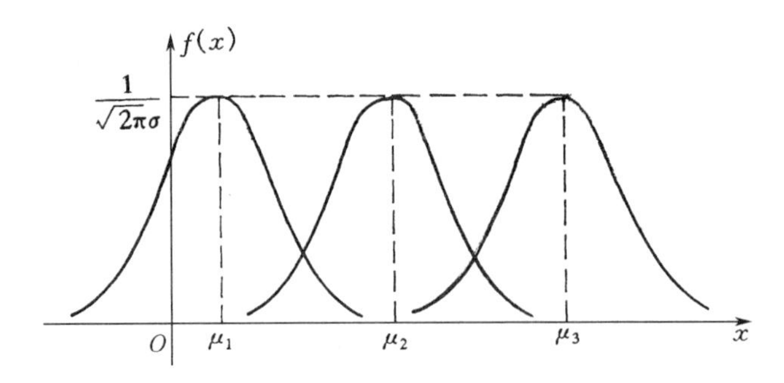

图 2.4.11

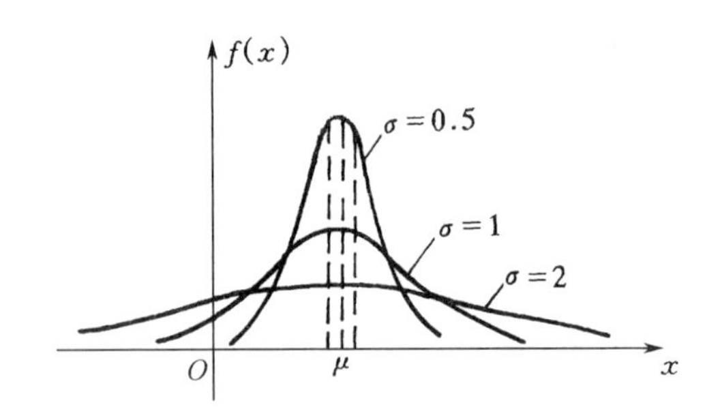

图 2.4.12

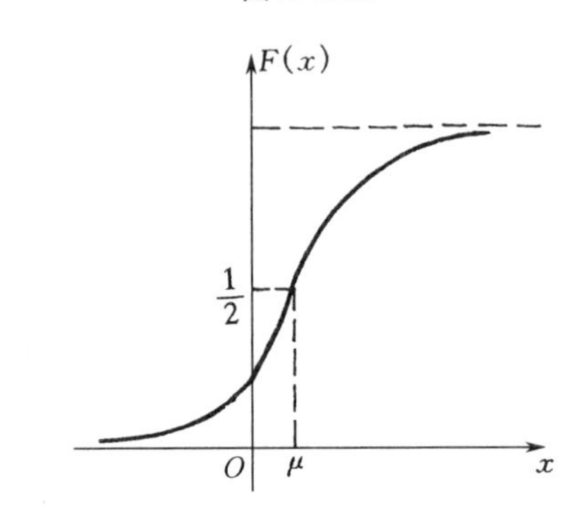

图 2.4.13

$$\varphi(x)=\frac{1}{\sqrt{2\pi}}\mathrm{e}^{-\frac{x^2}{2}},\quad -\infty<x<+\infty,\tag{2.4.10}$$

其分布函数记为

$$\Phi(x)=\frac{1}{\sqrt{2\pi}}\int_{-\infty}^{x}\mathrm{e}^{-\frac{t^2}{2}}\mathrm{d}t,\quad -\infty<x<+\infty,\tag{2.4.11}$$

$\Phi(x)$的值已编制成表,称为标准正态分布函数表.$\Phi(x)$有如下性质:对任何 x 有

$$\Phi(-x)=1-\Phi(x).\tag{2.4.12}$$

公式(2.4.12)的正确性可从图 2.4.14 中根据标准正态概率密度 $\varphi(x)$的对称性直接看出.

若 $X\sim N(\mu,\sigma^2)$,则 X 的分布函数 $F(x)$可通过变量代换,用标准正态分布函数 $\Phi(x)$表示,然后查表求得 $F(x)$的值.事实上,由

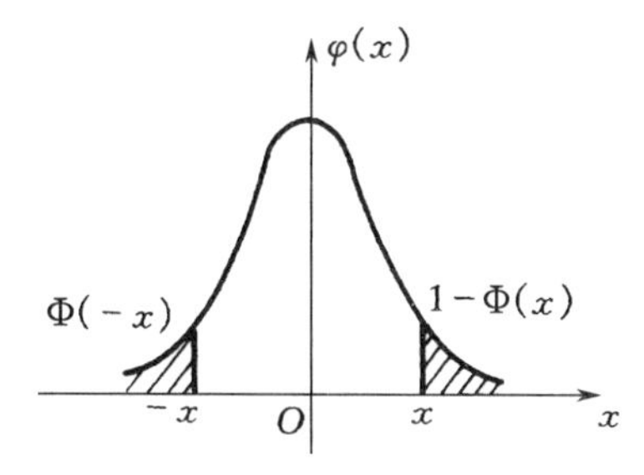

图 2.4.14

$$F(x)=\frac{1}{\sqrt{2\pi}\sigma}\int_{-\infty}^{x}e^{-\frac{(t-\mu)^2}{2\sigma^2}}dt,$$

令 $u=\frac{t-\mu}{\sigma}$,则

$$F(x)=\frac{1}{\sqrt{2\pi}}\int_{-\infty}^{\frac{x-\mu}{\sigma}}e^{-\frac{u^2}{2}}du=\Phi\left(\frac{x-\mu}{\sigma}\right),\tag{2.4.13}$$

于是

$$P\{x_1<X\leqslant x_2\}=F(x_2)-F(x_1)=\Phi\left(\frac{x_2-\mu}{\sigma}\right)-\Phi\left(\frac{x_1-\mu}{\sigma}\right).\tag{2.4.14}$$

例 2.4.6　设 $X\sim N(1.5,4)$,求 $P\{X>2\}$,$P\{|X|<3\}$.

解　$\mu=1.5,\sigma^2=4,\sigma=2$,

$$\begin{aligned}P\{X>2\}&=1-P\{X\leqslant 2\}=1-\Phi\left(\frac{2-1.5}{2}\right)\\&=1-\Phi(0.25)=1-0.5987=0.4013.\end{aligned}$$

$$\begin{aligned}P\{|X|<3\}&=P\{-3<X<3\}=\Phi\left(\frac{3-1.5}{2}\right)-\Phi\left(\frac{-3-1.5}{2}\right)\\&=\Phi(0.75)-\Phi(-2.25)=\Phi(0.75)-[1-\Phi(2.25)]\\&=0.7734-(1-0.9878)=0.7612.\end{aligned}$$

例 2.4.7　设 $X\sim N(\mu,\sigma^2)$,求 X 落在区间 $(\mu-k\sigma,\mu+k\sigma)$ 内的概率,其中 $k=1,2,3,4$.

解　$$\begin{aligned}P\{|X-\mu|<k\sigma\}&=P\{\mu-k\sigma<X<\mu+k\sigma\}=\Phi(k)-\Phi(-k)\\&=\Phi(k)-[1-\Phi(k)]=2\Phi(k)-1,\end{aligned}$$

对 $k=1,2,3,4$ 分别得

$$P\{|X-\mu|<\sigma\}=2\Phi(1)-1=0.6826;$$
$$P\{|X-\mu|<2\sigma\}=2\Phi(2)-1=0.9544;$$
$$P\{|X-\mu|<3\sigma\}=2\Phi(3)-1=0.9973;$$
$$P\{|X-\mu|<4\sigma\}=2\Phi(4)-1=0.99994.$$

如图 2.4.15 所示.

由于正态变量 X 在 $(\mu-3\sigma,\mu+3\sigma)$ 内取值的概率已达到 99.73%,因此可认为 X 几乎不在区间 $(\mu-3\sigma,\mu+3\sigma)$ 之外取值.这在工程中一般称为正态变量的"3σ 规则".

例 2.4.8　设公共汽车车门的高度是按成年男子与车门顶碰头的机会在 0.01 以下来设计的,成年男子的身高 X(单位 cm)服从正态分布 $N(170,6^2)$,问车门高度应确定为多少?

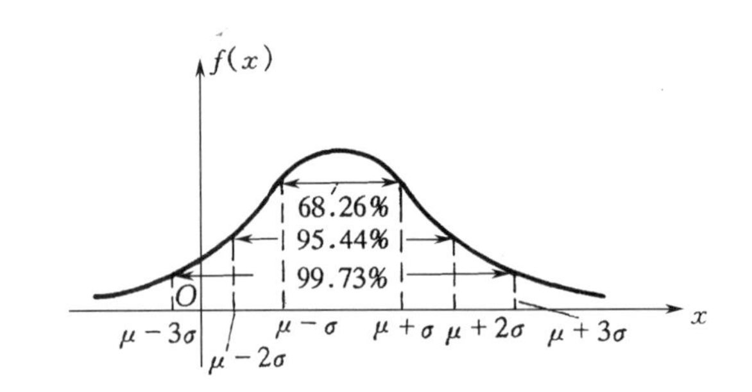

图 2.4.15

解 设车门高度为 h(cm),按设计要求,

$$P\{X\geqslant h\}\leqslant 0.01,$$

即 $P\{X<h\}\geqslant 0.99$,因为 $X\sim N(170,6^2)$,故

$$P\{X<h\}=\Phi\left(\frac{h-170}{6}\right)\geqslant 0.99,$$

查表知

$$\Phi(2.33)=0.9901>0.99,$$

所以$\dfrac{h-170}{6}=2.33$,解得 $h=184$(cm).

例 2.4.9 设火炮射击某目标的纵向偏差 $X\sim N(0,20^2)$(单位:m).试求:

(1) 射击 1 弹的纵向偏差绝对值不超过10(m)的概率;

(2) 射击 3 弹时至少有 2 弹的纵向偏差绝对值不超过 10(m)的概率.

解 (1) 设 A 为"射击 1 弹的纵向偏差绝对值不超过 10(m)",则 A 的概率为

$$\begin{aligned}P(A)&=P\{|X|\leqslant 10\}=P\{-10\leqslant X\leqslant 10\}\\&=\Phi\left(\frac{10}{20}\right)-\Phi\left(\frac{-10}{20}\right)=2\Phi(0.5)-1=0.3830.\end{aligned}$$

(2) 射击 3 弹,每弹都看它的纵向偏差绝对值是否不超过10(m),可认为是 3 重伯努利试验.因此射击 3 弹时,纵向偏差绝对值不超过 10(m)的弹数,即 A 发生的次数,应服从二项分布$B(3,0.3830)$.故所求概率为

$$C_3^2(0.3830)^2(0.6170)+C_3^3(0.3830)^3=0.2715+0.0562=0.3277.$$

2.5 随机变量的函数的分布

在许多问题中需要计算随机变量的函数的分布.设 $g(x)$是定义在随机变量 X 的一切可能值x 的集合上的函数,所谓随机变量 X 的函数$g(X)$就是这样一个随机变量Y,当 X 取 x 时,它取值 $y=g(x)$,记作 $Y=g(X)$.例如,设随机变量 X 是车床加工出的轴的直径,而随机变量 Y 是横断面的面积,则 Y 是 X 的函数:$Y=\dfrac{\pi}{4}X^2$.又如,在无线电接收中,某时刻收到的信号是一个随机变量 X,若这个信号通过平方检波器,则输出的信号为 $Y=X^2$.

本节要解决的问题是:当随机变量 X 的分布已知时,如何求随机变量 $Y=g(X)$的分布.下面分两种情形来讨论.

2.5.1　X 是离散型随机变量的情形

若 X 是离散型随机变量，则 $Y=g(X)$ 也是一个离散型随机变量. 设 X 的分布律为

X	x_1	x_2	$\cdots$	x_i	$\cdots$
$P\{X=x_i\}$	p_1	p_2	$\cdots$	p_i	$\cdots$

求 $Y=g(X)$ 的分布律.

当 X 取得它的某一可能值 x_i 时，随机变量函数 $Y=g(X)$ 取值 $y_i=g(x_i)(i=1,2,\cdots)$. 如果诸 $g(x_i)$ 的值全不相等，则 Y 的分布律为

Y	$g(x_1)$	$g(x_2)$	$\cdots$	$g(x_i)$	$\cdots$
$P\{Y=g(x_i)\}$	p_1	p_2	$\cdots$	p_i	$\cdots$

这是因为事件 $\{Y=g(x_i)\}=\{X=x_i\}(i=1,2,\cdots)$. 如果数值 $g(x_i)$ 中有相等的，则把那些相等的值合并起来，并根据概率可加性把对应的概率相加，就得到函数 Y 的分布律. 例如，恰有两个点 x_i,x_k，使得 $g(x_i)=g(x_k)$，则 Y 取 $g(x_i)$ 的概率为

$$
\begin{aligned}
P\{Y=g(x_i)\}&=P(\{X=x_i\}\cup\{X=x_k\})\\
&=P\{X=x_i\}+P\{X=x_k\}=p_i+p_k.
\end{aligned}
$$

例 2.5.1　已知 X 的分布律为

X	0	1	2	3	4	5
$P\{X=x_i\}$	$\frac{1}{12}$	$\frac{1}{6}$	$\frac{1}{3}$	$\frac{1}{12}$	$\frac{2}{9}$	$\frac{1}{9}$

求 $Y=(X-2)^2$ 的分布律.

解　随机变量 $Y=(X-2)^2$ 的所有可能取的值为 0,1,4,9.

$\{Y=0\}=\{X=2\}$；　$\{Y=1\}=\{X=1\}\cup\{X=3\}$；

$\{Y=4\}=\{X=0\}\cup\{X=4\}$；　$\{Y=9\}=\{X=5\}$.

故 Y 的分布律为

Y	0	1	4	9
$P\{Y=y_i\}$	$\frac{1}{3}$	$\frac{1}{6}+\frac{1}{12}$	$\frac{1}{12}+\frac{2}{9}$	$\frac{1}{9}$

例 2.5.2　设随机变量 X 的分布律为

X	1	2	3	$\cdots$	n	$\cdots$
$P\{X=n\}$	$\frac{1}{2}$	$\left(\frac{1}{2}\right)^2$	$\left(\frac{1}{2}\right)^3$	$\cdots$	$\left(\frac{1}{2}\right)^n$	$\cdots$

求 $Y=\sin\left(\frac{\pi}{2}X\right)$ 的分布律.

解　因为

$$
\sin\left(\frac{n\pi}{2}\right)=\begin{cases}-1, & \text{当 } n=4k-1,\\ 0, & \text{当 } n=2k,\\ 1, & \text{当 } n=4k-3,k=1,2,\cdots,\end{cases}
$$

所以 $Y=\sin\left(\frac{\pi}{2}X\right)$ 只有 3 个可能值 $-1,0,1$，而取得这些值的概率分别是

$$P\{Y=-1\}=\frac{1}{2^3}+\frac{1}{2^7}+\frac{1}{2^{11}}+\cdots+\frac{1}{2^{4k-1}}+\cdots=\frac{1}{8\left(1-\frac{1}{16}\right)}=\frac{2}{15};$$

$$P\{Y=0\}=\frac{1}{2^2}+\frac{1}{2^4}+\frac{1}{2^6}+\cdots+\frac{1}{2^{2k}}+\cdots=\frac{1}{4\left(1-\frac{1}{4}\right)}=\frac{1}{3};$$

$$P\{Y=1\}=\frac{1}{2}+\frac{1}{2^5}+\frac{1}{2^9}+\cdots+\frac{1}{2^{4k-3}}+\cdots=\frac{1}{2\left(1-\frac{1}{16}\right)}=\frac{8}{15}.$$

故 Y 的分布律为

Y	-1	0	1
$P\{Y=y_i\}$	$\frac{2}{15}$	$\frac{1}{3}$	$\frac{8}{15}$

2.5.2　X 是连续型随机变量的情形

若 X 是连续型随机变量，已知 X 的概率密度或分布函数，这时如何求 $Y=g(X)$ 的分布呢？常用的方法有两种

(1) 分布函数法：先求 Y 的分布函数 $F_Y(y)$，再对 $F_Y(y)$ 求导，得到 Y 的概率密度.

例 2.5.3　已知 $X\sim N(\mu,\sigma^2)$，求 $Y=\frac{X-\mu}{\sigma}$ 的概率密度.

解　设 Y 的分布函数为 $F_Y(y)$，于是

$$F_Y(y)=P\{Y\leqslant y\}=P\{\frac{X-\mu}{\sigma}\leqslant y\}=P\{X\leqslant \sigma y+\mu\}$$

$$=F_X(\sigma y+\mu)=\int_{-\infty}^{\sigma y+\mu}f(x)\mathrm{d}x,$$

其中 $F_X(x)$ 为 X 的分布函数，$f(x)$ 为 X 的概率密度. 下面用 $\psi(y)$ 表示 Y 的概率密度，则

$$\psi(y)=F_Y'(y)=\sigma f(\sigma y+\mu),$$

再将　$f(x)=\frac{1}{\sqrt{2\pi}\sigma}\mathrm{e}^{-\frac{(x-\mu)^2}{2\sigma^2}}$ 代入，有

$$\psi(y)=\sigma\frac{1}{\sqrt{2\pi}\sigma}\mathrm{e}^{-\frac{[(\sigma y+\mu)-\mu]^2}{2\sigma^2}}=\frac{1}{\sqrt{2\pi}}\mathrm{e}^{-\frac{y^2}{2}}.$$

这表明 $Y\sim N(0,1)$.

在以上推导过程中，除去用到分布函数的定义以及分布函数和密度函数的关系之外，还用到这样一个等式 $P\left\{\frac{X-\mu}{\sigma}\leqslant y\right\}=P\{X\leqslant\sigma y+\mu\}$. 表面上看，只是把不等式"$\frac{X-\mu}{\sigma}\leqslant y$"变形为"$X\leqslant\sigma y+\mu$"，它们是同一个随机事件，因而概率相等. 实质上关键在于把 $Y=\frac{X-\mu}{\sigma}$ 的分布函数在 y 之值 $F_Y(y)$ 转化为 X 的分布函数在 $\sigma y+\mu$ 之值 $F_X(\sigma y+\mu)$. 这样就建立了分布函数之间的关系，然后通过求导得到 Y 的密度函数，这种方法叫作"**分布函数法**".

(2) 公式法：运用下面的定理所给出的公式，直接求出 $Y=g(X)$ 的概率密度.

定理2.5.1　设连续型随机变量 X 具有概率密度 $f(x)$，若 $y=g(t)$ 是严格单调函数且可导，则 $Y=g(X)$ 是一个连续型随机变量，它的概率密度为

$$\psi(y)=\begin{cases} f[h(y)]|h'(y)|, & \alpha<y<\beta, \\ 0, & \text{其他}, \end{cases} \tag{2.5.1}$$

其中 $h(y)$ 是 $g(t)$ 的反函数，(α,β) 是 Y 的取值范围，

$$\alpha=\min\{g(-\infty),g(+\infty)\},$$
$$\beta=\max\{g(-\infty),g(+\infty)\}.$$

证明　先考虑 $y=g(t)$ 是严格单调增加且可导的情形（如图2.5.1所示），此时它的反函数 $h(y)$ 在 (α,β) 内单调增加且可导，$h'(y)\geqslant 0$. 下面求 Y 的分布函数 $F_Y(y)$，因为 Y 的取值范围为 (α,β)，所以当 $y\leqslant\alpha$ 时，$F_Y(y)=P\{Y\leqslant y\}=0$；当 $y\geqslant\beta$ 时，$F_Y(y)=P\{Y\leqslant y\}=1$；当 $\alpha<y<\beta$ 时，

$$F_Y(y)=P\{Y\leqslant y\}=P\{g(X)\leqslant y\}=P\{X\leqslant h(y)\}=\int_{-\infty}^{h(y)}f(x)\mathrm{d}x.$$

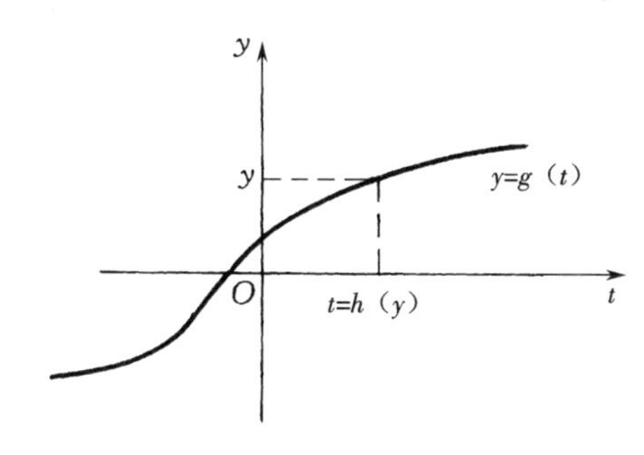

图2.5.1

于是 Y 的概率密度为

$$\psi(y)=F_Y{}'(y)=\begin{cases} f[h(y)]\cdot h'(y), & \alpha<y<\beta; \\ 0, & \text{其他}. \end{cases}$$

在上式中，因 $h'(y)\geqslant 0$，故 $h'(y)=|h'(y)|$.

如果 $y=g(t)$ 是严格单调减小且可导的情形（如图2.5.2所示），那么它的反函数 $h(y)$ 在 (α,β) 内单调减小且可导，$h'(y)\leqslant 0$. 当 $\alpha<y<\beta$ 时，Y 的分布函数

$$F_Y(y)=P\{Y\leqslant y\}=P\{g(X)\leqslant y\}=P\{X\geqslant h(y)\}=\int_{h(y)}^{+\infty}f(x)\mathrm{d}x,$$

于是 Y 的概率密度为

$$\psi(y)=F_Y{}'(y)=\begin{cases} -f[h(y)]\cdot h'(y), & \alpha<y<\beta; \\ 0, & \text{其他}. \end{cases}$$

在上式中，因 $h'(y)\leqslant 0$，故 $-h'(y)=|h'(y)|$.

综合以上两种情形，即得

$$\psi(y)=\begin{cases} f[h(y)]|h'(y)|, & \alpha<y<\beta; \\ 0, & \text{其他}. \end{cases}$$

注：若 X 的概率密度 $f(x)$ 仅在某区间 (a,b) 内不等于零，则只需设函数 $g(t)$ 在 (a,b) 上

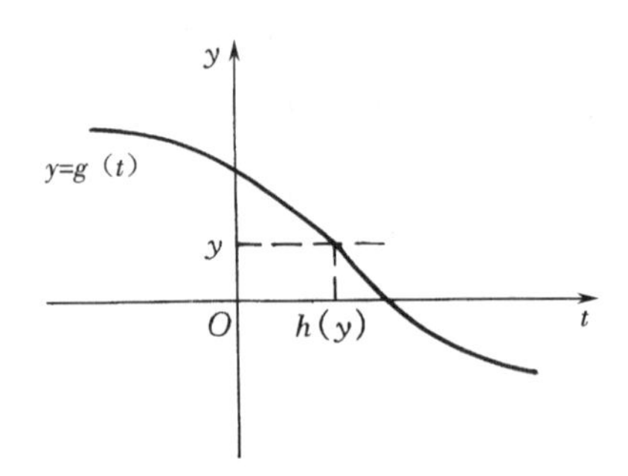

图 2.5.2

严格单调且可导即可,此时(α,β)是当 X 仅在(a,b)上变化时 $Y=g(X)$的取值范围.

例 2.5.4 设随机变量 X 具有概率密度 $f(x)$,求线性函数 $Y=a+bX$ 的概率密度,其中 a,b 为常数,且 $b\neq 0$.

解 因 $y=g(t)=a+bt$,故 $t=h(y)=\dfrac{y-a}{b}$,于是由定理 2.5.1 得

$$\psi(y)=f\left(\frac{y-a}{b}\right)\frac{1}{|b|},\quad -\infty<y<+\infty.$$

特别地,若 $X\sim N(\mu,\sigma^2)$,X 的概率密度为

$$f(x)=\frac{1}{\sqrt{2\pi}\sigma}e^{-\frac{(x-\mu)^2}{2\sigma^2}},\quad -\infty<x<+\infty,$$

则 $Y=a+bX$ 的概率密度为

$$\psi(y)=\frac{1}{|b|}f\left(\frac{y-a}{b}\right)=\frac{1}{\sqrt{2\pi}|b|\sigma}e^{-\frac{(y-a-b\mu)^2}{2b^2\sigma^2}},$$

即 $Y\sim N(a+b\mu,b^2\sigma^2)$.从而得到一个结论:**正态随机变量的线性函数仍然服从正态分布.**

例 2.5.5 由统计物理学知分子运动速度的绝对值 X 服从麦克斯韦(Maxwell)分布,其概率密度为

$$f(x)=\begin{cases}\dfrac{4x^2}{\alpha^3\sqrt{\pi}}e^{-\frac{x^2}{\alpha^2}}, & x>0,\\ 0, & x\leqslant 0,\end{cases}$$

其中 $\alpha>0$ 为常数.求分子动能 $Y=\dfrac{1}{2}mX^2$(m 为分子质量)的概率密度.

解 $f(x)$仅在区间$(0,+\infty)$内不等于零,而当 $t\in(0,+\infty)$时,$y=g(t)=\dfrac{1}{2}mt^2$严格单调且可导,其反函数为 $t=h(y)=\sqrt{\dfrac{2y}{m}}$,根据定理 2.5.1(及定理后的注)得 Y 的概率密度为

$$\psi(y)=\begin{cases}\dfrac{4\sqrt{2y}}{m^{3/2}\alpha^3\sqrt{\pi}}e^{-\frac{2y}{m\alpha^2}}, & y>0,\\ 0, & y\leqslant 0.\end{cases}$$

例 2.5.6 设 X 具有概率密度 $f(x)$,$f(x)>0$,$-\infty<x<+\infty$,求 $Y=X^2$ 的概率密度.

解　$y=g(t)=t^2$ 在$(-\infty,+\infty)$不是单调函数，不满足定理2.5.1的条件，不能用公式(2.5.1)来求 $Y=X^2$ 的概率密度.下面用分布函数法来求，先求 Y 的分布函数$F_Y(y)$.

当 $y<0$ 时，$F_Y(y)=P\{Y\leqslant y\}=P\{X^2\leqslant y\}=0$.

当 $y\geqslant 0$ 时，

$$F_Y(y)=P\{Y\leqslant y\}=P\{X^2\leqslant y\}=P\{|X|\leqslant\sqrt{y}\}=P\{-\sqrt{y}\leqslant X\leqslant\sqrt{y}\}$$
$$=\int_{-\sqrt{y}}^{\sqrt{y}}f(x)\mathrm{d}x=\int_{-\infty}^{\sqrt{y}}f(x)\mathrm{d}x-\int_{-\infty}^{-\sqrt{y}}f(x)\mathrm{d}x.$$

于是 Y 的概率密度为

$$\psi(y)=F_Y{}'(y)$$
$$=\begin{cases}f(\sqrt{y})(\sqrt{y})'-f(-\sqrt{y})(-\sqrt{y})', & y>0,\\ 0, & 其他\end{cases}$$
$$=\begin{cases}f(\sqrt{y})\dfrac{1}{2\sqrt{y}}+f(-\sqrt{y})\dfrac{1}{2\sqrt{y}}, & y>0,\\ 0, & 其他.\end{cases}$$

例如，设 $X\sim N(0,1)$，其概率密度为

$$\varphi(x)=\frac{1}{\sqrt{2\pi}}\mathrm{e}^{-\frac{x^2}{2}},\quad -\infty<x<+\infty,$$

则 $Y=X^2$ 的概率密度为

$$\psi(y)=\begin{cases}\dfrac{1}{\sqrt{2\pi y}}\mathrm{e}^{-\frac{y}{2}}, & y>0,\\ 0, & y\leqslant 0.\end{cases}$$

按照例2.5.6的解题方法，可证得(证明略)下面的定理.

定理2.5.2　设 X 具有概率密度 $f(x)$，$f(x)$仅在某区间(a,b)内不等于零.若$y=g(t)$可导，且(a,b)可分为 $y=g(t)$的两个严格单调区间，在两个单调区间上$g(x)$的值域都是(α,β)；在两个单调区间上 $g(t)$的反函数分别为 $h_1(y)$，$h_2(y)$.则随机变量 $Y=g(X)$的概率密度为

$$\psi(y)=\begin{cases}f[h_1(y)]|h_1{}'(y)|+f[h_2(y)]|h_2{}'(y)|, & \alpha<y<\beta,\\ 0, & 其他.\end{cases}\tag{2.5.2}$$

例2.5.6也可直接用定理2.5.2来解.$(-\infty,+\infty)$可分为函数 $y=t^2$ 的两个严格单调区间$(-\infty,0)$与$(0,+\infty)$，在两个单调区间上 $y=t^2$ 的值域都是 $y>0$，反函数分别为 $t=-\sqrt{y}$与$t=\sqrt{y}$(见图2.5.3)，因此由定理2.5.2得 Y 的概率密度为

$$\psi(y)=\begin{cases}f(-\sqrt{y})|-(\sqrt{y})'|+f(\sqrt{y})|(\sqrt{y})'|, & y>0,\\ 0, & 其他\end{cases}$$
$$=\begin{cases}f(-\sqrt{y})\dfrac{1}{2\sqrt{y}}+f(\sqrt{y})\dfrac{1}{2\sqrt{y}}, & y>0,\\ 0, & 其他.\end{cases}$$

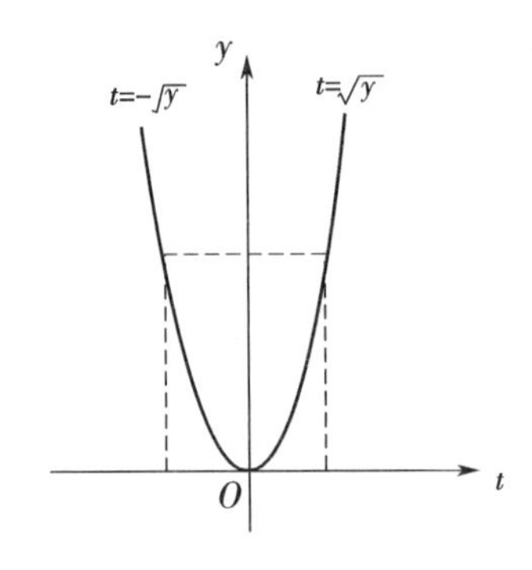

图 2.5.3

例 2.5.7 设 X 具有概率密度

$$f(x)=\begin{cases}\dfrac{3}{8}(1+x)^2, & -1<x<1,\\ 0, & \text{其他}.\end{cases}$$

求 $Y=1-X^2$ 的概率密度.

解 $f(x)$仅在区间$(-1,1)$内不等于零,$(-1,1)$可分为 $y=g(t)=1-t^2$ 的两个严格单调区间$(-1,0)$与$(0,1)$.

当 $t\in(-1,0)$时,$0<y<1$,$t=-\sqrt{1-y}$;

当 $t\in(0,1)$时,$0<y<1$,$t=\sqrt{1-y}$.

根据定理 2.5.2 中公式(2.5.2),Y 的概率密度为

$$\psi(y)=\begin{cases}\dfrac{3}{8}(1-\sqrt{1-y})^2|(-\sqrt{1-y})'|+\dfrac{3}{8}(1+\sqrt{1-y})^2|(\sqrt{1-y})'|, & 0<y<1,\\ 0, & \text{其他},\end{cases}$$

$$=\begin{cases}\dfrac{3(2-y)}{8\sqrt{1-y}}, & 0<y<1,\\ 0, & \text{其他}.\end{cases}$$

习　　题

1. 一袋中有 5 只球,编号为 1,2,3,4,5,从袋中同时取出 3 只球.

(1) 若 X 表示取出的 3 只球中的最大号码,求随机变量 X 的分布律;

(2) 若 Y 表示取出的 3 只球中的最小号码,求随机变量 Y 的分布律.

2. 设在 15 只同类型的零件中有 2 只是次品,在其中取 3 次,每次任取一只,做不放回抽样.以 X 表示取出的次品个数,求:

(1) X 的分布律;

(2) $P\{X\leqslant 1\}$,$P\{X<1\}$,$P\{1<X\leqslant \frac{3}{2}\}$,$P\{1\leqslant X\leqslant \frac{3}{2}\}$.

3. 对某一目标进行射击,直到击中目标为止,设每次射击的命中率都是 p,求射击次数 X 的分布律.

4. 一工人看管3台机床，在1h内机床不需要工人照管的概率：第1台等于0.9，第2台等于0.8，第3台等于0.7. 又各台机床是否需要工人照管是相互独立的，求在1h内需要工人照管的机床台数的分布律.

5. (1) 设随机变量 X 的分布律为

$$P\{X=k\}=a\frac{\lambda^k}{k!},\quad k=1,2,\cdots,$$

其中 $\lambda>0$ 为常数，试确定 a 的值；

(2) 设随机变量 X 的分布律为

$$P\{X=k\}=\frac{a}{N},\quad k=1,2,\cdots,N,$$

试确定 a 的值.

6. 射手向目标独立地进行了3次射击，每次射击的命中率都是0.8，求3次射击中击中目标的次数的分布律，并求3次射击中至少击中2次的概率.

7. 进行重复独立试验，设每次试验成功的概率为$\frac{3}{4}$，失败的概率为$\frac{1}{4}$，以 X 表示试验首次成功所需试验的次数，试求 X 的分布律，并计算 X 取奇数的概率.

8. 一大楼装有5个同类型的供水设备，调查表明在任一时刻每个设备被使用的概率为0.1，各台设备是否被使用相互独立，问在同一时刻

(1) 恰有2个设备被使用的概率是多少？

(2) 至少有3个设备被使用的概率是多少？

(3) 至多有3个设备被使用的概率是多少？

(4) 至少有1个设备被使用的概率是多少？

9. 设 X 服从泊松分布，已知 $P\{X=1\}=P\{X=2\}$，求 $P\{X=4\}$.

10. 某商店出售某种高档商品，根据以往经验，每月需求量 X 服从参数 $\lambda=3$ 的泊松分布，问在月初进货时要库存多少件这种商品，才能以99%以上的概率满足顾客的需要.

11. 某工厂生产的产品中废品率为0.005，任意取出1 000件，试用泊松定理计算：

(1) 其中至少有2件废品的概率；

(2) 其中不超过5件废品的概率；

(3) 能以90%以上的概率保证废品件数不超过多少？

12. 一批产品共10件，其中7件正品，3件次品，每次从这批产品中任取1件，在下列3种情况下，分别求直至取得正品为止所需抽取次数的分布律.

(1) 采用不放回抽样；

(2) 采用放回抽样；

(3) 每次取出1件产品后，总以1件正品放回这批产品中.

13. 设箱中有20件产品，每次从箱中任取1件，取后放回，已知在3次抽取中至少出现1件正品的概率为0.936.

(1) 问原来箱中有多少件正品？

(2) 若以 X 表示在3次抽取中出现的正品数，求 X 的分布律及分布函数.

14. 设随机变量 X 的分布函数为 $F(x)$，试用 $F(x)$ 表示下列概率：$P\{X>a\}$，$P\{X<a\}$，

$P\{a \leqslant X < b\}$.

15. 设随机变量 X 的所有可能取值为 1,2,3,4,已知 $P\{X=k\}$ 正比于 k 值($k=1,2,3,4$).求 X 的分布律及分布函数,并问 $P\{X<3\}$,$F(3)$分别等于多少?两者是否相等?

16. 设一离散型随机变量 X 的分布函数为

$$F(x)=\begin{cases}0, & x<2,\\ \dfrac{1}{8}, & 2\leqslant x<4,\\ \dfrac{3}{8}, & 4\leqslant x<6,\\ 1, & x\geqslant 6.\end{cases}$$

求 $P\{X>2\}$,$P\{2<X<6\}$,$P\{2\leqslant X<6\}$.

17. 在区间$[0,a]$上任意投掷一个质点,用 X 表示这个质点的坐标.设这个质点落在$[0,a]$中任意子区间内的概率与这个子区间的长度成正比,试求 X 的分布函数.

18. 设连续型随机变量 X 的分布函数为

$$F(x)=\begin{cases}A+Be^{-\lambda x}, & x>0,\\ 0, & x\leqslant 0,\end{cases}$$

其中 $\lambda>0$ 是常数.求:

(1) 常数 A,B;(2) $P\{X\leqslant 2\}$,$P\{X>3\}$;(3) X 的概率密度.

19. 设随机变量 X 的概率密度为

$$f(x)=\begin{cases}4x^3, & 0<x<1,\\ 0, & \text{其他}.\end{cases}$$

求数 a 使得 $P\{X>a\}=P\{X<a\}$.

20. 设随机变量 X 的概率密度为

$$f(x)=\begin{cases}Cx^2, & 1\leqslant x\leqslant 2,\\ Cx, & 2<x<3,\\ 0, & \text{其他}.\end{cases}$$

确定常数 C,并求 X 的分布函数.

21. 设带有 3 个炸弹的轰炸机向敌人铁路投弹,炸弹若落在铁路两旁 40 m 以内,便可破坏铁路交通,弹落点与铁路距离记为 X(在铁路一侧为正,在另一侧为负),X 的概率密度为

$$f(x)=\begin{cases}\dfrac{100+x}{10\,000}, & -100\leqslant x<0,\\ \dfrac{100-x}{10\,000}, & 0\leqslant x\leqslant 100,\\ 0, & \text{其他}.\end{cases}$$

若 3 颗炸弹全部使用,问敌人铁路交通受到破坏的概率是多少?

22. 设随机变量 X 具有概率密度

$$f(x)=\begin{cases}0, & x<0,\\ x, & 0\leqslant x<1,\\ \dfrac{1}{x^3}, & x\geqslant 1.\end{cases}$$

求：(1)X的分布函数；

(2)$P\{\frac{1}{2}<X<2\}$.

23. 设X均匀分布于区间$[-2,5]$，求方程$4u^2+4Xu+X+2=0$有实根的概率.

24. 设某种元件的寿命X(单位：h)服从参数$\lambda=\frac{1}{300}$的指数分布. 现有4个这种元件在独立地工作，以Y表示这4个元件中寿命超过600 h的元件个数.

(1) 写出随机变量Y的分布律；

(2) 求至少有3个元件的寿命超过600 h的概率.

25. 某人乘汽车去火车站乘火车，有两条路可走. 第一条路程较短，但交通拥挤，所需时间$X\sim N(40,10^2)$(单位：min)；第二条路程较长，但意外阻塞较少，所需时间$X\sim N(50,4^2)$.

(1) 若动身时离火车开车只有60 min，问应走哪一条路乘上火车的把握较大？

(2) 若动身时离火车开车只有45 min，问应走哪一条路乘上火车的把握较大？

26. 设$X\sim N(3,2^2)$，已知$P\{a<X<5\}=0.532\,8$，求a.

27. 由某机器生产的螺栓的长度(cm)服从参数$\mu=10.05$，$\sigma=0.06$的正态分布，规定长度在范围10.05 ± 0.12内为合格品，求一螺栓为不合格品的概率.

28. 设某种部件的寿命X(单位：kh)的概率密度为

$$f(x)=\begin{cases}2x\mathrm{e}^{-x^2}, & x>0,\\ 0, & x\leqslant 0.\end{cases}$$

(1) 求一个部件能正常使用1 kh以上的概率；

(2) 已知一个部件已经正常使用1 kh，求还能使用1 kh以上的概率.

29. 设某类元件的寿命X服从参数为λ的指数分布，对任何数值$a>0,b>0$，求$P\{X\geqslant b\}$与$P\{X\geqslant a+b|X\geqslant a\}$，并验证对指数分布成立$P\{X\geqslant a+b|X\geqslant a\}=P\{X\geqslant b\}$.

30. 设随机变量X的分布律为

X	-2	-1	0	1	3
P_X	$\frac{1}{5}$	$\frac{1}{6}$	$\frac{1}{5}$	$\frac{1}{15}$	$\frac{11}{30}$

求$Y=X^2$的分布律.

31. 设随机变量X服从参数为λ的指数分布，求$Y=X^3$的概率密度.

32. 对球的直径作近似测量，用X表示测量值，设X是在区间(a,b)上均匀分布的随机变量$(a>0)$，求球的体积的概率密度.

33. 设电流I是一个随机变量，它均匀分布在9 A至11 A之间，若此电流通过2 Ω的电阻，求功率$W=2I^2$的概率密度.

34. 设X的概率密度为

$$f(x)=\begin{cases}\frac{x+1}{2}, & -1<x<1,\\ 0, & \text{其他}.\end{cases}$$

求$Y=2X^2+1$的概率密度.

35. 设 $X \sim N(0,1)$.

(1) 求 $Y=e^X$ 的概率密度；

(2) 求 $Y=\sqrt{|X|}$ 的概率密度.

36. 设随机变量 X 在区间 $\left(-\frac{\pi}{2},\frac{\pi}{2}\right)$ 上服从均匀分布，求 $Y=\cos X$ 的分布函数.

37. 设 X 的概率密度为

$$f(x)=\begin{cases}\frac{3}{8}x^2, & 0<x<2,\\ 0, & \text{其他}.\end{cases}$$

求 $Y=(X-1)^2$ 的概率密度.

38. 设测量某距离的误差 $X \sim N(-20,40^2)$（单位：mm）.

(1) 求在 3 次独立测量中至少有 2 次误差的绝对值不超过 30 mm 的概率；

(2) 令 $Y=|X|$，求 Y 的概率密度.

39.（非离散非连续型随机变量）设一非线性元件的输入量 X 与输出量 Y 有函数关系 $Y=g(X)$，其中

$$g(x)=\begin{cases}-a, & x<-a,\\ x, & -a\leqslant x\leqslant a,\\ a, & x>a.\end{cases} \quad (\text{常数 } a>0)$$

已知 X 在区间 $(-1.5a,2.5a)$ 上服从均匀分布，求 Y 的分布函数，并求 $P\{Y=-a\}$，$P\{Y=a\}$.

40. 设随机变量 X 的分布函数 $F(x)$ 是严格单调增的连续函数，试证 $Y=F(X)$ 服从区间 $(0,1)$ 上的均匀分布.

第3章 随机变量的数字特征

本章主要内容

- ○ 离散型、连续型以及随机变量函数的数学期望及其性质
- ○ 特殊随机变量函数的期望及其应用
- ○ 方差的定义及性质
- ○ 几种重要分布的数学期望与方差
- ○ 随机变量的矩的定义及应用

虽然随机变量的分布函数完整地反映了随机变量的概率特性，但是，在实际问题中，求一个随机变量的分布函数往往不是一件容易事，有时甚至不可能. 而有些实际问题，只要求知道描述随机变量的某些概率特性，并不需要知道其分布函数. 例如在分析某类型灯泡的质量情况时，常常只需知道灯泡的平均寿命以及灯泡的寿命与平均寿命的偏离程度. 如果平均寿命高且各灯泡的寿命与平均寿命的偏离程度小，这批灯泡的质量就好. 可见平均寿命和偏离程度这两个特殊的数都从某一侧面反映了灯泡寿命这个随机变量的某些重要特征. 把能反映随机变量的某些重要特征的量，称为随机变量的**数字特征**. 此外，某些分布类型已知的随机变量，只要知道它的数字特征就可以完全确定其分布规律(如正态分布、泊松分布等). 因此，随机变量的数字特征在理论研究和实际应用上都具有重要意义.

本章将介绍两种最重要也是最常用的随机变量的数字特征——数学期望和方差. 前者表示随机变量的平均值(中心位置)，后者刻画随机变量对平均值的分散程度(或集中程度).

3.1 随机变量的数学期望

数学期望的定义来自通常的平均概念. 本节主要研究离散型的、连续型的以及随机变量函数的数学期望及其性质.

3.1.1 离散型随机变量的数学期望

设随机变量 X 的分布律为

$$P\{X=x_k\}=p_k, \quad k=1,2,\cdots.$$

我们希望能够找到这样一个数值，它体现随机变量 X 平均取值的大小. 下面以例说明.

某车间生产某种零件，检验员每天随机地抽取 n 个零件来检验，查出的废品数 X 是一个随机变量. 若检查了 N 天，出现废品数为 $0,1,2,\cdots,n$ 个的天数分别为 $v_0,v_1,v_2,v_3,\cdots,v_n$ $(v_0+v_1+v_2+\cdots+v_n=N)$，问 N 天出现的废品的平均值为多少？

显然，$\frac{1}{N}(0+1+2+3+\cdots+n)$不是 N 天的废品的平均值. 为求此平均值，先求出 N 天出现的废品总数 $\sum\limits_{k=0}^{n} kv_k$，而后求 N 天出现的废品平均数为

$$\frac{\sum\limits_{k=0}^{n} kv_k}{N}=\sum_{k=0}^{n} k\frac{v_k}{N}.$$

上式中，每一项都是两个数的乘积：一个为 k，是废品数；而另一个数为$\frac{v_k}{N}$，是出现 k 个废品的频率. 因而上式对废品数 $0,1,2,\cdots,n$ 而言，不是简单的平均而是加权平均. 特别，当 N 很大时，频率$\frac{v_k}{N}$应稳定于 p_k. 故 $\sum\limits_{k=0}^{n} k\frac{v_k}{N}$ 也稳定于 $\sum\limits_{k=0}^{n} kp_k$(其中 p_k 是出现 k 个废品的概率). 由此，我们给出下面的定义.

定义 3.1.1 设离散型随机变量 X 的分布律为

$$P\{X=x_k\}=p_k, \quad k=1,2,\cdots$$

若级数 $\sum\limits_{k}|x_k|p_k<\infty$，则称随机变量 X 的**数学期望**(mathematical expectation)(期望或均值)存在，并记之为 $E(X)$ 或 EX，且

$$E(X)=\sum_{k}x_kp_k. \tag{3.1.1}$$

注：有时，级数 $\sum\limits_{k}x_kp_k$ 收敛，但级数 $\sum\limits_{k}|x_k|p_k$ 却不收敛，在这种情况下我们说 $E(X)$ 不存在. 下面为反例.

例 3.1.1　设随机变量 X 的分布律为

$$p_k=P\left\{X=(-1)^{k+1}\frac{3^k}{k}\right\}=\frac{2}{3^k},\quad k=1,2,3,\cdots.$$

$\sum\limits_{k=1}^{\infty}|x_k|p_k=2\sum\limits_{k=1}^{\infty}\frac{1}{k}=\infty$，于是 $E(X)$ 不存在，尽管级数

$$\sum_{k=1}^{\infty}x_kp_k=2\sum_{k=1}^{\infty}(-1)^{k+1}\frac{1}{k}=2\ln 2$$

收敛.

级数 $\sum\limits_{k}|x_k|p_k$ 的收敛性，保证级数 $\sum\limits_{k}x_kp_k$ 的值不随级数项排列的次序改变而改变，这是必需的，因为数学期望反映客观存在(X 的中心位置)，它自然不应随可能值的排列次序改变而改变.

特别，如随机变量 X 的分布律为 $\begin{pmatrix}x_1 & x_2 & \cdots & x_n\\ \frac{1}{n} & \frac{1}{n} & \cdots & \frac{1}{n}\end{pmatrix}$，那么 $E(X)=\frac{1}{n}\sum\limits_{k=1}^{n}x_k$ 为 $x_1,x_2,\cdots,x_n$ 的算术平均值. 所以数学期望是平均值的推广，即“加权”平均值.

例 3.1.2　将 3 个球随机地投入 3 个盒子中去，球与盒子均可区分，以 X 表示所余的空盒子数，求 $E(X)$.

解　X 所有可能取值为 0,1,2.

$$P\{X=0\}=\frac{3!}{3^3}=\frac{2}{9},$$

$$P\{X=1\}=\frac{C_3^1C_2^1C_3^2\cdot 1^1}{3^3}=\frac{2}{3},$$

$$P\{X=2\}=\frac{C_3^2\cdot 1^3}{3^3}=\frac{1}{9},$$

于是有　$E(X)=0\times\frac{2}{9}+1\times\frac{2}{3}+2\times\frac{1}{9}=\frac{8}{9}.$

例 3.1.3　自动生产线在调整以后出现废品的概率为 0.1. 生产过程中出现废品时立即重新调整，求在两次调整之间生产的合格品数的分布律和均值.

解　设在两次调整之间生产的合格品数为 X，其分布律为

$$P\{X=k\}=0.1\times 0.9^k,\quad k=0,1,2,\cdots.$$

于是　$E(X)=\sum\limits_{k=0}^{\infty}k\times 0.1\times 0.9^k=0.1\sum\limits_{k=0}^{\infty}k\times 0.9^k=0.09\sum\limits_{k=1}^{\infty}k\times 0.9^{k-1}.$

由于 $\sum_{k=1}^{\infty} kp^{k-1}=\sum_{k=1}^{\infty}\frac{\mathrm{d}}{\mathrm{d}p}(p^k)=\frac{\mathrm{d}}{\mathrm{d}p}\sum_{k=1}^{\infty}p^k=\frac{\mathrm{d}}{\mathrm{d}p}\left(\frac{p}{1-p}\right)=\frac{1}{(1-p)^2}$，

所以 $E(X)=0.09\,\frac{1}{(1-0.9)^2}=9.$

例 3.1.4 这是一个用数学期望来提高工作效率的例子.

某单位 N(比较大的数)个人，为普查某种疾病都去验血，验血可有两种方法：

Ⅰ 每个人分别验，需要验 N 次；

Ⅱ 按每 K 个人一组进行分组，将每个人所抽的血取出一半混合在一起化验，如果是阴性，则说明这 K 个人的血都是阴性，这样对这 K 个人来说，只这一次化验就够了；如果是阳性，则说明这 K 个人至少有一个呈阳性，这需要对这 K 个人的血再逐个进行化验，这时，对这 K 个人来说，总共要化验 $K+1$ 次.

假定对所有的人来说验血的结果呈阳性的概率为 p，且这些人的化验结果是相互独立的(即一般说，这种病不是传染病或遗传病). 试求：

(1) K 个人的血混合后呈阳性的概率；

(2) 在方法Ⅱ中，为了检查这 N 个人所需的化验次数 X 的数学期望；

(3) K 取什么值时，使在方法Ⅱ中所需进行的化验次数的数学期望 $E(X)$ 最小.

解 (1) 因各人验血呈阳性的概率为 p，故呈阴性的概率为 $q=1-p$，而这些人的化验结果是相互独立的，故 K 个人混合血液为阴性的概率为 $q\cdot q\cdot\cdots\cdot q=q^K$，呈阳性的概率为 $1-q^K$.

(2) 设 K 个人为一组时，所需化验的次数为 X_1，则 X_1 是随机变量，其分布律为

X_1	1	$K+1$
P_{X_1}	q^K	$1-q^K$

由定义 3.1.1，每 K 人一组的化验次数期望(均值)为

$$E(X_1)=q^K+(K+1)(1-q^K)=K-Kq^K+1.$$

将 N 个人分成$\frac{N}{K}$组，每组 K 人，各组所需化验次数是与 X_1 有相同分布的随机变量，故

$$E(X)=\frac{N}{K}E(X_1)=N\left(1-q^K+\frac{1}{K}\right).$$

(3) 求 K，使 $E(X)$ 最小. 由于 p 是给定的常数，选择 K 使$E(X)=N\left(1-q^K+\frac{1}{K}\right)$最小. 这样的 K 可由方程

$$\frac{\mathrm{d}E(X)}{\mathrm{d}K}=N\left(-q^K\ln q-\frac{1}{K^2}\right)=0$$

或 $K^2q^K\ln q+1=0$ 近似解出.

对应于 $p=0.01,0.02,0.03,0.04,0.05,0.1,0.2$，经计算得出使 $E(X)$ 最小的 K 分别为 $K=11,8,6,6,5,4,3$.

设 $p=0.05$，则 $q=0.95$，此时 $K=5$ 是最好的分组方法. 若 $N=1\,000$，按 $K=5$ 分组，在方法Ⅱ下只需化验

$$1\,000\left(1-0.95^5+\frac{1}{5}\right)=426(\text{次}).$$

可以减少57%的工作量.

例 3.1.5　设随机变量 X 的概率分布为

$$P\{X=k\}=A\frac{B^k}{k!},\quad k=0,1,2,\cdots,$$

若已知 $E(X)=a$,试求常数 A,B.

解　由 $\sum\limits_{k=0}^{\infty}P\{X=k\}=\sum\limits_{k=0}^{\infty}A\frac{B^k}{k!}=1$,得 $Ae^B=1$. 又 $E(X)=\sum\limits_{k=0}^{\infty}kA\frac{B^k}{k!}=a$,即

$$AB\sum_{k=1}^{\infty}\frac{B^{k-1}}{(k-1)!}\xlongequal{\text{令 } k'=k-1}AB\sum_{k'=0}^{\infty}\frac{B^{k'}}{k'!}=ABe^B=a,$$

故有 $B=a,A=e^{-B}=e^{-a}$.

例 3.1.6　某公司为了适应市场需求,欲扩大生产,计划部门拟定两种方案:

(1) 扩大现有工厂规模;

(2) 将部分产量转包给其他工厂生产.

公司获得的利润值受市场需求的影响,设在市场需求为高、中、低状态时,方案(1)获得的利润值分别为500万元、250万元、-200万元;方案(2)获得的利润分别为300万元、150万元、-10万元.经市场预测分析,需求量状态为高、中、低的概率分别为0.2,0.5,0.3.试问选择哪一种方案可使公司的期望利润最大?

解　由题意知方案(1)的利润是随机变量 X_1,其分布律为

X_1	500	250	-200
P_{X_1}	0.2	0.5	0.3

$$EX_1=500\times0.2+250\times0.5-200\times0.3=165(\text{万元})$$

方案(2)的利润是随机变量 X_2,其分布律为

X_2	300	150	-10
P_{X_2}	0.2	0.5	0.3

$$EX_2=300\times0.2+150\times0.5-10\times0.3=132(\text{万元})$$

因为 $EX_1>EX_2$ 所以应采用方案(1),扩大现有工厂规模.

3.1.2　连续型随机变量的数学期望

对于连续型随机变量,我们的目的仍然是想找一个能反映随机变量取值的"平均"的数字特征,但对于连续型随机变量而言,式(3.1.1)已无意义.

设随机变量 X 的密度函数为 $f(x)$,取分点:$x_0<x_1<x_2\cdots<x_{n+1}$.则随机变量 X 落在 $\Delta x_i=[x_i,x_{i+1})$中的概率为

$$P\{x_i\leqslant X<x_{i+1}\}=\int_{x_i}^{x_{i+1}}f(x)\mathrm{d}x.$$

当 Δx_i 相当小时,就有

$$P\{x_i\leqslant X<x_{i+1}\}\approx f(x_i)\Delta x_i,\quad i=0,1,2,\cdots,n.$$

这时,分布律为 $\begin{pmatrix} x_0 & x_1 & \cdots & x_n \\ f(x_0)\Delta x_0 & f(x_1)\Delta x_1 & \cdots & f(x_n)\Delta x_n \end{pmatrix}$ 的离散型随机变量可看作 X 的一个近似,而这个离散型随机变量的数学期望为

$$\sum_{i=0}^{n} x_i f(x_i)\Delta x_i.$$

它近似地表达了连续型随机变量 X 的均值.当分点愈密时,这种近似也就愈好,由高等数学知识可知上述和式以积分$\int_{-\infty}^{+\infty} xf(x)\mathrm{d}x$ 为极限,因而有下述定义.

定义 3.1.2 设连续型随机变量 X 的密度函数为 $f(x)$,若积分$\int_{-\infty}^{+\infty}|x|f(x)\mathrm{d}x<\infty$,则称随机变量 X 的数学期望存在,且

$$E(X)=\int_{-\infty}^{+\infty} xf(x)\mathrm{d}x. \tag{3.1.2}$$

当$\int_{-\infty}^{+\infty}|x|f(x)\mathrm{d}x$ 发散时,称 X 的数学期望不存在.

这里要求 $\int_{-\infty}^{+\infty}|x|f(x)\mathrm{d}x<\infty$的理由与离散型时要求$\sum|x_k|p_k<\infty$的理由相同.

例 3.1.7 设随机变量 X 的密度函数为

$$f(x)=\begin{cases} x, & 0\leqslant x<1, \\ 2-x, & 1\leqslant x<2, \\ 0, & \text{其他}. \end{cases}$$

求 $E(X)$.

解 $E(X)=\int_{-\infty}^{+\infty} xf(x)\mathrm{d}x=\int_0^1 x^2\mathrm{d}x+\int_1^2 x(2-x)\mathrm{d}x=1.$

例 3.1.8 设随机变量 X 的密度函数为

$$f(x)=\frac{1}{\pi(1+x^2)},\quad -\infty<x<+\infty,$$

由于$\int_{-\infty}^{+\infty}|x|\frac{1}{\pi(1+x^2)}\mathrm{d}x=\infty$,所以 $E(X)$不存在.

3.1.3 随机变量函数的期望

设随机变量 X 的分布已知,下面研究 X 的函数 $Y=g(X)$的数学期望.

假设随机变量 X 的分布律为

X	-2	0	2	3
P_X	p_1	p_2	p_3	p_4

若 $Y=g(X)=X^2$,则 $Y=X^2$ 分布律为

$Y=X^2$	0	4	9
P_Y	p_2	p_1+p_3	p_4

由数学期望的定义知

$$\begin{aligned} E[g(X)]=E(Y)&=\sum_{k=1}^{3} y_kP\{Y=y_k\} \\ &=0\times P\{Y=0\}+4\times P\{Y=4\}+9\times P\{Y=9\} \\ &=0\times p_2+4\times(p_1+p_3)+9\times p_4=0^2\times p_2+(-2)^2p_1+2^2p_3+3^2p_4 \end{aligned}$$

$$=\sum_{j=1}^{4} g(x_j)P\{X=x_j\}.$$

上述结果启发我们，计算随机变量函数 Y 的期望值时，可以不必求出 $Y=g(X)$ 的分布律，而借助于 X 的分布律就能把 Y 的数学期望计算出来. 人们已经证明的确是这样. 因此我们只给出下述定理而不加证明.

定理 3.1.1　设 Y 是随机变量 X 的函数，$Y=g(X)$（g 是连续函数）.

(1) 当 X 为离散型随机变量，它的分布律为 $P\{X=x_j\}=p_j, j=1,2,\cdots$.

若 $\sum_j |g(x_j)|p_j<\infty$，则有

$$E(Y)=E[g(X)]=\sum_j g(x_j)p_j. \tag{3.1.3}$$

(2) 当 X 为连续型随机变量时，它的密度函数为 $f(x)$.

若 $\int_{-\infty}^{+\infty}|g(x)|f(x)\mathrm{d}x<\infty$，则有

$$E(Y)=E[g(X)]=\int_{-\infty}^{+\infty}g(x)f(x)\mathrm{d}x. \tag{3.1.4}$$

例 3.1.9　设随机变量 X 的分布律为

$X=x_j$	-1	0	1
$P(X=x_j)=p_j$	0.2	0.3	0.5

求 $E(X^2+X-1)$.

解　由公式(3.1.3)得

$$E(X^2+X-1)=\sum_{j=1}^{3}(x_j^2+x_j-1)p_j$$
$$=[(-1)^2+(-1)-1]\times 0.2+[0^2+0-1]\times 0.3+[1^2+1-1]\times 0.5$$
$$=-0.2-0.3+0.5=0.$$

例 3.1.10　设随机变量 X 在 $[0,1]$ 上服从均匀分布，求 $E(\mathrm{e}^X)$.

解　随机变量 X 的密度函数为

$$f(x)=\begin{cases}1, & 0\leqslant x\leqslant 1,\\ 0, & \text{其他}.\end{cases}$$

由公式(3.1.4)得

$$E(\mathrm{e}^X)=\int_{-\infty}^{+\infty}\mathrm{e}^x f(x)\mathrm{d}x=\int_0^1 \mathrm{e}^x\mathrm{d}x=\mathrm{e}-1.$$

如果采用先求出 $Y=\mathrm{e}^X$ 的密度函数，再求期望的方法，一般较烦琐.

因 $y=\mathrm{e}^x$，故 $x=\ln(y)$，而 $\ln'(y)=\frac{1}{y}$，由 2.5 节公式(2.5.1)得

$$\psi_Y(y)=\begin{cases}\frac{1}{y}, & 1\leqslant y\leqslant \mathrm{e},\\ 0, & \text{其他}.\end{cases}$$

所以　$E(Y)=E(\mathrm{e}^X)=\int_1^{\mathrm{e}} y\frac{1}{y}\mathrm{d}y=\mathrm{e}-1.$

例 3.1.11　国际市场上每年对我国某种出口商品的需求量是随机变量 X（单位：t），它

服从[2 000,4 000]上的均匀分布.设每售出这种商品1t,可为国家挣得外汇3 000元,但如果销售不出而积压于仓库,则每吨需花费保养及其他各种损失费用1 000元,问需要组织多少货源,才能使收益期望最大?

解 设组织货源为a(单位:t),a是2 000~4 000之间某一个数.按题意,收益是一随机变量,记作Y(单位:千元).Y是该商品需求量X的函数.

$$Y=g(X)=\begin{cases}3X-(a-X), & \text{当 } X<a \text{ 时},\\ 3a, & \text{当 } X\geqslant a \text{ 时}.\end{cases}$$

X的密度函数为

$$f(x)=\begin{cases}\dfrac{1}{2\,000}, & 2\,000\leqslant x\leqslant 4\,000,\\ 0, & \text{其他}.\end{cases}$$

由公式(3.1.4)得收益期望为

$$\begin{aligned}E[g(X)]&=\int_{-\infty}^{+\infty}g(x)f(x)\mathrm{d}x\\&=\frac{1}{2\,000}\left[\int_{2\,000}^{a}[3x-(a-x)]\mathrm{d}x+\int_{a}^{4\,000}3a\mathrm{d}x\right]\\&=\frac{1}{2\,000}(-2a^2+14\,000a-8\,000\,000).\end{aligned}$$

上式当$a=3\,500$ t时,$E(Y)$取得最大值.也就是说,只要组织货源3 500 t,收益最大.此例说明,可以利用随机变量的期望来作某种最优决策.

3.1.4 期望的性质

在假设随机变量的数学期望存在的条件下,给出数学期望的几个性质.

性质1 设C为常数,则有$E(C)=C$.

证明 常数C作为随机变量而言,是一个离散型随机变量,它只有一个可能取值,即$P(X=C)=1$,按公式(3.1.1)有

$$E(C)=E(X)=C\cdot P(X=C)=C.$$

性质2 若$a\leqslant X\leqslant b$,则$a\leqslant E(X)\leqslant b$.

证明 设X为连续型随机变量,密度函数为$f(x)$,显然有

$$\int_{-\infty}^{+\infty}af(x)\mathrm{d}x\leqslant\int_{-\infty}^{+\infty}xf(x)\mathrm{d}x\leqslant\int_{-\infty}^{+\infty}bf(x)\mathrm{d}x,$$

故

$$a\leqslant E(X)\leqslant b.$$

性质3 设X为一个随机变量,C是一个常数,则有

$$E(CX)=CE(X).$$

证明 若设X为连续型随机变量,其密度函数为$f(x)$,由公式(3.1.4)得

$$E(CX)=\int_{-\infty}^{+\infty}Cxf(x)\mathrm{d}x=C\int_{-\infty}^{+\infty}xf(x)\mathrm{d}x=CE(X).$$

性质4 $E(kX+b)=kE(X)+b$(k,b为常数).

证明 设X为连续型随机变量,密度函数为$f(x)$,由公式(3.1.4)得

$$E(kX+b)=\int_{-\infty}^{+\infty}(kx+b)f(x)\mathrm{d}x$$
$$=k\int_{-\infty}^{+\infty}xf(x)\mathrm{d}x+b\int_{-\infty}^{+\infty}f(x)\mathrm{d}x=kE(X)+b.$$

当 X 为离散型随机变量,读者可自行证明上述性质成立.

3.2　特殊随机变量函数的期望及其应用

随机变量的数学期望在科学研究、社会经济生活各领域都发挥着重要作用.如果随机变量 X 的函数 $Y=g(X)$ 取为特殊函数.求取 Y 的期望还可以得到意外效果.

3.2.1　概率母函数

定义 3.2.1　设 X 为取非负整数值的随机变量 $p_k=P\{X=k\}, k=0,1,2,\cdots$.令 $Y=t^X$, $-1\leqslant t\leqslant 1$.则称

$$G(t)=E(t^X)=\sum_{k=0}^{\infty}p_kt^k \tag{3.2.1}$$

为 X 的概率母函数(probability generating function),简称母函数.

概率母函数与其分布律之间存在如下关系

$$G(0)=p_0, G^{(k)}(0)=k!p_k, k=0,1,2,\cdots. \tag{3.2.2}$$

概率母函数与其数学期望之间存在如下关系

$$E(X)=G'(1), E(X^2)=G''(1)+G'(1). \tag{3.2.3}$$

例 3.2.1　设 X 服从二项分布 $B(n,p)$.求其母函数 $G(t)$ 及 $E(X^2)-E^2(X)$.

解　$G(t)=\sum_{k=0}^{n}\mathrm{C}_n^kp^kq^{n-k}t^k=(q+pt)^n$.

$$E(X)=G'(1)=[(q+pt)^n]'|_{t=1}=np(q+pt)^{n-1}|_{t=1}=np,$$
$$E(X^2)=G''(1)+G'(1)=n(n-1)p^2(q+pt)^{n-2}|_{t=1}+np$$
$$=n(n-1)p^2+np=n^2p^2-np^2+np,$$
$$E(X^2)-E^2(X)=n^2p^2-np^2+np-n^2p^2=npq.$$

3.2.2　矩母函数

定义 3.2.2　设 $Y=\mathrm{e}^{tX}$ 为随机变量 X 的函数对 $t\in(t_1,t_2)$ 满足定理 3.1.1 的条件,则称

$$M(t)=E(Y)=E(\mathrm{e}^{tX})=\begin{cases}\sum_i p_i\mathrm{e}^{tx_i}, & (离散型)\\ \int_{-\infty}^{+\infty}\mathrm{e}^{tx}f(x)\mathrm{d}x. & (连续型)\end{cases} \tag{3.2.4}$$

为 X 的矩母函数(moment generating function).

矩母函数有如下性质:

$$M(0)=1, M^{(k)}(0)=E(X^k), k=1,2,\cdots. \tag{3.2.5}$$

例 3.2.2　设 X 服从指数分布 $EXP(\lambda)$.求其矩母函数 $M(t)(t<\lambda)$ 及 $E(X^2)-E^2(X)$.

解 $M(t)=E(e^{tX})=\int_0^{+\infty} e^{tx}\lambda e^{-\lambda x}dx=\int_0^{+\infty}\lambda e^{(t-\lambda)x}dx=\frac{\lambda}{\lambda-t}$,

$$M'(t)=\frac{\lambda}{(\lambda-t)^2},M''(t)=\frac{2\lambda}{(\lambda-t)^3},$$

于是 $M'(0)=\frac{1}{\lambda}=E(X),M''(0)=\frac{2}{\lambda^2}=E(X^2)$,

故 $E(X^2)-E^2(X)=\frac{1}{\lambda^2}$.

3.2.3 特征函数

定义 3.2.3 设 X 为任一随机变量,记 $Y=e^{itX}$,其中 i 为虚数单位,$-\infty<t<+\infty$,则称

$$\phi(t)=E(Y)=E(e^{itX})=\begin{cases}\sum_j p_j e^{itx_j}, & (离散型)\\ \int_{-\infty}^{+\infty} e^{itx}f(x)dx, & (连续型)\end{cases} \tag{3.2.6}$$

为 X 的特征函数(characteristic function).

特征函数有如下性质:

$$\phi(0)=1,\phi^{(k)}(0)=i^kE(X^k),k=1,2,\cdots. \tag{3.2.7}$$

例 3.2.3 设 X 服从泊松分布 $P(\lambda)$. 求其特征函数 $\phi(t)$ 及 $E(X^2)-E^2(X)$.

解 $\phi(t)=E(e^{itX})=\sum_{k=0}^{+\infty} e^{i+k}e^{-\lambda}\frac{\lambda^k}{k!}=e^{-\lambda}\sum_{K=0}^{+\infty}\frac{(\lambda e^{it})^k}{k!}=e^{-\lambda}e^{\lambda e^{it}}=e^{\lambda(e^{it}-1)}$.

$\phi'(t)=e^{\lambda(e^{it}-1)}\lambda e^{it}i,\phi'(0)=i\lambda$,

$\phi''(t)=e^{\lambda(e^{it}-1)}(i\lambda e^{it})^2+e^{\lambda(e^{it}-1)}\lambda e^{it}i^2,\phi''(0)=(i\lambda)^2+i^2\lambda$,

所以 $E(X)=\lambda,E(X^2)=\lambda^2+\lambda,E(X^2)-E^2(X)=\lambda^2+\lambda-\lambda^2=\lambda$.

3.2.4 熵

度量随机变量不确定性的一个重要特征值是熵,它是信息论之父申农(Shannon)在1949年引入的概念,是现代信息论的基础.

定义 3.2.4 设连续型随机变量 X 的概率密度函数为 $f(x)$,记 $Y=-\ln f(X)$. 则称

$$H(X)=E(Y)=E[-\ln f(X)]=-\int_{-\infty}^{+\infty} f(x)\ln f(x)dx$$

为随机变量 X 的熵.

类似地,记离散型随机变量 X 的概率分布律为

$$f(x)=\begin{cases}P(X=x_i)=p_i, & x=x_i,i=1,2,\cdots,n,\\ 0, & 其他.\end{cases}$$

可以定义离散型随机变量 X 的熵为

$$H(X)=-E[\ln f(X)]=\sum_{i=1}^n p_i\ln\frac{1}{p_i}=-\sum_{i=1}^n p_i\ln p_i.$$

因此对离散型随机变量和连续型随机变量,熵有统一表达式

$$H(X)=-E[\ln f(X)].$$

除上面介绍的 4 个概念外，方差和矩也是特殊随机变量函数的期望.由于方差和矩在应用中占重要地位，在后面单独介绍.

3.3 方差

3.3.1 方差概念

数学期望体现了随机变量平均取值的大小，反映了随机变量取值的集中位置.但在许多实际问题中，只考虑均值不能满足需求，还应知道随机变量的取值在均值周围变化的情况.又如，有甲、乙两种品牌的手表，它们的日走时误差(单位:s)分别为 X 和 Y，其概率分布为

X	-1	0	1
P_X	0.1	0.8	0.1

Y	-2	-1	0	1	2
P_Y	0.1	0.3	0.2	0.3	0.1

试问这两种品牌的手表哪一种质量较好？先来看两种品牌手表的日走时误差的平均值：

$$E(X)=0,\quad E(Y)=0.$$

它们的日走时平均误差相等.所以仅从日走时误差的平均值就不能判定两者质量的好坏，为了评定两种手表质量的好坏，还需要进一步考察手表的日走时误差相对于日走时误差的均值的偏离程度.从品牌甲的日走时误差 X 的分布律可知，大部分手表(有 80%)的日走时误差为 0，X 的可能值比较密集于 $E(X)=0$，只有少部分手表(占 20%)的日走时误差散布在 $E(X)$的两侧(± 1 s)，因此 X 的可能值的离散程度较小.而品牌乙只有少部分(占 20%)的日走时误差为 0，却有大部分(有 80%)散布在 $E(Y)=0$ 的两侧，而且散布的范围也较品牌甲大(± 2 s)，因此 Y 的各可能值的离散程度较大.由此看来，甲品牌手表日走时误差比较稳定，甲品牌手表质量较好.这里质量的差别就在于两种手表的日走时误差的离散程度不同.这说明，尽管 X 与 Y 的数学期望相等，但它们的可能值围绕其数学期望的离散程度仍有大小.为了衡量一个随机变量 X 的离散程度，应考虑随机变量 X 与数学期望 $E(X)$的偏差(或离差)$X-E(X)$，但是不能用 $X-E(X)$的均值，因为这时正负偏差会抵消，事实上，$E[X-E(X)]=E(X)-E(X)=0$.若用$E|X-E(X)|$来衡量 X 的离散程度，虽然避免了正负偏差相互抵消的可能，但由于处理包含绝对值的量，要就正、负号的情况分别讨论，比较麻烦.因此，采用偏差平方的均值 $E[X-E(X)]^2$ 来表示随机变量 X 的离散程度.因为平方后就避免了正、负偏差相抵消，既能反映偏差值的大小，又排除了绝对值给运算带来的不便.于是引入下述定义.

定义 3.3.1 设 X 是一个随机变量，数学期望 $E(X)$存在，若$E\{[X-E(X)]^2\}$存在，则称 $E\{[X-E(X)]^2\}$为 X 的**方差**(variance)，记为 $D(X)$或 $\mathrm{Var}(X)$，即

$$D(X)=\mathrm{Var}(X)=E\{[X-E(X)]^2\}. \tag{3.3.1}$$

由定义知 $D(X)$是一个非负数，它的量纲是 X 量纲的平方.在应用上还引入与随机变量 X 具有相同量纲的量，称方差 $D(X)$的算术平方根 $\sqrt{D(X)}$ 为 X 的**标准差**(standard deviation),记为 $\sigma(X)$. 即

$$\sigma(X)=\sqrt{D(X)}.$$

由式(3.3.1)知,方差本质上是随机变量函数 $g(X)=[X-E(X)]^2$ 的期望.

若 X 为离散型随机变量,其分布律为

$$P(X=x_k)=p_k,\quad k=1,2,\cdots,$$

则

$$D(X)=E[X-E(X)]^2=\sum_k [x_k-E(X)]^2 p_k. \tag{3.3.2}$$

若 X 为连续型随机变量,其密度函数为 $f(x)$,则

$$D(X)=E[X-E(X)]^2=\int_{-\infty}^{+\infty}[x-E(X)]^2 f(x)\mathrm{d}x. \tag{3.3.3}$$

由定义可知 $D(X)\geqslant 0$.

为了便于计算随机变量 X 的方差,经常采用以下公式

$$D(X)=E(X^2)-E^2(X). \tag{3.3.4}$$

证明 (只证 X 为连续型随机变量的情形,离散型的情形由读者自证.)

由式(3.3.3)

$$\begin{aligned}D(X)&=\int_{-\infty}^{+\infty}[x-E(X)]^2 f(x)\mathrm{d}x\\&=\int_{-\infty}^{+\infty}x^2 f(x)\mathrm{d}x-2E(X)\int_{-\infty}^{+\infty}xf(x)\mathrm{d}x+E^2(X)\int_{-\infty}^{+\infty}f(x)\mathrm{d}x\\&=E(X^2)-2E^2(X)+E^2(X)=E(X^2)-E^2(X).\end{aligned}$$

利用方差,可以判断上面提到的甲、乙两种品牌手表的质量的好坏. 由于 $E(X)=E(Y)=0$,由上述公式得

$$D(X)=E(X^2)=(-1)^2\times 0.1+0^2\times 0.8+1^2\times 0.1=0.2,$$

$$D(Y)=E(Y^2)=(-2)^2\times 0.1+(-1)^2\times 0.3+0^2\times 0.2+1^2\times 0.3+2^2\times 0.1=1.4,$$

$D(X)<D(Y)$,故品牌甲优于品牌乙.

3.3.2 方差的性质

设 X 为随机变量,a,b,c 为常量,并设所提及的方差均存在,方差有下述各性质.

性质 1 $D(c)=0$.

证明 $D(c)=E(c^2)-[E(c)]^2=c^2-c^2=0$.

性质 2 $D(cX)=c^2D(X)$.

证明 $D(cX)=E(c^2X^2)-[E(cX)]^2=c^2\{E(X)^2-[E(X)]^2\}=c^2D(X)$.

性质 3 $D(aX+b)=a^2D(X)$.

证明 $\begin{aligned}[t]D(aX+b)&=E[(aX+b)-E(aX+b)]^2=E[aX+b-aE(X)-b]^2\\&=E[a(X-E(X))]^2=a^2E[X-E(X)]^2=a^2D(X).\end{aligned}$

性质 4 函数 $f(x)=E[X-x]^2$,当 $x=E(X)$ 时,取最小值 $D(X)$,即 $D(X)\leqslant E(X-x)^2$.

证明 $D(X)=D(X-x)=E(X-x)^2-[E(X-x)]^2\leqslant E(X-x)^2$,

仅当 $x=E(X)$ 时等号成立.

这个性质说明随机变量 X 与其数学期望的偏离程度比与其他任何值的偏离程度都小.

性质5　$D(X)=0$ 的充要条件是 X 以概率 1 取常数 c，即 $P\{X=c\}=1$，这里 $c=E(X)$（证明略）.

此性质说明，当方差为 0 时，随机变量以概率 1 取值集中在数学期望这一点上.

在概率统计中，当随机变量 X 的 $E(X)$ 和 $D(X)$ 存在，且 $D(X)>0$ 下，常对 X 作如下变换：

$$Y^*=X-E(X),\quad Y=\frac{X-E(X)}{\sqrt{D(X)}}.$$

由期望与方差性质得

$$E(Y^*)=E(X-E(X))=0, D(Y^*)=D(X-E(X))=D(X),$$

$$E(Y)=E\left[\frac{X-E(X)}{\sqrt{D(X)}}\right]=\frac{1}{\sqrt{D(X)}}[E(X)-E(X)]=0,$$

$$D(Y)=D\left[\frac{X-E(X)}{\sqrt{D(X)}}\right]=\frac{1}{D(X)}D(X)=1.$$

通常称 Y^* 为 X 的中心化随机变量. 称 Y 为 X 的标准化随机变量，易见 Y 是一无量纲的随机变量.

3.3.3　变异系数

由于方差及标准差皆是有单位的，方差的单位是随机变量单位的平方，标准差的单位是随机变量的单位，有单位的量在实际应用时是不太方便的，因而我们希望用一个同单位的量除之以消去单位. 再一方面，对于不同随机变量的离散程度进行比较，标准差大的不一定离散性大. 基于上述两点，类似于“相对误差”，我们用数学期望来除标准差，而引出变异系数.

定义 3.3.2　随机变量 X 的标准差 $\sqrt{D(X)}$ 与其数学期望 $E(X)(\neq 0)$ 的比值，称为 X 的**变异系数**(coefficient of variation). 记作 δ_X. 即

$$\delta_X=\frac{\sqrt{D(X)}}{E(X)}.$$

用变异系数 δ_X 刻画离散程度的优点还可以从下例看出. 一支步枪的平均射程为 500 m，一门炮的平均射程为 5 000 m，若它们的标准差都是 300 m 时，我们不能认为它们的离散程度是一样的. 因为对步枪来说，这离散程度就太大了，而对炮弹来说这离散程度还是较小的. 用变异系数就可以把它们的离散程度客观反映出来，它们的变异系数分别为 $\frac{300}{500}=0.6$ 与 $\frac{300}{5\,000}=0.06$. 一般来说，标准差反映“绝对”离散程度，变异系数反映“相对”离散程度.

3.4　几种重要分布的数学期望与方差

在 3.2 中已用概率母函数、矩母函数、特征函数计算出几种常见分布的数学期望与方

差.本节将用初等计算方法进行详细推导.

3.4.1 (0—1)分布

设 X 服从两点分布

X	0	1
P_X	q	p

$(0<p<1,\quad q=1-p)$

则 $E(X)=0\cdot q+1\cdot p=p,\quad E(X^2)=0^2\cdot q+1^2\cdot p=p,$

$D(X)=E(X^2)-[E(X)]^2=p-p^2=p(1-p)=pq.$

3.4.2 二项分布

设 X 服从二项分布,其分布律为

$$P\{X=k\}=C_n^kp^kq^{n-k},k=0,1,2,\cdots,n,$$

其中 $0<p<1,q=1-p$,则

$$E(X)=\sum_{k=0}^{n}kC_n^kp^kq^{n-k}\xlongequal{kC_n^k=nC_{n-1}^{k-1}}np\sum_{k=1}^{n}C_{n-1}^{k-1}p^{k-1}q^{n-k}$$

$$\xlongequal{k'=k-1}np\sum_{k'=0}^{n-1}C_{n-1}^{k'}p^{k'}q^{(n-1)-k'}=np(p+q)^{n-1}=np.$$

又

$$E(X^2)=\sum_{k=0}^{n}k^2C_n^kp^kq^{n-k}=\sum_{k=1}^{n}[k(k-1)+k]\frac{n!}{k!\ (n-k)!}p^kq^{n-k}$$

$$=\sum_{k=1}^{n}[(k-1)+1]\frac{n!}{(k-1)!\ (n-k)!}p^kq^{n-k}$$

$$=\sum_{k=2}^{n}(k-1)\frac{n(n-1)(n-2)!}{(k-1)!\ (n-k)!}p^2p^{k-2}q^{(n-2)-(k-2)}+\sum_{k=1}^{n}\frac{n!}{(k-1)!\ (n-k)!}p^kq^{n-k}$$

$$\xlongequal{令\ k'=k-2}n(n-1)p^2\sum_{k'=0}^{n-2}\frac{(n-2)!}{k'!\ (n-2-k')!}p^{k'}q^{(n-2)-k'}+E(X)=n(n-1)p^2+np,$$

于是

$$D(X)=E(X)^2-(EX)^2=n(n-1)p^2+np-n^2p^2=npq.$$

3.4.3 泊松分布

设 X 服从泊松(Poisson)分布,其分布律为

$$P\{X=k\}=\frac{\lambda^k}{k!}e^{-\lambda}\quad(\lambda>0,k=0,1,2,\cdots).$$

则 $$E(X)=\sum_{k=0}^{\infty}k\frac{\lambda^ke^{-\lambda}}{k!}=\lambda e^{-\lambda}\sum_{k=1}^{\infty}\frac{\lambda^{k-1}}{(k-1)!}\xlongequal{令\ k'=k-1}\lambda e^{-\lambda}\sum_{k'=0}^{\infty}\frac{\lambda^{k'}}{k'!}=\lambda e^{-\lambda}e^{\lambda}=\lambda.$$

$$E(X^2)=\sum_{k=0}^{\infty}k^2\frac{\lambda^ke^{-\lambda}}{k!}=\sum_{k=1}^{\infty}[(k-1)+1]\frac{\lambda^k}{(k-1)!}e^{-\lambda}$$

$$=\sum_{k=2}^{\infty}\frac{\lambda^2\lambda^{k-2}}{(k-2)!}e^{-\lambda}+\sum_{k=1}^{\infty}\frac{\lambda^k}{(k-1)!}e^{-\lambda}=\lambda^2+\lambda,$$

于是 $D(X)=(\lambda^2+\lambda)-\lambda^2=\lambda.$

3.4.4　均匀分布

设 X 均匀分布于(a,b)，其概率密度为

$$f(x)=\begin{cases}\dfrac{1}{b-a}, & a<x<b,\\ 0, & \text{其他}.\end{cases}$$

则 $$E(X)=\int_{-\infty}^{+\infty}xf(x)\mathrm{d}x=\int_a^b x\,\frac{1}{b-a}\mathrm{d}x=\frac{a+b}{2},$$

即数学期望位于区间的中点.

又 $$E(X^2)=\int_a^b x^2\,\frac{1}{b-a}\mathrm{d}x=\frac{b^3-a^3}{3(b-a)}=\frac{1}{3}(b^2+ab+a^2),$$

于是 $$D(X)=E(X^2)-[E(X)]^2=\frac{1}{12}(b-a)^2.$$

3.4.5　指数分布

设 X 服从指数分布，其概率密度为

$$f(x)=\begin{cases}\lambda\mathrm{e}^{-\lambda x}, & x>0,\\ 0, & x\leqslant 0\end{cases}\qquad(\lambda>0),$$

则 $$E(X)=\int_{-\infty}^{+\infty}xf(x)\mathrm{d}x=\lambda\int_0^{+\infty}x\mathrm{e}^{-\lambda x}\mathrm{d}x=\frac{1}{\lambda}.$$

又 $$E(X^2)=\lambda\int_0^{+\infty}x^2\mathrm{e}^{-\lambda x}\mathrm{d}x=\frac{2}{\lambda^2},$$

故 $$D(X)=E(X^2)-[E(X)]^2=\frac{2}{\lambda^2}-\frac{1}{\lambda^2}=\frac{1}{\lambda^2}.$$

3.4.6　正态分布

设 $X\sim N(\mu,\sigma^2)$，其概率密度为

$$f(x)=\frac{1}{\sqrt{2\pi}\sigma}\mathrm{e}^{-\frac{(x-\mu)^2}{2\sigma^2}},\quad -\infty<x<+\infty,$$

其中，$\mu,\sigma(\sigma>0)$为常数. 则

$$E(X)=\int_{-\infty}^{+\infty}x\,\frac{1}{\sqrt{2\pi}\sigma}\mathrm{e}^{-\frac{(x-\mu)^2}{2\sigma^2}}\mathrm{d}x\xlongequal{\text{令}\frac{x-\mu}{\sigma}=t}\frac{1}{\sqrt{2\pi}}\int_{-\infty}^{+\infty}(\mu+\sigma t)\mathrm{e}^{-\frac{t^2}{2}}\mathrm{d}t$$

$$=\frac{\mu}{\sqrt{2\pi}}\int_{-\infty}^{+\infty}\mathrm{e}^{-\frac{t^2}{2}}\mathrm{d}t=\frac{\mu}{\sqrt{2\pi}}\cdot\sqrt{2\pi}=\mu.$$

$$D(X)=\int_{-\infty}^{+\infty}(x-\mu)^2f(x)\mathrm{d}x=\frac{1}{\sqrt{2\pi}\sigma}\int_{-\infty}^{+\infty}(x-\mu)^2\mathrm{e}^{-\frac{(x-\mu)^2}{2\sigma^2}}\mathrm{d}x\xlongequal{\text{令}\frac{x-\mu}{\sigma}=t}\frac{\sigma^2}{\sqrt{2\pi}}\int_{-\infty}^{+\infty}t^2\mathrm{e}^{-\frac{t^2}{2}}\mathrm{d}t$$

$$=\frac{\sigma^2}{\sqrt{2\pi}}\left[-t\mathrm{e}^{-\frac{t^2}{2}}\Big|_{-\infty}^{+\infty}+\int_{-\infty}^{+\infty}\mathrm{e}^{-\frac{t^2}{2}}\mathrm{d}t\right]=\frac{\sigma^2}{\sqrt{2\pi}}\cdot\sqrt{2\pi}=\sigma^2.$$

可见正态变量的概率密度的两个参数 μ 和 σ^2 分别是该随机变量的数学期望和方差.

例 已知随机变量 $X\sim N\left(2,\frac{1}{3^2}\right)$，求随机变量函数 $Y=6-3X$ 的密度函数.

解 由于 $X\sim N\left(2,\frac{1}{3^2}\right)$. 则它的线性函数 $Y=6-3X$ 仍然服从正态分布. 而一个正态分布只要知 μ,σ^2 两参数就行了.

$$E(Y)=E(6-3X)=6-3E(X)=0, D(Y)=D(6-3X)=9D(X)=1.$$

故 $$Y\sim N(0,1).$$

$$f_Y(y)=\frac{1}{\sqrt{2\pi}}e^{-\frac{y^2}{2}},\quad -\infty<y<+\infty.$$

几种常见分布的期望和方差列在下表中.

几种常见分布的期望和方差

分布	分布律或概率密度函数	期望	方差
(0—1)分布	$P\{X=k\}=p^kq^{1-k}, k=0,1,$ $0<p<1, p+q=1$	p	pq
二项分布 $B(n,p)$	$P\{X=k\}=C_n^kp^kq^{n-k}, k=0,1,2,\cdots,n,$ $0<p<1, p+q=1$	np	npq
泊松分布 $P(\lambda)$	$P\{X=k\}=\frac{\lambda^k}{k!}e^{-\lambda}, k=0,1,2,\cdots,$ $\lambda>0$	λ	λ
均匀分布 $U(a,b)$	$f(x)=\begin{cases}\frac{1}{b-a}, & a\leqslant x\leqslant b,\\ 0, & 其他\end{cases}$	$\frac{a+b}{2}$	$\frac{(b-a)^2}{12}$
指数分布 $EXP(\lambda)$	$f(x)=\begin{cases}\lambda e^{-\lambda x}, & x\geqslant 0,\\ 0, & x<0,\end{cases}$ $\lambda>0$	$\frac{1}{\lambda}$	$\frac{1}{\lambda^2}$
正态分布 $N(\mu,\sigma^2)$	$f(x)=\frac{1}{\sqrt{2\pi}\sigma}e^{-\frac{(x-\mu)^2}{2\sigma^2}}, -\infty<x<+\infty,$ $-\infty<\mu<+\infty, \sigma>0$	μ	σ^2

3.5 原点矩和中心矩

因期望的计算公式与物理学中静力矩的计算公式相似，借用物理学中“矩”的名字，$E(X)$称为一阶矩. 同样随机变量的其他数字特征也可用“矩”的概念来描述.

3.5.1 随机变量的矩

定义 3.5.1 设 X 为随机变量，若 $E|X|^k<\infty$，则称 $E(X^k)$为 X 的 k 阶原点矩(moment of order k about the origin)，或 k 阶矩(moment of order k). $E|X|^k$ 称为 X 的 k 阶绝对原点矩(absolute moment of order k about the origin)，或 k 阶绝对矩(absolute moment of order k). 其中 $k=0,1,2,\cdots$.

定义 3.5.2　若 $E|X-E(X)|^k<\infty$,则称 $E[X-E(X)]^k$ 为 X 的 k 阶中心矩(central moment of order k). $E|X-E(X)|^k$ 称为 k 阶中心绝对矩,$k=0,1,2,\cdots$.

$D(X)=E[X-E(X)]^2$ 为二阶中心矩.

注意到 $|X|^k\leqslant 1+|X|^{k+1}$,$k=0,1,2,\cdots$. 事实上,当 $|X|\geqslant 1$ 时显然成立. 当 $|X|<1$ 时,$|X|^k\leqslant 1\leqslant 1+|X|^{k+1}$.

由上式不难推得 $E(|X|^k)\leqslant E(1+|X|^{k+1})=1+E(|X|^{k+1})$.

因此,如果高阶绝对矩 $E|X|^{k+1}<\infty$,则低阶绝对矩也有穷,即若高阶矩 $E(X^{k+1})$存在,则低阶矩 $E(X^k)$,$E(X^{k-1})\cdots$也都存在.

3.5.2　中心矩和原点矩换算

设随机变量 X,记 $\alpha_k=EX^k$,$m_k=E[X-E(X)]^k$ 对任意的 $k=0,1,2,\cdots$ 在原点矩 α_k 和中心矩 m_k 之间存在下列相互换算公式

$$\alpha_k=\sum_{r=0}^{k}\mathrm{C}_k^r m_{k-r}\alpha_1^r; \tag{3.5.1}$$

$$m_k=\sum_{r=0}^{k}\mathrm{C}_k^r(-\alpha_1)^{k-r}\alpha_r. \tag{3.5.2}$$

证明　$\alpha_k=EX^k=E[(X-\alpha_1)+\alpha_1]^k=E\left[\sum_{r=0}^{k}\mathrm{C}_k^r(X-\alpha_1)^{k-r}\cdot\alpha_1^r\right]=\sum_{r=0}^{k}\mathrm{C}_k^r m_{k-r}\alpha_1^r$;

$$m_k=E[X-E(X)]^k=E[X-\alpha_1]^k=E\left[\sum_{r=0}^{k}\mathrm{C}_k^r(-\alpha_1)^{k-r}X^r\right]=\sum_{r=0}^{k}\mathrm{C}_k^r(-\alpha_1)^{k-r}\alpha_r.$$

如　$m_0=1$,$m_1=0$,$m_2=\alpha_2-\alpha_1^2$,$m_3=\alpha_3-3\alpha_1\alpha_2+2\alpha_1^3$.

3.5.3　中心矩的若干应用

中心矩在工程和管理中有重要应用,除去本章第二节介绍的方差和变异系数应用广泛之外,其三、四阶矩也有应用.

定义 3.5.3　设 Z 为随机变量. 其二、三阶中心矩存在. 称

$$sk(X)=\frac{m_3}{m_2^{3/2}}=\frac{E[X-E(X)]^3}{[E(X-E(X))^2]^{3/2}}$$

为随机变量 X 的**偏度**(skewness),或偏斜系数(coefficient of skewness).

偏度是表示随机变量概率分布偏斜方向与偏斜程度的数字特征,它是无量纲的数值,其大小与随机变量的具体单位无关. $sk(X)>0$,表示 X 的概率分布向左偏斜;$sk(X)<0$,表示 X 的概率分布向右偏斜;$sk(X)=0$,表示 X 的概率分布为对称型,$|sk(X)|$的大小表示 X 的偏斜程度大小.

2007 年轰动全国的假华南虎照片案利用偏度很容易破解. 2011 年北京大学彭立中教授(中国数学会原秘书长)领导的研究小组利用自然条件下的虎照片和周正龙拍摄的假虎照片进行比对,求出照片相邻两点灰度值的差. 分别计算出两幅照片的二、三阶中心矩和偏度. 发现周正龙所拍照片的偏度明显大于自然条件下的虎头照片. 这是因为周正龙所拍"假虎"照片拍自年画,对一致光源存在"反光". 而自然条件下虎头不存在一致"反光".

定义 3.5.4　设 X 为随机变量,其四阶矩存在. 称

$$ck(X)=\frac{E[X-E(X)]^4}{[E(X-E(X))^2]^2}-3$$

为随机变量的**峭度**(leptokurtosis),或称**峰态系数**(coefficient of kurtosis).

峭度是表示随机变量概率分布陡峭程度的数字特征.

正态分布峭度 $ck(X)=0$,故可用它来描述连续型随机变量的变化情况. $ck(X)>0$,表示随机变量 X 的概率密度曲线比正态分布曲线陡峭;$ck(X)<0$,表示随机变量 X 的概率密度曲线比正态分布曲线平坦. $|ck(X)|$ 愈大,表示随机变量与正态分布差别愈大.

习 题

1. 设排球队 A 与 B 进行比赛(无平局),若有一队胜 4 场,则比赛结束. 假定 A,B 在每场比赛中获胜的概率都是 $\frac{1}{2}$,试求比赛结束时所需比赛场数的数学期望.

2. 一盒灯泡共 12 个,其中 9 个合格品,3 个废品(点时不亮). 现从中任取一个使用,若取出的是废品,则废品不放回,再取一个,直到取得合格品为止. 求在取得合格品以前已取出的废品数的数学期望.

3. 自动生产线在调整以后出现废品的概率为 p,生产过程中出现废品时立即重新调整,求在两次调整之间生产的合格品件数的分布律和均值.

4. 射击比赛中每人可发 4 弹,规定全部不中得 0 分,中 1 弹得 15 分,中 2 弹得 30 分,中 3 弹得 55 分,4 弹全中得 100 分. 某人每次射击的命中率为 $\frac{2}{3}$,问他期望可得多少分?

5. 设随机变量 X 的概率密度为

$$f(x)=\frac{1}{2}e^{-|x|},\quad -\infty<x<+\infty,$$

求 $E(X),D(X)$.

6. 设 X 的密度函数 $f(x)$ 满足

$$f(c+x)=f(c-x),\qquad x>0,$$

其中 c 为常数,又 $\int_{-\infty}^{+\infty}|x|f(x)\mathrm{d}x$ 收敛. 求证 $E(X)=c$.

7. 设随机变量 X 的密度函数为

$$f(x)=\begin{cases}x, & 0\leqslant x<1,\\ 2-x, & 1\leqslant x<2,\\ 0, & \text{其他}.\end{cases}$$

求 $E(X^n)$.

8. 设某工程队完成某项工程所需时间 X(单位:天)近似地服从参数 $\mu=100,\sigma^2=4^2$ 的正态分布. 奖金发放办法规定:对于一项工程,若在 100 天内完成,则得超产奖 10 000 元;若在 100 至 112 天内完成,则得一般奖 1 000 元;若完成时间超过 112 天,则罚款 5 000 元. 求该工程队在完成一项这种工程时,获奖 Y 的分布律及数学期望.

9. 由自动线加工的某种零件的内径(单位:mm) $X\sim N(\mu,1)$,而销售这种零件的利润 L

与 X 的关系为

$$L=\begin{cases}-1, & X<10,\\ 20, & 10\leqslant X\leqslant 12,\\ -5, & X>12.\end{cases}$$

问 μ 取何值时，$E(L)$ 最大？

10. 对球的直径进行近似测量，其值均匀分布在区间 $[a,b]$ 上，求球体积的数学期望.

11. 设连续型随机变量 X 的密度函数为

$$f(x)=\begin{cases}a+bx^2, & 0<x<1,\\ 0, & \text{其他},\end{cases}$$

且 $E(X)=\dfrac{3}{5}$. 求常数 a,b 及 $D(X)$.

12. 连续型随机变量 X 的分布函数为

$$F(x)=\begin{cases}0, & x<-1,\\ a+b\arcsin x, & -1\leqslant x<1,\\ 1, & x\geqslant 1.\end{cases}$$

求 a,b；　$E(X)$；　$D(X)$.

13. 设随机变量 X 的分布律为

X	-2	0	2
P_X	0.4	0.3	0.3

求 $E(X)$；　$E(X^2)$；　$E(3X^2+5)$.

14. 设随机变量 X 服从参数为 1 的指数分布，求 $E(X+\mathrm{e}^{-2X})$.

15. 设随机变量 X 的密度函数为 $f(x)=\dfrac{1}{\sqrt{\pi}}\mathrm{e}^{-x^2+2x-1}$，求 $E(X)$，$D(X)$.

16. 某厂生产的显像管的寿命(h)服从正态分布，期望值为 5 000 h，又 $P\{4\,500<X<5\,500\}=0.9$，求 $D(X)$.

17. 已知随机变量 X 服从参数为 μ,σ^2 的正态分布，求证 $E(|X-E(X)|)=\sqrt{\dfrac{2D(X)}{\pi}}$.

18. 气体分子的运动速度的绝对值 X 服从麦克斯韦分布，其分布密度为

$$f(x)=\begin{cases}\dfrac{4x^2}{a^3\sqrt{\pi}}\mathrm{e}^{-\frac{x^2}{a^2}}, & x>0,\\ 0, & x\leqslant 0.\end{cases}$$

求：(1) $E(X)$，$D(X)$；

(2) 平均动能 $E\left(\dfrac{1}{2}mX^2\right)$，其中 m 为分子的质量.

19. 已知随机变量 X 的概率密度为

$$f(x)=\begin{cases}1-|1-x|, & 0<x<2,\\ 0, & \text{其他}.\end{cases}$$

求　$Y=\dfrac{X-E(X)}{\sqrt{D(X)}}$ 的概率密度.

20. 设离散型随机变量 X 的取值是在两次独立试验中事件 A 发生的次数，如果在这两次试验中事件 A 发生的概率相同，又设$E(X)=1.2$，求 $D(X)$.

21. 设某种商品每周的需求量 X 是服从区间[10,30]上的均匀分布的随机变量，而经销商店进货数量为区间[10,30]中的某一整数. 商店每销售 1 单位商品可获利 500 元；若供大于求则削价处理，每处理 1 单位商品亏损 100 元；若供不应求，则可从外部调剂供应，此时每 1 单位商品仅获利 300 元. 为使商店所获利润期望值不少于 9 280 元，试确定最少进货量.

22. 地下铁道列车的运行间隔时间为 5 min，一个乘客在任意时刻进入月台(有地铁列车到就能上)，求乘客候车时间的期望与方差.

23. 某边长 500(m)的正方形场地，用航空测量边长时，出现误差为 0(m)的概率是 0.42，误差为±10(m)的概率是 0.16，误差为±20(m)的概率是 0.08，误差为±30(m)的概率是 0.05. 求场地面积测量的数学期望.

24. 设某年龄段一位健康者(一般体检未发现病症)，在 5 年内活着或自杀死亡的概率为 $p(0<p<1)$，在 5 年内非自杀死亡的概率为 $1-p$. 保险公司开办 5 年人寿保险，参加者需交保险费 a 元(已知). 若 5 年内非自杀死亡，公司赔偿 b 元$(b>a)$，b 应如何定，才能使公司期望获益?

25. 从正品率为 0.8 的一大批产品中任取 8 件逐个检查，检查时可能有差错：次品被误认为正品的概率为 0.01；正品被误认为次品的概率为 0.04. 试求：

(1)8 件产品经检查后都认为是正品的概率；

(2)8 件产品中经检查后认为是正品的件数的期望和方差.

第4章 多维随机变量

本章主要内容

- ○ 二维随机变量的概念及联合分布函数
- ○ 联合分布、边缘分布及条件分布的概念定义及计算
- ○ 随机变量独立的定义及应用
- ○ 多维随机变量函数的分布
- ○ 随机变量之和与积的数字特征
- ○ 协方差、相关系数的定义及计算

有时在同一个试验中，需要考虑多个随机变量. 例如，在检查成年男子的身体状况时，要考虑身高 X，体重 Y，肺活量 Z 等；在观察天津市 7 月份的气候状况时，要考虑最高气温 X，最低气温 Y，降雨量 Z 等.

下面我们主要讨论两个随机变量的情形，许多概念和结论容易推广到三个或更多个随机变量的情形.

4.1 多维随机变量及其联合分布

设 X,Y 是某一试验中的两个随机变量，一般情况下，这两个随机变量并不是各自孤立的，而是有一定联系的，为了顾及它们之间的联系，我们把这两个随机变量 X,Y 联合起来，构成一个向量 (X,Y)，叫作**二维随机向量**(2-dimensional random vector，或 bivariate random vector)，或叫作**二维随机变量**(2-dimensional random variable). 二维随机变量 (X,Y) 也可看成是平面上的随机点，对应于试验的某一结果，X,Y 取得数值 x,y 时，二维随机变量 (X,Y) 就取得平面上的一个点 (x,y). 随着试验结果的不同，(X,Y) 在平面上随机变化，我们要研究 (X,Y) 落在平面上各个区域的概率，亦即要研究二维随机变量 (X,Y) 的概率分布. 与第 2 章对一个随机变量的讨论类似，为了表示二维随机变量 (X,Y) 的概率分布，有下面一些定义.

定义 4.1.1 设 (X,Y) 是一个二维随机变量，对任何实数 x,y，令

$$F(x,y)=P\{X\leqslant x,Y\leqslant y\},\ -\infty<x,y<+\infty, \tag{4.1.1}$$

称此二元函数 $F(x,y)$ 为 (X,Y) 的**联合分布函数**(joint distribution function)，也简称为 (X,Y) 的分布函数.

$F(x,y)$ 在点 (x,y) 处的函数值表示二维随机变量 (X,Y) 落在图 4.1.1 中阴影部分的概率.

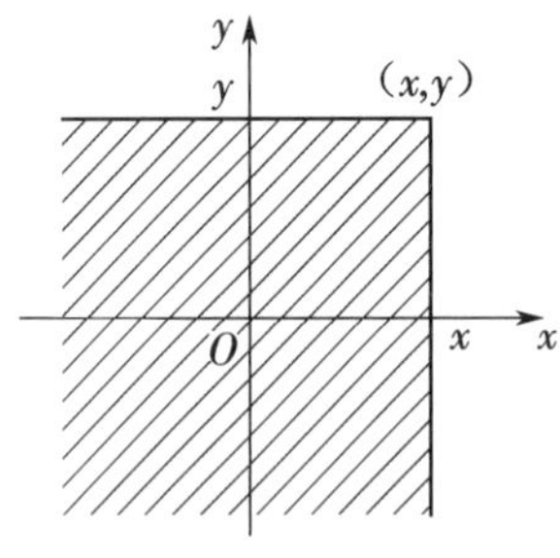

图 4.1.1

根据 $F(x,y)$ 的定义，不难由图 4.1.2 看出，可以通过 $F(x,y)$ 计算 (X,Y) 落在任一矩形 $\{x_1<X\leqslant x_2,y_1<Y\leqslant y_2\}$ 的概率

$$P\{x_1<X\leqslant x_2,y_1<Y\leqslant y_2\}$$
$$=F(x_2,y_2)-F(x_1,y_2)-F(x_2,y_1)+F(x_1,y_1). \tag{4.1.2}$$

分布函数 $F(x,y)$ 具有以下基本性质：

(1) $F(x,y)$ 当其中一个变量固定时，是另一个变量的不减函数，且是右连续的.

(2) 对一切 x,y，$0\leqslant F(x,y)\leqslant 1$.

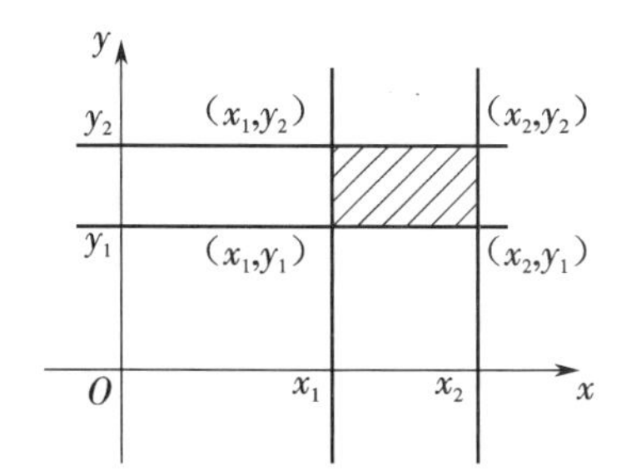

图 4.1.2

$$F(-\infty,y)=\lim_{x\to-\infty}F(x,y)=0;$$
$$F(x,-\infty)=\lim_{y\to-\infty}F(x,y)=0;$$
$$F(+\infty,+\infty)=\lim_{\substack{x\to+\infty\\y\to+\infty}}F(x,y)=1.$$

(3) 对任何 $x_1<x_2$，　$y_1<y_2$，都有

$$F(x_2,y_2)-F(x_1,y_2)-F(x_2,y_1)+F(x_1,y_1)\geqslant 0.$$

由式(4.1.2)及概率的非负性即知此不等式成立.

定义 4.1.2　若二维随机变量(X,Y)的可能取值(x_i,y_j)只有有限个或可列个，则称(X,Y)为离散型二维随机变量.

设(X,Y)的所有可能取值为(x_i,y_j)，$i,j=1,2,\cdots$，

$$P\{(X,Y)=(x_i,y_j)\}=P\{X=x_i,Y=y_j\}=p_{ij},\tag{4.1.3}$$

则称上式为离散型二维随机变量(X,Y)的**联合分布律**(joint distribution law)，也简称为(X,Y)的分布律.

显然有 $p_{ij}\geqslant 0$，且$\sum\limits_{i=1}^{\infty}\sum\limits_{j=1}^{\infty}p_{ij}=1$.

对平面上任一区域 D，有

$$P\{(X,Y)\in D\}=\sum_{(x_i,y_j)\in D}p_{ij},\tag{4.1.4}$$

其中和式是对一切满足$(x_i,y_j)\in D$ 的 i,j 求和.

例 4.1.1　袋中有 5 只球，编号为 1，2，3，4，5，从袋中同时取出 3 只球，以 X 表示取出的 3 只球中的最大号码，Y 表示取出的 3 只球中的最小号码，求(X,Y)的联合分布律；并求$P\{X-Y>2\}$.

解　X 的可能取值为 3，4，5；Y 的可能取值为 1，2，3.(X,Y)的联合分布律为

$$P\{X=3,Y=1\}=\frac{1}{C_5^3}=\frac{1}{10},$$

$$P\{X=4,Y=1\}=\frac{C_2^1}{C_5^3}=\frac{2}{10},$$

$$P\{X=5,Y=1\}=\frac{C_3^1}{C_5^3}=\frac{3}{10},$$

$$P\{X=3,Y=2\}=0,$$

$$P\{X=4,Y=2\}=\frac{1}{C_5^3}=\frac{1}{10},$$

$$P\{X=5,Y=2\}=\frac{C_2^1}{C_5^3}=\frac{2}{10},$$

$$P\{X=3,Y=3\}=0,$$

$$P\{X=4,Y=3\}=0,$$

$$P\{X=5,Y=3\}=\frac{1}{C_5^3}=\frac{1}{10}.$$

结果常写成如下的表格

Y \ X	3	4	5
1	$\frac{1}{10}$	$\frac{2}{10}$	$\frac{3}{10}$
2	0	$\frac{1}{10}$	$\frac{2}{10}$
3	0	0	$\frac{1}{10}$

$$\begin{aligned}P\{X-Y>2\}&=P\{X=4,Y=1\}+P\{X=5,Y=1\}+P\{X=5,Y=2\}\\&=\frac{2}{10}+\frac{3}{10}+\frac{2}{10}=\frac{7}{10}.\end{aligned}$$

定义 4.1.3 如果对二维随机变量(X,Y)的分布函数 $F(x,y)$,存在非负函数$f(x,y)$,使得对任何实数 x,y,有

$$F(x,y)=\int_{-\infty}^{y}\int_{-\infty}^{x}f(u,v)\mathrm{d}u\mathrm{d}v, \tag{4.1.5}$$

则称(X,Y)为连续型二维随机变量.其中 $f(x,y)$称为(X,Y)的**联合概率密度**(joint probability density),也简称为(X,Y)的概率密度.

概率密度 $f(x,y)$具有以下基本性质:

(1) $f(x,y)\geqslant 0$;

(2) $\int_{-\infty}^{+\infty}\int_{-\infty}^{+\infty}f(x,y)\mathrm{d}x\mathrm{d}y=F(+\infty,+\infty)=1$.

通过式(4.1.5)可由概率密度求分布函数.另一方面,若 $f(x,y)$在(x,y)点连续,$F(x,y)$在(x,y)点处存在连续的二阶偏导数,则有

$$\frac{\partial^2 F(x,y)}{\partial x\partial y}=f(x,y). \tag{4.1.6}$$

通过式(4.1.6)可由分布函数求概率密度.

对平面上任一区域 D,有

$$P\{(X,Y)\in D\}=\iint_D f(x,y)\mathrm{d}x\mathrm{d}y. \tag{4.1.7}$$

即(X,Y)落在区域 D 的概率等于概率密度 $f(x,y)$在 D 上的二重积分.

定义 4.1.4 设 G 是平面上一有界区域,其面积为 $A(A\neq 0)$,若(X,Y)的联合概率密度为

$$f(x,y)=\begin{cases}\dfrac{1}{A}, & (x,y)\in G,\\ 0, & \text{其他},\end{cases}$$

则称二维随机变量(X,Y)在G上服从均匀分布(uniform distribution).

例 4.1.2 设平面上有一区域G:$0\leqslant x\leqslant 10,0\leqslant y\leqslant 10$. 又设$(X,Y)$在$G$上均匀分布,求$P\{X+Y\leqslant 5\}$,$P\{X+Y\leqslant 15\}$.

解 G的面积为100,所以

$$f(x,y)=\begin{cases}\dfrac{1}{100}, & 0\leqslant x\leqslant 10,0\leqslant y\leqslant 10,\\ 0, & 其他.\end{cases}$$

设G'为直线$x+y=5$及x轴,y轴围成的区域. G''为直线$x+y=15$及直线$y=10$,$x=10$和x轴,y轴所围成的区域(见图 4.1.3 所示的阴影部分),则

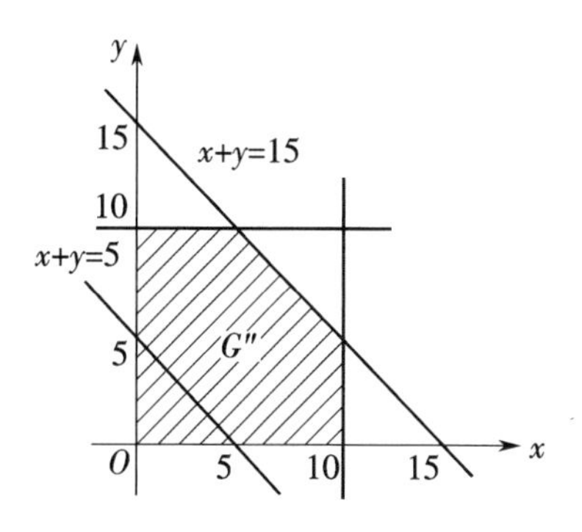

图 4.1.3

$$P\{X+Y\leqslant 5\}=P\{(X,Y)\in G'\}=\iint\limits_{G'}\frac{1}{100}\mathrm{d}x\mathrm{d}y=\int_0^5\mathrm{d}x\int_0^{5-x}\frac{1}{100}\mathrm{d}y=\frac{1}{8}.$$

$$P\{X+Y\leqslant 15\}=P\{(X,Y)\in G''\}=\iint\limits_{G''}\frac{1}{100}\mathrm{d}x\mathrm{d}y$$

$$=\int_0^5\mathrm{d}x\int_0^{10}\frac{1}{100}\mathrm{d}y+\int_5^{10}\mathrm{d}x\int_0^{15-x}\frac{1}{100}\mathrm{d}y=\frac{7}{8}.$$

因为是均匀分布,所以积分计算这里可省去,有

$$\iint\limits_{G'}\frac{1}{100}\mathrm{d}x\mathrm{d}y=\frac{1}{100}\iint\limits_{G'}\mathrm{d}x\mathrm{d}y=\frac{1}{100}\times G'的面积=\frac{1}{100}\times\frac{25}{2}=\frac{1}{8}.$$

$$\iint\limits_{G''}\frac{1}{100}\mathrm{d}x\mathrm{d}y=\frac{1}{100}G''的面积=\frac{1}{100}\left(100-\frac{25}{2}\right)=\frac{7}{8}.$$

例 4.1.3 设(X,Y)有联合概率密度

$$f(x,y)=\begin{cases}2\mathrm{e}^{-x}\mathrm{e}^{-2y}, & 0<x<+\infty,0<y<+\infty,\\ 0, & 其他.\end{cases}$$

求$P\{X>1,Y<1\}$,$P\{X<Y\}$.

解 $P\{X>1,Y<1\}=\int_0^1\int_1^{+\infty}2\mathrm{e}^{-x}\mathrm{e}^{-2y}\mathrm{d}x\mathrm{d}y=\int_0^1 2\mathrm{e}^{-2y}\left(-\mathrm{e}^{-x}\Big|_1^{+\infty}\right)\mathrm{d}y$

$$=\mathrm{e}^{-1}\int_0^1 2\mathrm{e}^{-2y}\mathrm{d}y=\mathrm{e}^{-1}(1-\mathrm{e}^{-2}).$$

$$P\{X<Y\}=\iint\limits_{x<y}f(x,y)\mathrm{d}x\mathrm{d}y=\int_0^{+\infty}\int_0^y 2\mathrm{e}^{-x}\mathrm{e}^{-2y}\mathrm{d}x\mathrm{d}y$$

$$=\int_0^{+\infty} 2e^{-2y}(1-e^{-y})dy=\int_0^{+\infty} 2e^{-2y}dy-\int_0^{+\infty} 2e^{-3y}dy$$

$$=1-\frac{2}{3}=\frac{1}{3}.$$

二维随机变量及其联合分布的概念，容易推广到 $n(n\geqslant 3)$ 维随机变量的情形.

设 $X_1,X_2,\cdots,X_n$ 是某个试验中的 n 个随机变量，由它们构成的一个 n 维向量 $(X_1,X_2,\cdots,X_n)$ 称为 n 维随机向量或 n 维随机变量.

对任何实数 $x_1,x_2,\cdots,x_n$，令

$$F(x_1,x_2,\cdots,x_n)=P\{X_1\leqslant x_1,X_2\leqslant x_2,\cdots,X_n\leqslant x_n\},$$

称这 n 元函数 $F(x_1,x_2,\cdots,x_n)$ 为 $(X_1,X_2,\cdots,X_n)$ 的联合分布函数，简称为 $(X_1,X_2,\cdots,X_n)$ 的分布函数. $F(x_1,x_2,\cdots,x_n)$ 也具有类似于二维随机变量的分布函数的性质.

如果 $X_1,X_2,\cdots,X_n$ 都是离散型随机变量，则 $(X_1,X_2,\cdots,X_n)$ 是离散型 n 维随机变量.

如果存在非负函数 $f(x_1,x_2,\cdots,x_n)$，使得对任何实数 $x_1,x_2,\cdots,x_n$，有

$$F(x_1,x_2,\cdots,x_n)=\int_{-\infty}^{x_n}\cdots\int_{-\infty}^{x_2}\int_{-\infty}^{x_1} f(t_1,t_2,\cdots,t_n)dt_1dt_2\cdots dt_n,$$

则称 $(X_1,X_2,\cdots,X_n)$ 是连续型 n 维随机变量. $f(x_1,x_2,\cdots,x_n)$ 称为 $(X_1,X_2,\cdots,X_n)$ 的概率密度，$f(x_1,x_2,\cdots,x_n)$ 也具有类似于二维随机变量的概率密度的性质.

4.2 边缘分布

二维随机变量 (X,Y) 除了有联合分布函数 $F(x,y)$ 外，因为 X,Y 各自都是随机变量，所以它们也分别有自己的分布函数 $F_X(x),F_Y(y)$，相对于二维随机变量 (X,Y) 的联合分布函数，我们把 $F_X(x),F_Y(y)$ 称为 (X,Y) 的**边缘分布函数**(marginal distribution function)，或边际分布函数.

由联合分布函数 $F(x,y)$ 可以确定边缘分布函数 $F_X(x),F_Y(y)$. 事实上，

$$F_X(x)=P\{X\leqslant x\}=P\{X\leqslant x,Y<+\infty\}=F(x,+\infty)=\lim_{y\to+\infty}F(x,y). \tag{4.2.1}$$

同理

$$F_Y(y)=F(+\infty,y)=\lim_{x\to+\infty}F(x,y).$$

如果 (X,Y) 是离散型二维随机变量，则由 (X,Y) 的联合分布律可以确定 X,Y 各自的分布律(称为 (X,Y) 的**边缘分布律**(marginal distribution law)). 事实上，

$$P\{X=x_i\}=P\{(X=x_i)\bigcup_{j=1}^{\infty}(Y=y_j)\}=P\{\bigcup_{j=1}^{\infty}(X=x_i)(Y=y_j)\}$$

$$=\sum_{j=1}^{\infty}P\{X=x_i,Y=y_j\}=\sum_{j=1}^{\infty}p_{ij}=p_{i\cdot},\quad i=1,2,\cdots. \tag{4.2.2}$$

同理 $$P\{Y=y_j\}=\sum_{i=1}^{\infty}p_{ij}=p_{\cdot j},\quad j=1,2,\cdots.$$

如果 (X,Y) 是连续型二维随机变量，则由 (X,Y) 的联合概率密度 $f(x,y)$ 可以确定 X,Y 各自的概率密度 $f_X(x),f_Y(y)$(称为 (X,Y) 的**边缘概率密度**(marginal probability density)).

事实上，由

$$F_X(x)=F(x,+\infty)=\int_{-\infty}^{x}\left[\int_{-\infty}^{\infty}f(x,y)\mathrm{d}y\right]\mathrm{d}x,$$

对照 $F_X(x)=\int_{-\infty}^{x}f_X(x)\mathrm{d}x$，可知

$$f_X(x)=\int_{-\infty}^{\infty}f(x,y)\mathrm{d}y. \tag{4.2.3}$$

同理

$$f_Y(y)=\int_{-\infty}^{\infty}f(x,y)\mathrm{d}x. \tag{4.2.4}$$

例 4.2.1　设袋中有 2 只白球 3 只黑球，每次从袋中抽取 1 球，抽取 2 次，随机变量 X，Y 定义如下：

$$X=\begin{cases}1, & \text{第一次抽的是白球},\\ 0, & \text{第一次抽的是黑球};\end{cases}$$

$$Y=\begin{cases}1, & \text{第二次抽的是白球},\\ 0, & \text{第二次抽的是黑球}.\end{cases}$$

(1) 若是进行放回抽样，则(X,Y)的联合分布律及边缘分布律由表 4.2.1 给出；

(2) 若是进行不放回抽样，则(X,Y)的联合分布律及边缘分布律由表 4.2.2 给出.

表 4.2.1　放回抽样情形

Y \ X	0	1	$p_{\cdot j}$
0	$\frac{3}{5}\times\frac{3}{5}$	$\frac{2}{5}\times\frac{3}{5}$	$\frac{3}{5}$
1	$\frac{3}{5}\times\frac{2}{5}$	$\frac{2}{5}\times\frac{2}{5}$	$\frac{2}{5}$
$p_{i\cdot}$	$\frac{3}{5}$	$\frac{2}{5}$	—

表 4.2.2　不放回抽样情形

Y \ X	0	1	$p_{\cdot j}$
0	$\frac{3}{5}\times\frac{2}{4}$	$\frac{2}{5}\times\frac{3}{4}$	$\frac{3}{5}$
1	$\frac{3}{5}\times\frac{2}{4}$	$\frac{2}{5}\times\frac{1}{4}$	$\frac{2}{5}$
$p_{i\cdot}$	$\frac{3}{5}$	$\frac{2}{5}$	—

表的中间部分是(X,Y)的联合分布律，下边缘及右边缘分别是关于 X 及关于 Y 的边缘分布律，它们是由联合分布律经同一列或同一行相加而得到的.

从这两张表可以看出，在两种情况下，边缘分布是相同的，但联合分布不一样，因此仅有关于 X 及关于 Y 的边缘分布并不能确定(X,Y)的联合分布. 实际上，(X,Y)的联合分布不仅包含了 X,Y 各自的概率分布规律，而且还包含有 X 与 Y 之间的关系.

例 4.2.2 设连续型二维随机变量的概率密度为

$$f(x,y)=\begin{cases}8xy, & 0<x<1,0<y<x,\\ 0, & \text{其他}.\end{cases}$$

求边缘概率密度 $f_X(x)$，$f_Y(y)$.

解 由公式(4.2.3)有

$$f_X(x)=\int_{-\infty}^{+\infty}f(x,y)\mathrm{d}y.$$

此式的含义是，在 x 轴上的任一点 x 处，沿着平行于 y 轴的直线做积分(如图 4.2.1 所示)，形象地说，是把分布在这条直线上的概率密度 $f(x,y)$ 积累起来集中放在 x 轴上的 x 点处，从而得到$f_X(x)$.

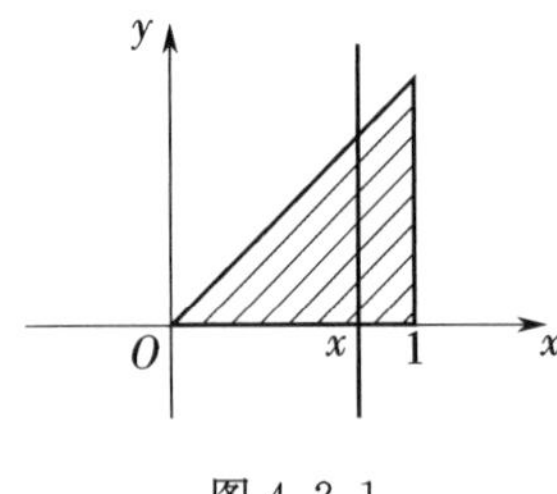

图 4.2.1

于是

$$f_X(x)=\int_{-\infty}^{+\infty}f(x,y)\mathrm{d}y$$

$$=\begin{cases}\int_0^x 8xy\mathrm{d}y, & 0<x<1,\\ 0, & x\leqslant 0 \text{ 或 } x\geqslant 1\end{cases}=\begin{cases}4x^3, & 0<x<1,\\ 0, & \text{其他}.\end{cases}$$

由公式(4.2.4)可得

$$f_Y(y)=\int_{-\infty}^{+\infty}f(x,y)\mathrm{d}x$$

$$=\begin{cases}\int_y^1 8xy\mathrm{d}x, & 0<y<1,\\ 0, & \text{其他}\end{cases}=\begin{cases}4y(1-y^2), & 0<y<1,\\ 0, & \text{其他}.\end{cases}$$

例 4.2.3 若连续型二维随机变量(X,Y)有概率密度函数

$$f(x,y)=\frac{1}{2\pi\sigma_1\sigma_2\sqrt{1-\rho^2}}\exp\left\{-\frac{1}{2(1-\rho^2)}\left[\left(\frac{x-\mu_1}{\sigma_1}\right)^2-\frac{2\rho(x-\mu_1)(y-\mu_2)}{\sigma_1\sigma_2}+\left(\frac{y-\mu_2}{\sigma_2}\right)^2\right]\right\},$$

$$-\infty<x,y<+\infty, \tag{4.2.5}$$

其中 $\sigma_1>0$，$\sigma_2>0$，μ_1，μ_2，$|\rho|<1$ 是参数，则称(X,Y)服从二维正态分布. 求边缘概率密度 $f_X(x)$，$f_Y(y)$.

解 由于

$$\left(\frac{x-\mu_1}{\sigma_1}\right)^2-\frac{2\rho(x-\mu_1)(y-\mu_2)}{\sigma_1\sigma_2}+\left(\frac{y-\mu_2}{\sigma_2}\right)^2$$

$$=\left(\frac{x-\mu_1}{\sigma_1}\right)^2-\rho^2\left(\frac{x-\mu_1}{\sigma_1}\right)^2+\left(\frac{y-\mu_2}{\sigma_2}-\rho\frac{x-\mu_1}{\sigma_1}\right)^2$$

$$=(1-\rho^2)\frac{(x-\mu_1)^2}{\sigma_1^2}+\left(\frac{y-\mu_2}{\sigma_2}-\rho\frac{x-\mu_1}{\sigma_1}\right)^2,$$

因此

$$f_X(x)=\int_{-\infty}^{+\infty}f(x,y)\mathrm{d}y$$

$$=\frac{1}{2\pi\sigma_1\sigma_2\sqrt{1-\rho^2}}\cdot \mathrm{e}^{-\frac{(x-\mu_1)^2}{2\sigma_1^2}}\int_{-\infty}^{\infty}\mathrm{e}^{-\frac{1}{2(1-\rho^2)}\left(\frac{y-\mu_2}{\sigma_2}-\rho\frac{x-\mu_1}{\sigma_1}\right)^2}\mathrm{d}y.$$

令 $t=\frac{1}{\sqrt{1-\rho^2}}\left(\frac{y-\mu_2}{\sigma_2}-\rho\frac{x-\mu_1}{\sigma_1}\right),\mathrm{d}t=\frac{1}{\sigma_2\sqrt{1-\rho^2}}\mathrm{d}y$,于是

$$f_X(x)=\frac{1}{2\pi\sigma_1}\mathrm{e}^{-\frac{(x-\mu_1)^2}{2\sigma_1^2}}\int_{-\infty}^{\infty}\mathrm{e}^{-\frac{t^2}{2}}\mathrm{d}t=\frac{1}{2\pi\sigma_1}\mathrm{e}^{-\frac{(x-\mu_1)^2}{2\sigma_1^2}}\sqrt{2\pi}=\frac{1}{\sqrt{2\pi}\sigma_1}\mathrm{e}^{-\frac{(x-\mu_1)^2}{2\sigma_1^2}},$$

即 $X\sim N(\mu_1,\sigma_1^2)$. 同理或由 x,y 的对称性可得

$$f_Y(y)=\frac{1}{\sqrt{2\pi}\sigma_2}\mathrm{e}^{-\frac{(y-\mu_2)^2}{2\sigma_2^2}},$$

即 $Y\sim N(\mu_2,\sigma_2^2)$.

这个例子说明一个结论:**二维正态分布的边缘分布仍是正态分布.**

从此例又可看出,由联合密度可确定边缘密度,但反之,仅由(X,Y)的两个边缘密度却不能确定(X,Y)的联合密度. 因为式(4.2.5)的二维正态分布联合密度中有参数 ρ,ρ 可取$(-1,1)$中任何一个数,ρ 不同,联合分布也不同. 而(X,Y)的两个边缘密度中都不含参数 ρ,所以仅由(X,Y)的两个边缘密度不能确定(X,Y)的联合密度. 实际上,二维正态分布联合密度中的参数 ρ 反映了两个随机变量之间的关系(这点以后将有说明).

上面讨论了二维随机变量的边缘分布,对 $n(n\geqslant 3)$维随机变量也可做类似的讨论. 我们以三维随机变量(X_1,X_2,X_3)为例加以简略说明. 设(X_1,X_2,X_3)的联合分布函数为 $F(x_1,x_2,x_3)$,则由它可确定其中的低维(一维或二维)随机变量的分布函数.

X_1 的分布函数 $F_1(x_1)=F(x_1,+\infty,+\infty)$,

(X_1,X_2)的分布函数 $F_{12}(x_1,x_2)=F(x_1,x_2,+\infty)$.

类似地可以写出 X_2 的、X_3 的、(X_1,X_3)的以及(X_2,X_3)的分布函数. 这些低维随机变量的分布函数,都称为(X_1,X_2,X_3)的边缘分布函数.

如果(X_1,X_2,X_3)是连续型的,具有联合概率密度 $f(x_1,x_2,x_3)$,则由它可确定其中的低维随机变量的概率密度.

X_1 的概率密度为

$$f_1(x_1)=\int_{-\infty}^{+\infty}\int_{-\infty}^{+\infty}f(x_1,x_2,x_3)\mathrm{d}x_2\mathrm{d}x_3,$$

(X_1,X_2)的概率密度为

$$f_{12}(x_1,x_2)=\int_{-\infty}^{+\infty}f(x_1,x_2,x_3)\mathrm{d}x_3.$$

类似地可以写出 X_2 的、X_3 的、(X_1,X_3)的以及(X_2,X_3)的概率密度. 这些低维随机变量的概率密度,都叫作(X_1,X_2,X_3)的边缘概率密度.

4.3 条件分布

我们知道,对于事件可以讨论条件概率.同样,对于随机变量也可以讨论条件概率分布.下面仅考虑离散型的二维随机变量及连续型的二维随机变量.

设(X,Y)是离散型二维随机变量,其联合分布律为

$$P\{X=x_i,Y=y_j\}=p_{ij},\quad i,j=1,2,\cdots,$$

则关于X的边缘分布律为

$$P\{X=x_i\}=\sum_{j=1}^{\infty}p_{ij}=p_{i\cdot},\quad i=1,2,\cdots;$$

关于Y的边缘分布律为

$$P\{Y=y_j\}=\sum_{i=1}^{\infty}p_{ij}=p_{\cdot j},\quad j=1,2,\cdots.$$

现在考虑在$Y=y_j$的条件下,X的条件分布律,即在$Y=y_j$的条件下,X取$x_1,x_2,\cdots,x_i,\cdots$各个数值的概率.

定义 4.3.1 对固定的y_j,若$P\{Y=y_j\}>0$,则称

$$P\{X=x_i|Y=y_j\}=\frac{P\{X=x_i,Y=y_j\}}{P\{Y=y_j\}}=\frac{p_{ij}}{p_{\cdot j}},i=1,2,\cdots \tag{4.3.1}$$

为在$Y=y_j$的条件下,随机变量X的**条件分布律**(conditional distribution law).

同样,对固定的x_i,若$P\{X=x_i\}>0$,则称

$$P\{Y=y_j|X=x_i\}=\frac{P\{X=x_i,Y=y_j\}}{P\{X=x_i\}}=\frac{p_{ij}}{p_{i\cdot}},j=1,2,\cdots \tag{4.3.2}$$

为在$X=x_i$的条件下,随机变量Y的条件分布律.

$P\{X=x_i|Y=y_j\}$及$P\{Y=y_j|X=x_i\}$可分别记为$p_{i|j}$及$p_{j|i}$.条件分布律也具有分布律的基本性质:对固定的j,有

(1)$p_{i|j}\geqslant 0,i=1,2,\cdots;$

(2)$\sum\limits_{i}p_{i|j}=1.$

例 4.3.1 在例4.1.1中,已得(X,Y)的联合分布律:

Y \ X	3	4	5
1	$\frac{1}{10}$	$\frac{2}{10}$	$\frac{3}{10}$
2	0	$\frac{1}{10}$	$\frac{2}{10}$
3	0	0	$\frac{1}{10}$

求:(1) 关于X的及关于Y的边缘分布律;

(2) 在$Y=1$的条件下,X的条件分布律(即取出的3个球中的最小号码为1的条件下,最大号码X的条件分布律).

解 (1) 关于X的边缘分布律为

$$P\{X=3\}=\frac{1}{10},$$

$$P\{X=4\}=\frac{2}{10}+\frac{1}{10}=\frac{3}{10},$$

$$P\{X=5\}=\frac{3}{10}+\frac{2}{10}+\frac{1}{10}=\frac{6}{10}.$$

关于 Y 的边缘分布律为

$$P\{Y=1\}=\frac{1}{10}+\frac{2}{10}+\frac{3}{10}=\frac{6}{10},$$

$$P\{Y=2\}=\frac{1}{10}+\frac{2}{10}=\frac{3}{10},$$

$$P\{Y=3\}=\frac{1}{10}.$$

(2) 在 $Y=1$ 的条件下,X 的条件分布律为

$$P\{X=3|Y=1\}=\frac{P\{X=3,Y=1\}}{P\{Y=1\}}=\frac{1/10}{6/10}=\frac{1}{6},$$

$$P\{X=4|Y=1\}=\frac{P\{X=4,Y=1\}}{P\{Y=1\}}=\frac{2/10}{6/10}=\frac{2}{6},$$

$$P\{X=5|Y=1\}=\frac{P\{X=5,Y=1\}}{P\{Y=1\}}=\frac{3/10}{6/10}=\frac{3}{6}.$$

下面我们考虑连续型二维随机变量. 设(X,Y)具有联合密度$f(x,y)$. 我们先定义在$Y=y$的条件下,X 的条件分布函数 $P\{X\leqslant x|Y=y\}$,由于此时 $P\{Y=y\}=0$,所以不能简单地用$\frac{P\{X\leqslant x,Y=y\}}{P\{Y=y\}}$来定义,但可以想到用

$$\lim_{\varepsilon\to 0} P\{X\leqslant x|y-\varepsilon<Y\leqslant y+\varepsilon\}$$

来作为 $P\{X\leqslant x|Y=y\}$.

定义 4.3.2 设对任何正数 ε,$P\{y-\varepsilon<Y\leqslant y+\varepsilon\}>0$,若对任意的实数 x 极限

$$\lim_{\varepsilon\to 0}P\{X\leqslant x|y-\varepsilon<Y\leqslant y+\varepsilon\}=\lim_{\varepsilon\to 0}\frac{P\{X\leqslant x,y-\varepsilon<Y\leqslant y+\varepsilon\}}{P\{y-\varepsilon<Y\leqslant y+\varepsilon\}} \tag{4.3.3}$$

存在,则称它为在 $Y=y$ 的条件下,X 的**条件分布函数**(condition distribution function),记为 $P\{X\leqslant x|Y=y\}$ 或 $F_X(x|Y=y)$,或记为 $F_X(x|y)$.

设在(x,y)处 $F(x,y)$的偏导数存在,$f(x,y)$连续,$f_Y(y)$在 y 处连续,$f_Y(y)>0$,则由式(4.3.3)得

$$F_X(x|y)=\lim_{\varepsilon\to 0}\frac{F(x,y+\varepsilon)-F(x,y-\varepsilon)}{F_Y(y+\varepsilon)-F_Y(y-\varepsilon)}$$

$$=\lim_{\varepsilon\to 0}\frac{[F(x,y+\varepsilon)-F(x,y-\varepsilon)]/2\varepsilon}{[F_Y(y+\varepsilon)-F_Y(y-\varepsilon)]/2\varepsilon}=\frac{\dfrac{\partial F(x,y)}{\partial y}}{\dfrac{\mathrm{d}F_Y(y)}{\mathrm{d}y}},$$

因为 $F(x,y)=\int_{-\infty}^{y}\int_{-\infty}^{x}f(x,y)\mathrm{d}x\mathrm{d}y$,从而

$$\frac{\partial F(x,y)}{\partial y}=\int_{-\infty}^{x} f(x,y)\mathrm{d}x,$$

所以
$$F_X(x|y)=\frac{\int_{-\infty}^{x} f(x,y)\mathrm{d}x}{f_Y(y)}=\int_{-\infty}^{x}\frac{f(x,y)}{f_Y(y)}\mathrm{d}x. \tag{4.3.4}$$

我们用 $f_X(x|y)$ 或 $f_X(x|Y=y)$ 表示在 $Y=y$ 的条件下，X 的条件概率密度，它与条件分布函数 $F_X(x|y)$ 应有如下关系：

$$F_X(x|y)=\int_{-\infty}^{x} f_X(x|y)\mathrm{d}x.$$

与式(4.3.4)对比可知 $f_X(x|y)$ 就是 $\dfrac{f(x,y)}{f_Y(y)}$.

因此，对固定的 y，若 $f_Y(y)>0$，则在 $Y=y$ 的条件下，X 的**条件概率密度**(conditional probability density)为

$$f_X(x|y)=\frac{f(x,y)}{f_Y(y)}. \tag{4.3.5}$$

同理，对固定的 x，若 $f_X(x)>0$，则在 $X=x$ 的条件下，Y 的条件概率密度为

$$f_Y(y|x)=\frac{f(x,y)}{f_X(x)}. \tag{4.3.6}$$

在 $X=x$ 的条件下，Y 的条件分布函数则为

$$F_Y(y|x)=\int_{-\infty}^{y} f_Y(y|x)\mathrm{d}y.$$

由式(4.3.5)、(4.3.6)又得

$$f(x,y)=f_X(x)f_Y(y|x)=f_Y(y)f_X(x|y). \tag{4.3.7}$$

如果式(4.3.7)右边已知，可以用它表示联合概率密度 $f(x,y)$.

条件概率密度也具有概率密度的基本性质：

(1) $f_X(x|y)\geqslant 0$, $-\infty<x<+\infty$;

(2) $\int_{-\infty}^{+\infty} f_X(x|y)\mathrm{d}x=1$.

例 4.3.2 设二维随机变量(X,Y)在圆域 $x^2+y^2\leqslant R^2$ 上服从均匀分布，求边缘概率密度 $f_X(x)$，$f_Y(y)$ 及条件概率密度 $f_Y(y|x)$.

解 (X,Y)的联合密度为

$$f(x,y)=\begin{cases}\dfrac{1}{\pi R^2}, & x^2+y^2\leqslant R^2,\\ 0, & \text{其他}.\end{cases}$$

边缘密度

$$f_X(x)=\int_{-\infty}^{+\infty} f(x,y)\mathrm{d}y \text{(见图 4.3.1)}$$

$$=\begin{cases}\displaystyle\int_{-\sqrt{R^2-x^2}}^{\sqrt{R^2-x^2}}\frac{1}{\pi R^2}\mathrm{d}y, & -R\leqslant x\leqslant R,\\ 0, & \text{其他}\end{cases}=\begin{cases}\dfrac{2\sqrt{R^2-x^2}}{\pi R^2}, & -R\leqslant x\leqslant R,\\ 0, & \text{其他}.\end{cases}$$

同理

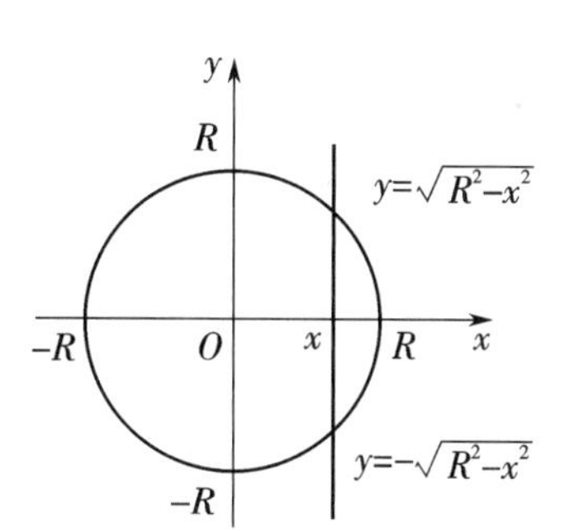

图 4.3.1

$$f_Y(y)=\begin{cases}\dfrac{2\sqrt{R^2-y^2}}{\pi R^2}, & -R\leqslant y\leqslant R,\\ 0, & \text{其他}.\end{cases}$$

当 $-R<x<R$ 时，$f_X(x)>0$，于是有

$$\begin{aligned}f_Y(y|x)&=\frac{f(x,y)}{f_X(x)}\\&=\begin{cases}\dfrac{1}{\pi R^2}\Big/\dfrac{2\sqrt{R^2-x^2}}{\pi R^2}, & -\sqrt{R^2-x^2}\leqslant y\leqslant\sqrt{R^2-x^2},\\ 0, & \text{其他}\end{cases}\\&=\begin{cases}\dfrac{1}{2\sqrt{R^2-x^2}}, & -\sqrt{R^2-x^2}\leqslant y\leqslant\sqrt{R^2-x^2},\\ 0, & \text{其他}.\end{cases}\end{aligned}$$

当 $|x|\geqslant R$ 时，因为 $f_X(x)=0$，所以 $f_Y(y|x)$ 不存在.

这里 $f_Y(y|x)$ 是均匀分布，且对应 x 在 $(-R,R)$ 上的不同取值，得到不同的均匀分布.

例如当 $x=0$ 时，得

$$f_Y(y|0)=\begin{cases}\dfrac{1}{2R}, & -R\leqslant y\leqslant R,\\ 0, & \text{其他}.\end{cases}$$

当 $x=\dfrac{R}{2}$ 时，得

$$f_Y\left(y\,\middle|\,\frac{R}{2}\right)=\begin{cases}\dfrac{1}{\sqrt{3}R}, & |y|\leqslant\dfrac{\sqrt{3}}{2}R,\\ 0, & |y|>\dfrac{\sqrt{3}}{2}R.\end{cases}$$

当 $x=-\dfrac{R}{2}$ 时，得

$$f_Y\left(y\,\middle|-\frac{R}{2}\right)=\begin{cases}\dfrac{1}{\sqrt{3}R}, & |y|\leqslant\dfrac{\sqrt{3}}{2}R,\\ 0, & |y|>\dfrac{\sqrt{3}}{2}R.\end{cases}$$

若求 $P\{Y>\frac{R}{2}|X=-\frac{R}{2}\}$，则有

$$P\{Y>\frac{R}{2}|X=-\frac{R}{2}\}=\int_{\frac{R}{2}}^{+\infty} f_Y(y|X=-\frac{R}{2})\mathrm{d}y$$

$$=\int_{\frac{R}{2}}^{\frac{\sqrt{3}}{2}R} \frac{1}{\sqrt{3}R}dy=\frac{1}{2\sqrt{3}}(\sqrt{3}-1).$$

例 4.3.3 设 $X\sim N(0,1)$，对任何实数 x，在 $X=x$ 的条件下，Y 的条件分布为 $N(3+1.6x,(1.2)^2)$，求 (X,Y) 的联合概率密度.

解 由题意，有

$$f_X(x)=\frac{1}{\sqrt{2\pi}}\mathrm{e}^{-\frac{x^2}{2}},$$

$$f_Y(y|x)=\frac{1}{1.2\sqrt{2\pi}}\mathrm{e}^{-\frac{[y-(3+1.6x)]^2}{2(1.2)^2}},$$

于是由式(4.3.7)得 (X,Y) 的联合概率密度

$$f(x,y)=f_X(x)f_Y(y|x)=\frac{1}{\sqrt{2\pi}}\mathrm{e}^{-\frac{x^2}{2}}\cdot\frac{1}{1.2\sqrt{2\pi}}\mathrm{e}^{-\frac{[y-(3+1.6x)]^2}{2(1.2)^2}}$$

$$=\frac{1}{2.4\pi}\mathrm{e}^{-\frac{x^2}{2}-\frac{(y-3)^2+(1.6)^2x^2-3.2x(y-3)}{2(1.2)^2}}=\frac{1}{2.4\pi}\mathrm{e}^{-\frac{4x^2-3.2x(y-3)+(y-3)^2}{2(1.2)^2}}$$

$$=\frac{1}{2.4\pi}\mathrm{e}^{-\frac{1}{0.72}[x^2-0.8x(y-3)+\frac{(y-3)^2}{4}]}.$$

与例 4.2.3 中的二维正态分布的概率密度(式(4.2.5))比较，这里的 $f(x,y)$ 是参数 $\mu_1=0,\mu_2=3,\sigma_1=1,\sigma_2=2,\rho=0.8$ 的二维正态分布的概率密度.

4.4 随机变量的独立性

我们用事件相互独立的概念引出随机变量相互独立的概念.

定义 4.4.1 设有两个随机变量 X 与 Y，若对任何区间 $(a_1,b_1]$，$(a_2,b_2]$，事件 $\{a_1<X\leqslant b_1\}$ 与事件 $\{a_2<Y\leqslant b_2\}$ 都相互独立，则称 X 与 Y **相互独立**(mutually independent)，简称 X 与 Y 独立.

可以证明这个定义中的条件与下列各条件之一都是等价的：

(1) 对任何区间 $(a_1,b_1]$，$(a_2,b_2]$，都有

$$P\{a_1<X\leqslant b_1,a_2<Y\leqslant b_2\}=P\{a_1<X\leqslant b_1\}P\{a_2<Y\leqslant b_2\}.$$

(2) 对任何实数 x,y，都有

$$P\{X\leqslant x,Y\leqslant y\}=P\{X\leqslant x\}P\{Y\leqslant y\},$$

即

$$F(x,y)=F_X(x)F_Y(y).$$

(3) 如果 (X,Y) 是连续型的，对任何实数 x,y，都有

$$f(x,y)=f_X(x)f_Y(y).$$

如果 (X,Y) 是离散型的，对 (X,Y) 的所有可能取值 (x_i,y_j)，$i,j=1,2,\cdots$，都有

$$P\{X=x_i,Y=y_j\}=P\{X=x_i\}P\{Y=y_j\}.$$

总而言之,X 与 Y 相互独立的充要条件是联合分布等于两个边缘分布相乘.

另外有一个结论:**若 X 与 Y 独立,则 $g_1(X)$ 与 $g_2(Y)$ 也独立**(其中 g_1,g_2 是两个连续函数).

(上述各结论的证明超出本书范围,皆略去.)

对一个二维随机变量(X,Y),若已知联合分布,则可判断 X 与 Y 是否独立.因为由联合分布可求出边缘分布,然后把求出的两个边缘分布相乘看是否等于联合分布,即可判断 X 与 Y 是否独立.

例如,在例 4.2.1 中,对放回抽样情形,从表 4.2.1 可知边缘分布律相乘等于联合分布律,所以 X 与 Y 独立;而对不放回抽样情形,从表 4.2.2 可知边缘分布律相乘不等于联合分布律,所以 X 与 Y 不独立.

在例 4.2.2 中,因 $f_X(x)f_Y(y)\neq f(x,y)$,所以 X 与 Y 不独立.

在例 4.2.3 中,(X,Y)服从二维正态分布,其联合密度为

$$f(x,y)=\frac{1}{2\pi\sigma_1\sigma_2\sqrt{1-\rho^2}}\times\exp\left\{-\frac{1}{2(1-\rho^2)}\left[\left(\frac{x-\mu_1}{\sigma_1}\right)^2-\frac{2\rho(x-\mu_1)(y-\mu_2)}{\sigma_1\sigma_2}+\left(\frac{y-\mu_2}{\sigma_2}\right)^2\right]\right\},$$

已求出

$$f_X(x)=\frac{1}{\sqrt{2\pi}\sigma_1}e^{-\frac{(x-\mu_1)^2}{2\sigma_1^2}},$$

$$f_Y(y)=\frac{1}{\sqrt{2\pi}\sigma_2}e^{-\frac{(y-\mu_2)^2}{2\sigma_2^2}},$$

这两个边缘密度的乘积为

$$f_X(x)f_Y(y)=\frac{1}{2\pi\sigma_1\sigma_2}\exp\left\{-\frac{1}{2}\left[\left(\frac{x-\mu_1}{\sigma_1}\right)^2+\left(\frac{y-\mu_2}{\sigma_2}\right)^2\right]\right\}.$$

比较 $f_X(x)f_Y(y)$ 与 $f(x,y)$,易知 $f_X(x)f_Y(y)=f(x,y)$的充要条件是参数 $\rho=0$.因此有结论:若(X,Y)服从二维正态分布,则 X 与 Y 独立的充要条件是参数 $\rho=0$.

随机变量 X 与 Y 相互独立的实际意义是,其中任一个随机变量的概率分布不受另一个随机变量取什么值的影响.

若(X,Y)是连续型,则当 X 与 Y 独立时,有

$$f_Y(y|x)=\frac{f(x,y)}{f_X(x)}=\frac{f_X(x)f_Y(y)}{f_X(x)}=f_Y(y),$$

同理

$$f_X(x|y)=f_X(x).$$

若(X,Y)是离散型,则当 X 与 Y 独立时,有

$$P\{Y=y_j|X=x_i\}=\frac{P\{X=x_i,Y=y_j\}}{P\{X=x_i\}}=\frac{P\{X=x_i\}P\{Y=y_j\}}{P\{X=x_i\}}=P\{Y=y_j\},$$

同理

$$P\{X=x_i|Y=y_j\}=P\{X=x_i\}.$$

在实际应用上,通常是通过对实际问题的分析,来判断 X 与 Y 是否独立,若认为 X 与 Y 独立,则把 X 的分布与 Y 的分布相乘就得到(X,Y)的联合分布.

例 4.4.1 (会面问题)两个朋友,相约在早 7 点到 8 点在某地会面,并约定先到者等

20 min,过时即离去,求两人会面的概率(设甲、乙两人等可能地在 7 点到 8 点中任一时刻到达,而且两人的到达时间是相互独立的).

解 设随机变量 X 是甲到达的时刻,Y 是乙到达的时刻.由题设

$$f_X(x)=\begin{cases}1, & 7\leqslant x\leqslant 8,\\ 0, & \text{其他};\end{cases}$$

$$f_Y(y)=\begin{cases}1, & 7\leqslant y\leqslant 8,\\ 0, & \text{其他}.\end{cases}$$

又由题设 X,Y 独立,所以 $f(x,y)=f_X(x)f_Y(y)$,即

$$f(x,y)=\begin{cases}1, & 7\leqslant x\leqslant 8,7\leqslant y\leqslant 8,\\ 0, & \text{其他}.\end{cases}$$

因为单位是 h,所以所求概率为 $P\left\{|X-Y|\leqslant\frac{1}{3}\right\}$.

$$|x-y|\leqslant\frac{1}{3}\Leftrightarrow -\frac{1}{3}\leqslant x-y\leqslant\frac{1}{3},$$

所以 $\begin{cases}x-y\leqslant\frac{1}{3},\\ x-y\geqslant-\frac{1}{3},\end{cases}$ 即 $\begin{cases}y\geqslant x-\frac{1}{3},\\ y\leqslant x+\frac{1}{3}.\end{cases}$

$$P\left\{|X-Y|\leqslant\frac{1}{3}\right\}=\iint\limits_{\text{区域}ABCD}1\mathrm{d}x\mathrm{d}y=ABCD\text{的面积}$$

$$=1-2\triangle EAD\text{的面积}=1-2\times\frac{1}{2}\left(\frac{2}{3}\right)^2=\frac{5}{9}\approx 0.556$$

(其中区域 $ABCD$ 见图 4.4.1 所示阴影部分).

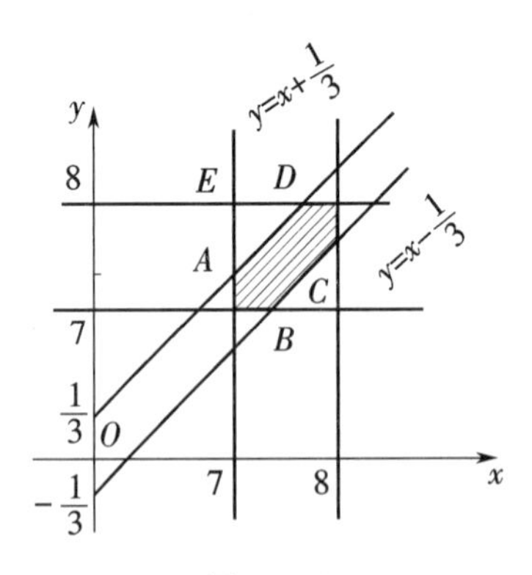

图 4.4.1

设有 $n(n\geqslant 3)$ 个随机变量 $X_1,X_2,\cdots,X_n$,如果对任何实数 $x_1,x_2,\cdots,x_n$,都有

$$P\{X_1\leqslant x_1,X_2\leqslant x_2,\cdots,X_n\leqslant x_n\}=P\{X_1\leqslant x_1\}P\{X_2\leqslant x_2\}\cdots P\{X_n\leqslant x_n\},$$

即$(X_1,X_2,\cdots,X_n)$的联合分布函数等于各个随机变量的分布函数相乘,即

$$F(x_1,x_2,\cdots,x_n)=F_{X_1}(x_1)F_{X_2}(x_2)\cdots F_{X_n}(x_n),\tag{4.4.1}$$

则称 $X_1,X_2,\cdots,X_n$ 相互独立(简称独立).

如果$(X_1,X_2,\cdots,X_n)$是连续型的,则式(4.4.1)等价于:对任何实数 $x_1,x_2,\cdots,x_n$,都有

$$f(x_1,x_2,\cdots,x_n)=f_{X_1}(x_1)f_{X_2}(x_2)\cdots f_{X_n}(x_n), \tag{4.4.2}$$

其中 $f(x_1,x_2,\cdots,x_n)$是联合概率密度,$f_{X_1}(x_1),f_{X_2}(x_2),\cdots,f_{X_n}(x_n)$是边缘概率密度.

如果$(X_1,X_2,\cdots,X_n)$是离散型的,则式(4.4.1)等价于:对 $X_1,X_2,\cdots,X_n$ 的所有可能取值$a_1,a_2,\cdots,a_n$,都有

$$P\{X_1=a_1,X_2=a_2,\cdots,X_n=a_n\}=P\{X_1=a_1\}P\{X_2=a_2\}\cdots P\{X_n=a_n\}. \tag{4.4.3}$$

易知,若 $n(n\geqslant 3)$个随机变量 $X_1,X_2,\cdots,X_n$ 相互独立,则其中任何 $k(2\leqslant k\leqslant n-1)$个也相互独立,特别地,其中任何两个都独立.但反过来,由两两独立,不能推出 $X_1,X_2,\cdots,X_n$ 相互独立.

设有两个随机向量$(X_1,X_2,\cdots,X_n)$与$(Y_1,Y_2,\cdots,Y_m)$,如果对任何实数 $x_1,x_1\cdots,x_n$ 与 $y_1,y_2,\cdots,y_m$,都有

$$F(x_1,x_1,\cdots,x_n,y_1,y_2,\cdots,y_m)=F_1(x_1,x_2,\cdots,x_n)F_2(y_1,y_2,\cdots,y_m),$$

则称$(X_1,X_2,\cdots,X_n)$与$(Y_1,Y_1,\cdots,Y_m)$相互独立.其中 F_1,F_2,F 分别是$(X_1,X_2,\cdots,X_n)$,$(Y_1,Y_2,\cdots,Y_m)$,$(X_1,X_1,\cdots,X_n,Y_1,Y_2,\cdots,Y_m)$的分布函数.

可推出下面一些结论(证明略):

(1)**若 $X_1,X_2,\cdots,X_n$ 相互独立,则 $g_1(X_1),g_2(X_2),\cdots,g_n(X_n)$也相互独立.**其中 $g_1,g_2,\cdots,g_n$ 是 n 个一元连续函数;

(2)**若$(X_1,X_2,\cdots,X_n)$与$(Y_1,Y_2,\cdots,Y_m)$相互独立,则 $g(X_1,X_2,\cdots,X_n)$与 $h(Y_1,Y_2,\cdots,Y_m)$也相互独立.**其中 g 是一个 n 元连续函数,h 是一个 m 元连续函数.

4.5 多维随机变量的函数的分布

我们主要考虑二维随机变量的函数的分布,问题较一般的提法是:若(X,Y)的联合分布已知,$Z=g(X,Y)$是二维随机变量(X,Y)的函数,如何求 $Z=g(X,Y)$的分布?本节只对几种重要的、特殊的函数 g 加以讨论,介绍解决问题的方法.

4.5.1 求 $Z=X+Y$ 的分布

先考虑(X,Y)是连续型的情形.设(X,Y)具有概率密度$f(x,y)$,我们来求 $Z=X+Y$ 的概率密度.

$Z=X+Y$ 的分布函数为

$$\begin{aligned}F_Z(z)&=P\{Z\leqslant z\}=P\{X+Y\leqslant z\}\\&=\iint\limits_{x+y\leqslant z}f(x,y)\mathrm{d}x\mathrm{d}y=\int_{-\infty}^{\infty}[\int_{-\infty}^{z-x}f(x,y)\mathrm{d}y]\mathrm{d}x(\text{令 } y=v-x,\mathrm{d}y=\mathrm{d}v)\\&=\int_{-\infty}^{\infty}[\int_{-\infty}^{z}f(x,v-x)\mathrm{d}v]\mathrm{d}x=\int_{-\infty}^{z}[\int_{-\infty}^{\infty}f(x,v-x)\mathrm{d}x]\mathrm{d}v,\end{aligned}$$

因为 $F'_Z(z)=f_Z(z)$,所以

$$f_Z(z)=\int_{-\infty}^{\infty}f(x,z-x)\mathrm{d}x. \tag{4.5.1}$$

同理可得

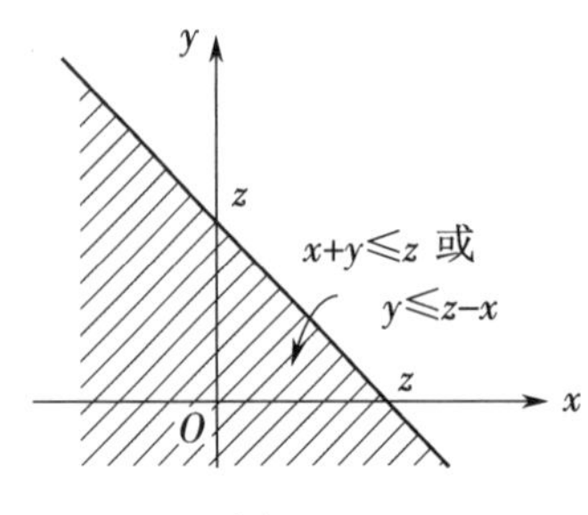

图 4.5.1

$$f_Z(z)=\int_{-\infty}^{\infty}f(z-y,y)\mathrm{d}y.$$

特别当 X 与 Y 独立时，$f(x,y)=f_X(x)f_Y(y)$，所以

$$f_Z(z)=\int_{-\infty}^{\infty}f_X(x)f_Y(z-x)\mathrm{d}x,$$
$$f_Z(z)=\int_{-\infty}^{\infty}f_X(z-y)f_Y(y)\mathrm{d}y. \tag{4.5.2}$$

上式所表示的由函数 f_X，f_Y 得到函数 f_Z 的运算，通常称为卷积运算(convolution operation)，记为 $f_Z=f_X*f_Y$. 因此，当 X 与 Y 独立时，$Z=X+Y$ 的密度函数 f_Z 是 f_X 与 f_Y 的卷积.

例 4.5.1 设 X 与 Y 独立，都在区间$(0,a)$上均匀分布，求$Z=X+Y$的概率密度.

解 由题意

$$f_X(x)=\begin{cases}\dfrac{1}{a}, & 0<x<a,\\ 0, & \text{其他},\end{cases}\qquad f_Y(y)=\begin{cases}\dfrac{1}{a}, & 0<y<a,\\ 0, & \text{其他},\end{cases}$$

用卷积公式 $f_Z(z)=\int_{-\infty}^{+\infty}f_X(x)f_Y(z-x)\mathrm{d}x$ 来求 $Z=X+Y$ 的概率密度. 先确定 x 的积分上、下限，即找出 x 在什么区间上被积函数 $f_X(x)f_Y(z-x)$不为零，从而在此区间上做积分就可以了. 由 $f_X(x)$及 $f_Y(y)$的表达式知 x 应满足下列条件

$$\begin{cases}0<x<a,\\ 0<z-x<a,\end{cases}\Leftrightarrow\begin{cases}0<x<a,\\ z-a<x<z.\end{cases}$$

当 $0<z\leqslant a$ 时，由 $\begin{cases}0<x<a,\\ z-a<x<z\end{cases}$ 得 $0<x<z$，从而

$$f_Z(z)=\int_0^z f_X(x)f_Y(z-x)\mathrm{d}x=\int_0^z\frac{1}{a}\cdot\frac{1}{a}\mathrm{d}x=\frac{1}{a^2}z.$$

当 $a<z<2a$ 时，由 $\begin{cases}0<x<a,\\ z-a<x<z\end{cases}$ 得 $z-a<x<a$，从而

$$f_Z(z)=\int_{z-a}^a f_X(x)f_Y(z-x)\mathrm{d}x=\int_{z-a}^a\frac{1}{a}\cdot\frac{1}{a}\mathrm{d}x=\frac{1}{a^2}(2a-z).$$

当 $z\leqslant 0$ 或 $z\geqslant 2a$ 时，无 x 值满足 $\begin{cases}0<x<a,\\ z-a<x<z,\end{cases}$ 从而 $f_Z(z)=0$.

综合以上所得，便有

$$f_Z(z)=\begin{cases}\dfrac{1}{a^2}z, & 0<z\leqslant a,\\ \dfrac{1}{a^2}(2a-z), & a<z<2a,\\ 0, & \text{其他}.\end{cases}$$

其图形如图 4.5.2 所示.

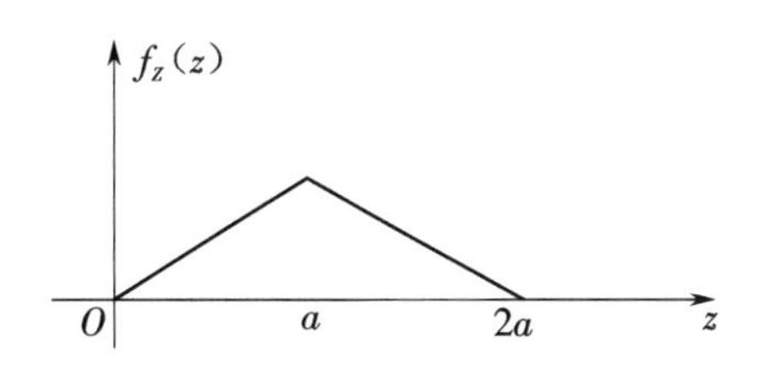

图 4.5.2

例 4.5.2　设(X,Y)有联合概率密度

$$f(x,y)=\begin{cases}e^{-y}, & 0<x\leqslant y,\\ 0, & \text{其他},\end{cases}$$

求 $Z=X+Y$ 的概率密度.

解　由公式(4.5.1)

$$f_Z(z)=\int_{-\infty}^{+\infty}f(x,z-x)\mathrm{d}x,$$

根据题中 $f(x,y)$的表达式知，当 x 满足下面条件时被积函数不为零:

$$0<x\leqslant z-x,$$

即
$$0<x\leqslant\frac{z}{2}.$$

当 $z\leqslant0$ 时，无 x 值满足上面条件，从而 $f_Z(z)=0$.

当 $z>0$ 时

$$f_Z(z)=\int_0^{\frac{z}{2}}e^{-(z-x)}\mathrm{d}x=e^{-z}\int_0^{\frac{z}{2}}e^{x}\mathrm{d}x=e^{-\frac{z}{2}}-e^{-z}.$$

综合得

$$f_Z(z)=\begin{cases}e^{-\frac{z}{2}}-e^{-z}, & z>0,\\ 0, & z\leqslant0.\end{cases}$$

例 4.5.3　设 $X\sim N(0,1)$，$Y\sim N(0,1)$，且 X 与 Y 独立，求$Z=X+Y$的概率密度.

解

$$f_X(x)=\frac{1}{\sqrt{2\pi}}e^{-\frac{x^2}{2}},\quad f_Y(y)=\frac{1}{\sqrt{2\pi}}e^{-\frac{y^2}{2}},$$

$$f_Z(z)=\int_{-\infty}^{\infty}f_X(x)f_Y(z-x)\mathrm{d}x=\int_{-\infty}^{\infty}\frac{1}{\sqrt{2\pi}}e^{-\frac{x^2}{2}}\frac{1}{\sqrt{2\pi}}e^{-\frac{(z-x)^2}{2}}\mathrm{d}x$$

$$=\frac{1}{2\pi}\int_{-\infty}^{\infty}e^{-\left(x-\frac{z}{2}\right)^2-\frac{z^2}{4}}\mathrm{d}x\left(\text{令 } x-\frac{z}{2}=\frac{t}{\sqrt{2}}\right)$$

$$=\frac{1}{2\pi}e^{-\frac{z^2}{4}}\int_{-\infty}^{+\infty}e^{-\frac{t^2}{2}}\frac{dt}{\sqrt{2}}=\frac{1}{2\pi}e^{-\frac{z^2}{4}}\cdot\frac{1}{\sqrt{2}}\sqrt{2\pi}$$

$$=\frac{1}{\sqrt{2\pi}\sqrt{2}}e^{-\frac{z^2}{2(\sqrt{2})^2}}.$$

即 $\quad Z\sim N(0,(\sqrt{2})^2)$.

如果 $X\sim N(\mu_1,\sigma_1^2)$,$Y\sim N(\mu_2,\sigma_2^2)$,且 X 与 Y 独立,同样可推出 $Z=X+Y$ 服从正态分布

$$Z\sim N(\mu_1+\mu_2,\quad \sigma_1^2+\sigma_2^2).$$

更一般地有如下**结论**:设 $X_1,X_2,\cdots,X_n$ 相互独立,且 $X_i\sim N(\mu_i,\sigma_i^2)$,$i=1,2,\cdots,n$,$Z$ 是独立正态变量 $X_1,X_2,\cdots,X_n$ 的线性组合,即 $Z=a_1X_1+a_2X_2+\cdots+a_nX_n+b$(其中 a_1,$a_2,\cdots,a_n,b$ 是常数),则 Z 仍服从正态分布,即

$$Z\sim N\left(\sum_{i=1}^{n}a_i\mu_i+b,\sum_{i=1}^{n}a_i^2\sigma_i^2\right).$$

例 4.5.4 设(X,Y)有联合概率密度

$$f(x,y)=\begin{cases}1, & 0<x<1,0<y<2(1-x),\\ 0, & 其他.\end{cases}$$

求 $Z=X+Y$ 的分布函数 $F_Z(z)$.

解 此题可用两种方法解.方法一是先由公式(4.5.1)求出 Z 的概率密度$f_Z(z)$,再通过 $f_Z(z)$求出 Z 的分布函数 $F_Z(z)$.方法二是沿着推导公式(4.5.1)的途径,直接求 Z 的分布函数 $F_Z(z)$.

我们采用方法二.

$$F_Z(z)=P\{Z\leqslant z\}=P\{X+Y\leqslant z\}=\iint\limits_{x+y\leqslant z}f(x,y)\mathrm{d}x\mathrm{d}y,\tag{4.5.3}$$

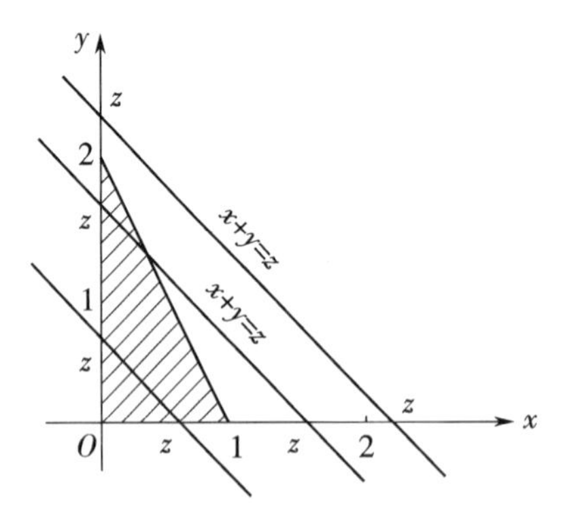

图 4.5.3

由题设,(X,Y)在图 4.5.3 的阴影区域上均匀分布,对不同的 z 值作直线 $x+y=z$,可看出在求(4.5.3)式中的积分时,应把 z 分为 $z<0,0\leqslant z<1,1\leqslant z<2,z\geqslant 2$ 四种情形来计算.

当 $z<0$ 时

$$F_Z(z)=\iint\limits_{x+y\leqslant z}f(x,y)\mathrm{d}x\mathrm{d}y=0.$$

当 $0\leqslant z<1$ 时

$$F_Z(z)=\iint\limits_{x+y\leqslant z} f(x,y)\mathrm{d}x\mathrm{d}y=\int_0^z \mathrm{d}x\int_0^{z-x} 1\mathrm{d}y=\int_0^z (z-x)\mathrm{d}x=\frac{z^2}{2}.$$

当 $1\leqslant z<2$ 时，注意直线 $x+y=z$ 与 $y=2(1-x)$ 的交点的横坐标为 $x=2-z$，所以

$$\begin{aligned}F_Z(z)&=1-\int_0^{2-z}\mathrm{d}x\int_{z-x}^{2(1-x)}1\mathrm{d}y\\&=1-\int_0^{2-z}(2-z-x)\mathrm{d}x=1-\left[2x-zx-\frac{x^2}{2}\right]_0^{2-z}\\&=1-\frac{(2-z)^2}{2}=-\frac{z^2}{2}+2z-1.\end{aligned}$$

当 $z\geqslant 2$ 时

$$F_Z(z)=\iint\limits_{x+y\leqslant z} f(x,y)\mathrm{d}x\mathrm{d}y=1.$$

综合起来得

$$F_Z(z)=\begin{cases}0, & z<0,\\ \dfrac{z^2}{2}, & 0\leqslant z<1,\\ -\dfrac{z^2}{2}+2z-1, & 1\leqslant z<2,\\ 1, & z\geqslant 2.\end{cases}$$

例 4.5.5　设随机变量 X,Y 均在区间 $(-1,1)$ 上服从均匀分布．且 X 与 Y 独立，求 $Z=3X-2Y$ 的概率密度．

解　令 $W=3X,V=-2Y$．则 $Z=W+V$．且 W 和 V 的概率密度分别为

$$f_W(w)=\begin{cases}\dfrac{1}{6}, & -3<w<3,\\ 0, & 其他\end{cases}\qquad f_V(v)=\begin{cases}\dfrac{1}{4}, & -2<v<2,\\ 0 & 其他.\end{cases}$$

由于 X 与 Y 独立．因此 W 与 V 也独立．(W,V) 的联合概率密度为

$$f(w,v)=\begin{cases}\dfrac{1}{24}, & -3<w<3,\quad -2<v<2,\\ 0. & 其他.\end{cases}$$

即在一个面积为 24 的矩形区域内服从均匀分布．如图 4.5.4．

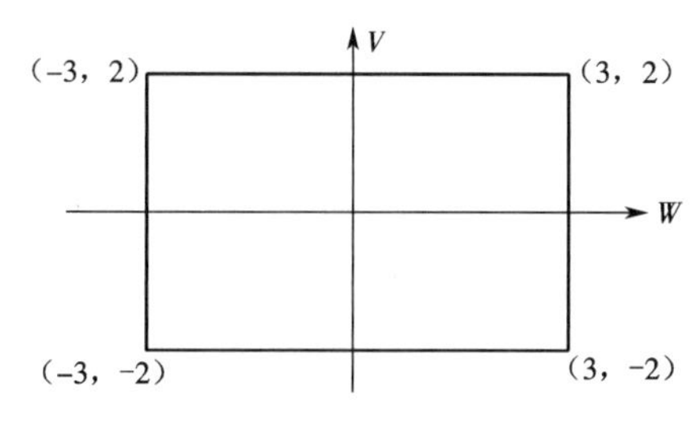

图 4.5.4

分 $z<-5,-5\leqslant z<-1,-1\leqslant z<1,1\leqslant z<5,z\geqslant 5$ 五种情况讨论．

当 $z<-5$ 时，$F_Z(z)=0$；

当 $-5\leqslant z<-1$ 时，相交区域为等腰直角三角形，则

$$F_Z(z)=\frac{(z+5)^2}{2\times 24}=\frac{(z+5)^2}{48};$$

当 $-1\leqslant z<1$ 时，相交区域为直角梯形，则

$$F_Z(z)=\frac{4\times(2z+6)}{2\times 24}=\frac{z+3}{6};$$

当 $1\leqslant z<5$ 时，相交区域为矩形去掉一个等腰直角三角形，则

$$F_Z(z)=1-\frac{(z-5)^2}{2\times 24};$$

$z\geqslant 5$ 时，$F_Z(z)=1$.

总之

$$F_Z(z)=\begin{cases} 0, & z<-5, \\ \dfrac{(z+5)^2}{48}, & -5\leqslant z<-1, \\ \dfrac{z+3}{6}, & -1\leqslant z<1, \\ 1-\dfrac{(z-5)^2}{48}, & 1\leqslant z<5, \\ 1, & z\geqslant 5. \end{cases}$$

求导可得 Z 的概率密度

$$f_Z(z)=\begin{cases} \dfrac{z+5}{24}, & -5<z\leqslant 1, \\ \dfrac{1}{6}, & -1\leqslant z<1, \\ \dfrac{5-z}{24}, & 1\leqslant z<5, \\ 0, & \text{其他}. \end{cases}$$

下面考虑(X,Y)是离散型情形的例子.

设 X 与 Y 独立，X,Y 的可能取值是非负整数 $0,1,2,\cdots$，则 $Z=X+Y$ 也只能取 $0,1,2,\cdots$，其分布律为

$$P\{Z=k\}=P\{X+Y=k\}=P\{\bigcup_{i=0}^{k}(X=i,Y=k-i)\}=\sum_{i=0}^{k}P\{X=i,Y=k-i\}$$

$$=\sum_{i=0}^{k}P\{X=i\}P\{Y=k-i\},\quad k=0,1,2,\cdots. \tag{4.5.4}$$

式(4.5.4)称为离散型的卷积公式.

例 4.5.6 设 X 与 Y 独立，分别服从参数为 λ_1,λ_2 的泊松分布，证明 $Z=X+Y$ 服从参数为 $\lambda_1+\lambda_2$ 的泊松分布.

证明 由式(4.5.4)及题设，有

$$P\{Z=k\}=\sum_{i=0}^{k}P\{X=i\}P\{Y=k-i\}$$

$$
\begin{aligned}
&=\sum_{i=0}^{k}\frac{\lambda_1^i e^{-\lambda_1}}{i!}\cdot\frac{\lambda_2^{k-i}e^{-\lambda_2}}{(k-i)!}\\
&=\frac{e^{-(\lambda_1+\lambda_2)}}{k!}\sum_{i=0}^{k}\frac{k!}{i!\ (k-i)!}\lambda_1^i\lambda_2^{k-i}\\
&=\frac{e^{-(\lambda_1+\lambda_2)}}{k!}\sum_{i=0}^{k}C_k^i\lambda_1^i\lambda_2^{k-i}\\
&=\frac{(\lambda_1+\lambda_2)^k}{k!}e^{-(\lambda_1+\lambda_2)},\quad k=0,1,2,\cdots.
\end{aligned}
$$

所以 $Z=X+Y$ 服从参数为 $\lambda_1+\lambda_2$ 的泊松分布.

定义 4.5.1　设 C 表示某一类分布.如果任何两个都服从这类分布 C 的相互独立的随机变量 X,Y,其和 $X+Y$ 也服从这类分布 C,则称这类分布 C 具有可加性(additivity).

前面的例 4.5.3 说明正态分布具有可加性.例 4.5.5 说明泊松分布具有可加性.而从例 4.5.1 可知,均匀分布不具有可加性.

4.5.2　求 $Z=\sqrt{X^2+Y^2}$ 的分布

设 X,Y 都服从 $N(0,\sigma^2)$,且相互独立,求 $Z=\sqrt{X^2+Y^2}$ 的概率密度.因为 X,Y 独立,所以

$$f(x,y)=\frac{1}{\sqrt{2\pi}\sigma}e^{-x^2/2\sigma^2}\frac{1}{\sqrt{2\pi}\sigma}e^{-y^2/2\sigma^2},-\infty<x,y<+\infty.$$

显然 Z 不可能为负值,所以当 $z<0$ 时

$$F_Z(z)=P\{Z\leqslant z\}=0.$$

当 $z\geqslant 0$ 时

$$F_Z(z)=P\{Z\leqslant z\}=P\{\sqrt{X^2+Y^2}\leqslant z\}=\iint\limits_{\sqrt{x^2+y^2}\leqslant z}\frac{1}{2\pi\sigma^2}e^{-\frac{x^2+y^2}{2\sigma^2}}dxdy,$$

注意到积分域是圆心在原点的圆形区域,半径为 z,可利用极坐标计算二重积分,作变换

$$\begin{cases}x=\rho\cos\varphi,\\ y=\rho\sin\varphi.\end{cases}$$

于是

$$
\begin{aligned}
F_Z(z)&=\frac{1}{2\pi\sigma^2}\int_0^{2\pi}d\varphi\int_0^z e^{-\frac{\rho^2}{2\sigma^2}}\rho d\rho\\
&=\frac{1}{2\pi\sigma^2}\cdot 2\pi\cdot\int_0^z e^{-\frac{\rho^2}{2\sigma^2}}(-\sigma^2)d(-\rho^2/2\sigma^2)\\
&=\int_z^0 e^{-\rho^2/2\sigma^2}d(-\rho^2/2\sigma^2)=1-e^{-z^2/2\sigma^2}.
\end{aligned}
$$

$$f_Z(z)=F'_Z(z)=\begin{cases}\dfrac{z}{\sigma^2}e^{-z^2/2\sigma^2}, & z\geqslant 0,\\ 0, & z<0.\end{cases}\tag{4.5.5}$$

式(4.5.5)叫作参数为 $\sigma(\sigma>0)$ 的瑞利(Rayleigh)分布.

4.5.3 设 $X_1, X_2, \cdots, X_n$ 相互独立,求 $M=\max(X_1, X_2, \cdots, X_n)$ 及 $N=\min(X_1, X_2, \cdots, X_n)$ 的分布

M 的分布函数为

$$\begin{aligned}F_M(z)&=P\{M\leqslant z\}=P\{\max(X_1,X_2,\cdots,X_n)\leqslant z\}\\&=P\{X_1\leqslant z,X_2\leqslant z,\cdots,X_n\leqslant z\}\\&=P\{X_1\leqslant z\}P\{X_2\leqslant z\}\cdots P\{X_n\leqslant z\}\\&=F_{X_1}(z)F_{X_2}(z)\cdots F_{X_n}(z).\end{aligned}\tag{4.5.6}$$

N 的分布函数为

$$\begin{aligned}F_N(z)&=P\{N\leqslant z\}=1-P\{N>z\}\\&=1-P\{\min(X_1,X_2,\cdots,X_n)>z\}\\&=1-P\{X_1>z,X_2>z,\cdots,X_n>z\}\\&=1-P\{X_1>z\}P\{X_2>z\}\cdots P\{X_n>z\}\\&=1-[1-F_{X_1}(z)][1-F_{X_2}(z)]\cdots[1-F_{X_n}(z)].\end{aligned}\tag{4.5.7}$$

特别,若 $X_1, X_2, \cdots, X_n$ 同分布,分布函数为 $F(z)$,则

$$F_M(z)=[F(z)]^n,\tag{4.5.8}$$

$$F_N(z)=1-[1-F(z)]^n.\tag{4.5.9}$$

求极大值或极小值的分布在可靠性问题中有着重要作用.

例 4.5.7 设某系统由 3 个相互独立的元件 A_1, A_2, A_3 连接而成,连接方式为:①串联,②并联(图 4.5.5).设 A_1, A_2, A_3 的寿命分别为随机变量 X_1, X_2, X_3,它们有相同的分布,都服从指数分布

$$f_X(x)=\begin{cases}a\mathrm{e}^{-ax}, & x>0,\\ 0, & x\leqslant 0.\end{cases}$$

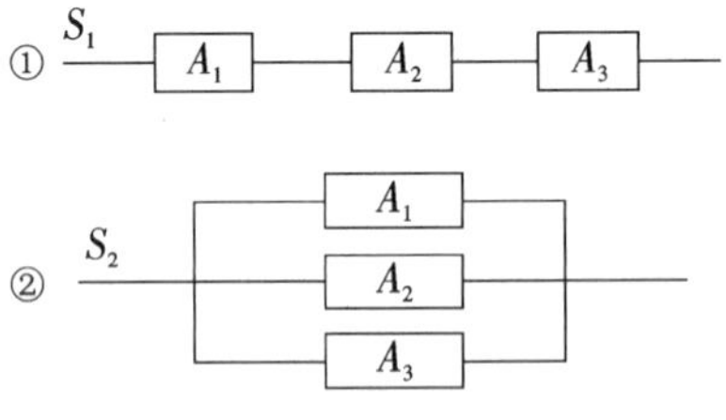

图 4.5.5

试分别按上述两种连接方式,求出系统 S_1, S_2 的寿命的概率密度和平均寿命.

解 (1) 串联情形,这时如果 A_1, A_2, A_3 中有一个元件失效,系统就失效,所以系统 S_1 的寿命为

$$N=\min(X_1, X_2, X_3),$$

由题设知 $F_X(x)=\begin{cases}1-\mathrm{e}^{-ax}, & x>0,\\ 0, & x\leqslant 0.\end{cases}$

由式(4.5.9) $F_N(z)=1-[1-(1-\mathrm{e}^{-az})]^3=1-\mathrm{e}^{-3az}\ (z>0)$,

所以　$F_N(z)=\begin{cases}1-e^{-3az}, & z>0,\\ 0, & z\leqslant 0;\end{cases}$

$$f_N(z)=\begin{cases}3ae^{-3az}, & z>0,\\ 0, & z\leqslant 0.\end{cases}$$

$$E(N)=\int_0^{\infty} z\cdot 3ae^{-3az}\,dz=\frac{1}{3a}.$$

(2) 并联情形，这时当且仅当 A_1,A_2,A_3 均失效时，系统 S_2 才失效，所以系统 S_2 的寿命为

$$M=\max(X_1,X_2,X_3).$$

由式(4.5.8)　$F_M(z)=[F_X(z)]^3=\begin{cases}[1-e^{-az}]^3, & z>0,\\ 0, & z\leqslant 0;\end{cases}$

$$f_M(z)=\begin{cases}3(1-e^{-az})^2\cdot ae^{-az}, & z>0,\\ 0, & z\leqslant 0;\end{cases}$$

$$E(M)=\int_0^{\infty} z\cdot 3a(1-e^{-az})^2e^{-az}\,dz=\frac{11}{6a}.$$

$\dfrac{E(M)}{E(N)}=\dfrac{11/6a}{1/3a}=5.5$，这就是说系统 S_2 的平均寿命是系统 S_1 的 5.5 倍.

对于离散型随机变量，例如设 X,Y 的可能取值是非负整数 $0,1,2,\cdots$，X 与 Y 独立，则 $M=\max(X,Y)$ 也只能取 $0,1,2,\cdots$，其分布律为

$$\begin{aligned}P\{M=k\}&=P\{\max(X,Y)=k\}\qquad (k=0,1,2,\cdots)\\ &=P\{X=k,Y=k\}+\sum_{j=0}^{k-1}P\{X=k,Y=j\}+\sum_{i=0}^{k-1}P\{X=i,Y=k\}\\ &=P\{X=k\}P\{Y=k\}+\sum_{j=0}^{k-1}P\{X=k\}P\{Y=j\}+\sum_{i=0}^{k-1}P\{X=i\}P\{Y=k\}.\end{aligned}$$

类似地也可求 $N=\min(X,Y)$ 的分布律.

4.6　随机变量之和及积的数字特征、协方差与相关系数

首先介绍一个重要的期望计算公式. 在第 3 章已讲过计算 $E[g(X)]$ 的公式.

若 X 是连续型随机变量，则

$$E[g(X)]=\int_{-\infty}^{+\infty} g(x)f_X(x)\,dx;$$

若 X 是离散型随机变量，则

$$E[g(X)]=\sum_i g(x_i)P\{X=x_i\}.$$

对多维随机变量的函数，例如二维随机变量 (X,Y) 的函数 $g(X,Y)$，也有如下类似的公式(证明略).

若 (X,Y) 是连续型的，其概率密度为 $f(x,y)$，则

$$E[g(X,Y)]=\int_{-\infty}^{+\infty}\int_{-\infty}^{+\infty}g(x,y)f(x,y)\mathrm{d}x\mathrm{d}y;\tag{4.6.1}$$

若(X,Y)是离散型的，则

$$E[g(X,Y)]=\sum_i\sum_j g(x_i,y_j)P\{X=x_i,Y=y_j\}.\tag{4.6.2}$$

（需要说明的是假定上面各期望都存在.）

4.6.1 随机变量之和及积的数字特征

下面定理中各期望都假定存在.

定理 4.6.1 对任意两个随机变量 X,Y，有

$$E(X+Y)=E(X)+E(Y).$$

证明 对连续型随机变量(X,Y)，设其联合密度为 $f(x,y)$，由式(4.6.1)得

$$\begin{aligned}E(X+Y)&=\int_{-\infty}^{\infty}\int_{-\infty}^{\infty}(x+y)f(x,y)\mathrm{d}x\mathrm{d}y\\&=\int_{-\infty}^{\infty}x\int_{-\infty}^{\infty}f(x,y)\mathrm{d}y\mathrm{d}x+\int_{-\infty}^{\infty}y\int_{-\infty}^{\infty}f(x,y)\mathrm{d}x\mathrm{d}y\\&=\int_{-\infty}^{\infty}xf_X(x)\mathrm{d}x+\int_{-\infty}^{\infty}yf_Y(y)\mathrm{d}y=E(X)+E(Y).\end{aligned}$$

对离散型随机变量，由式(4.6.2)同样可证.

这个结论可推广到任意 n 个随机变量的情形：

$$E(X_1+X_2+\cdots+X_n)=E(X_1)+E(X_2)+\cdots+E(X_n).\tag{4.6.3}$$

定理 4.6.2 若随机变量 X,Y 相互独立，则有

$$E(XY)=E(X)\cdot E(Y).$$

证明 设(X,Y)有联合密度 $f(x,y)$，由独立性假定知 $f(x,y)=f_X(x)f_Y(y)$，再由式(4.6.1)得

$$\begin{aligned}E(XY)&=\int_{-\infty}^{\infty}\int_{-\infty}^{\infty}xyf(x,y)\mathrm{d}x\mathrm{d}y\\&=\int_{-\infty}^{\infty}\int_{-\infty}^{\infty}xyf_X(x)f_Y(y)\mathrm{d}x\mathrm{d}y\\&=\int_{-\infty}^{\infty}xf_X(x)\mathrm{d}x\cdot\int_{-\infty}^{\infty}yf_Y(y)\mathrm{d}y=E(X)\cdot E(Y).\end{aligned}$$

离散型情形的证明是类似的，读者可自己证明.

一般，若 n 个随机变量 $X_1,X_2,\cdots,X_n$ 相互独立，则有

$$E(X_1X_2\cdots X_n)=E(X_1)E(X_2)\cdots E(X_n).\tag{4.6.4}$$

定理 4.6.3 若随机变量 X,Y 相互独立，则有

$$D(X+Y)=D(X)+D(Y).$$

证明
$$\begin{aligned}D(X+Y)&=E[(X+Y)-E(X+Y)]^2\\&=E[(X-EX)+(Y-EY)]^2\\&=E(X-EX)^2+E(Y-EY)^2+2E[(X-EX)(Y-EY)],\end{aligned}$$

所以
$$D(X+Y)=D(X)+D(Y)+2E[(X-EX)(Y-EY)].\tag{4.6.5}$$

由于 X 与 Y 独立，从而$(X-EX)$与$(Y-EY)$也独立，因此

$$E[(X-EX)(Y-EY)]=E(X-EX)\cdot E(Y-EY)$$
$$=(EX-EX)\cdot(EY-EY)=0,$$

所以　$D(X+Y)=D(X)+D(Y)$.

一般,若 n 个随机变量 $X_1,X_2,\cdots,X_n$ 相互独立,则有

$$D(X_1+X_2+\cdots+X_n)=D(X_1)+D(X_2)+\cdots+D(X_n). \tag{4.6.6}$$

例 4.6.1　设一个伯努利试验(即只有 A 与 $\overline{A}$ 两种结果的试验)独立重复进行 n 次,以 Y 表示 A 出现的次数,则 Y 服从二项分布 $B(n,p)$,其中 $p=P(A)$,即 Y 的分布律为

$$P\{Y=k\}=\mathrm{C}_n^k p^k q^{n-k},\quad k=0,1,\cdots,n.$$

在第 3 章已经根据 Y 的分布律计算出 $E(Y),D(Y)$. 下面我们用另一种方法来求 $E(Y),D(Y)$.

引入 n 个随机变量

$$X_i=\begin{cases}1, & \text{第 } i \text{ 次试验中 } A \text{ 出现},\\ 0, & \text{第 } i \text{ 次试验中 } A \text{ 不出现},\end{cases} \quad i=1,2,\cdots,n.$$

易知 $Y=X_1+X_2+\cdots+X_n$,因此可通过随机变量 $X_i(i=1,2,\cdots,n)$ 的期望、方差来求 Y 的期望、方差.

X_i 的分布律为

X_i	1	0
p_{X_i}	p	q

$i=1,2,\cdots,n.$

于是　$E(X_i)=1\cdot p+0\cdot q=p,$

$$D(X_i)=(1-p)^2\cdot p+(0-p)^2\cdot q=pq, i=1,2,\cdots,n.$$

因此　$E(Y)=EX_1+EX_2+\cdots+EX_n=np.$

又因为 $X_1,X_2,\cdots,X_n$ 是相互独立的,所以

$$D(Y)=DX_1+DX_2+\cdots+DX_n=npq.$$

例 4.6.2　一套仪器共有 n 个元件,第 i 个元件发生故障的概率等于 $p_i(i=1,2,\cdots,n)$,问整套仪器平均有多少个元件发生故障?

解　设随机变量 X_i 为第 i 个元件发生故障数,即

$$X_i=\begin{cases}1, & \text{第 } i \text{ 个元件发生故障},\\ 0, & \text{相反}.\end{cases}$$

又设随机变量 Y 为整套仪器发生故障的元件数,于是

$$Y=X_1+X_2+\cdots+X_n.$$

虽然 Y 的分布律不容易求,但 X_i 的分布律很简单,如下表所示.

X_i	1	0
p_{X_i}	p_i	$1-p_i$

$i=1,2,\cdots,n.$

因为　$EX_i=1\cdot p_i+0\cdot(1-p_i)=p_i, i=1,2,\cdots,n$,所以

$$EY=E(X_1+X_2+\cdots+X_n)=EX_1+EX_2+\cdots+EX_n=p_1+p_2+\cdots+p_n.$$

即整套仪器平均有 $p_1+p_2+\cdots+p_n$ 个元件发生故障.

例 4.6.3　设 $X\sim N(50,1)$,$Y\sim N(60,4)$,X 与 Y 独立,记 $Z=3X-2Y-10$,求 $P\{Z>10\}$.

解 由于 X,Y 是相互独立的正态随机变量，Z 是 X,Y 的线性组合，因此 Z 仍服从正态分布. 而且

$$E(Z)=E(3X)+E(-2Y)-10=3E(X)-2E(Y)-10=20,$$
$$D(Z)=D(3X)+D(-2Y)=9D(X)+4D(Y)=25,$$

所以 $Z\sim N(20,5^2)$，于是

$$P\{Z>10\}=1-\Phi\left(\frac{10-20}{5}\right)=1-\Phi(-2)=\Phi(2)=0.977\ 25.$$

4.6.2 协方差与相关系数

下面我们讨论反映两个随机变量之间关系的数字特征.

前面已知，如果 X 与 Y 独立，则 $E[(X-EX)(Y-EY)]=E(X-EX)\cdot E(Y-EY)=0$. 因此，对某两个随机变量 X,Y，如果 $E[(X-EX)(Y-EY)]\neq 0$，这两个随机变量 X,Y 就不独立，从而有一定关系.

定义 4.6.1 数值 $E[(X-EX)(Y-EY)]$ 称为随机变量 X 和 Y 的**协方差**(covariance)，记为 $\mathrm{Cov}(X,Y)$. 即

$$\mathrm{Cov}(X,Y)=E[(X-EX)(Y-EY)]. \tag{4.6.7}$$

对连续型随机变量，由式(4.6.1)及式(4.6.7)知

$$\mathrm{Cov}(X,Y)=\int_{-\infty}^{+\infty}\int_{-\infty}^{+\infty}(x-EX)(y-EY)f(x,y)\mathrm{d}x\mathrm{d}y. \tag{4.6.8}$$

对离散型随机变量，由式(4.6.2)及式(4.6.7)知

$$\mathrm{Cov}(X,Y)=\sum_i\sum_j (x_i-EX)(y_j-EY)p_{ij}, \tag{4.6.9}$$

其中 $p_{ij}=P\{X=x_i,Y=y_j\}$.

另外，由于

$$\begin{aligned}&E[(X-EX)(Y-EY)]\\=&E[XY-X(EY)-Y(EX)+(EX)(EY)]\\=&E(XY)-(EX)(EY)-(EX)(EY)+(EX)(EY)\\=&E(XY)-(EX)(EY),\end{aligned}$$

因此协方差也可用下式计算

$$\mathrm{Cov}(X,Y)=E(XY)-(EX)(EY). \tag{4.6.10}$$

显然有 $\mathrm{Cov}(X,X)=D(X)$.

协方差有下列性质：

(1) $\mathrm{Cov}(X,Y)=\mathrm{Cov}(Y,X)$.

(2) $\mathrm{Cov}(aX+b,cY+d)=ac\mathrm{Cov}(X,Y)$，$a,b,c,d$ 是常数；

(3) $\mathrm{Cov}(X_1+X_2,Y_1+Y_2)$
$=\mathrm{Cov}(X_1,Y_1)+\mathrm{Cov}(X_2,Y_1)+\mathrm{Cov}(X_1,Y_2)+\mathrm{Cov}(X_2,Y_2)$.

由定义，性质(1)、(2)是显然的，下面证性质(3).

$$\begin{aligned}&\mathrm{Cov}(X_1+X_2,Y_1+Y_2)\\=&E\{[X_1+X_2-E(X_1+X_2)][Y_1+Y_2-E(Y_1+Y_2)]\}\end{aligned}$$

$$=E\{(X_1-EX_1)(Y_1-EY_1)+(X_2-EX_2)(Y_1-EY_1)+(X_1-EX_1)(Y_2-EY_2)+(X_2-EX_2)(Y_2-EY_2)\}$$
$$=\mathrm{Cov}(X_1,Y_1)+\mathrm{Cov}(X_2,Y_1)+\mathrm{Cov}(X_1,Y_2)+\mathrm{Cov}(X_2,Y_2).$$

在前面的式(4.6.5)即是

$$D(X+Y)=D(X)+D(Y)+2\mathrm{Cov}(X,Y). \tag{4.6.11}$$

根据上式

$$D(X-Y)=D(X)+D(-Y)+2\mathrm{Cov}(X,-Y)$$
$$=D(X)+D(Y)-2\mathrm{Cov}(X,Y). \tag{4.6.12}$$

定义 4.6.2　数值 $\dfrac{\mathrm{Cov}(X,Y)}{\sqrt{DX}\sqrt{DY}}$ 称为随机变量 X 和 Y 的**相关系数**(correlation coefficient)或**标准协方差**(standard covariance),记为 ρ_{XY},即

$$\rho_{XY}=\frac{\mathrm{Cov}(X,Y)}{\sqrt{DX}\sqrt{DY}}. \tag{4.6.13}$$

易知 ρ_{XY} 是一个无量纲的数.

定理 4.6.4　设有随机变量 ξ 和 η,若 $E(\xi^2)<\infty$,$E(\eta^2)<\infty$,则有

$$|E(\xi\eta)|^2\leqslant E(\xi^2)E(\eta^2). \tag{4.6.14}$$

证明　设 t 是一个实变量,我们考虑 $E(\xi+t\eta)^2$,显然它是 t 的函数,记为 $q(t)$,

$$q(t)=E(\xi+t\eta)^2=E(\xi^2)+2tE(\xi\eta)+t^2E(\eta^2).$$

若 $E(\eta^2)=0$,则由 $q(t)\geqslant 0$,知 $E(\xi\eta)=0$,可见式(4.6.14)成立;下面设 $E(\eta^2)>0$,因为 $q(t)\geqslant 0$,且 $q(t)$ 是 t 的二次三项式,又 t^2 的系数 $E(\eta^2)>0$,因此 $q=q(t)$ 的图形在 t 轴的上方,且与 t 轴至多有一个交点,因而方程 $q(t)=0$ 不可能有二相异实根,所以 $q(t)=0$ 的判别式有 $[2E(\xi\eta)]^2-4E(\xi^2)E(\eta^2)\leqslant 0$,即

$$|E(\xi\eta)|^2\leqslant E(\xi^2)E(\eta^2).$$

称式(4.6.14)为柯西—施瓦茨(Cauchy-Schwarz)不等式,简称 C-S 不等式.

定理 4.6.5　X,Y 的相关系数 ρ_{XY} 有性质:

(1) $|\rho_{XY}|\leqslant 1$;

(2) $|\rho_{XY}|=1$ 的充分必要条件是存在常数 a,b 使

$$P\{Y=aX+b\}=1,$$

即 $\rho_{XY}=1$ 或 -1 的充分必要条件是随机变量 Y 和 X 以概率 1 有线性关系.

证明　(1) 令 $\eta=X-EX,\xi=Y-EY$,则由 C-S 不等式

$$\rho_{XY}^2=\frac{\{E[(X-EX)(Y-EY)]\}^2}{D(X)\cdot D(Y)}=\frac{[E(\xi\eta)]^2}{E(\eta^2)E(\xi^2)}\leqslant 1, \tag{4.6.15}$$

即 $|\rho_{XY}|\leqslant 1$. 下面证明(2).

根据式(4.6.15),

$$|\rho_{XY}|=1\Leftrightarrow[E(\xi\eta)]^2=E(\eta^2)\cdot E(\xi^2).$$

从定理 4.6.4 的证明过程可知,右边这个等式等价于方程 $q(t)=0$ 有实的重根,设为 t_0,即等价于存在重根 t_0,使

$$E(\xi+t_0\eta)^2=q(t_0)=0. \tag{4.6.16}$$

又 $\qquad E(\xi+t_0\eta)=E[(Y-EY)+t_0(X-EX)]=EY-EY+t_0(EX-EX)=0.$

所以式(4.6.16)即是 $D(\xi+t_0\eta)=0$,而由方差的性质

$$D(\xi+t_0\eta)=0\Leftrightarrow P\{\xi+t_0\eta=0\}=1\Leftrightarrow P\{Y=-t_0X+(EY+t_0EX)\}=1,$$

令 $-t_0=a, EY+t_0EX=b$,则有

$$D(\xi+\eta t_0)=0\Leftrightarrow P\{Y=aX+b\}=1,$$

即证明了(2).

注意到 t_0 是 $q(t)=0$ 的重根,所以

$$t_0=-\frac{2E(\xi\eta)}{2E(\eta^2)}$$
$$=-\frac{\mathrm{Cov}(X,Y)}{D(X)}=-\rho_{XY}\frac{\sqrt{D(X)}\sqrt{D(Y)}}{D(X)}.$$

于是 $a=-t_0=\rho_{XY}\dfrac{\sqrt{D(Y)}}{\sqrt{D(X)}}$,可见 a 与 ρ_{XY} 同号.

定义 4.6.3 当 $0<\rho_{XY}\leqslant 1$(即 $\mathrm{Cov}(X,Y)>0$)时,称 X 与 Y **正相关**(positive correlated);当 $-1\leqslant\rho_{XY}<0$(即 $\mathrm{Cov}(X,Y)<0$)时,称 X 与 Y **负相关**(negative correlated);当 $\rho_{XY}=0$(即 $\mathrm{Cov}(X,Y)=0$)时,称 X 与 Y **不相关**(uncorrelated).

ρ_{XY} 刻画 X 与 Y 之间线性关系的明显程度,$|\rho_{XY}|$ 越大,随机变量 X 与 Y 之间的线性关系越明显.

由式(4.6.10)、(4.6.11)可知,X 与 Y 不相关有下列等价命题.

$$X \text{ 与 } Y \text{ 不相关(即 } \rho_{XY}=0 \text{ 或 } \mathrm{Cov}(X,Y)=0)$$
$$\Leftrightarrow E(XY)=(EX)(EY)\Leftrightarrow D(X+Y)=D(X)+D(Y).$$

因而,若 X 与 Y 独立,则 X 与 Y 必不相关.但反之不成立,即若 X 与 Y 不相关,却未必 X 与 Y 独立.下面就是一个 X 与 Y 不相关,但 X 与 Y 也不独立的例子.

例 4.6.4 设(X,Y)在由直线 $y=1-x$, $y=x-1$ 及 y 轴所围成的区域内均匀分布(图 4.6.1).

(1) 问 X 与 Y 是否不相关?

(2) 问 X 与 Y 是否独立?

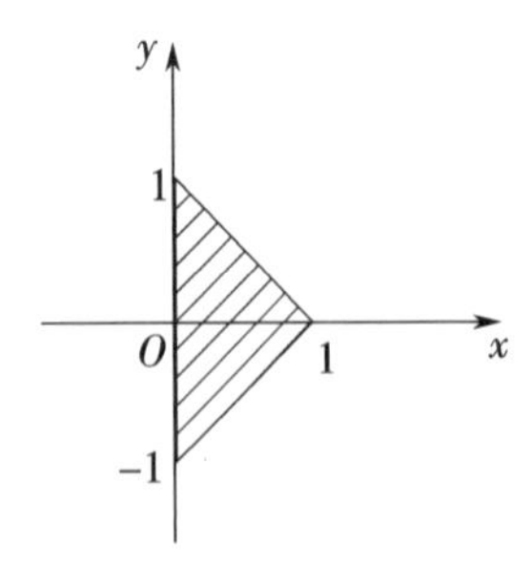

图 4.6.1

解 (X,Y)的概率密度为

$$f(x,y)=\begin{cases}1, & 0<x<1, x-1<y<1-x,\\ 0, & \text{其他}.\end{cases}$$

(1) $E(X)=\int_{-\infty}^{+\infty}\int_{-\infty}^{+\infty}xf(x,y)\mathrm{d}x\mathrm{d}y=\int_{0}^{1}\mathrm{d}x\int_{x-1}^{1-x}x\mathrm{d}y=\frac{1}{3}$,

$E(Y)=\int_{-\infty}^{+\infty}\int_{-\infty}^{+\infty}yf(x,y)\mathrm{d}x\mathrm{d}y=\int_{0}^{1}\mathrm{d}x\int_{x-1}^{1-x}y\mathrm{d}y=0$,

$E(XY)=\int_{-\infty}^{+\infty}\int_{-\infty}^{+\infty}xyf(x,y)\mathrm{d}x\mathrm{d}y=\int_{0}^{1}\mathrm{d}x\int_{x-1}^{1-x}xy\mathrm{d}y=0$,

得
$$\mathrm{Cov}(X,Y)=E(XY)-(EX)(EY)=0,$$
所以 X 与 Y 不相关.

(2) $f_X(x)=\int_{-\infty}^{+\infty}f(x,y)\mathrm{d}y=\begin{cases}2(1-x), & 0<x<1,\\ 0, & \text{其他};\end{cases}$

$f_Y(y)=\int_{-\infty}^{+\infty}f(x,y)\mathrm{d}x=\begin{cases}1+y, & -1<y\leqslant 0,\\ 1-y, & 0<y<1,\\ 0, & \text{其他}.\end{cases}$

因为 $f_X(x)f_Y(y)\neq f(x,y)$，所以 X 与 Y 不独立.

在(X,Y)服从二维正态分布的特殊场合，不相关与独立性却是等价的. 下面来证明这一点.

设(X,Y)服从二维正态分布，即概率密度为

$$f(x,y)=\frac{1}{2\pi\sigma_1\sigma_2\sqrt{1-\rho^2}}\times$$
$$\exp\left\{-\frac{1}{2(1-\rho^2)}\left[\left(\frac{x-\mu_1}{\sigma_1}\right)^2-2\rho\frac{(x-\mu_1)(y-\mu_2)}{\sigma_1\sigma_2}+\left(\frac{y-\mu_2}{\sigma_2}\right)^2\right]\right\}.$$

由 4.2 节中所算出的边缘密度已知 $E(X)=\mu_1$，$E(Y)=\mu_2$，$D(X)=\sigma_1^2$，$D(Y)=\sigma_2^2$. 下面求协方差 $\mathrm{Cov}(X,Y)$.

$$\mathrm{Cov}(X,Y)=\int_{-\infty}^{\infty}\int_{-\infty}^{\infty}(x-\mu_1)(y-\mu_2)f(x,y)\mathrm{d}x\mathrm{d}y$$
$$=\frac{1}{2\pi\sigma_1\sigma_2\sqrt{1-\rho^2}}\int_{-\infty}^{\infty}(y-\mu_2)\mathrm{d}y\int_{-\infty}^{\infty}(x-\mu_1)\times$$
$$\exp\left\{-\frac{1}{2(1-\rho^2)}\left[\left(\frac{x-\mu_1}{\sigma_1}-\rho\frac{y-\mu_2}{\sigma_2}\right)^2+\left(\frac{y-\mu_2}{\sigma_2}\right)^2(1-\rho^2)\right]\right\}\mathrm{d}x$$

（令 $t=\frac{1}{\sqrt{1-\rho^2}}\left(\frac{x-\mu_1}{\sigma_1}-\rho\frac{y-\mu_2}{\sigma_2}\right)$，先对 x 作换元积分）

$$=\frac{1}{2\pi\sigma_2}\int_{-\infty}^{\infty}(y-\mu_2)\exp\left[-\frac{(y-\mu_2)^2}{2\sigma_2^2}\right]\mathrm{d}y\int_{-\infty}^{\infty}\left[\sigma_1\sqrt{1-\rho^2}\,t+\right.$$
$$\left.\rho\frac{\sigma_1}{\sigma_2}(y-\mu_2)\right]\exp\left(-\frac{t^2}{2}\right)\mathrm{d}t$$
$$=\frac{\rho\sigma_1}{\sqrt{2\pi}\sigma_2^2}\int_{-\infty}^{\infty}(y-\mu_2)^2\exp\left[-\frac{(y-\mu_2)^2}{2\sigma_2^2}\right]\mathrm{d}y\int_{-\infty}^{\infty}\frac{1}{\sqrt{2\pi}}\exp\left(-\frac{t^2}{2}\right)\mathrm{d}t$$
$$=\rho\sigma_1\sigma_2,$$

于是
$$\rho_{XY}=\frac{\mathrm{Cov}(X,Y)}{\sqrt{D(X)}\sqrt{D(Y)}}=\frac{\rho\sigma_1\sigma_2}{\sigma_1\sigma_2}=\rho.$$

即参数 ρ 就是 X 与 Y 的相关系数. 在 4.4 节中已有结论:当 (X,Y) 服从二维正态分布时, X 与 Y 独立的充要条件是参数 $\rho=0$. 因此 $\rho_{XY}=0$ 与 X,Y 独立等价,亦即对服从二维正态分布的 (X,Y) 来说, X,Y 不相关与 X,Y 独立等价.

习　　题

1. 将一硬币连掷 3 次,以 X 表示在 3 次中出现正面的次数,以 Y 表示 3 次中出现正面次数与出现反面次数之差的绝对值,写出 (X,Y) 的联合分布律.

2. 5 件同类产品分装在甲、乙两个盒子内,甲盒装 2 件,乙盒装 3 件,设每件产品是一级品的可能性都是 0.4. 现随机地取出一盒,以 X 表示取得的产品数, Y 表示取得的一级品数,写出 (X,Y) 的联合分布律.

3. 设 (X,Y) 的概率密度为

$$f(x,y)=\begin{cases} x^2+\dfrac{xy}{3}, & 0\leqslant x\leqslant 1, 0\leqslant y\leqslant 2, \\ 0, & \text{其他}, \end{cases}$$

求 $P\{X+Y\geqslant 1\}$.

4. 设 (X,Y) 的概率密度为

$$f(x,y)=\begin{cases} k\mathrm{e}^{-(3x+4y)}, & x>0, y>0, \\ 0, & \text{其他}. \end{cases}$$

(1) 确定常数 k;

(2) 求 (X,Y) 的分布函数;

(3) 求 $P\{0<X\leqslant 1, 1<Y\leqslant 2\}$.

5. 设 (X,Y) 的分布函数为

$$F(x,y)=\begin{cases} 1-\mathrm{e}^{-x}-x\mathrm{e}^{-y}, & y\geqslant x>0, \\ 1-\mathrm{e}^{-y}-y\mathrm{e}^{-y}, & x>y>0, \\ 0, & \text{其他}. \end{cases}$$

(1) 求边缘分布函数 $F_X(x), F_Y(y)$;

(2) 求 (X,Y) 的概率密度.

6. 设二维随机变量 (X,Y) 在由直线 $y=x$ 和曲线 $y=x^2\,(x\geqslant 0)$ 所围的区域 G 上服从均匀分布,求 (X,Y) 的概率密度及边缘概率密度.

7. 设二维随机变量 (X,Y) 的概率密度为

$$(1)\ f(x,y)=\begin{cases} \dfrac{2\mathrm{e}^{-y+1}}{x^3}, & x>1, y>1, \\ 0, & \text{其他}; \end{cases}$$

$$(2)\ f(x,y)=\begin{cases} x, 0\leqslant x\leqslant 2, \max(0,x-1)\leqslant y\leqslant \min(1,x), \\ 0, \quad \text{其他}. \end{cases}$$

求边缘概率密度.

8. 设随机向量 (X,Y) 的联合概率密度为

$$f(x,y)=\begin{cases}1, & |y|<x,0<x<1,\\ 0, & 其他.\end{cases}$$

求边缘概率密度 $f_X(x)$，$f_Y(y)$以及条件概率密度 $f_X(x|y)$，$f_Y(y|x)$.

9. 已知二维随机变量(X,Y)的联合密度为

$$f(x,y)=\begin{cases}\dfrac{1}{2x^2y}, & 1\leqslant x<\infty,\dfrac{1}{x}<y<x,\\ 0, & 其他.\end{cases}$$

求边缘概率密度 $f_X(x)$，$f_Y(y)$以及条件概率密度 $f_X(x|y)$，$f_Y(y|x)$.

10. 设随机变量 Y 的概率密度为

$$f_Y(y)=\begin{cases}\dfrac{1}{2}y^2\mathrm{e}^{-y}, & y>0,\\ 0, & y\leqslant 0.\end{cases}$$

而随机变量 X 关于 Y 的条件概率密度为

$$f_{X|Y}(x|y)=\begin{cases}y\mathrm{e}^{-yx}, & x>0,\\ 0, & x\leqslant 0\end{cases}\quad (其中\ y>0).$$

求 X 的概率密度 $f_X(x)$.

11. 设随机向量(X,Y,Z)的密度函数为

$$f(x,y,z)=\begin{cases}\dfrac{1}{8\pi^3}(1-\sin x\sin y\sin z), & 0\leqslant x,y,z\leqslant 2\pi,\\ 0, & 其他.\end{cases}$$

试证明 X,Y,Z 两两独立但不相互独立.

12. 一电子器件包含两部分，分别以 X,Y 记这两部分的寿命(单位:h). 设(X,Y)的分布函数为

$$F(x,y)=\begin{cases}1-\mathrm{e}^{-0.01x}-\mathrm{e}^{-0.01y}+\mathrm{e}^{-0.01(x+y)}, & x\geqslant 0,y\geqslant 0,\\ 0, & 其他.\end{cases}$$

(1) 求边缘分布函数 $F_X(x)$及 $F_Y(y)$，并问 X 与 Y 是否独立.

(2) 求 $P\{X>120,Y>120\}$.

13. 设(X,Y)的概率密度为

$$f(x,y)=\begin{cases}6xy(2-x-y), & 0\leqslant x\leqslant 1,0\leqslant y\leqslant 1,\\ 0, & 其他.\end{cases}$$

验证 X 与 Y 是否独立.

14. 设 X 与 Y 分别表示甲、乙两个元件的寿命(单位:kh)，其概率密度分别为

$$f_X(x)=\begin{cases}\mathrm{e}^{-x}, & x>0,\\ 0, & x\leqslant 0,\end{cases}\quad f_Y(y)=\begin{cases}2\mathrm{e}^{-2y}, & y>0,\\ 0, & y\leqslant 0,\end{cases}$$

并设 X 与 Y 独立，两个元件同时开始使用，求甲比乙先坏的概率.

15. 设 X 和 Y 是两个相互独立的随机变量，X 在$(0,0.2)$上服从均匀分布，Y 的概率密度是

$$f_Y(y)=\begin{cases}5\mathrm{e}^{-5y}, & y>0,\\ 0, & y\leqslant 0.\end{cases}$$

(1) 求 X 和 Y 的联合概率密度；

(2) 求 $P\{Y\leqslant X\}$.

16. 设 X 和 Y 是两个相互独立的随机变量，其概率密度分别为

$$f_X(x)=\begin{cases}1, & 0\leqslant x\leqslant 1,\\ 0, & \text{其他；}\end{cases}\qquad f_Y(y)=\begin{cases}e^{-y}, & y>0,\\ 0, & y\leqslant 0.\end{cases}$$

求随机变量 $Z=X+Y$ 的概率密度.

17. 设某种商品一周的需要量是一个随机变量，其概率密度函数为

$$f(t)=\begin{cases}te^{-t}, & t>0,\\ 0, & t\leqslant 0,\end{cases}$$

并设各周的需要量相互独立的. 试求：

(1) 2 周的需要量的概率密度；

(2) 3 周的需要量的概率密度.

18. 设 X,Y 的概率密度分别为 $f_X(x),f_Y(y)$，且 X 与 Y 独立，证明 $Z=aX+bY$ 的概率密度为

$$f_Z(z)=\int_{-\infty}^{+\infty}f_X\left(\frac{u}{a}\right)f_Y\left(\frac{z-u}{b}\right)\frac{1}{|a||b|}\mathrm{d}u,$$

其中 a,b 为非零常数.

19. 设 X 与 Y 独立，X 在区间 $(0,4)$ 上均匀分布，Y 的概率密度为

$$f_Y(y)=\begin{cases}e^{-y}, & y>0,\\ 0, & y\leqslant 0,\end{cases}$$

求 $Z=X+2Y$ 的分布函数.

20. 设随机变量 X_1,X_2,X_3 相互独立，都服从 $B(1,p)$，即

$$P\{X_i=k\}=p^k(1-p)^{1-k},\quad k=0,1.$$

(1) 求 $Y=X_1+X_2$ 的分布律；

(2) 求 $Z=X_1+X_2+X_3$ 的分布律.

21. 设 X 的分布律为

X	0	1	3
P_X	$\frac{1}{6}$	$\frac{2}{6}$	$\frac{3}{6}$

随机变量 Y 与 X 独立，且 Y 的分布律与 X 的分布律相同.

(1) 求 $Z=X+Y$ 的分布律；

(2) 求 $M=\max(X,Y)$ 的分布律；

(3) 求 $N=\min(X,Y)$ 的分布律.

22. 设 $X_1,X_2,\cdots,X_n$ 相互独立，都是在区间 $(0,a)$ 上均匀分布的随机变量，求 $Y=\max(X_1,X_2,\cdots,X_n)$ 的概率密度及期望.

23. 有 5 个同类型的灯管，其寿命分别记为 X_1,X_2,X_3,X_4,X_5，设它们是相互独立的随机变量，并且都服从参数 $\lambda=\frac{1}{2\,000}$ 的指数分布，求 $\{\max(X_1,X_2,X_3,X_4,X_5)>1\,000\}$ 的概率.

24. 设随机变量 X 和 Y 相互独立，$E(X)=E(Y)=2$，$D(X)=D(Y)=1$，求 $E\{(X+Y)^2\}$.

25. 设随机变量(X,Y)的概率密度为

$$f(x,y)=\begin{cases}k, & 0<x<1,0<y<x,\\ 0, & \text{其他}.\end{cases}$$

试确定常数 k，并求 $E(XY)$.

26. 将 n 只球放入 M 个盒子中去，设每只球落入各个盒子是等可能的，求有球的盒子数 X 的数学期望.

（提示：引入随机变量 $X_i=\begin{cases}1, & \text{第 } i \text{ 个盒子中有球；}\\ 0, & \text{第 } i \text{ 个盒子中无球.}\end{cases}$

$X=\sum_{i=1}^{M} X_i$，再利用 $E(X_i)$求 $E(X)$，不必求出 X 的分布律. 下面 31 题也不必写出 X 的分布律.）

27. 将 n 只球（1 至 n 号）随机地放进 n 个盒子（1 至 n 号）中去，一个盒子装一只球，将一只球装入与球同号码的盒子中，称为一个配对，记 X 为配对的个数，求$E(X)$.

28. 某室中共有甲、乙、丙 3 台仪器，甲、乙、丙发生故障的概率分别为$\frac{1}{4}$，$\frac{1}{5}$，$\frac{1}{10}$，设各台仪器是否发生故障相互独立. 记 X 为此室中发生故障的仪器台数，试用下面两种方法求 X 的数学期望.

(1)写出 X 的分布律；

(2)不写出 X 的分布律.

29. 设 X 与 Y 独立，试证：$D[(X-EX)(Y-EY)]=D(X)D(Y)$.

30. 某包装机包装白糖，每袋白糖的净重是服从 $N(500,1)$的随机变量，现任取 4 袋装成一箱，并设各袋净重相互独立，求一箱白糖的净重超过 2 004 的概率.

31. 卡车装运水泥，设每袋水泥的质量是服从正态分布的随机变量，其数学期望为 50 kg，标准差为 2.5 kg，并设各袋水泥的质量相互独立. 问装多少袋水泥能使总质量超过 2 000 kg 的概率为 0.001?

32. 设(X,Y)的概率密度为

$$f(x,y)=\begin{cases}8xy, & 0<x<1,0<y<x,\\ 0, & \text{其他}.\end{cases}$$

求 $E(X)$，$E(Y)$，$\mathrm{Cov}(X,Y)$.

33. 两随机变量 X 及 Y 的方差分别为 25 及 36，相关系数为 0.4，求 $D(X+Y)$，$D(X-Y)$.

34. 已知三个随机变量 X,Y,Z 中，$E(X)=E(Y)=1$，$E(Z)=-1$. $D(X)=D(Y)=D(Z)=1$，$\rho_{XY}=0$，$\rho_{XZ}=\frac{1}{2}$，$\rho_{YZ}=-\frac{1}{2}$，设 $W=X+Y+Z$，求 $E(W)$，$D(W)$.

35. 设随机变量 X,Y 相互独立，均服从 $N(\mu,\sigma^2)$，求 $\alpha X+\beta Y$ 与 $\alpha X-\beta Y$ 的相关系数.

36. 设(X,Y)的概率密度为

$$f(x,y)=\begin{cases}\frac{1}{8}(x+y), & 0\leqslant x\leqslant 2, 0\leqslant y\leqslant 2,\\ 0, & \text{其他}.\end{cases}$$

求 $\mathrm{Cov}(X,Y)$，ρ_{XY}.

37. 设(X,Y)是第1题中的随机变量，其联合分布律为

Y \ X	0	1	2	3
1	0	$\frac{3}{8}$	$\frac{3}{8}$	0
3	$\frac{1}{8}$	0	0	$\frac{1}{8}$

证明：X 与 Y 不相关，但 X 与 Y 不独立.

38. 设(X,Y)具有概率密度

$$f(x,y)=\begin{cases}1, & |y|<x, 0<x<1,\\ 0, & \text{其他}.\end{cases}$$

(1) X 与 Y 是否不相关?

(2) X 与 Y 是否独立?

39. 设 A，B 是某一试验中的两个事件，定义随机变量 X，Y 如下：

$$X=\begin{cases}1, & \text{若 } A \text{ 发生},\\ 0, & \text{若 } A \text{ 不发生};\end{cases}\quad Y=\begin{cases}1, & \text{若 } B \text{ 发生},\\ 0, & \text{若 } B \text{ 不发生}.\end{cases}$$

写出(X,Y)的联合分布律，并证明若 $\rho_{XY}=0$ 则 X 和 Y 必定相互独立.

40. 若随机变量 X 和 Y 是独立的，证明：

(1) $D(X\cdot Y)=D(X)D(Y)+(EX)^2D(Y)+(EY)^2D(X)$；

(2) $D(X\cdot Y)\geqslant D(X)D(Y)$.

第5章 大数定律与中心极限定理

本章主要内容

○ 切比雪夫不等式、伯努利大数定律及依概率收敛

○ 独立同分布的中心极限定理、棣莫弗—拉普拉斯定理的描述及应用

大数定律和中心极限定理是概率论的基本理论之一，在概率论与数理统计的理论研究和实际应用中都十分重要，本章仅介绍一些最基本的内容.

5.1 大数定律

在第1章中我们已指出，人们经长期实践发现，虽然随机事件在某次试验中可能发生，也可能不发生，但在大量重复试验中却呈现出明显的规律性，即随着试验次数的增多，事件发生的频率逐渐稳定于某个常数. 如在 n 重伯努利试验中，若以 m 记 n 次试验中事件 A 发生的次数，则$\frac{m}{n}$是这 n 次试验中事件 A 发生的频率. 当试验次数 n 充分大时，频率$\frac{m}{n}$接近于某个固定的常数，这就是所谓频率的稳定性. 这固定的常数就是事件 A 在一次试验中发生的概率. 由此可见，讨论频率$\frac{m}{n}$当 $n\to\infty$时的极限行为(某种收敛性)是理解概率论的最基本的概念. 正因为如此，在概率论发展史上，极限定理的研究一直占有重要的地位，而它的发源地就是**伯努利试验**这个概率模型. 以下要介绍的伯努利定理将从理论上说明频率的稳定性这一问题. 为此先来引进证明下述定理所需要的预备知识——**切比雪夫不等式**(Chebyshev inequality).

在第3章中我们学习了随机变量的数字特征数学期望、方差等重要概念. 方差反映了随机变量离开数学期望的平均偏离程度. 如果随机变量 X 的数学期望为$E(X)$，方差为$D(X)$，那么对任意给定的正数ε，事件$\{|X-E(X)|\geqslant\varepsilon\}$发生的概率$P\{|X-E(X)|\geqslant\varepsilon\}$应该与$D(X)$有一定的关系，粗略地说，如果 $D(X)$越大，那么$P\{|X-E(X)|\geqslant\varepsilon\}$也会大些(即偏离的可能性也越大). 将此思想严格化，就是著名的**切比雪夫不等式**.

定理 5.1.1 对任意随机变量 X，若 $E(X)$及 $D(X)$存在，则对任意 $\varepsilon>0$，恒有

$$P\{|X-E(X)|\geqslant\varepsilon\}\leqslant\frac{D(X)}{\varepsilon^2}. \tag{5.1.1}$$

证明 下面仅就连续型随机变量情形进行证明. 设 X 的概率密度为 $f(x)$，则

$$\begin{aligned}P\{|X-E(X)|\geqslant\varepsilon\}&=\int_{|x-E(X)|\geqslant\varepsilon}f(x)\mathrm{d}x\leqslant\int_{|x-E(X)|\geqslant\varepsilon}\frac{[x-E(X)]^2}{\varepsilon^2}f(x)\mathrm{d}x\\&\leqslant\frac{1}{\varepsilon^2}\int_{-\infty}^{+\infty}[x-E(X)]^2f(x)\mathrm{d}x=\frac{1}{\varepsilon^2}D(X).\end{aligned}$$

在式(5.1.1)中，若取 $\varepsilon=2\sqrt{D(X)}$，则有

$$P\{|X-E(X)|\geqslant2\sqrt{D(X)}\}\leqslant\frac{D(X)}{[2\sqrt{D(X)}]^2}=\frac{1}{4}.$$

若取 $\varepsilon=3\sqrt{D(X)}$，则有

$$P\{|X-E(X)|\geqslant3\sqrt{D(X)}\}\leqslant\frac{D(X)}{[3\sqrt{D(X)}]^2}=\frac{1}{9}.$$

因此，当 X 的分布未知时，利用 $E(X)$，$D(X)$可以得到关于概率 $P\{|X-E(X)|\geqslant\varepsilon\}$的粗略估计.

切比雪夫不等式也可写成如下的形式

$$P\{|X-E(X)|<\varepsilon\}\geqslant 1-\frac{D(X)}{\varepsilon^2}. \tag{5.1.2}$$

定理 5.1.2　设随机变量 $X_1,X_2,\cdots,X_n,\cdots$ 相互独立[①]，且具有相同的数学期望和方差：$E(X_k)=\mu, D(X_k)=\sigma^2(k=1,2,\cdots)$，作前 n 个随机变量的算术平均

$$Y_n=\frac{1}{n}\sum_{k=1}^{n}X_k,$$

则对任意 $\varepsilon>0$ 有

$$\lim_{n\to\infty}P\{|Y_n-\mu|<\varepsilon\}=\lim_{n\to\infty}P\left\{\left|\frac{1}{n}\sum_{k=1}^{n}X_k-\mu\right|<\varepsilon\right\}=1. \tag{5.1.3}$$

证明　由于

$$E(Y_n)=E\left[\frac{1}{n}\sum_{k=1}^{n}X_k\right]=\frac{1}{n}\sum_{k=1}^{n}E(X_k)=\mu,$$

$$D(Y_n)=D\left[\frac{1}{n}\sum_{k=1}^{n}X_k\right]=\frac{1}{n^2}\sum_{k=1}^{n}D(X_k)=\frac{\sigma^2}{n},$$

由切比雪夫不等式得

$$1\geqslant P\left\{\left|\frac{1}{n}\sum_{k=1}^{n}X_k-\mu\right|<\varepsilon\right\}\geqslant 1-\frac{\frac{\sigma^2}{n}}{\varepsilon^2}.$$

在上式中令 $n\to\infty$，则有

$$1\geqslant\lim_{n\to\infty}P\left\{\left|\frac{1}{n}\sum_{k=1}^{n}X_k-\mu\right|<\varepsilon\right\}\geqslant 1,$$

所以

$$\lim_{n\to\infty}P\left\{\left|\frac{1}{n}\sum_{k=1}^{n}X_k-\mu\right|<\varepsilon\right\}=1.$$

定理 5.1.2 表明，在定理的条件下，当 n 充分大时，随机变量的算术平均 $\frac{1}{n}\sum\limits_{k=1}^{n}X_k$ 接近于数学期望 $E(X_k)=\mu$，这种接近是在概率意义下的接近. 换言之，在定理的条件下，n 个相互独立的随机变量的算术平均，当 n 无限增大时，几乎变成一个常数了. 这一定理从理论上说明了大量观测值的算术平均值具有稳定性. 这为实际应用提供了理论根据. 例如，在进行精密测量时，人们为了提高测量的精度，往往要进行若干次重复测量，然后取测量结果的算术平均值. 定理 5.1.2 称为切比雪夫定理.

定理 5.1.3　（伯努利定理）设 m 是 n 次独立试验中事件 A 发生的次数，p 是事件 A 在每次试验中发生的概率 $(0<p<1)$，则对任意 $\varepsilon>0$，有

$$\lim_{n\to\infty}P\left\{\left|\frac{m}{n}-p\right|<\varepsilon\right\}=1. \tag{5.1.4}$$

证明　令 $X_k=\begin{cases}1, & \text{若在第 } k \text{ 次试验中 } A \text{ 发生},\\ 0, & \text{若在第 } k \text{ 次试验中 } A \text{ 不发生},\end{cases}$ $k=1,2,\cdots,n,$

则

$$m=X_1+X_2+\cdots+X_n=\sum_{k=1}^{n}X_k.$$

---

① 是指对于任意 $n\geqslant 2$，$X_1,X_2,\cdots,X_n$ 是相互独立的.

由于 X_k 只依赖于第 k 次试验,而各次试验相互独立,于是 $X_1,X_2,\cdots,X_n$ 是相互独立的,又 X_k 服从(0—1)分布,所以 $E(X_k)=p,D(X_k)=p(1-p)$, $k=1,2,\cdots,n$.
由定理 5.1.2 有

$$\lim_{n\to\infty}P\left\{\left|\frac{1}{n}\sum_{k=1}^{n}X_k-p\right|<\varepsilon\right\}=1,$$

即
$$\lim_{n\to\infty}P\left\{\left|\frac{m}{n}-p\right|<\varepsilon\right\}=1.$$

定理 5.1.3 表明,当 n 足够大时,频率与概率相差不超过 ε 这一事件的概率很接近于 1. 因此,在实际应用中,当试验次数很大时,便可用事件发生的频率来代替事件的概率.

伯努利定理说明了大数次重复试验下所呈现的客观规律,所以也称为**伯努利大数定律**(Bernoulli large numbers law). 这个定理是最早的一个大数定理,是伯努利在 1713 年的一本著作《猜测术》中证明的.

在上述切比雪夫定理和伯努利定理中,形如

$$\lim_{n\to\infty}P\left\{\left|\frac{1}{n}\sum_{k=1}^{n}X_k-\mu\right|<\varepsilon\right\}=1,\lim_{n\to\infty}P\left\{\left|\frac{m}{n}-\mu\right|<\varepsilon\right\}=1$$

的关系式所表示的这种"极限",一般地称为**"依概率收敛"**(convergence in probability). 下面我们给出依概率收敛的定义.

设 $Y_1,Y_2,\cdots,Y_n,\cdots$ 是一随机变量序列,a 是一个常数. 若对任意的 $\varepsilon>0$,有

$$\lim_{n\to\infty}P\{|Y_n-a|<\varepsilon\}=1,$$

则称序列 $Y_1,Y_2,\cdots,Y_n,\cdots$ **依概率收敛于** a,记为

$$Y_n\xrightarrow{P}a\,(n\to\infty).$$

依照上述定义,伯努利大数定理表明了频率 $\frac{m}{n}$ 依概率收敛于 p,即

$$\frac{m}{n}\xrightarrow{P}p\,(n\to\infty).$$

切比雪夫大数定理表明,独立随机变量的算术平均 $\frac{1}{n}\sum_{k=1}^{n}X_k$ 依概率收敛于数学期望 $E(X_k)=\mu$,亦即

$$\frac{1}{n}\sum_{k=1}^{n}X_k\xrightarrow{P}\mu\,(n\to\infty).$$

可见,大数定律的本质就是随机变量的算术平均依概率收敛于常数. 在大量随机现象中,这些随机现象的平均结果一般都具有这种稳定性. 这就是说,尽管单个随机现象的具体实现不可避免地会引起随机偏差,而大量随机现象共同作用时,由于这些偏差相互抵消,相互补偿,以至使总的平均结果趋于稳定. 大数定律以严格的数学形式表达了这种稳定性.

5.2 中心极限定理

本节所介绍的中心极限定理研究随机变量之和在什么条件下,其极限分布是正态分布. 直观上看如果一个随机变量所描述的随机现象是由大量相互独立的随机因素的影响造成

的，而且各因素对总影响的作用相对均匀，则这个随机变量就服从或近似地服从正态分布. 下面先看两个具体的例子.

例 5.2.1　设随机变量 $X_1, X_2, \cdots, X_n, \cdots$ 相互独立，且服从同一(0—1)分布：$P\{X=0\}=0.6, P\{X=1\}=0.4$. 那么其部分和 $S_n=\sum_{k=1}^{n} X_k$ 服从二项分布 $B(n, 0.4)$. 分别画出 $n=5, 10, 20$ 时 S_n 的分布律的图形如下图 5.2.1((0—1)分布的卷积)所示.

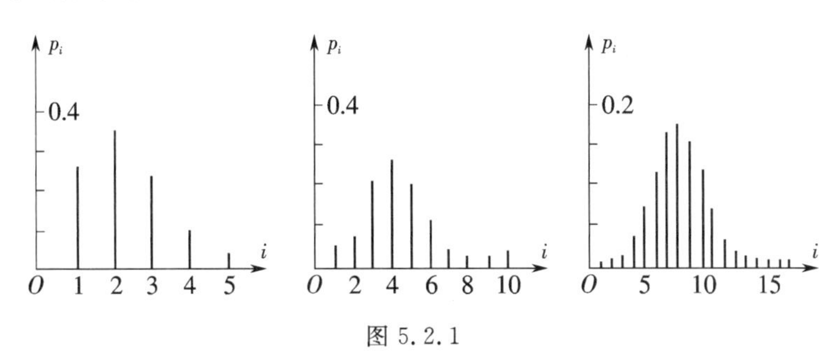

图 5.2.1

由图 5.2.1 可见，n 越大，这些图形就越来越接近正态分布的密度函数图形.

例 5.2.2　设随机变量 $X_1, X_2, \cdots, X_n, \cdots$ 相互独立，且服从同一[0,1]区间上的均匀分布. 我们以 $p_n(x)$ 表示和 $S_n=\sum_{k=1}^{n} X_k$ 的概率分布密度函数. 由均匀分布定义可得

$$p_1(x)=\begin{cases}1, & 0 \leqslant x \leqslant 1, \\ 0, & \text{其他}.\end{cases}$$

利用卷积公式可算得

$$p_2(x)=\begin{cases}x, & 0 \leqslant x \leqslant 1, \\ 2-x, & 1<x \leqslant 2, \\ 0, & \text{其他};\end{cases}$$

$$p_3(x)=\begin{cases}\dfrac{1}{2} x^2, & 0 \leqslant x \leqslant 1, \\ \dfrac{1}{2}\left[x^2-3(x-1)^2\right], & 1<x \leqslant 2, \\ \dfrac{1}{2}\left[x^2-3(x-1)^2+3(x-2)^2\right], & 2<x \leqslant 3, \\ 0, & \text{其他}.\end{cases}$$

现分别画出 $p_1(x), p_2(x), p_3(x)$ 的图形如图 5.2.2(均匀分布的卷积)所示.

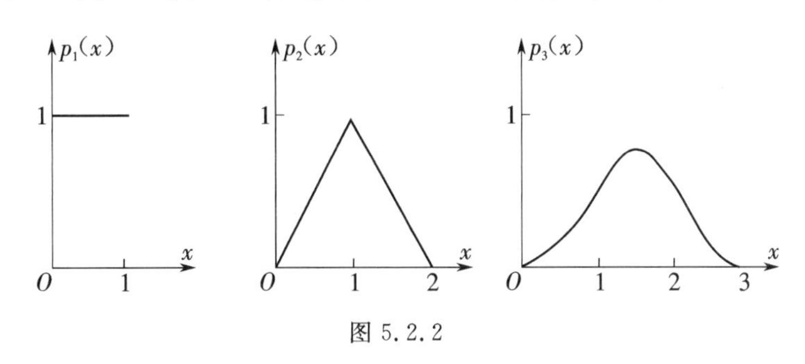

图 5.2.2

由图 5.2.2 可见，随着 n 的增大，这些图形越来越接近于正态分布的密度函数的图形. 下述的中心极限定理将以严格的数学形式来表达这一结果.

定理 5.2.1 （独立同分布的中心极限定理）设随机变量 $X_1, X_2, \cdots, X_n, \cdots$ 相互独立，服从同一分布，且具有数学期望和方差：$E(X_k)=\mu, D(X_k)=\sigma^2>0(k=1,2,\cdots)$，则随机变量

$$Y_n=\frac{\sum_{k=1}^{n} X_k-E\left(\sum_{k=1}^{n} X_k\right)}{\sqrt{D\left(\sum_{k=1}^{n} X_k\right)}}=\frac{\sum_{k=1}^{n} X_k-n\mu}{\sqrt{n}\sigma}$$

的分布函数 $F_n(y)$ 对任意实数 y 满足

$$\lim_{n\to\infty}F_n(y)=\lim_{n\to\infty}P\left\{\frac{\sum_{k=1}^{n} X_k-n\mu}{\sqrt{n}\sigma}\leqslant y\right\}=\int_{-\infty}^{y}\frac{1}{\sqrt{2\pi}}e^{-\frac{x^2}{2}}dx. \tag{5.2.1}$$

证明略.

定理 5.2.1 表明，当 n 充分大时，在定理的条件下，Y_n 近似服从标准正态分布 $N(0,1)$，从而 $\sum_{k=1}^{n} X_k$ 近似服从正态分布 $N(n\mu, n\sigma^2)$. 这说明各随机变量 X_k 无论具有什么分布，只要满足定理条件，它们的和（当 n 充分大时）就近似服从正态分布. 这就是为什么正态变量在概率论中占有重要地位的一个重要原因. 在数理统计中，中心极限定理是大样本的统计推断的理论基础.

定理 5.2.1 是林德伯格和莱维两位学者在 20 世纪 20 年代证明的，通称为林德伯格—莱维(Lindeberg-Lévy)定理. "中心极限定理"的命名也是始于这个时期，它是波伊亚在 1920 年给出的. 但定理 5.2.1 并非最早的中心极限定理. 历史上最早的中心极限定理应该说始于 18 世纪初. 法国数学家棣莫弗(De Moivre)于 1716 年 12 月 12 日发表论文，讨论了二项分布 $B\left(n,\frac{1}{2}\right)$ 情况下的研究结果，后来，法国数学家拉普拉斯(Laplace)将棣莫弗的特殊情形 $B\left(n,\frac{1}{2}\right)$ 推广到一般情形 $B(n,p)(0<p<1)$，这就是下面的定理 5.2.2，这一定理也称为棣莫弗—拉普拉斯定理.

定理 5.2.2 （棣莫弗—拉普拉斯(De Moivre-Laplace)定理）设随机变量 $\eta_n(n=1,2,\cdots)$ 服从参数为 $n, p(0<p<1)$ 的二项分布，则对任意实数 x，恒有

$$\lim_{n\to\infty}P\left\{\frac{\eta_n-np}{\sqrt{np(1-p)}}\leqslant x\right\}=\int_{-\infty}^{x}\frac{1}{\sqrt{2\pi}}e^{-\frac{t^2}{2}}dt. \tag{5.2.2}$$

证明 由第 4 章知 η_n 可看成 n 个相互独立的、服从同一(0—1)分布的随机变量 $X_1, X_2, \cdots, X_n$ 之和，即有

$$\eta_n=\sum_{k=1}^{n} X_k,$$

其中 $X_k(k=1,2,\cdots,n)$ 的分布律为 $P\{X_k=i\}=p^i(1-p)^{1-i}, i=0,1$.

由于 $E(X_k)=p, D(X_k)=p(1-p)(k=1,2,\cdots,n)$，由定理 5.2.1 得

$$\lim_{n\to\infty}P\left\{\frac{\eta_n-np}{\sqrt{np(1-p)}}\leqslant x\right\}=\lim_{n\to\infty}P\left\{\frac{\sum_{k=1}^{n}X_k-np}{\sqrt{np(1-p)}}\leqslant x\right\}=\int_{-\infty}^{x}\frac{1}{\sqrt{2\pi}}e^{-\frac{t^2}{2}}dt.$$

上述定理表明，正态分布是二项分布的极限分布. 因此，当 n 充分大时，可利用式(5.2.2)来计算二项分布的概率.

在实际中，若 $X\sim B(n,p)$，当 n 充分大时，则可认为 X 近似服从 $N(np,npq)$，从而

$$P\{a<X\leqslant b\}\approx\Phi\left(\frac{b-np}{\sqrt{npq}}\right)-\Phi\left(\frac{a-np}{\sqrt{npq}}\right).\tag{5.2.3}$$

例 5.2.3　对敌人的防御地段进行 100 次轰炸，每次轰炸命中目标的炸弹数目是一个随机变量，其数学期望为 2，方差为 1.69. 求在 100 次轰炸中有 180 颗到 220 颗炸弹命中目标的概率.

解　令第 i 次轰炸命中目标的炸弹数为 X_i，则 100 次轰炸命中目标的炸弹数 $X=\sum_{i=1}^{100}X_i$. 由题设，$E(X_i)=2$，$D(X_i)=1.69$. 应用中心极限定理 5.2.1，X 近似服从正态分布，$E(X)=200$，$D(X)=169$，所以

$$P\{180\leqslant X\leqslant 220\}=P\{179<x\leqslant 220\}=P\left\{\frac{179-200}{\sqrt{169}}\leqslant\frac{X-200}{\sqrt{169}}\leqslant\frac{220-200}{\sqrt{169}}\right\}$$

$$\approx\Phi\left(\frac{20}{13}\right)-\Phi\left(-\frac{21}{13}\right)=2\Phi(1.54)+\Phi(1.62)-1=0.886.$$

例 5.2.4　计算机在进行加法时，对每个加数取整(取为最接近于它的整数)，设所有的取整误差是相互独立的，且它们都在 $(-0.5,0.5)$ 上服从均匀分布.

(1) 若取 1 500 个数相加，问误差总和的绝对值超过 15 的概率是多少?

(2) 可将几个数加在一起使得误差总和的绝对值小于 10 的概率为 0.90?

解　设每个数的取整误差为 $X_i(i=1,2,\cdots,1\ 500)$，则

$$f_{X_i}(x)=\begin{cases}1, & -0.5<x<0.5,\\ 0, & \text{其他}.\end{cases}$$

由此有　$E(X_i)=\frac{0}{2}=0$，$D(X_i)=\frac{1}{12}$，$i=1,2,\cdots,1\ 500$.

(1) 记 $X=\sum_{i=1}^{1\ 500}X_i$，由题意和定理 5.2.1 有

$$P\{|X|>15\}=1-P\{|X|\leqslant 15\}=1-P\{-15\leqslant X\leqslant 15\}$$

$$=1-P\left\{\frac{-15}{\sqrt{1\ 500}\sqrt{\frac{1}{12}}}\leqslant\frac{X-0}{\sqrt{1\ 500}\sqrt{\frac{1}{12}}}\leqslant\frac{15}{\sqrt{1\ 500}\sqrt{\frac{1}{12}}}\right\}$$

$$=1-P\left\{-1.342\leqslant\frac{X-0}{\sqrt{125}}\leqslant 1.342\right\}\approx 1-[\Phi(1.342)-\Phi(-1.342)]$$

$$=2[1-\Phi(1.342)]=2[1-0.909\ 9]=0.180\ 2.$$

故所有误差总和的绝对值超过 15 的概率近似于 0.18.

(2) 设加数的个数为 n，由题意，要求 n 使

$$P\left\{\left|\sum_{i=1}^{n} X_i\right|<10\right\}=0.9.$$

由定理5.2.1有

$$P\left\{\left|\sum_{i=1}^{n} X_i\right|<10\right\}=P\left\{\left|\frac{\sum_{i=1}^{n} X_i-0}{\sqrt{\frac{n}{12}}}\right|<\frac{10}{\sqrt{\frac{n}{12}}}\right\}\approx 2\Phi\left(\frac{10}{\sqrt{\frac{n}{12}}}\right)-1=0.90,$$

即 $$\Phi\left(\frac{10}{\sqrt{\frac{n}{12}}}\right)=0.95,$$

查表得 $10\sqrt{\frac{12}{n}}=1.645$,

从而得 $n\approx 443$.

故443个数加在一起使得误差总和的绝对值小于10的概率为0.90.

例5.2.5 某车间有100台车床,设每台车床的工作是独立的,且每台车床的实际工作时间占全部工作时间的80%,求任一时刻至少有75台车床在工作的概率.

解 将在任一时刻观察每台车床是否工作看成是伯努利试验,由于各台车床在同一时刻是否工作相互独立,故100台车床可看成100重伯努利试验.设在某时刻工作着的车床数为X,则$X\sim B(100,0.8)$.由题意及式(5.2.3),所求为

$$P\{75\leqslant X\leqslant 100\}=P\left\{\frac{75-100\times 0.8}{\sqrt{100\times 0.8\times 0.2}}\leqslant\frac{X-100\times 0.8}{\sqrt{100\times 0.8\times 0.2}}\leqslant\frac{100-100\times 0.8}{\sqrt{100\times 0.8\times 0.2}}\right\}$$

$$=P\left\{-1.25\leqslant\frac{X-80}{4}\leqslant 5\right\}\approx\Phi(5)-\Phi(-1.25)=1-[1-\Phi(1.25)]=0.8944.$$

例5.2.6 人寿保险公司有3 000个同一年龄段的人参加人寿保险,在一年里这些人的死亡率为0.1%,参加保险的人在一年的头一天交付保险费100元,死亡时家属可从保险公司领取10 000元.求:

(1)保险公司一年获利不小于200 000元的概率;

(2)保险公司亏本的概率.

解 记一年里这3 000人中的死亡人数为X,则$X\sim B(3\,000,0.001)$.

(1) $P\{\text{获利}\geqslant 200\,000\}$

$$=P\{200\,000\leqslant 3\,000\times 100-10\,000X\leqslant 3\,000\times 100\}=P\{0\leqslant X\leqslant 10\}$$

$$=P\left\{\frac{0-3\,000\times 0.001}{\sqrt{3\,000\times 0.001\times 0.999}}\leqslant\frac{X-3\,000\times 0.001}{\sqrt{3\,000\times 0.001\times 0.999}}\right.$$

$$\left.\leqslant\frac{10-3\,000\times 0.001}{\sqrt{3\,000\times 0.001\times 0.999}}\right\}\approx\Phi(4.043)-\Phi(-1.733)=0.9584.$$

(2) $P\{\text{亏本}\}=P\{3\,000\times 100<10\,000X\leqslant 3\,000\times 10\,000\}=P\{30<X\leqslant 3\,000\}\approx 0.$

习　题

1. 填空题.

(1)设随机变量 X 的方差为 2,则根据切比雪夫不等式有估计 $P\{|X-E(X)|\geqslant 2\}\leqslant$ ______.

(2)设随机变量 X 和 Y 的数学期望分别为 -2 和 2,方差分别为 1 和 4,而相关系数为 -0.5,则根据切比雪夫不等式有估计 $P\{|X+Y|\geqslant 6\}\leqslant$ ______.

(3)设随机变量 $X_1,X_2,\cdots,X_n$ 相互独立且同服从参数 $\lambda=2$ 的指数分布,则当 $n\to\infty$ 时, $Y_n=\frac{1}{n}\sum_{i=1}^{n}X_i^2$ 依概率收敛于______.

2. 选择题.

(1) 设随机变量 $X_1,X_2,\cdots,X_n$ 相互独立, $S_n=X_1+X_2+\cdots+X_n$,则根据林德伯格—莱维中心极限定理,当 n 充分大时, S_n 近似服从正态分布,只要 $X_1,X_2,\cdots,X_n$(　　).

(A) 有相同的数学期望　　(B) 有相同的方差

(C) 服从同一指数分布　　(D) 服从同一离散型分布

(2) 设 $X_1,X_2,\cdots,X_n,\cdots$ 为独立同分布的随机变量序列,且均服从参数为 $\lambda(\lambda>1)$ 的指数分布,记 $\Phi(x)$ 为标准正态分布函数,则下列各式中正确的是(　　).

(A) $\lim\limits_{n\to\infty}P\left\{\dfrac{\sum\limits_{i=1}^{n}X_i-n\lambda}{\lambda\sqrt{n}}\leqslant x\right\}=\Phi(x)$　　(B) $\lim\limits_{n\to\infty}P\left\{\dfrac{\sum\limits_{i=1}^{n}X_i-n\lambda}{\sqrt{n\lambda}}\leqslant x\right\}=\Phi(x)$

(C) $\lim\limits_{n\to\infty}P\left\{\dfrac{\lambda\sum\limits_{i=1}^{n}X_i-n}{\sqrt{n}}\leqslant x\right\}=\Phi(x)$　　(D) $\lim\limits_{n\to\infty}P\left\{\dfrac{\sum\limits_{i=1}^{n}X_i-\lambda}{\sqrt{n\lambda}}\leqslant x\right\}=\Phi(x)$

3. 设 $X_i(i=1,2,\cdots,50)$是相互独立的随机变量,且它们都服从参数为 $\lambda=0.3$ 的泊松分布. 记 $Y=X_1+X_2+\cdots+X_{50}$,试利用中心极限定理计算 $P\{Y>18\}$.

4. 一车间有 150 台机床相互独立地工作,每台机床工作时需要电力都是 5 kW,因换料、检修等原因,每台机床平均只有 60%的时间工作. 试问要供给该车间多少电才能以 99.8%的概率保证这个车间的用电?

5. 一加法器同时收到 20 个噪声电压 $V_k(k=1,2,\cdots,20)$,设它们是相互独立的随机变量,且都在区间(0,10)上服从均匀分布. 记 $V=\sum\limits_{k=1}^{20}V_k$,求 $P\{V>105\}$.

6. 设有 30 个电子器件 $D_1,D_2,\cdots,D_{30}$,它们的使用情况如下: D_1 损坏 D_2 立即使用, D_2 损坏 D_3 立即使用,等等. 设器件 D_i 的寿命是服从参数为 $\lambda=0.1(\mathrm{h})^{-1}$ 的指数分布的随机变量. 令 T 为 30 个器件使用的总计时间,问 T 超过 350 h 的概率是多少?

7. 有一批建筑房屋用的木柱,其中 80%的长度不小于 3 m. 现从这批木柱中随机地取出 100 根,问其中至少有 30 根短于 3 m 的概率是多少?

8. 将一枚硬币连掷 100 次,计算出现正面的次数大于 60 的概率.

9.（1）一复杂的系统，由 100 个相互独立起作用的部件所组成，在整个运行期间每个部件损坏的概率为 0.10. 为了使整个系统起作用，至少必需有 85 个部件工作. 求整个系统工作的概率；

（2）一个复杂的系统，由 n 个相互独立起作用的部件所组成. 每个部件的可靠性（即部件在一段时间内无故障的概率）为 0.90，且必须至少有 80%部件工作才能使整个系统工作，问 n 至少为多少才能使系统的可靠性为 0.95.

10. 设船舶在某海区航行，已知每遭受一次波浪的冲击，纵摇角度大于 6°的概率 $p=\frac{1}{3}$，若船舶遭受了 90 000 次波浪冲击，问其中有 29 500 次～30 500 次纵摇角度大于 6°的概率.

11. 抽样检查产品质量时，如果发现次品多于 10 个，则拒绝接受这批产品. 设某批产品的次品率为 10%，问至少应该抽取多少个产品检查才能保证拒绝该批产品的概率达到 0.9？

12. 分别用切比雪夫不等式与棣莫弗—拉普拉斯中心极限定理确定：当掷一枚硬币时，需要掷多少次，才能保证出现正面的频率在 0.4～0.6 的概率不少于 90%？

13. 为检验一种新药对某种疾病的治愈率为 80%是否可靠，给 10 个患该病的病人同时服用，结果治愈人数不超过 5 人，试判断该药的治愈率为 80%是否可靠？

14. X 是连续型随机变量，其概率分布密度 $f(x)$，$-\infty<x<+\infty$，若 λ 是一正的常数，$Y=\mathrm{e}^{\lambda X}$，证明 $P\{X\geqslant a\}\leqslant \mathrm{e}^{-\lambda a}E(Y)$（其中 a 为任意实数）.

15. 现有一大批种子，其中良种占$\frac{1}{6}$，今在其中任选 6 000 粒. 求：

（1）这些种子中良种所占比例与$\frac{1}{6}$之差小于 1%的概率是多少？

（2）若以 99%的把握断定在 6 000 粒种子中良种所占比例与$\frac{1}{6}$之差不超过 ε，问 ε 取何值，这时相应的良种粒数落在哪个范围内？

16. 设 $g(x)$在区间$[0,1]$上连续，并记 $I=\int_0^1 g(x)\mathrm{d}x$，设随机变量 $X\sim U(0,1)$，$X_1,X_2,\cdots,X_n,\cdots$相互独立且与 X 同分布，设 $Y_n=\frac{1}{n}\sum_{i=1}^{n} g(X_i)$.

（1）求 EY_n 和 DY_n，并设 $D[g(X)]=\sigma^2<C$，试证明当 $n\to\infty$时，Y_n 依概率收敛于 I；

（2）对任意 $\varepsilon>0$，利用中心极限定理估计概率 $P\{|Y_n-I|\leqslant\varepsilon\}$.

17. 某保险公司的多年统计资料表明，在索赔户中，被盗索赔户占 20%. 以 X 表示在随机抽查的 100 个索赔户中，因被盗向保险公司索赔的户数.

（1）写出 X 的概率分布；

（2）利用中心极限定理，求被盗索赔户不少于 14 户且不多于 30 户的概率.

18. 设 $X_1,X_2,\cdots,X_n,\cdots$是相互独立且同分布的随机变量序列，$E(X_k)=\mu$，$D(X_k)=\sigma^2$ $(k=1,2,\cdots)$，令 $Y_n=\frac{2}{n(n+1)}\sum_{k=1}^{n} kX_k$，证明随机变量序列$\{Y_n\}$依概率收敛于 μ.

第6章 数理统计的基本概念

本章主要内容

- ○ 介绍数理统计中的基本概念
- ○ 数理统计常用分布及性质
- ○ 数理统计中常用统计量及其抽样分布

前面5章,讨论了概率论的基本概念和方法。从本章开始将学习数理统计的一些基本内容。概率论和数理统计都是研究随机现象规律特征的学科。概率论是研究随机变量规律的数学分支,首先根据所研究的问题引入随机变量,建立数学模型,然后去研究它们的性质、特征和内在规律性。数理统计则是以概率论为基础,利用对随机现象的观察所得到的数据资料来研究数学模型。概括地讲,数理统计是研究如何以有效的方法收集、整理和分析受随机影响的数据,以对所考察的问题做出推断或预测,直至为最终采取的决策行动提供依据和建议。数理统计的应用十分广泛,应用到不同的领域就形成了适用于特定领域的统计方法,如生物和医学领域的"生物统计",教育和心理学领域的"教育统计",经济领域的"计量经济",金融领域的"保险统计",地质和地震领域的"地质数学",等等。

在实际情形中,一般我们只能得到研究对象的部分资料,但获得的这部分资料可能或多或少含有研究对象的全部资料所包含的各种信息。我们从获得的部分资料入手,对研究对象的特征给予一定精确的估计和推断,这就是数理统计方法或抽样统计方法。例如,为了考察某批电子元件的寿命,不能等到正常状态使用过程中全部失效时才得到寿命收据,这样就失去了考察的意义,在经济和时间上也都是不允许的。因此,我们只能抽取少量的电子元件,以一定的方式进行加速老化试验而得到部分数据,并根据这部分产品的寿命数据对整批产品的平均寿命做出统计推断。

数理统计的研究内容大致可以分为两大类:①抽样技术和试验设计,主要包括采集样本,根据问题的需要和实际可能选择合理有效的抽样方法,科学地安排试验。②统计推断,其基本内容是统计估计和统计假设检验。本书主要介绍统计推断这一类问题。

例 某钢筋厂日产某型号钢筋10 000根,质量检查员每天只抽查50根的强度,于是提出以下问题.

(1) 如何从仅有的50根钢筋的强度数据去估计整批10 000根钢筋的强度平均值?又如何估计整批钢筋强度偏离平均值的离散程度?

(2) 若规定了这种型号钢筋的标准强度,从抽查得到的50个强度数据如何判断整批钢筋的平均强度与规定标准有无差异?

(3) 如果当天生产的钢筋是采用不同工艺生产的,抽样得到的50个强度数据有大有小,那么强度呈现的差异是由工艺不同造成的,还是仅仅由随机因素造成的呢?

(4) 如果钢筋强度与某种原料成分的含量有关,那么从抽查50根得到的强度与该成分含量的50组对应数据,如何去表达整批钢筋的强度与该成分含量之间的关系?

问题(1)实际上是要从50个强度数据出发去估计整批钢筋强度分布的某些数字特征,这里是要估计数学期望与方差,在数理统计中解决这类问题的方法称为**参数估计**(parameter estimation).

问题(2)是要根据抽查得到的数据,去检查强度分布的某一数字特征与规定标准的差异,这里是检验数学期望,数理统计中解决这类问题的方法是先作一个假设(例如假设与规定标准无差异),然后利用概率反证法检验这一假设是否成立,这种方法称为**假设检验**(hypothesis testing).

问题(3)是要分析造成数据误差的原因,当有许多因素起作用时,还要分析哪些因素起主要作用,这种分析方法称为**方差分析**(analysis of variance).

问题(4)是要根据观测数据研究变量间的关系，这里研究强度与某成分含量两个变量间的关系，有时还要研究多个变量间的关系，这种研究方法称为**回归分析**(regression analysis).

以上列举的参数估计、假设检验、方差分析和回归分析都是数理统计所研究的基本内容.本书将从下一章开始逐章展开讨论.

本章主要介绍统计学中的一些基本概念，常用的重要统计量及其分布，它们是学习以后各章节的基础。

6.1 总体与样本

6.1.1 总体

假设要评判某厂所生产的一批电视机显像管的平均寿命，由于测试显像管的寿命具有破坏性，所以只能从这批产品中抽取一部分样品进行寿命测试，并根据这部分样品的寿命数据对整批产品的寿命作统计推断.

在数理统计中把研究对象的全体叫作**总体**(population)或母体，而把组成总体的每个元素(成员)叫作**个体**(individuality).例如上述的一批电视机显像管的全体就组成一个总体，其中每一只显像管就是一个个体.

在实际中往往关心的不是个体的一切方面，而是它的某一个数量指标或某几个数量指标。例如显像管的寿命指标 X，它是一个随机变量，假设 X 的分布函数是 $F(x)$，如果我们仅关心的是这个数量指标 X，为方便起见，可以把这个数量指标 X 的所有可能取值看作总体，并称这一总体为具有分布函数 $F(x)$ 的总体.这样就把总体和随机变量联系起来了.这种联系可推广到多维情形.如电视机显像管的寿命和亮度，这两个数量指标所构成的二维随机向量 (X_1, X_2) 可能取值的全体可看作一个总体，简称二维总体.假设二维随机向量 (X_1, X_2) 的联合分布函数为 $F(x_1, x_2)$，称这一总体为具有分布函数 $F(x_1, x_2)$ 的总体.今后常用"总体 X 服从什么分布"这样的术语，它实际上指的是总体的某个具体数量指标 X 服从什么分布规律.因此以后凡提到总体就是指一个随机变量，**总体就是一个带有确定概率分布的随机变量**.

6.1.2 样本

为了对总体 X 的分布规律进行各种研究，就必须对总体进行抽样观测，根据抽样观测的结果来推断总体的性质.

从一个总体 X 中随机地抽取 n 个个体 $X_1, X_2, \cdots, X_n$，这样取得的 $(X_1, X_2, \cdots, X_n)$ 称为总体 X 的一个**样本**(sample)或子样.样本中个体的数目 n 称为**样本容量**(sample size, size of a sample).

由于每个 $X_i(i=1,2,\cdots,n)$ 是由总体 X 中随机抽取的，它的取值就在总体可能取值范围内随机取得，因此每个 X_i 都是一随机变量，样本 $(X_1, X_2, \cdots, X_n)$ 则是一个 n 维随机向量，一次抽取的结果是 n 个具体的数据 $(x_1, x_2, \cdots, x_n)$，称为样本 $(X_1, X_2, \cdots, X_n)$ 的一个观测值，简称**样本观测值**(observation of a sample). 一般说来，不同的抽取(每次 n 个)将得到不同的样本观测值.

由于我们抽取样本的目的就是为了对总体的分布规律进行各种分析推断，因此要求抽取的样本能很好地反映总体的特点. 为此必须对随机抽取样本的方法提出如下要求：

(1) 独立性. 要求 $X_1, X_2, \cdots, X_n$ 是相互独立的随机变量，就是说，每个观测结果既不影响其他观测结果，也不受其他观测结果的影响.

(2) 代表性. 要求样本的每一分量 X_i 与总体 X 具有相同的分布 $F(x)$.

我们把满足以上两条件的样本称为**简单随机样本**(simple random sample). 今后如无特别声明，所得到的样本均指简单随机样本. 获得简单随机样本的抽样方法称为**简单随机抽样**. 对于简单随机样本$(X_1, X_2, \cdots, X_n)$，若总体 X 的分布律为 $P\{X=x\}$，则样本$(X_1, X_2, \cdots, X_n)$的联合分布律为：$L(x_1, x_2, \cdots, x_n)=P\{X_1=x_1, X_2=x_2, \cdots, X_n=x_n\}=\prod\limits_{i=1}^{n} P\{X_i=x_i\}$；若总体 X 的分布密度为 $f(x)$，则样本$(X_1, X_2, \cdots, X_n)$的联合概率密度为 $L(x_1, x_2, \cdots, x_n)=\prod\limits_{i=1}^{n} f(x_i)$.

例 6.1.1 设总体 $X \sim B(1, p)$. 即 $P\{X=x\}=p^x(1-p)^{1-x}, x=0,1$. $X_1, X_2, \cdots, X_n$ 是从总体 X 中抽取的一个样本，则 $X_1, X_2, \cdots, X_n$ 的联合分布律为

$$
\begin{aligned}
L(x_1, x_2, \cdots, x_n) &= P\{X_1=x_1, X_2=x_2, \cdots, X_n=x_n\} \\
&= \prod_{i=1}^{n} P\{X_i=x_i\}=\prod_{i=1}^{n} p^{x_i}(1-p)^{1-x_i}=p^{\sum\limits_{i=1}^{n} x_i}(1-p)^{n-\sum\limits_{i=1}^{n} x_i}.
\end{aligned}
$$

例 6.1.2 设总体 $X \sim N(\mu, \sigma^2)$，$X_1, X_2, \cdots, X_n$ 是从总体 X 中抽取的一个样本，则 $X_1, X_2, \cdots, X_n$ 的联合密度函数为

$$
L(x_1, x_2, \cdots, x_n)=\prod_{i=1}^{n} f(x_i)=\prod_{i=1}^{n} \frac{1}{\sqrt{2\pi}} \mathrm{e}^{-\frac{(x_i-\mu)^2}{2\sigma^2}}=\left(\frac{1}{2\pi}\right)^{\frac{n}{2}} \mathrm{e}^{-\frac{1}{2\sigma^2}\sum\limits_{i=1}^{n}(x_i-\mu)^2}.
$$

6.1.3 理论分布与经验分布

我们把总体 X 的分布称为理论分布，而把 X 的分布函数称为理论分布函数.

样本是总体的代表和反映，简单随机样本应能很好地反映总体的情况. 实际情况到底如何呢？这是我们所关心的. 为此，引进经验分布函数的概念.

定义 设有总体 X 的一简单随机样本$(X_1, X_2, \cdots, X_n)$，$(x_1, x_2, \cdots, x_n)$是样本的一个观测值，将样本观测值依从小到大的次序排成 $x_1^* \leqslant x_2^* \leqslant \cdots \leqslant x_n^*$，令

$$
F_n(x)=\begin{cases} 0, & x<x_1^*, \\ \dfrac{k}{n}, & x_k^* \leqslant x<x_{k+1}^*, \quad k=1,2,\cdots,n-1, \\ 1, & x \geqslant x_n^*, \end{cases} \tag{6.1.1}
$$

则称 $F_n(x)$为 X 的经验分布函数(亦称为样本分布函数).

对给定的样本观测值$(x_1, x_2, \cdots, x_n)$，上述定义的经验分布函数 $F_n(x)$作为 x 的函数是一右连续单调不减函数，且满足 $F_n(-\infty)=0$，$F_n(+\infty)=1$，因而它具有分布函数的性质，

我们可将它看成是以等概率$\frac{1}{n}$取$x_1,x_2,\cdots,x_n$的离散型随机变量的分布函数.

对于每一固定的$x(-\infty<x<+\infty)$，$F_n(x)$是事件$\{X\leqslant x\}$发生的频率. 当n固定时，对于样本的不同实现$x_1,x_2,\cdots,x_n$，将得到不同的$F_n(x)$，所以此时对于x的每一个数值，$F_n(x)$都是样本$(X_1,X_2,\cdots,X_n)$的函数，从而$F_n(x)$是一随机变量.

由于$F(x)=P\{X\leqslant x\}$，这是总体的分布函数，由大数定律知道，事件发生的频率依概率收敛于这事件发生的概率. 人们自然要问：总体X的经验分布函数$F_n(x)$（事件$\{X\leqslant x\}$发生的频率）当n足够大时，如何渐进于总体X的分布函数$F(x)$（事件$\{X\leqslant x\}$发生的概率）呢？格里汶科(Glivenko)在1933年证明了如下定理.

定理　设总体X的分布函数为$F(x)$，经验分布函数为$F_n(x)$，则对于任意实数x，当$n\to\infty$时有

$$P\{\lim_{n\to\infty}\sup_{-\infty<x<+\infty}|F_n(x)-F(x)|=0\}=1, \tag{6.1.2}$$

即当$n\to\infty$时，$F_n(x)$以概率1关于x均匀收敛于$F(x)$.

由此可见，当n充分大时，经验分布函数$F_n(x)$是总体分布函数$F(x)$的一个良好的近似. 这就是数理统计中用样本推断总体的理论根据. 图6.1.1中的曲线就是某种轴承的直径（总体）的分布函数及其经验分布函数$F_{100}(x)$的图形.

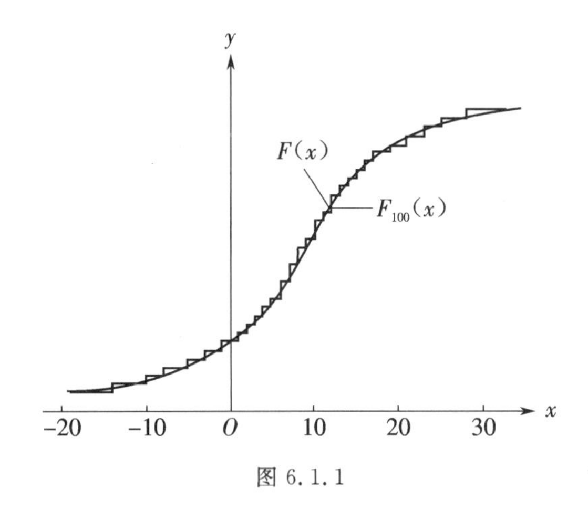

图6.1.1

例6.1.3　设(2,1,5,2,1,3,1)是来自总体X的简单随机样本值，试求总体X的经验分布函数$F_n(x)$.

解　将各观测值按从小到大的顺序排列，得1,1,1,2,2,3,5，则经验分布函数为

$$F_{(7)}(x)=\begin{cases}0, & x<1,\\ \frac{3}{7}, & 1\leqslant x<2,\\ \frac{5}{7}, & 2\leqslant x<3,\\ \frac{6}{7}, & 3\leqslant x<5,\\ 1, & x\geqslant 5.\end{cases}$$

6.2 统计量及其分布

6.2.1 统计量

在上节已经知道样本是总体的反映,但是样本所含的信息不能直接用于解决我们所要研究的问题,而需要把样本所含的信息进行数学上的加工使其“浓缩”起来,从而解决我们的问题.在数理统计中往往是通过构造一个合适的依赖于样本的函数——**统计量**(statistic)来实现这一目的的.

定义 6.2.1 设$(X_1,X_2,\cdots,X_n)$为总体 X 的一个样本,$g(x_1,x_2,\cdots,x_n)$为一取实值的函数且不包含任何未知参数,则称 $g(X_1,X_2,\cdots,X_n)$为一统计量.

例如,设总体 $X\sim N(\mu,\sigma^2)$,其中 μ,σ^2 都是未知参数,$(X_1,X_2,\cdots,X_n)$是 X 的一个样本,则$\frac{1}{2}(X_1+X_2)-\mu$,$\frac{X_1}{\sigma}$都不是统计量,因为它们含有未知参数 μ,σ^2;而 X_1,X_2+1,$X_1^2-X_2^2$,$\frac{1}{n}\sum\limits_{i=1}^{n}X_i$ 等都是统计量.从统计量的定义可知,统计量是随机变量.

6.2.2 常用的统计量——样本矩

下面定义一些常用的统计量.

定义 6.2.2 设$(X_1,X_2,\cdots,X_n)$是从总体 X 中抽取的容量为 n 的样本,称统计量

$$\overline{X}=\frac{1}{n}\sum_{i=1}^{n}X_i \tag{6.2.1}$$

为**样本均值**(sample mean);称统计量

$$S^2=\frac{1}{n-1}\sum_{i=1}^{n}(X_i-\overline{X})^2 \tag{6.2.2}$$

为**样本方差**(sample variance);称统计量

$$S=\sqrt{\frac{1}{n-1}\sum_{i=1}^{n}(X_i-\overline{X})^2} \tag{6.2.3}$$

为**样本标准差**(sample standard deviation);称统计量

$$M_k=\frac{1}{n}\sum_{i=1}^{n}X_i^k \quad (k=1,2,\cdots) \tag{6.2.4}$$

为**样本 k 阶原点矩**(sample moment of order k about the origin);称统计量

$$M'_k=\frac{1}{n}\sum_{i=1}^{n}(X_i-\overline{X})^k \quad (k=1,2,\cdots) \tag{6.2.5}$$

为**样本 k 阶中心矩**(sample central moment of order k).

显然 $M_1=\overline{X}$,$M_2'=\frac{n-1}{n}S^2$,记 M_2' 为$\widetilde{S^2}$,即

$$\widetilde{S^2}=\frac{1}{n}\sum_{i=1}^{n}(X_i-\overline{X})^2.$$

根据大数定律,可以证明,只要总体的 r 阶矩存在,样本的 r 阶矩就依概率收敛于总体的 r 阶矩.

6.2.3　次序统计量

次序统计量是一类非常重要的统计量.它的一些性质不依赖于总体的分布,使用方便,在质量管理、可靠性分析等许多方面得到了广泛的应用,在理论上也有相当丰富的内容.

定义 6.2.3　设 $X_1,X_2,\cdots,X_n$ 是取自总体 X 的样本,记 $x_1,x_2,\cdots,x_n$ 是样本的任一个观测值,将它们按由小到大的顺序重新排列为

$$x_{(1)}\leqslant x_{(2)}\leqslant\cdots\leqslant x_{(n)}.$$

若 $X_{(k)}=x_{(k)},k=1,2,\cdots,n$,则称 $X_{(1)},X_{(2)},\cdots,X_{(n)}$ 为样本 $X_1,X_2,\cdots,X_n$ 的次序统计量(order statistics),称 $X_{(i)}$ 为第 i 个次序统计量(i-th order statistics).特别地,$X_{(1)}=\min\{X_1,X_2,\cdots,X_n\}$ 和 $X_{(n)}=\max\{X_1,X_2,\cdots,X_n\}$ 分别称为最小次序统计量和最大次序统计量,它们的值分别称为极小值和极大值.

由于次序统计量 $X_{(k)}(k=1,2,\cdots,n)$ 是样本的函数,所以 $X_{(1)},X_{(2)},\cdots,X_{(n)}$ 都是随机变量.样本 $X_1,X_2,\cdots,X_n$ 是相互独立的,但次序统计量 $X_{(1)},X_{(2)},\cdots,X_{(n)}$ 一般不是相互独立的,因为次序统计量的任一值均按由小到大顺序排列.下面给出最小、最大次序统计量的分布,证明留给读者.

设总体 X 的概率密度为 $f(x)$,对应的分布函数为 $F(x)$,$X_1,X_2,\cdots,X_n$ 是来自 X 的样本,$X_{(1)},X_{(2)},\cdots,X_{(n)}$ 为其次序统计量,则

(1)最小次序统计量 $X_{(1)}$ 的概率密度为

$$f_{(1)}(x)=n[1-F(x)]^{n-1}f(x);$$

(2)最大次序统计量 $X_{(n)}$ 的概率密度为

$$f_{(n)}(x)=n[F(x)]^{n-1}f(x).$$

例 6.2.1　设总体 $X\sim U(a,b)$,$X_1,X_2,\cdots,X_n$ 是来自总体 X 的样本,分别求 $X_{(1)},X_{(n)}$ 的概率密度.

解　因为 $X\sim U(a,b)$,所以 X 的概率密度为

$$f(x)=\begin{cases}\dfrac{1}{b-a}, & a\leqslant x\leqslant b,\\ 0, & \text{其他}.\end{cases}$$

X 的分布函数为

$$F(x)=\begin{cases}0, & x<a,\\ \dfrac{x-a}{b-a}, & a\leqslant x<b,\\ 1, & b\leqslant x.\end{cases}$$

最小次序统计量 $X_{(1)}$ 的概率密度为

$$f_{(1)}(x)=\begin{cases}n\left(1-\dfrac{x-a}{b-a}\right)^{n-1}\cdot\dfrac{1}{b-a}, & a\leqslant x\leqslant b,\\ 0, & \text{其他}.\end{cases}$$

最大次序统计量 $X_{(n)}$ 的概率密度为

$$f_{(n)}(x)=\begin{cases} n\left(\dfrac{x-a}{b-a}\right)^{n-1}\cdot\dfrac{1}{b-a}, & a\leqslant x\leqslant b,\\ 0, & \text{其他}. \end{cases}$$

6.2.4 统计中常用分布

数理统计中常用的分布除正态分布外，还有 χ^2 分布、t 分布和 F 分布.

6.2.4.1 χ^2 分布

定义 6.2.4 设 $X_1,X_2,\cdots,X_n$ 是相互独立的 n 个随机变量，且均服从标准正态分布 $N(0,1)$，则称随机变量

$$\chi^2=X_1^2+X_2^2+\cdots+X_n^2 \tag{6.2.6}$$

服从自由度为 n 的 χ^2 分布，记作 $X\sim\chi^2(n)$.

定理 6.2.1 $\chi^2(n)$分布的概率分布密度为

$$\chi^2(x;n)=\begin{cases} \dfrac{1}{2^{\frac{n}{2}}\Gamma\left(\dfrac{n}{2}\right)}x^{\frac{n}{2}-1}\mathrm{e}^{-\frac{x}{2}}, & x\geqslant 0,\\ 0, & x<0. \end{cases} \tag{6.2.7}$$

证明 设 χ^2 的分布函数为

$$F(x)=P\{\chi^2\leqslant x\}.$$

现在来证明 χ^2 的分布密度具有式(6.2.7)的形式.

当 $x<0$ 时，显然有 $F(x)=0$，从而

$$\chi^2(x;n)=F'(x)=0(x<0).$$

当 $x\geqslant 0$ 时，因$(X_1,X_2,\cdots,X_n)$的联合分布密度为

$$f(x_1,x_2,\cdots,x_n)=\left(\frac{1}{\sqrt{2\pi}}\right)^n\mathrm{e}^{-\frac{1}{2}\sum\limits_{i=1}^{n}x_i^2},$$

故

$$F(x)=P\left\{\sum_{i=1}^{n}X_i^2\leqslant x\right\}=\underset{\sum\limits_{i=1}^{n}x_i^2\leqslant x}{\int\cdots\int}\left(\frac{1}{\sqrt{2\pi}}\right)^n\mathrm{e}^{-\frac{1}{2}\sum\limits_{i=1}^{n}x_i^2}\mathrm{d}x_1\mathrm{d}x_2\cdots\mathrm{d}x_n,$$

$$F(x+h)-F(x)=\underset{x<\sum\limits_{i=1}^{n}x_i^2\leqslant x+h}{\int\cdots\int}\left(\frac{1}{\sqrt{2\pi}}\right)^n\mathrm{e}^{-\frac{1}{2}\sum\limits_{i=1}^{n}x_i^2}\mathrm{d}x_1\mathrm{d}x_2\cdots\mathrm{d}x_n.$$

这里 $h>0$，于是有

$$\begin{aligned} F(x+h)-F(x)&\leqslant\underset{x<\sum\limits_{i=1}^{n}x_i^2\leqslant x+h}{\int\cdots\int}\left(\frac{1}{\sqrt{2\pi}}\right)^n\mathrm{e}^{-\frac{x}{2}}\mathrm{d}x_1\mathrm{d}x_2\cdots\mathrm{d}x_n\\ &=\left(\frac{1}{\sqrt{2\pi}}\right)^n\mathrm{e}^{-\frac{x}{2}}\underset{x<\sum\limits_{i=1}^{n}x_i^2\leqslant x+h}{\int\cdots\int}\mathrm{d}x_1\mathrm{d}x_2\cdots\mathrm{d}x_n. \end{aligned} \tag{6.2.8}$$

另一方面

$$F(x+h)-F(x)\geqslant \underset{x<\sum\limits_{i=1}^{n}x_i^2\leqslant x+h}{\int\cdots\int}\left(\frac{1}{\sqrt{2\pi}}\right)^n e^{-\frac{x+h}{2}}dx_1dx_2\cdots dx_n$$

$$=\left(\frac{1}{\sqrt{2\pi}}\right)^n e^{-\frac{x+h}{2}}\underset{x<\sum\limits_{i=1}^{n}x_i^2\leqslant x+h}{\int\cdots\int}dx_1dx_2\cdots dx_n. \tag{6.2.9}$$

令
$$S(x)=\underset{\sum\limits_{i=1}^{n}x_i^2\leqslant x}{\int\cdots\int}dx_1dx_2\cdots dx_n \quad (x>0),$$

则
$$S(x+h)-S(x)=\underset{x<\sum\limits_{i=1}^{n}x_i^2\leqslant x+h}{\int\cdots\int}dx_1dx_2\cdots dx_n,$$

由式(6.2.8),(6.2.9)得

$$\left(\frac{1}{\sqrt{2\pi}}\right)^n e^{-\frac{x+h}{2}}\frac{S(x+h)-S(x)}{h}\leqslant\frac{F(x+h)-F(x)}{h}\leqslant\left(\frac{1}{\sqrt{2\pi}}\right)^n e^{-\frac{x}{2}}\frac{S(x+h)-S(x)}{h}.$$

下面计算 $S(x)$,作变量替换 $x_i=y_i\sqrt{x}$,于是

$$dx_i=\sqrt{x}dy_i, i=1,2,\cdots,n.$$

所以

$$S(x)=\underset{\sum\limits_{i=1}^{n}y_i^2\leqslant 1}{\int\cdots\int}(\sqrt{x})^n dy_1dy_2\cdots dy_n=x^{\frac{n}{2}}C_n,$$

其中 $C_n=\underset{\sum\limits_{i=1}^{n}y_i^2\leqslant 1}{\int\cdots\int}dy_1dy_2\cdots dy_n$ 是仅与 n 有关的常数.故

$$S'(x)=\frac{n}{2}C_nx^{\frac{n}{2}-1}.$$

由此可见

$$\lim_{h\to 0^+}\frac{F(x+h)-F(x)}{h}=\left(\frac{1}{\sqrt{2\pi}}\right)^n e^{-\frac{x}{2}}S'(x)=\left(\frac{1}{\sqrt{2\pi}}\right)^n\frac{n}{2}C_nx^{\frac{n}{2}-1}e^{-\frac{x}{2}}. \tag{6.2.10}$$

类似地可得

$$\lim_{h\to 0^-}\frac{F(x+h)-F(x)}{h}=\left(\frac{1}{\sqrt{2\pi}}\right)^n\frac{n}{2}C_nx^{\frac{n}{2}-1}e^{-\frac{x}{2}}. \tag{6.2.11}$$

总之,由式(6.2.10),(6.2.11)可得

$$\chi^2(x;n)=F'(x)=B_nx^{\frac{n}{2}-1}e^{-\frac{x}{2}} \quad (x\geqslant 0). \tag{6.2.12}$$

其中 $B_n=\left(\frac{1}{\sqrt{2\pi}}\right)^n\frac{n}{2}C_n$.现在来确定 B_n 的值,因为

$$\int_0^{+\infty}\chi^2(x;n)dx=1,$$

即
$$\int_0^{+\infty}B_nx^{\frac{n}{2}-1}e^{-\frac{x}{2}}dx=B_n\int_0^{+\infty}x^{\frac{n}{2}-1}e^{-\frac{x}{2}}dx=1,$$

故 $$B_n=\frac{1}{\int_0^{+\infty}x^{\frac{n}{2}-1}\mathrm{e}^{-\frac{x}{2}}\mathrm{d}x}.$$

而 $$\int_0^{+\infty}x^{\frac{n}{2}-1}\mathrm{e}^{-\frac{x}{2}}\mathrm{d}x=2^{\frac{n}{2}}\int_0^{+\infty}t^{\frac{n}{2}-1}\mathrm{e}^{-t}\mathrm{d}t=2^{\frac{n}{2}}\Gamma\left(\frac{n}{2}\right)\quad\left(令\ t=\frac{x}{2}\right),$$

所以 $$B_n=\frac{1}{2^{\frac{n}{2}}\Gamma\left(\frac{n}{2}\right)}.$$

将此式代入式(6.2.12)即得自由度为 n 的 χ^2 分布密度函数(图 6.2.1)为

$$\chi^2(x;n)=\begin{cases}\dfrac{1}{2^{\frac{n}{2}}\Gamma\left(\frac{n}{2}\right)}x^{\frac{n}{2}-1}\mathrm{e}^{-\frac{x}{2}}, & x\geqslant 0;\\ 0, & x<0.\end{cases}$$

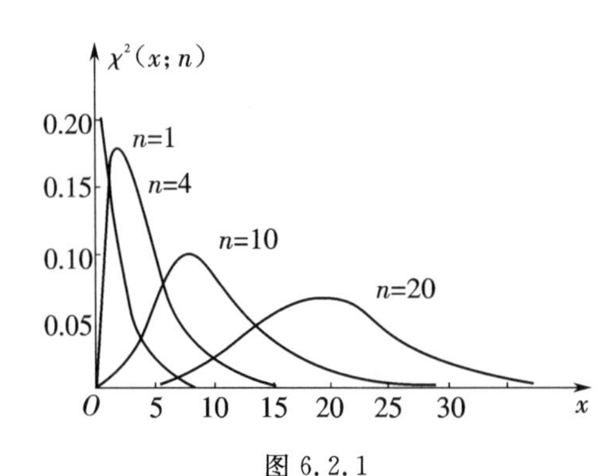

图 6.2.1

推论 6.2.1 设$(X_1,X_2,\cdots,X_n)$为来自正态总体 $N(\mu,\sigma^2)$的样本,则

$$\chi^2=\frac{1}{\sigma^2}\sum_{i=1}^{n}(X_i-\mu)^2\sim\chi^2(n). \tag{6.2.13}$$

证明 令 $Y_i=\dfrac{X_i-\mu}{\sigma}$,$i=1,2,\cdots,n$,则

$$\chi^2=\frac{1}{\sigma^2}\sum_{i=1}^{n}(X_i-\mu)^2=\sum_{i=1}^{n}Y_i^2.$$

因 $X_i\sim N(\mu,\sigma^2)$,故 $Y_i\sim N(0,1)$,且 $Y_1,Y_2,\cdots,Y_n$ 相互独立. 由定义 6.2.4 即得证.

在 χ^2 分布中有一个参数 n,图 6.2.1 给出了当 $n=1,4,10,20$ 时 χ^2 分布的密度函数曲线.

性质 6.2.1 设 $\chi^2\sim\chi^2(n)$,则

$$E(\chi^2)=n,$$
$$D(\chi^2)=2n. \tag{6.2.14}$$

证明 由于 $X_i\sim N(0,1)$,即 $E(X_i)=0$,$D(X_i)=1$,故

$$E(X_i^2)=E[X_i-E(X_i)]^2=D(X_i)=1,i=1,2,\cdots,n.$$

又因为 $$E(X_i^4)=\frac{1}{\sqrt{2\pi}}\int_{-\infty}^{+\infty}x^4\mathrm{e}^{-\frac{x^2}{2}}\mathrm{d}x=3,$$

所以 $$D(X_i^2)=E(X_i^4)-[E(X_i^2)]^2=3-1=2.$$

因此

$$E(\chi^2)=E(\sum_{i=1}^{n} X_i^2)=\sum_{i=1}^{n} E(X_i^2)=n.$$

由于 $X_1,X_2,\cdots,X_n$ 相互独立，所以 $X_1^2,X_2^2,\cdots,X_n^2$ 也相互独立，于是

$$D(\chi^2)=D(\sum_{i=1}^{n} X_i^2)=\sum_{i=1}^{n} D(X_i^2)=2n.$$

性质 6.2.2　设 $\chi_1^2\sim\chi^2(n_1)$，$\chi_2^2\sim\chi^2(n_2)$，且 χ_1^2 和 χ_2^2 相互独立，则

$$\chi_1^2+\chi_2^2\sim\chi^2(n_1+n_2).$$

这个性质叫作 χ^2 分布的可加性，利用卷积公式可以证明此性质，证明从略.

性质 6.2.2 可以推广到更一般的情形. 若 $\chi_i^2\sim\chi^2(n_i)$，且 χ_i^2 相互独立，$i=1,2,\cdots,n$，则

$$\sum_{i=1}^{n}\chi_i^2\sim\chi^2(\sum_{i=1}^{n} n_i).$$

6.2.4.2　t **分布**

定义 6.2.5　设随机变量 $X\sim N(0,1)$，$Y\sim\chi^2(n)$，且 X,Y 相互独立，则称随机变量

$$T=\frac{X}{\sqrt{Y/n}} \tag{6.2.15}$$

服从自由度为 n 的 t 分布，记作 $T\sim t(n)$。

t 分布是 1908 年 William S. Gosset 以笔名 Student 提出来的，因此也称为学生分布。注意：如果 $T\sim t(n)$，则 $-T$ 也服从自由度为 n 的 t 分布.

定理 6.2.2　$t(n)$分布的概率密度为

$$t(x;n)=\frac{\Gamma\left(\frac{n+1}{2}\right)}{\Gamma\left(\frac{n}{2}\right)\sqrt{n\pi}}\left(1+\frac{x^2}{n}\right)^{-\frac{n+1}{2}}\quad x\in(-\infty,+\infty). \tag{6.2.16}$$

证明　记 $F(x)=P\{T\leqslant x\}$，只需证明 $F'(x)=t(x;n)$. 下面先求 $F(x)$. 因为 X,Y 的分布密度分别为$\frac{1}{\sqrt{2\pi}}\mathrm{e}^{-\frac{u^2}{2}}$和 $\chi^2(v;n)$，又因 X 与 Y 相互独立，故 X,Y 的联合分布密度为

$$\frac{1}{\sqrt{2\pi}2^{\frac{n}{2}}\Gamma\left(\frac{n}{2}\right)}\mathrm{e}^{-\frac{u^2}{2}}v^{\frac{n}{2}-1}\mathrm{e}^{-\frac{v}{2}}\qquad(v\geqslant 0).$$

于是

$$P\left\{\frac{X}{\sqrt{Y/n}}\leqslant x\right\}=P\left\{\frac{X}{\sqrt{Y}}\leqslant\frac{x}{\sqrt{n}}\right\}$$
$$=\iint\limits_{\frac{u}{\sqrt{v}}\leqslant\frac{x}{\sqrt{n}}}\frac{1}{\sqrt{2\pi}2^{\frac{n}{2}}\Gamma\left(\frac{n}{2}\right)}\mathrm{e}^{-\frac{u^2}{2}}v^{\frac{n}{2}-1}\mathrm{e}^{-\frac{v}{2}}\mathrm{d}u\mathrm{d}v,$$

作变量替换 $u=\sqrt{r}t$，$v=r$，可算出雅可比行列式

$$\mathrm{J}\left(\frac{u,v}{r,t}\right)=\begin{vmatrix}\frac{\partial u}{\partial r} & \frac{\partial u}{\partial t}\\ \frac{\partial v}{\partial r} & \frac{\partial v}{\partial t}\end{vmatrix}=\begin{vmatrix}\frac{t}{2\sqrt{r}} & \sqrt{r}\\ 1 & 0\end{vmatrix}=-\sqrt{r}.$$

于是

$$P\left(\frac{X}{\sqrt{Y/n}}\leqslant x\right)=\iint\limits_{\substack{t\leqslant\frac{x}{\sqrt{n}}\\ r>0}}\frac{1}{\sqrt{2\pi}\,2^{\frac{n}{2}}\Gamma\left(\frac{n}{2}\right)}r^{\frac{n-1}{2}}\mathrm{e}^{-\frac{1}{2}(1+t^2)r}\mathrm{d}r\mathrm{d}t$$

$$=\int_{-\infty}^{\frac{x}{\sqrt{n}}}\frac{\mathrm{d}t}{\sqrt{\pi}\,\Gamma\left(\frac{n}{2}\right)}\int_0^{+\infty}\left(\frac{r}{2}\right)^{\frac{n-1}{2}}\mathrm{e}^{-\frac{1}{2}(1+t^2)r}\frac{1}{2}\mathrm{d}r.$$

令 $w=\frac{1}{2}(1+t^2)r$，则

$$\int_0^{+\infty}\left(\frac{r}{2}\right)^{\frac{n-1}{2}}\mathrm{e}^{-\frac{1}{2}(1+t^2)r}\frac{1}{2}\mathrm{d}r=\frac{1}{(1+t^2)^{\frac{n+1}{2}}}\int_0^{+\infty}w^{\frac{n+1}{2}-1}\mathrm{e}^{-w}\mathrm{d}w$$

$$=\frac{1}{(1+t^2)^{\frac{n+1}{2}}}\Gamma\left(\frac{n+1}{2}\right),$$

因此

$$P\left(\frac{X}{\sqrt{Y/n}}\leqslant x\right)=\int_{-\infty}^{\frac{x}{\sqrt{n}}}\frac{\Gamma\left(\frac{n+1}{2}\right)}{\sqrt{\pi}\,\Gamma\left(\frac{n}{2}\right)(1+t^2)^{\frac{n+1}{2}}}\mathrm{d}t$$

$$=\int_{-\infty}^{x}\frac{\Gamma\left(\frac{n+1}{2}\right)}{\sqrt{n\pi}\,\Gamma\left(\frac{n}{2}\right)}\left(1+\frac{t^2}{n}\right)^{-\frac{n+1}{2}}\mathrm{d}t,$$

故 T 有形如式(6.2.16)的分布密度.

推论 6.2.2 设 $X\sim N(\mu,\sigma^2)$，$Y/\sigma^2\sim\chi^2(n)$，且 X,Y 相互独立，则

$$T=\frac{X-\mu}{\sqrt{\frac{Y}{n}}}\sim t(n). \tag{6.2.17}$$

由式(6.2.16)可见，t 分布的密度函数 $t(x;n)$ 关于 $x=0$（y 轴）对称，且 $\lim\limits_{|x|\to\infty}t(x;n)=0$，同时

$$\lim_{n\to\infty}\left(1+\frac{x^2}{n}\right)^{-\frac{n+1}{2}}=\mathrm{e}^{-\frac{x^2}{2}},\quad \lim_{n\to\infty}\frac{\Gamma\left(\frac{n+1}{2}\right)}{\Gamma\left(\frac{n}{2}\right)\sqrt{n\pi}}=\frac{1}{\sqrt{2\pi}},$$

可见当 $n\to\infty$ 时，t 分布趋于标准正态分布，一般来说，当 $n>30$ 时，t 分布与正态分布 $N(0,1)$ 就非常接近了. 但对较小的 n 值，t 分布与正态分布之间有较大差异，且 $P\{|T|\geqslant t_0\}\geqslant P\{|X|\geqslant t_0\}$，其中 $X\sim N(0,1)$，即在 t 分布的尾部比在标准正态分布的尾部有着更大的概率. 图 6.2.2 给出了 $n=1,5,10,\infty$ 时 $t(n)$ 分布的密度函数图像.

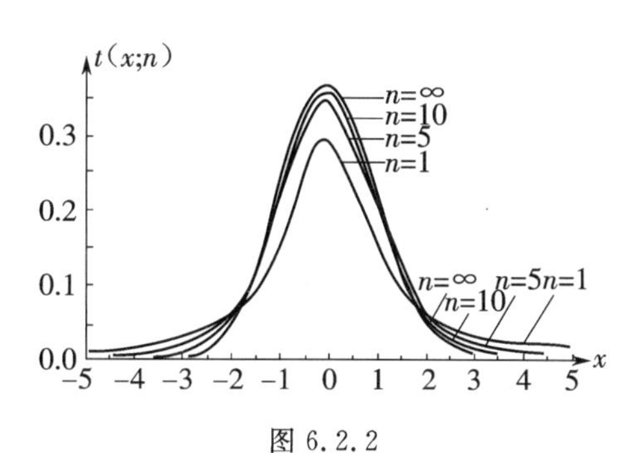

图 6.2.2

6.2.4.3　F 分布

定义 6.2.6　设 $X\sim\chi^2(m)$，$Y\sim\chi^2(n)$，且 X 与 Y 相互独立，则称随机变量

$$F=\frac{X/m}{Y/n} \tag{6.2.18}$$

所服从的分布为自由度是 (m,n) 的 F 分布，记为 $F\sim F(m,n)$，其中 m 称为第一自由度，n 称为第二自由度.

定理 6.2.3　$F(m,n)$ 分布的概率密度函数为

$$f(x;m,n)=\begin{cases}\dfrac{\Gamma\left(\dfrac{m+n}{2}\right)}{\Gamma\left(\dfrac{m}{2}\right)\Gamma\left(\dfrac{n}{2}\right)}\left(\dfrac{m}{n}\right)\left(\dfrac{m}{n}x\right)^{\frac{m}{2}-1}\left(1+\dfrac{m}{n}x\right)^{-\frac{m+n}{2}}, & x>0,\\ 0, & x\leqslant 0.\end{cases} \tag{6.2.19}$$

证明　令 $F(x)=P(F\leqslant x)$，只需证明

$$F(x)=\int_{-\infty}^{x}f(x;m,n)\mathrm{d}x.$$

下面直接计算 $F(x)$. 显然 $x\leqslant 0$ 时 $F(x)=0$，从而 $f(x;m,n)=0$. 现在考虑 $x>0$ 的情形. 由于 X 与 Y 的密度函数分别为 $\chi^2(u;m)$，$\chi^2(v;n)$. 且 X,Y 相互独立，故它们的联合分布密度为 $\chi^2(u;m)\cdot\chi^2(v;n)$，于是

$$P\{F\leqslant x\}=P\left\{\frac{X/m}{Y/n}\leqslant x\right\}=P\left\{\frac{X}{Y}\leqslant\frac{m}{n}x\right\}$$

$$=\iint\limits_{\substack{\frac{u}{v}\leqslant\frac{m}{n}x\\ u>0\\ v>0}}\frac{1}{2^{\frac{m}{2}}\Gamma\left(\frac{m}{2}\right)}\mathrm{e}^{-\frac{u}{2}}u^{\frac{m}{2}-1}\frac{1}{2^{\frac{n}{2}}\Gamma\left(\frac{n}{2}\right)}\mathrm{e}^{-\frac{v}{2}}v^{\frac{n}{2}-1}\mathrm{d}u\mathrm{d}v,$$

作变量替换 $u=st$，$v=s$，易知雅可比行列式为

$$J\left(\frac{u,v}{s,t}\right)=\begin{vmatrix}t & s\\ 1 & 0\end{vmatrix}=-s.$$

于是　$$P\{F\leqslant x\}=\iint\limits_{\substack{0<t\leqslant\frac{m}{n}x\\ s>0}}\frac{\mathrm{e}^{-\frac{s}{2}(1+t)}s^{\frac{m+n}{2}-2}}{2^{\frac{m+n}{2}}\Gamma\left(\frac{m}{2}\right)\Gamma\left(\frac{n}{2}\right)}t^{\frac{m}{2}-1}|J|\mathrm{d}s\mathrm{d}t$$

$$=\int_0^{\frac{m}{n}x}\frac{t^{\frac{m}{2}-1}}{2^{\frac{m+n}{2}}\Gamma\left(\frac{m}{2}\right)\cdot\Gamma\left(\frac{n}{2}\right)}\mathrm{d}t\int_0^{+\infty}s^{\frac{m+n}{2}-1}\mathrm{e}^{-\frac{1}{2}(1+t)s}\mathrm{d}s.$$

令 $w=\frac{1}{2}(1+t)s$，则有

$$\int_0^{+\infty} s^{\frac{m+n}{2}-1}\mathrm{e}^{-\frac{1}{2}(1+t)s}\mathrm{d}s=\left(\frac{1+t}{2}\right)^{-\frac{m+n}{2}}\int_0^{\infty} w^{\frac{m+n}{2}-1}\mathrm{e}^{-w}\mathrm{d}w$$

$$=2^{\frac{m+n}{2}}(1+t)^{-\frac{m+n}{2}}\Gamma\left(\frac{m+n}{2}\right),$$

故

$$F(x)=\int_0^{\frac{m}{n}x}\frac{\Gamma\left(\frac{m+n}{2}\right)}{\Gamma\left(\frac{m}{2}\right)\Gamma\left(\frac{n}{2}\right)}t^{\frac{m}{2}-1}(1+t)^{-\frac{m+n}{2}}\mathrm{d}t$$

$$=\int_0^{x}\frac{\Gamma\left(\frac{m+n}{2}\right)}{\Gamma\left(\frac{m}{2}\right)\Gamma\left(\frac{n}{2}\right)}\left(\frac{m}{n}z\right)^{\frac{m}{2}-1}\left(1+\frac{m}{n}z\right)^{-\frac{m+n}{2}}\cdot\frac{m}{n}\mathrm{d}z$$

$$=\int_0^{x} f(z;m,n)\mathrm{d}z.$$

推论 6.2.3 若 $X\sim F(m,n)$分布，则$\frac{1}{X}\sim F(n,m)$分布. (6.2.20)

性质 6.2.3 若 $T\sim t(n)$，则 $T^2\sim F(1,n)$分布.

图 6.2.3 给出了 F 分布的密度函数图像.

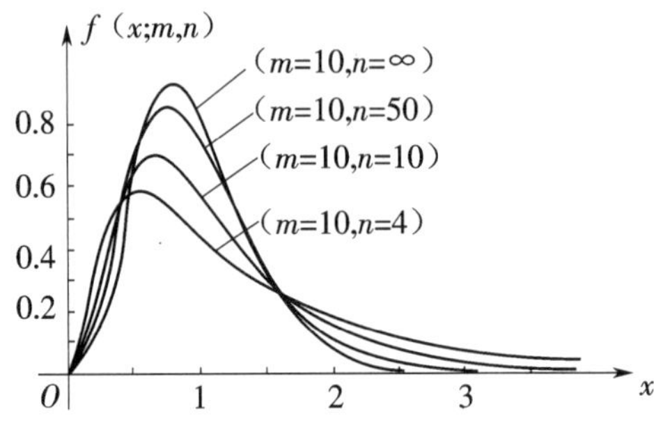

图 6.2.3

例 6.2.2 设 X_1,X_2,X_3,X_4 是来自正态总体 $N(1,2^2)$的样本，令 $Y=a(X_1-X_2)^2-b(X_3-X_4)^2$，若 Y 服从 χ^2 分布，求常数 a,b.

解 因为 $X_i\sim N(1,2^2)$，$i=1,2,3,4$，所以

$$X_1-X_2\sim N(0,8),\ X_3-X_4\sim N(0,8).$$

因此，$\frac{X_1-X_2}{2\sqrt{2}}\sim N(0,1)$，$\frac{X_3\sim X_4}{2\sqrt{2}}\sim N(0,1)$.

又因为 X_1,X_2,X_3,X_4 相互独立，所以$\frac{X_1-X_2}{2\sqrt{2}}$与$\frac{X_3-X_4}{2\sqrt{2}}$相互独立，且有

$$\left[\frac{X_1-X_2}{2\sqrt{2}}\right]^2+\left[\frac{X_3-X_4}{2\sqrt{2}}\right]^2=\frac{1}{8}(X_1-X_2)^2+\frac{1}{8}(X_3-X_4)^2\sim\chi^2(2).$$

因此，如果 Y 服从 χ^2 分布，则必有 $a=\frac{1}{8}$，$b=-\frac{1}{8}$.

例 6.2.3　设 X_1,X_2,X_3,X_4,X_5 是来自标准正态总体 $N(0,1)$ 的样本,令 $T=\dfrac{c(X_1+X_2)}{\sqrt{X_3^2+X_4^2+X_5^2}}$,求常数 c 使 T 服从 t 分布.

解　因为 $X_i\sim N(0,1),i=1,2,3,4,5$,故 $X_1+X_2\sim N(0,2)$,即 $\pm\dfrac{X_1+X_2}{\sqrt{2}}\sim N(0,1)$,且有 $X_3^2+X_4^2+X_5^2\sim\chi^2(3)$.

又因为 X_1,X_2,X_3,X_4 相互独立,所以 $\dfrac{X_1+X_2}{\sqrt{2}}$ 与 $X_3^2+X_4^2+X_5^2$ 相互独立,且由 t 分布的定义有

$$\frac{\pm(X_1+X_2)/\sqrt{2}}{\sqrt{(X_3^2+X_4^2+X_5^2)/3}}=\pm\sqrt{\frac{3}{2}}\frac{X_1+X_2}{\sqrt{X_3^2+X_4^2+X_5^2}}\sim t(3),$$

因此,如果 Y 服从 χ^2 分布,则必有 $c=\pm\sqrt{\dfrac{3}{2}}$.

例 6.2.4　设 $X_1,X_2,\cdots,X_{20}$ 是来自正态总体 $N(0,2^2)$ 的样本,试求常数 c,使得统计量 $\dfrac{c(X_1^2+X_2^2+\cdots+X_5^2)}{\sqrt{X_6^2+X_7^2+\cdots+X_{20}^2}}$ 服从 F 分布,并求其自由度.

解　因为 $X_i\sim N(0,2^2),i=1,2,\cdots,20$,所以

$$\frac{X_i}{2}\sim N(0,1),\frac{1}{4}(X_1^2+X_2^2+\cdots+X_5^2)\sim\chi^2(5),$$

$$\frac{1}{4}(X_6^2+X_7^2+\cdots+X_{20}^2)\sim\chi^2(15).$$

又因为 $X_1,X_2,\cdots,X_{20}$ 相互独立,所以 $\dfrac{1}{4}(X_1^2+X_2^2+\cdots+X_5^2)$ 与 $\dfrac{1}{4}(X_6^2+X_7^2+\cdots+X_{20}^2)$ 相互独立.由 F 分布的定义有:

$$\frac{\frac{1}{4}(X_1^2+X_2^2+\cdots+X_5^2)/5}{\frac{1}{4}(X_6^2+X_7^2+\cdots+X_{20}^2)/15}=\frac{3(X_1^2+X_2^2+\cdots+X_5^2)}{X_6^2+X_7^2+\cdots+X_{20}^2}\sim F(5,15),$$

因此,所求常数 $c=3$,F 分布的自由度分别为 5,15.

6.2.5　分位数

定义 6.2.7　设对给定随机变量 X 和常数 $\alpha\in(0,1)$,若存在常数 x_α 满足 $P\{X\leqslant x_\alpha\}=\alpha$,则称 x_α 为随机变量 X(或 X 的概率分布)的 α 分位数.

例如,设 $X\sim N(0,1)$,则标准正态分布的 α 分位数记为 u_α,满足 $P\{X\leqslant u_\alpha\}=\Phi(u_\alpha)=\alpha$.由于标准正态分布是对称分布,所以有

$$P\{X\leqslant -u_{1-\alpha}\}=\Phi(-u_{1-\alpha})=1-\Phi(u_{1-\alpha})=1-(1-\alpha)=\alpha,$$

因此

$$u_\alpha=-u_{1-\alpha}\text{(如图 6.2.4)}.\tag{6.2.21}$$

标准正态分布的 α 分位数 u_α 可查附表,如 $u_{0.95}=1.645,u_{0.975}=1.96$ 等.同理,由于 t 分

布也是对称分布,所以自由度为 n 的 t 分布的 α 分位数,记为 $t_\alpha(n)$,满足

$$t_\alpha(n)=-t_{1-\alpha}(n)\text{(如图 6.2.5)}. \tag{6.2.22}$$

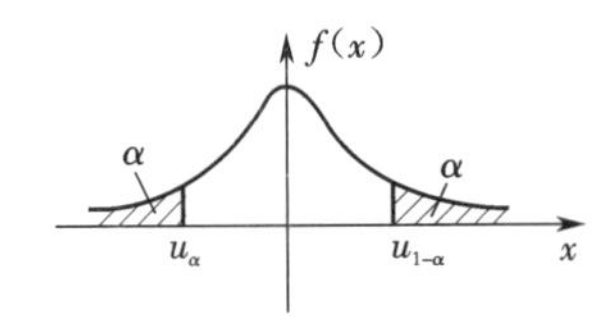

图 6.2.4

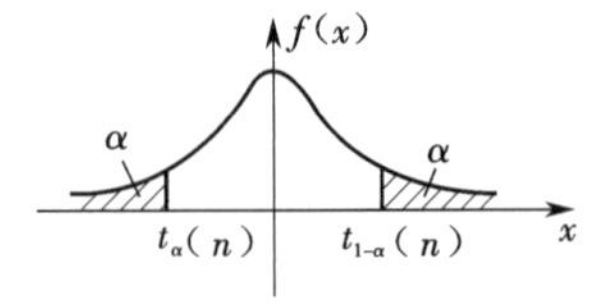

图 6.2.5

自由度为 n 的 χ^2 分布的 α 分位数记为 $\chi^2_\alpha(n)$,即 $\chi^2_\alpha(n)$满足

$$\int_0^{\chi^2_\alpha(n)}\frac{1}{2^{\frac{n}{2}}\Gamma\left(\frac{n}{2}\right)}x^{\frac{n}{2}-1}\mathrm{e}^{-\frac{x}{2}}\mathrm{d}x=\alpha.$$

设 $F\sim F(m,n)$,其 α 分位数记为 $F_\alpha(m,n)$. 则有 $P\{F\leqslant F_\alpha(m,n)\}=\alpha$. 因为$\frac{1}{F}\sim F(n,m)$,所以

$$P\left\{\frac{1}{F}\leqslant F_{1-\alpha}(n,m)\right\}=1-\alpha.$$

又因为

$$P\left\{\frac{1}{F}\leqslant F_{1-\alpha}(n,m)\right\}=P\left\{F>\frac{1}{F_{1-\alpha}(n,m)}\right\}=1-P\left\{F\leqslant\frac{1}{F_{1-\alpha}(n,m)}\right\},$$

因此 $$P\left\{F\leqslant\frac{1}{F_{1-\alpha}(n,m)}\right\}=1-P\left\{\frac{1}{F}\leqslant F_{1-\alpha}(n,m)\right\}=1-(1-\alpha)=\alpha.$$

故由连续随机变量分位数的唯一性有

$$F_\alpha(m,n)=\frac{1}{F_{1-\alpha}(n,m)}. \tag{6.2.23}$$

分位数还有如下的另外两种表示方法.

定义 6.2.8 设对给定随机变量 X 和常数 $\alpha\in(0,1)$,若存在常数 λ 满足 $P\{X>\lambda\}=\alpha$,则称 λ 为随机变量 X(或 X 的概率分布)的上侧 α 分位数.

显然随机变量 X 的 α 上侧分位数等于其 $1-\alpha$ 分位数. 例如,设 $X\sim N(0,1)$,λ 满足 $P\{X>\lambda\}=0.025$,即 λ 为标准正态分布的上侧 0.025 分位数. 又因为 $P\{X\leqslant\lambda\}=1-P\{X>\lambda\}=1-0.025=0.975$,所以 λ 也为标准正态分布的 0.975 分位数.

定义 6.2.9 设对给定随机变量 X 和常数 $\alpha\in(0,1)$,若存在常数 λ_1,λ_2 使得$P\{X\leqslant\lambda_1\}=P\{X>\lambda_2\}=\frac{\alpha}{2}$,则称 λ_1,λ_2 为 X 的双侧 α 分位数.

显然 λ_1 为 X 的$\frac{\alpha}{2}$分位数,λ_2 为 X 的上侧$\frac{\alpha}{2}$分位数.

例如,$X\sim F(n_1,n_2)$,求 λ_1 和 λ_2 使

$$P\{X\leqslant\lambda_1\}=0.025,P\{X>\lambda_2\}=0.025,$$

则

$$\lambda_1=F_{0.025}(n_1,n_2),\quad \lambda_2=F_{0.975}(n_1,n_2).$$

其示意图见图 6.2.6.

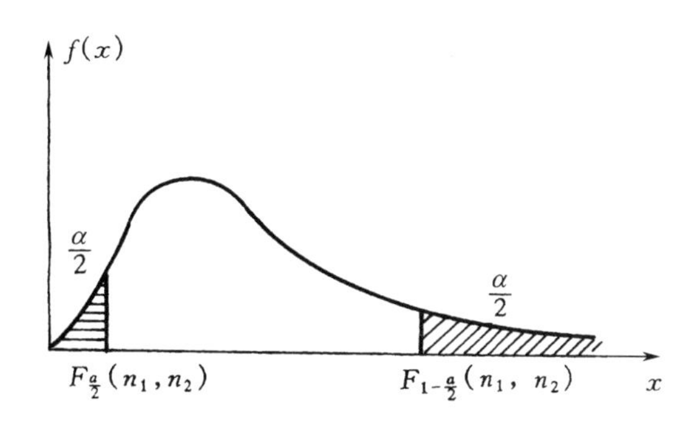

图 6.2.6

6.2.6 抽样分布

由于统计量都是随机变量,它应有确定的概率分布.统计量的分布称为**抽样分布**(sampling distribution).

在实际问题中,用正态随机变量刻画的随机现象是比较普遍的,因此正态样本统计量在数理统计中占有重要的地位.下面我们讨论几个重要正态样本统计量的分布.

定理 6.2.4 设 $X_1,X_2,\cdots,X_n$ 是来自正态总体 $N(\mu,\sigma^2)$ 的一个样本,统计量 U 是样本的任一确定的线性函数

$$U=\sum_{i=1}^{n}a_iX_i,$$

则 U 也是正态随机变量,且

$$E(U)=\mu\sum_{i=1}^{n}a_i, \tag{6.2.24}$$

$$D(U)=\sigma^2\sum_{i=1}^{n}a_i^2, \tag{6.2.25}$$

即

$$U\sim N\left(\mu\sum_{i=1}^{n}a_i,\sigma^2\sum_{i=1}^{n}a_i^2\right).$$

特别地,对样本均值 $\overline{X}=\frac{1}{n}\sum_{i=1}^{n}X_i$,有

$$\overline{X}\sim N\left(\mu,\frac{\sigma^2}{n}\right). \tag{6.2.26}$$

由式(6.2.26)可知 $E(\overline{X})$ 与总体均值相同,但方差 $D(\overline{X})$ 只等于总体方差的$1/n$,因此 n 越大,$\overline{X}$ 越向总体均值 μ 集中.

定理 6.2.5 [①]设 $X_1,X_2,\cdots,X_n$ 是来自正态总体 $N(\mu,\sigma^2)$ 的一个样本,则样本方差

① 此定理的证明要用到较多的线性代数知识,故证明从略,读者可参考严士健《概率论与数理统计基础》或华东师范大学编《概率论与数理统计教程》.

$$S^2=\frac{1}{n-1}\sum_{i=1}^{n}(X_i-\overline{X})^2 \tag{6.2.27}$$

与样本均值 $\overline{X}$ 相互独立，且

$$\frac{(n-1)S^2}{\sigma^2}\sim\chi^2(n-1). \tag{6.2.28}$$

定理 6.2.6 设 $X_1,X_2,\cdots,X_n$ 是来自正态总体 $N(\mu,\sigma^2)$ 的一个样本，则

$$\frac{(\overline{X}-\mu)\sqrt{n}}{S}\sim t(n-1). \tag{6.2.29}$$

证明 因为 $\overline{X}\sim N(\mu,\sigma^2/n)$， 所以

$$\frac{\overline{X}-\mu}{\sigma/\sqrt{n}}\sim N(0,1).$$

又 $$\frac{(n-1)S^2}{\sigma^2}\sim\chi^2(n-1),$$

并且由于 $\overline{X}$ 与 S^2 相互独立，因此 $\frac{\overline{X}-\mu}{\sigma/\sqrt{n}}$ 与 $\frac{(n-1)}{\sigma^2}S^2$ 相互独立，从而

$$\frac{\frac{\overline{X}-\mu}{\sigma/\sqrt{n}}}{\sqrt{\frac{(n-1)}{\sigma^2}S^2/(n-1)}}=\frac{(\overline{X}-\mu)\sqrt{n}}{S}\sim t(n-1).$$

定理 6.2.7 设 $X_1,X_2,\cdots,X_{n_1}$ 和 $Y_1,Y_2,\cdots,Y_{n_2}$ 分别是来自正态总体 $N(\mu_1,\sigma^2)$ 和 $N(\mu_2,\sigma^2)$ 的样本，它们相互独立，则

$$\frac{(\overline{X}-\overline{Y})-(\mu_1-\mu_2)}{\sqrt{(n_1-1)S_1^2+(n_2-1)S_2^2}}\sqrt{\frac{n_1n_2(n_1+n_2-2)}{n_1+n_2}}\sim t(n_1+n_2-2), \tag{6.2.30}$$

其中

$$\overline{X}=\frac{1}{n_1}\sum_{i=1}^{n_1}Y_1,\quad S_1^2=\frac{1}{n_1-1}\sum_{i=1}^{n_1}(X_i-\overline{X})^2,$$

$$\overline{Y}=\frac{1}{n_2}\sum_{i=1}^{n_2}Y_i,\quad S_2^2=\frac{1}{n_2-1}\sum_{i=1}^{n_2}(Y_i-\overline{Y})^2.$$

证明 易知

$$\overline{X}-\overline{Y}\sim N\left(\mu_1-\mu_2,\frac{\sigma^2}{n_1}+\frac{\sigma^2}{n_2}\right),$$

从而 $$\frac{(\overline{X}-\overline{Y})-(\mu_1-\mu_2)}{\sigma\sqrt{\frac{1}{n_1}+\frac{1}{n_2}}}\sim N(0,1),$$

由已知条件知

$$\frac{(n_1-1)}{\sigma^2}S_1^2\sim\chi^2(n_1-1),\quad \frac{(n_2-1)}{\sigma^2}S_2^2\sim\chi^2(n_2-1),$$

并且它们相互独立，故由 χ^2 分布的可加性知

$$\frac{(n_1-1)}{\sigma^2}S_1^2+\frac{(n_2-1)}{\sigma^2}S_2^2\sim\chi^2(n_1+n_2-2),$$

从而按 t 分布的定义得

$$\frac{\dfrac{(\overline{X}-\overline{Y})-(\mu_1-\mu_2)}{\sigma\sqrt{\dfrac{1}{n_1}+\dfrac{1}{n_2}}}}{\sqrt{\dfrac{\dfrac{(n_1-1)S_1^2}{\sigma^2}+\dfrac{(n_2-1)S_2^2}{\sigma^2}}{n_1+n_2-2}}}$$

$$=\frac{(\overline{X}-\overline{Y})-(\mu_1-\mu_2)}{\sqrt{(n_1-1)S_1^2+(n_2-1)S_2^2}}\sqrt{\frac{n_1n_2(n_1+n_2-2)}{n_1+n_2}}\sim t(n_1+n_2-2).$$

定理 6.2.8　设 $X_1,X_2,\cdots,X_{n_1}$ 和 $Y_1,Y_2,\cdots,Y_{n_2}$ 分别是来自正态总体 $N(\mu_1,\sigma_1^2)$ 和 $N(\mu_2,\sigma_2^2)$ 的样本，它们相互独立，则

$$\frac{S_1^2\sigma_2^2}{S_2^2\sigma_1^2}\sim F(n_1-1,n_2-1). \tag{6.2.31}$$

证明　由已知条件知

$$\frac{(n_1-1)S_1^2}{\sigma_1^2}\sim\chi^2(n_1-1),\quad \frac{(n_2-1)S_2^2}{\sigma_2^2}\sim\chi^2(n_2-1)$$

且相互独立. 由 F 分布定义有

$$\frac{\dfrac{(n_1-1)S_1^2}{\sigma_1^2}\Big/(n_1-1)}{\dfrac{(n_2-1)S_2^2}{\sigma_2^2}\Big/(n_2-1)}=\frac{S_1^2\sigma_2^2}{S_2^2\sigma_1^2}\sim F(n_1-1,n_2-1).$$

定理 6.2.4 至定理 6.2.8 是第 7、8 章的理论基础，读者务必熟练掌握.

例 6.2.5　设总体 $X\sim N(\mu,\sigma^2)$，$X_1,X_2,\cdots,X_{2n}$ 是来自总体 X 的样本，其样本均值 $\overline{X}=\dfrac{1}{2n}\sum\limits_{i=1}^{2n}X_i$，求统计量 $\sum\limits_{i=1}^{n}(X_i+X_{n+i}-2\overline{X})^2$ 的数学期望.

解法 1　构造新的容量为 n 的样本 $X_1+X_{n+1},X_2+X_{n+2},\cdots,X_n+X_{2n}$，则易知该样本来自正态总体 $N(2\mu,2\sigma^2)$，且其样本均值为 $\dfrac{1}{n}\sum\limits_{i=1}^{n}(X_i+X_{n+i})=2\overline{X}$. 所以由定理 6.2.5 知

$$\frac{1}{2\sigma^2}\sum_{i=1}^{n}(X_i+X_{n+i}-2\overline{X})^2\sim\chi^2(n-1),$$

因此　$$E\left[\frac{1}{2\sigma^2}\sum_{i=1}^{n}(X_i+X_{n+i}-2\overline{X})^2\right]=n-1,$$

即　$$E\sum_{i=1}^{n}(X_i+X_{n+i}-2\overline{X})^2=2(n-1)\sigma^2.$$

解法 2　因为 $EX_i^2=EX_{n+i}^2=\mu^2+\sigma^2,i=1,2,\cdots,n$,

$$E(X_iX_j)=EX_i\cdot EX_j=\mu^2,i\neq j;i,j=1,2,\cdots,n,$$

$$E(X_i\overline{X})=E(X_{n+i}\overline{X})=\frac{1}{2n}E\Big[X_i^2+\sum_{\substack{j=1\\ i\neq j}}^{2n}(X_iX_j)\Big]=\frac{1}{2n}\Big[EX_i^2+E\sum_{\substack{j=1\\ i\neq j}}^{2n}(X_iX_j)\Big]$$

$$=\frac{1}{2n}[(\mu^2+\sigma^2)+(2n-1)\mu^2]=\mu^2+\frac{\sigma^2}{2n},i=1,2,\cdots,n,$$

$$E(\overline{X}^2)=(E\overline{X})^2+D\overline{X}=\mu^2+\frac{\sigma^2}{2n},$$

所以
$$\begin{aligned}E(X_i+X_{n+i}-2\overline{X})^2&=E(X_i^2+X_{n+i}^2+4\overline{X}^2+2X_iX_{n+i}-4X_i\overline{X}-4X_{n+i}\overline{X})\\&=2(\mu^2+\sigma^2)+4\left(\mu^2+\frac{\sigma^2}{2n}\right)+2\mu^2-8\left(\mu^2+\frac{\sigma^2}{2n}\right)\\&=\frac{2(n-1)\sigma^2}{n}.\end{aligned}$$

因此,

$$E\sum_{i=1}^{n}(X_i+X_{n+i}-2\overline{X})^2=\sum_{i=1}^{n}E(X_i+X_{n+i}-2\overline{X})^2=n\cdot\frac{2(n-1)\sigma^2}{n}=2(n-1)\sigma^2.$$

例 6.2.6 设总体 $X\sim N(\mu,\sigma^2)$,$X_1,X_2,\cdots,X_n$ 是来自总体 X 的样本,

$S^2=\frac{1}{n-1}\sum_{i=1}^{n}(X_i-\overline{X})^2$,其中 $\overline{X}=\frac{1}{n}\sum_{i=1}^{n}X_i$,试求 $D(S^2)$.

解 由定理 6.2.5 知,$\frac{(n-1)S^2}{\sigma^2}\sim\chi^2(n-1)$. 所以 $D\left[\frac{(n-1)S^2}{\sigma^2}\right]=2(n-1)$,即

$$\left[\frac{(n-1)}{\sigma^2}\right]^2D[S^2]=2(n-1),\quad D(S^2)=\frac{\sigma^4}{2(n-1)}.$$

例 6.2.7 设总体 $X\sim N(\mu,\sigma^2)$,$X_1,X_2,\cdots,X_n,X_{n+1}$ 是来自总体 X 的样本,其样本 $\overline{X}_n=\frac{1}{n}\sum_{i=1}^{n}X_i$,$S_n^2=\frac{1}{n-1}\sum_{i=1}^{n}(X_i-\overline{X}_n)^2$. 试确定常数 a,使得统计量 $T=\frac{a(X_{n+1}-\overline{X}_n)}{S_n}$ 服从 t 分布,并求其自由度.

解 因为 $\overline{X}_n\sim N\left(\mu,\frac{\sigma^2}{n}\right)$,$X_{n+1}\sim N(\mu,\sigma^2)$,且 $\overline{X}_n$ 与 X_{n+1} 相互独立,所以

$$\pm(\overline{X}_n-X_{n+1})\sim N\left(0,\frac{n+1}{n}\sigma^2\right).$$

故有 $\frac{\overline{X}_n-X_{n+1}}{\sigma\sqrt{(n+1)/n}}\sim N(0,1)$. 又由定理 6.2.5 知 $\frac{(n-1)S_n^2}{\sigma^2}\sim\chi^2(n-1)$,所以由 t 分布的定义可得

$$\pm\frac{\overline{X}_n-X_{n+1}}{\sigma\sqrt{(n+1)/n}}\Bigg/\sqrt{\frac{(n-1)S_n^2}{\sigma^2(n-1)}}=\pm\frac{\overline{X}_n-X_{n+1}}{S_n}\sqrt{\frac{n}{n+1}}\sim\chi^2(n-1).$$

因此当 $a=\pm\sqrt{\frac{n}{n+1}}$,随机变量 $T=\frac{a(X_{n+1}-\overline{X}_n)}{S_n}$ 服从自由度为 $n-1$ 的 t 分布.

习 题

1. 填空题.

(1) 设总体 X 服从标准正态分布,$X_1,X_2,\cdots,X_6$ 是来自总体 X 的一个样本,令 $Y=(X_1+X_2+X_3)^2+(X_4+X_5+X_6)^2$,则当 $C=$______时,CY 服从 χ^2 分布.

(2)设 $X_1,X_2,\cdots,X_n$ 是来自正态总体 $N(\mu,\sigma^2)$的样本,记

$Y_1=(X_1+X_2+\cdots+X_6)/6$,$Y_2=(X_7+X_8+X_9)/3$,

$$S^2=\frac{1}{2}\sum_{i=7}^{9}(X_i-Y_2)^2, Z=\sqrt{2}(Y_1-Y_2)/S,$$

Z 服从______分布，自由度为______.

(3)设 X_1,X_2 是从正态总体 $N(0,\sigma^2)$ 中抽取的样本，则统计量 $Y=\frac{(X_1-X_2)^2}{(X_1+X_2)^2}$ 服从______分布，自由度为______.

2. 选择题.

(1) 设 $X\sim N(0,\sigma^2)$，$X_1,X_2,\cdots,X_9$ 是来自总体 X 的样本，则服从 F 分布的统计量是(　　).

(A) $F=\frac{X_1^2+X_2^2+X_3^2}{X_4^2+X_5^2+\cdots+X_9^2}$　　(B) $F=\frac{X_1^2+X_2^2+X_3^2+X_4^2}{X_4^2+X_5^2+X_6^2+X_7^2}$

(C) $F=\frac{X_1^2+X_2^2+X_3^2}{2(X_4^2+X_5^2+\cdots+X_9^2)}$　　(D) $F=\frac{2(X_1^2+X_2^2+X_3^2)}{X_4^2+X_5^2+\cdots+X_9^2}$

(2) 设随机变量 $X\sim N(0,1)$，$Y\sim N(0,1)$，则(　　).

(A) $X+Y$ 服从正态分布　　(B) X^2+Y^2 服从 χ^2 分布

(C) $\frac{X^2}{Y^2}$ 服从 F 分布　　(D) X^2 和 Y^2 均服从 χ^2 分布

(3) 设 $X_1,X_2,\cdots,X_n(n\geqslant 2)$ 为来自总体 $N(0,1)$ 的简单随机样本，$\overline{X}$ 为样本均值，S^2 为样本方差，则下列选项正确的是(　　).

(A) $n\overline{X}\sim N(0,1)$　　(B) $nS^2\sim\chi^2(n)$

(C) $\frac{(n-1)\overline{X}}{S}\sim t(n-1)$　　(D) $\frac{(n-1)X_1^2}{\sum_{i=2}^{n}X_i^2}\sim F(1,n-1)$

(4) 设随机变量 X 服从正态分布 $N(0,1)$，对给定的 $\alpha(0<\alpha<1)$，数 u_α 满足 $P\{X>u_\alpha\}=\alpha$，若 $P\{|X|<x\}=\alpha$，则 x 等于(　　).

(A) $u_{\frac{\alpha}{2}}$　　(B) $u_{1-\frac{\alpha}{2}}$　　(C) $u_{\frac{1-\alpha}{2}}$　　(D) $u_{1-\alpha}$

(5)设 $X_1,X_2,\cdots,X_n$ 是来自正态总体 $N(\mu,\sigma^2)$ 的样本，$\overline{X}$ 是样本均值，记

$$S_1^2=\frac{1}{n-1}\sum_{i=1}^{n}(X_i-\overline{X})^2, S_2^2=\frac{1}{n}\sum_{i=1}^{n}(X_i-\overline{X})^2,$$

$$S_3^2=\frac{1}{n-1}\sum_{i=1}^{n}(X_i-\mu)^2, S_4^2=\frac{1}{n}\sum_{i=1}^{n}(X_i-\mu)^2,$$

则服从自由度为 $n-1$ 的 t 分布的随机变量是(　　).

(A) $t=\frac{\overline{X}-\mu}{S_1/\sqrt{n-1}}$　　(B) $t=\frac{\overline{X}-\mu}{S_2/\sqrt{n-1}}$

(C) $t=\frac{\overline{X}-\mu}{S_3/\sqrt{n}}$　　(D) $t=\frac{\overline{X}-\mu}{S_4/\sqrt{n}}$

3. 以下是某工厂通过抽样调查得到的 10 名工人一周内生产的产品数：

149　156　160　138　149　153　153　169　156　156

试由这批数据构造经验分布函数并作图.

4. 设总体 $X\sim N(\mu,\sigma^2)$，其中 μ 已知，而 σ^2 未知，$(X_1,X_2,\cdots,X_n)$ 是总体 X 的一个样本，试问 $X_1+X_2+X_3$，$X_2+2\mu$，$\max(X_1,X_2,\cdots,X_n)$，$\sum\limits_{i=1}^{n}\dfrac{X_i^2}{\sigma^2}$，$\dfrac{X_3-X_1}{2}$ 之中哪些是统计量？哪些不是统计量？为什么？

5. 在总体 $X\sim N(52,6.3^2)$ 中，随机抽取一容量为 36 的样本，求样本均值 $\overline{X}$ 落在 50.8 到 53.8 之间的概率.

6. 在总体 $X\sim N(80,20^2)$ 中随机抽取一容量为 100 的样本，问样本均值与总体均值的差的绝对值大于 3 的概率是多少？

7. 设 $(X_1,X_2,\cdots,X_{10})$ 为总体 $X\sim N(0,0.3^2)$ 的一个样本，求 $P\left\{\sum\limits_{i=1}^{10}X_i^2>1.44\right\}$.

8. 求总体 $X\sim N(20,3)$ 的容量分别为 10，15 的两个独立样本平均值的差的绝对值大于 0.3 的概率.

9. 试证：

(1) $\sum\limits_{i=1}^{n}(x_i-\overline{x})^2=\sum\limits_{i=1}^{n}(x_i-a)^2-n(\overline{x}-a)^2$，对任意实数 a 成立；

(2) $\sum\limits_{i=1}^{n}(x_i-\overline{x})^2=\sum\limits_{i=1}^{n}x_i^2-n\overline{x}^2$.（提示：用(1)结果）

10. 从正态总体 $X\sim N(a,\sigma^2)$ 中抽取容量 $n=20$ 的样本 $(X_1,X_2,\cdots,X_{20})$，求概率：

(1) $P\left\{0.62\sigma^2\leqslant\dfrac{1}{n}\sum\limits_{i=1}^{n}(X_i-a)^2\leqslant2\sigma^2\right\}$；

(2) $P\left\{0.4\sigma^2\leqslant\dfrac{1}{n}\sum\limits_{i=1}^{n}(X_i-\overline{X})^2\leqslant2\sigma^2\right\}$.

11. 设总体 X 服从泊松分布 $P(\lambda)$，$(X_1,X_2,\cdots,X_n)$ 是其样本，$\overline{X}$，S^2 为样本均值与样本方差，求 $D(\overline{X})$，$E(S^2)$.

12. 设 $X_1,X_2,\cdots,X_m$ 是从正态总体 $N(\mu_1,\sigma^2)$ 中抽取的样本，$Y_1,Y_2,\cdots,Y_n$ 是从正态总体 $N(\mu_2,\sigma^2)$ 中抽取的样本，且两个样本相互独立. $\overline{X}$，$\overline{Y}$ 分别是两个样本的样本均值，S_1^2，S_2^2 分别是两个样本的样本方差，c，d 是任意的常数，证明：

$$T=\frac{c(\overline{X}-\mu_1)+d(\overline{Y}-\mu_2)}{S_w\sqrt{c^2/m+d^2/n}}\sim t(m+n-2).$$

其中 $S_w=\sqrt{[(m-1)S_1^2+(n-1)S_2^2]/(m+n-2)}$.

13. 记 $t_p(n)$，$F_p(m,n)$ 分别为 $t\sim t(n)$ 分布和 $F\sim F(m,n)$ 分布的 p 分位点，证明：

$$[t_{1-\frac{\alpha}{2}}(n)]^2=F_{1-\alpha}(1,n),$$

并用 $\alpha=0.05$，$n=10$ 验证之.

第7章 参数估计

本章主要内容

- ○ 矩估计、极大似然估计方法介绍及应用
- ○ 点估计量的评判标准——无偏性、有效性及一致性
- ○ 单个总体均值、方差的区间估计
- ○ 二个总体均值差、方差比的区间估计
- ○ 单侧置信区间概念介绍

从本章开始,讨论数理统计学的基本问题——统计推断.所谓统计推断就是由样本推断总体.例如,通过对部分产品的检验推断全部产品的质量;通过对某水域采集的若干份水样的分析推断整个水域的水质.由于样本数据的取得带有随机性,因此需要用数理统计的方法进行推断.统计推断是数理统计学的核心部分.统计推断的基本问题可分为两大类:①统计估计问题;②统计假设检验问题.本章讨论总体参数的点估计和区间估计.

参数估计是数理统计的重要内容之一,它是根据样本构造统计量对总体中的未知参数进行估计的一种统计推断方法.另外,在有些实际问题中,由于事先不知道总体 X 的分布类型,但要对总体的某些数字特征(如期望 EX,方差 DX 等)做出估计.一般我们也把这些数字特征称为参数,对它们进行估计也归为参数估计的范畴.

对未知参数的估计按问题的不同性质可以分为点估计和区间估计两大类.本章主要介绍点估计量的求法、点估计量优良性的评价标准及总体均值和方差的区间估计等内容.

7.1 点估计

设总体 X 的分布类型已知,分布函数为 $F(x;\theta)$,其中 θ 为未知参数.我们将直接用于估计 θ 的关于样本的统计量称为估计量,记作 $\hat{\theta}=\hat{\theta}(X_1,X_2,\cdots,X_n)$.如果$(x_1,x_2,\cdots,x_n)$是样本$(X_1,X_2,\cdots,X_n)$的一组样本观测值,代入估计量 $\hat{\theta}(X_1,X_2,\cdots,X_n)$得到一个具体的数值 $\hat{\theta}(x_1,x_2,\cdots,x_n)$,这个数值称为 θ 的一个估计值.在不致引起混淆的情况下,估计量和估计值统称为估计,简记为 $\hat{\theta}$.由于未知参数是数轴上的一个点,用 $\hat{\theta}$ 去估计 θ,相当于用一个点去估计另外一个点,所以这样的估计方法称为**点估计**(point estimation).

显然对不同的样本观测值,所得的未知参数的估计值也不同.因此,点估计问题的关键在于构造估计量的方法.下面介绍点估计常用的两种方法:矩估计法和最大(极大)似然估计法.

7.1.1 矩估计法

矩估计法(moment estimate, estimation by the method of moments)是英国统计学家皮尔逊(K. Pearson)于 1894 年提出的.

矩是描述随机变量最简单的数字特征,它是总体分布中所含参数的函数.如果已知总体的分布类型,则总体分布中一般可以由它的矩完全确定,分布一经确定,则其中的未知参数也就确定了.另一方面,样本来自总体,能反映总体的某些性质,因此样本矩在一定程度上也能反映总体矩的特征.所以,可以用样本矩作为总体矩的一个估计.

矩估计法的具体做法是:设总体 X 为连续型随机变量,其概率密度为 $f(x;\theta_1,\cdots,\theta_k)$,或总体 X 为离散型随机变量,其分布律为 $P\{X=x\}=p(x;\theta_1,\cdots,\theta_k)$,其中 $\theta_1,\cdots,\theta_k$ 为待估参数.假定总体 X 的 k 阶矩存在,则其 r 阶矩

$$\alpha_r=E(X^r)=\int_{-\infty}^{\infty}x^r f(x;\theta_1,\cdots,\theta_k)\mathrm{d}x$$

或

$$\alpha_r=E(X^r)=\sum_x x^r p(x;\theta_1,\cdots,\theta_k)\qquad(r=1,2,\cdots,k)$$

是 $\theta_1,\theta_2,\cdots,\theta_k$ 的函数，即

$$\alpha_r=g_r(\theta_1,\cdots,\theta_k),\quad r=1,2,\cdots,k.$$

另一方面，根据大数定律，样本容量 n 充分大时，α_r 又应接近于样本原点矩 M_r，于是

$$\alpha_r=g_r(\theta_1,\cdots,\theta_k)\approx M_r=\frac{1}{n}\sum_{i=1}^{n}X_i^r,\quad r=1,2,\cdots,k. \tag{7.1.1}$$

将上面的近似式改成等式，就得到方程组

$$g_r(\theta_1,\cdots,\theta_k)=M_r,\quad r=1,2,\cdots,k.$$

解此方程组，得其根

$$\hat{\theta}_r=\hat{\theta}_r(X_1,X_2,\cdots,X_n),\quad r=1,2,\cdots,k.$$

就以上述 $\hat{\theta}_r$ 作为 θ_r 的估计，这样定义的估计量叫作矩估计量.

即有

$$\begin{cases}\dfrac{1}{n}\sum\limits_{i=1}^{n}X_i=\alpha_1(\theta_1,\theta_2,\cdots,\theta_k),\\ \dfrac{1}{n}\sum\limits_{i=1}^{n}X_i^2=\alpha_2(\theta_1,\theta_2,\cdots,\theta_k),\\ \cdots\cdots\\ \dfrac{1}{n}\sum\limits_{i=1}^{n}X_i^k=\alpha_k(\theta_1,\theta_2,\cdots,\theta_k),\end{cases}$$

解上述方程组得 $\hat{\theta}_r=\hat{\theta}_r(X_1,X_2,\cdots,X_n)$，$r=1,2,\cdots,k$. 然后以 $\hat{\theta}_r$ 作为 θ_r 的矩估计量，这种求未知参数估计量的方法称为矩估计法.

例 7.1.1　设总体 X 服从参数为 p 的几何分布，分布律为 $P\{X=k\}=q^{k-1}p$，其中 $q=1-p$，$0<p<1$，$k=1,2,\cdots$，$X_1,X_2,\cdots,X_n$ 是取自总体 X 的一个样本. 求参数 p 的矩估计量.

解　$$EX=\sum_{k=1}^{\infty}kq^{k-1}p=p\sum_{k=1}^{\infty}kq^{k-1}=p\frac{\mathrm{d}}{\mathrm{d}q}\sum_{k=1}^{\infty}q^k=p\frac{\mathrm{d}}{\mathrm{d}q}\left(\frac{q}{1-q}\right)=\frac{p}{(1-q)^2}=\frac{1}{p}.$$

令　$$\frac{1}{n}\sum_{i=1}^{n}X_i=EX=\frac{1}{p}$$

得 p 的矩估计量为 $\hat{p}=\dfrac{1}{\overline{X}}$.

例 7.1.2　设总体 X 在 $[a,b]$ 上服从均匀分布，a,b 未知，$X_1,X_2,\cdots,X_n$ 是总体 X 的一个样本，试求 a,b 的矩估计量.

解　X 的概率密度为

$$f(x;a,b)=\begin{cases}\dfrac{1}{b-a}, & a\leqslant x\leqslant b,\\ 0, & \text{其他}.\end{cases}$$

由

$$E(X)=\int_a^b x\cdot\frac{1}{b-a}\mathrm{d}x=\frac{a+b}{2},$$

$$\begin{aligned}E(X^2)&=D(X)+[E(X)]^2\\&=\int_a^b\left(x-\frac{a+b}{2}\right)^2\frac{1}{b-a}\mathrm{d}x+\frac{(a+b)^2}{4}=\frac{(b-a)^2}{12}+\frac{(a+b)^2}{4},\end{aligned}$$

得方程组

$$\begin{cases}\dfrac{a+b}{2}=\overline{X},\\ \dfrac{(b-a)^2}{12}+\dfrac{(a+b)^2}{4}=\dfrac{1}{n}\sum\limits_{i=1}^{n}X_i^2.\end{cases}$$

解此方程组得 a,b 的矩估计量分别为

$$\hat{a}=\overline{X}-\sqrt{\frac{3}{n}\sum_{i=1}^{n}(X_i-\overline{X})^2},\quad \hat{b}=\overline{X}+\sqrt{\frac{3}{n}\sum_{i=1}^{n}(X_i-\overline{X})^2}.$$

矩估计的优点是直观和便于计算，且不需要事先知道总体的分布．它的缺点是在总体分布类型已知的情况下，没有充分利用总体分布提供的已知信息；且矩估计的精度一般不高．此外，如果总体分布的原点矩不存在时，就不能用矩估计方法来估计总体的未知参数．

7.1.2 最大似然估计法

最大似然估计(maximum likelihood estimate)是求点估计的另一种方法．最早它是由高斯提出，后来费希尔(R. A. Fisher)在 1912 年重新提出，并证明了这个方法的一些性质．最大似然估计这一名称也是费希尔给出的．这是目前仍然得到广泛应用的一种方法．它是建立在最大似然原理基础上的一个统计方法．最大似然原理的直观想法是：一个随机试验有若干个可能的结果 $A,B,C,\cdots$，若在一次试验中结果 A 出现，则一般认为试验条件对 A 的出现有利，即 A 出现的概率最大．下面先看一个简单的例子．

例 7.1.3 设在一个口袋中装有多个白球和黑球，已知两种球的数目之比为1∶3，但不知是黑球多还是白球多．因而从袋中任取 1 球得黑球的概率 p 是$\frac{1}{4}$或$\frac{3}{4}$，现从中有放回地任取球 3 个，试以此来估计 p 究竟是$\frac{1}{4}$还是$\frac{3}{4}$.

解 设有放回地从袋中任取 3 球，其中黑球个数为 X，则 X 服从二项分布

$$P\{X=x\}=C_3^x p^x(1-p)^{3-x},\quad x=0,1,2,3,\tag{7.1.2}$$

对 p 的两个可能值，X 的分布律如下：

X	0	1	2	3
$p=\frac{1}{4}$时 $P\{X=x\}$值	$\frac{27}{64}$	$\frac{27}{64}$	$\frac{9}{64}$	$\frac{1}{64}$
$p=\frac{3}{4}$时 $P\{X=x\}$值	$\frac{1}{64}$	$\frac{9}{64}$	$\frac{27}{64}$	$\frac{27}{64}$

由此可见，若取 3 个球得到 X 的观测值 $x=0$，当 $p=\frac{1}{4}$时，$P\{X=0\}=\frac{27}{64}$；当 $p=\frac{3}{4}$时，$P\{X=0\}=\frac{1}{64}$，显然$\frac{27}{64}\gg\frac{1}{64}$．这表明使 $x=0$ 的样本来自 $p=\frac{1}{4}$的总体的可能性比来自 $p=\frac{3}{4}$的总体的可能性要大．因而取$\frac{1}{4}$作为 p 的估计值比取$\frac{3}{4}$作为 p 的估计值更合理．类似地，若得到 X 的观测值 $x=3$，由于当 $p=\frac{1}{4}$时 $P\{X=3\}=\frac{1}{64}$；当 $p=\frac{3}{4}$时，$P\{X=3\}=\frac{27}{64}$，所以此时

取$\frac{3}{4}$作为p的估计值比取$\frac{1}{4}$作为p的估计值更合理.同样对X的观测值$x=1,2$的情形,p的合理的估计值分别取为$\hat{p}=\frac{1}{4}$与$\hat{p}=\frac{3}{4}$.综上所述,参数p的合理估计应当为

$$\hat{p}=\begin{cases}\frac{1}{4}, & 当\ x=0,1, \\ \frac{3}{4}, & 当\ x=2,3.\end{cases} \tag{7.1.3}$$

上述选取p的估计值$\hat{p}$的原则是:对每个样本观测值,选取$\hat{p}$使得样本观测值出现的概率最大.这种选择使得概率最大的那个$\hat{p}$作为参数p的估计的方法,就是最大似然估计法.这里用到了"概率最大的事件最可能出现"的直观想法.

用同样的思想方法也可以估计连续型总体中的未知参数.

一般地,设总体X为连续型随机变量,具有密度函数$f(x;\theta)$,其中θ是未知参数,需待估计.又设$(x_1,x_2,\cdots,x_n)$是样本$X_1,X_2,\cdots,X_n$的一个观测值,那么样本$X_1,X_2,\cdots,X_n$落在点$(x_1,x_2,\cdots,x_n)$的邻域(边长分别为$dx_1,dx_2,\cdots,dx_n$的n维长方体)内的概率近似地为$\prod_{i=1}^{n} f(x_i;\theta)dx_i$.由此可见,$\theta$的变化影响到$\prod_{i=1}^{n} f(x_i;\theta)dx_i$大小的变化,也就是说概率$\prod_{i=1}^{n} f(x_i;\theta)dx_i$是$\theta$的函数.最大似然原理就是选取使得样本落在观测值$(x_1,x_2,\cdots,x_n)$的邻域里的概率$\prod_{i=1}^{n} f(x_i;\theta)dx_i$达到最大的数值$\hat{\theta}(x_1,x_2,\cdots,x_n)$作为参数$\theta$的估计值.但由于因子$\prod_{i=1}^{n} dx_i$不随$\theta$而变,故只需要考虑对固定的$(x_1,x_2,\cdots,x_n)$选取$\hat{\theta}$使得

$$\prod_{i=1}^{n} f(x_i;\hat{\theta})=\max_{\theta}\prod_{i=1}^{n} f(x_i;\theta).$$

从直观上讲,既然在一次试验中得到了观测值$(x_1,x_2,\cdots,x_n)$,那么我们认为样本落在该观测值的邻域里这一事件是较易发生的,应具有较大的概率.所以就应选取使这一概率达到最大的参数值作为真参数值的估计.下面给出最大似然估计的定义.

定义 设总体X的密度函数为$f(x;\theta_1,\theta_2,\cdots,\theta_m)$(或$X$的分布律为$p(x;\theta_1,\theta_2,\cdots,\theta_m)$),其中$\theta_1,\theta_2,\cdots,\theta_m$为未知参数.$(X_1,X_2,\cdots,X_n)$是总体$X$的样本,它的联合概率密度函数为$\prod_{i=1}^{n} f(x_i;\theta_1,\cdots,\theta_m)$(或联合分布律为$\prod_{i=1}^{n} p(x_i;\theta_1,\cdots,\theta_m)$),称$L(\theta_1,\cdots,\theta_m)=\prod_{i=1}^{n} f(x_i;\theta_1,\cdots,\theta_m)$(或$L(\theta_1,\cdots,\theta_m)=\prod_{i=1}^{n} p(x_i;\theta_1,\cdots,\theta_m)$)为$\theta_1,\cdots,\theta_m$的**似然函数**(likelihood function).若$\hat{\theta}_1,\cdots,\hat{\theta}_m$使得下式

$$L(\hat{\theta}_1,\cdots,\hat{\theta}_m)=\max_{(\theta_1,\cdots,\theta_m)}\{L(\theta_1,\cdots,\theta_m)\} \tag{7.1.4}$$

成立,则称$\hat{\theta}_j=\hat{\theta}_j(X_1,X_2,\cdots,X_n)(j=1,2,\cdots,m)$为$\theta_j$的**最大似然估计量**(maximum likelihood estimate)(也称为θ_j的**极大似然估计量**).

由最大似然估计量的定义可知,求总体参数θ_j的最大似然估计量的问题,就是求似然函数L的最大值点问题.由于对数函数$\ln x$是x的单增函数,因此L与$\ln L$在相同点达到

最大. 特别是如果似然函数 L 关于 $\theta_1,\theta_2,\cdots,\theta_m$ 存在连续的偏导数时,可建立方程组(称为似然方程组):

$$\frac{\partial \ln L}{\partial \theta_i}=0,\quad i=1,2,\cdots,m. \tag{7.1.5}$$

从理论上讲,由方程组(7.1.5)求得的解只满足极值的必要条件,要说明极大,还应验证是否满足极值的充分条件,但我们一般不验证. 因为对很多常见总体,若似然方程组有唯一解,则此解就是未知参数的最大似然估计. 如果似然函数不可微,不能说 θ 的最大似然估计不存在,此时需要用最大似然估计的定义来求解.

例 7.1.4 设 $X_1,X_2,\cdots,X_n$ 是正态总体 $N(\mu,\sigma^2)$ 的一个样本,求 μ,σ^2 最大似然估计量.

解 由于总体 X 的概率密度为

$$f(x;\mu,\sigma^2)=\frac{1}{\sqrt{2\pi}\sigma}\exp\left\{-\frac{1}{2\sigma^2}(x-\mu)^2\right\},$$

故似然函数为

$$L=\prod_{i=1}^{n}\frac{1}{\sqrt{2\pi}\sigma}\exp\left\{-\frac{1}{2\sigma^2}(x_i-\mu)^2\right\}=(2\pi\sigma^2)^{-\frac{n}{2}}\exp\left\{-\frac{1}{2\sigma^2}\sum_{i=1}^{n}(x_i-\mu)^2\right\},$$

于是

$$\ln L=-\frac{n}{2}\ln(2\pi\sigma^2)-\frac{1}{2\sigma^2}\sum_{i=1}^{n}(x_i-\mu)^2.$$

令

$$\begin{cases}\dfrac{\partial}{\partial\mu}\ln L=\dfrac{1}{\sigma^2}\displaystyle\sum_{i=1}^{n}(x_i-\mu)=0,\\[2ex]\dfrac{\partial}{\partial\sigma^2}\ln L=-\dfrac{n}{2}\dfrac{1}{\sigma^2}+\dfrac{1}{2\sigma^4}\displaystyle\sum_{i=1}^{n}(x_i-\mu)^2=0.\end{cases}$$

解联立方程组得

$$\hat{\mu}=\frac{1}{n}\sum_{i=1}^{n}x_i=\bar{x},\quad \hat{\sigma}^2=\frac{1}{n}\sum_{i=1}^{n}(x_i-\bar{x})^2.$$

故 μ,σ^2 最大似然估计量为

$$\hat{\mu}=\frac{1}{n}\sum_{i=1}^{n}X_i,\quad \hat{\sigma}^2=\frac{1}{n}\sum_{i=1}^{n}(X_i-\bar{X})^2.$$

例 7.1.5 设总体 X 服从双参数指数分布,其概率密度函数为

$$f(x;\lambda,\mu)=\begin{cases}\lambda\exp\{-\lambda(x-\mu)\},x>\mu,\\0,x<\mu.\end{cases}$$

求 λ 的极大似然估计.

解 似然函数为

$$L(\lambda,\mu)=\lambda^n\exp\{\lambda n(\mu-\bar{X})\},\mu\leqslant\min\{x_1,\cdots,x_n\},$$

其中 $\bar{X}=\dfrac{1}{n}\displaystyle\sum_{i=1}^{n}X_i$.

似然函数取自然对数得

$$\ln L(\lambda,\mu)=n\ln\lambda+\lambda n(\mu-\overline{X}),\mu\leqslant\min\{x_1,\cdots,x_n\}.$$

因为 $\ln L(\lambda,\mu)$ 是关于 μ 的增函数，所以 μ 的极大似然估计

$$\hat{\mu}=X_{(1)}=\min\{X_1,\cdots,X_n\}.$$

似然函数的自然对数对 λ 求一阶导数得

$$\frac{\mathrm{d}\ln L(\lambda,\mu)}{\mathrm{d}\lambda}=\frac{n}{\lambda}+n(\mu-\overline{X}).$$

令 $\frac{\mathrm{d}\ln L(\lambda,\mu)}{\mathrm{d}\lambda}=0$ 得 λ 的极大似然估计为

$$\hat{\lambda}=\frac{1}{\overline{X}-\hat{\mu}}=\frac{1}{\overline{X}-X_{(1)}}.$$

例 7.1.6 设总体 X 在区间 $[\theta_1,\theta_2]$ 上服从均匀分布，其中 θ_1,θ_2 未知，$X_1,X_2,\cdots,X_n$ 是取自总体 X 的一个样本，试求 θ_1,θ_2 的最大似然估计量.

解：X 的概率密度为 $f(x;\theta_1,\theta_2)=\begin{cases}\frac{1}{\theta_2-\theta_1},\theta_1\leqslant x\leqslant\theta_2,\\0,其他,\end{cases}$

似然函数为

$$L(\theta_1,\theta_2)=\begin{cases}\frac{1}{(\theta_2-\theta_1)^n},\theta_1<x_i<\theta_2,i=1,2,\cdots,n,\\0,其他.\end{cases}$$

显然 $L(\theta_1,\theta_2)$ 的最大值在 $L(\theta_1,\theta_2)$ 不为零处取得，且要使 $L(\theta_1,\theta_2)$ 最大，只要 $\theta_2-\theta_1$ 最小，即要求 θ_1 最大，θ_2 最小. 又因为要使得 $L(\theta_1,\theta_2)$ 不为零，θ_1,θ_2 必须满足条件 $\theta_1\leqslant x_i\leqslant\theta_2$，$i=1,2,\cdots,n$，即 $\theta_1\leqslant\min\{x_1,x_2,\cdots,x_n\}\leqslant\max\{x_1,x_2,\cdots,x_n\}\leqslant\theta_2$，所以取当 $\theta_1=\min\{x_1,x_2,\cdots,x_n\}$，$\theta_2=\max\{x_1,x_2,\cdots,x_n\}$ 时，$L(\theta_1,\theta_2)$ 有最大值. 因此 θ_1,θ_2 的最大似然估计量分别为

$$\hat{\theta}_1=\min\{X_1,X_2,\cdots,X_n\}=X_{(1)},\hat{\theta}_2=\max\{X_1,X_2,\cdots,X_n\}=X_{(n)}.$$

例 7.1.7 设总体 X 的分布律为

x	-1	0	1	2
p	θ^2	$2\theta(1-\theta)$	θ^2	$1-2\theta$

其中 θ 为未知参数，且 $0<\theta<\frac{1}{2}$，试利用总体 X 的样本观测值 2，−1，2，2，0，1，2，0，求 θ 的矩估计值和最大似然估计值.

解 因为

$$EX=-1\cdot\theta^2+0\cdot 2\theta(1-\theta)+1\cdot\theta^2+2\cdot(1-2\theta)=2-4\theta,$$

令 $\overline{X}=EX=4-2\theta$，得 θ 的矩估计量为 $\hat{\theta}=\frac{1}{2}(4-\overline{X})$. 又因为 $\overline{X}$ 的样本观测值为 $\frac{1}{8}(2-1+2+2+0+1+2+0)=1$，因此 θ 的矩估计值为 $\hat{\theta}=\frac{1}{2}(4-1)=\frac{3}{2}$.

似然函数为 $L(\theta)=\theta^2[2\theta(1-\theta)]^2\theta^2(1-2\theta)^4$，取对数得

$$\ln L(\theta)=2\ln\theta+2[\ln(2\theta)+\ln(1-\theta)]+2\ln\theta+4\ln(1-2\theta),$$

然后对 θ 求导得

$$\frac{\mathrm{dln}\, L(\theta)}{\mathrm{d}\theta}=\frac{6}{\theta}-\frac{2}{1-\theta}-\frac{8}{1-2\theta},$$

令 $\frac{\mathrm{dln}\, L(\theta)}{\mathrm{d}\theta}=0$ 得 θ 的最大似然估计值为

$$\hat{\theta}=\frac{7-\sqrt{13}}{12} \text{或} \frac{7+\sqrt{13}}{12}\text{(舍掉,因为 } 0<\theta<\frac{1}{2}).$$

最大似然估计量具有如下性质:若 $\hat{\theta}$ 为总体 X 的概率分布中参数 θ 的最大似然估计量,又函数 $g(\theta)$ 具有单值反函数,则 $g(\hat{\theta})$ 是 $g(\theta)$ 的最大似然估计量.

例如,在 μ,σ^2 都未知的正态总体中,σ^2 的最大似然估计量为 $\hat{\sigma^2}=\frac{1}{n}\sum_{i=1}^{n}(X_i-\overline{X})^2$,又 $u=\sqrt{\sigma^2}$ 有单值反函数 $\sigma=u(u\geqslant 0)$,根据上述性质,标准差 σ 的最大似然估计量为

$$\hat{\sigma}=\sqrt{\frac{1}{n}\sum_{i=1}^{n}(X_i-\overline{X})^2}.$$

7.2 点估计量优劣的评价标准

上节介绍了总体参数的常用点估计方法:矩估计法和最大似然估计法.对同一参数用不同的估计方法可能得到不同的估计量,究竟哪个估计量更好呢?这就牵涉用什么标准评价估计量的好坏的问题.为此,下面简单介绍几种估计量优劣的评价标准.

7.2.1 无偏估计

估计量是随机变量,对不同的样本观测值它有不同的估计值,这些估计值可能较参数的真实值有一定的偏离.但一个好的估计量不应该总是偏大或偏小,而是在多次试验中估计量观测值的平均值应该与未知参数的真实值相吻合,即要求估计量的数学期望等于未知参数的真实值,这正是无偏性的要求.由此引出如下定义.

定义 7.2.1 设 $\hat{\theta}(X_1,X_2,\cdots,X_n)$ 是未知参数 θ 的估计量,若 $E(\hat{\theta})=\theta$,则称 $\hat{\theta}$ 为 θ 的**无偏估计**(unbiased estimate).

例 7.2.1 设 $(X_1,X_2,\cdots,X_n)$ 是来自具有数学期望 μ 的任一总体 X 的一个样本,则 $\overline{X}=\sum_{i=1}^{n}X_i$ 是 μ 的无偏估计.

这是因为

$$E(\overline{X})=E\left(\frac{1}{n}\sum_{i=1}^{n}X_i\right)=\frac{1}{n}\sum_{i=1}^{n}E(X_i)=\mu.$$

所以样本均值 $\overline{X}$ 是总体均值 μ 的一个无偏估计,但 $\overline{X}^2$ 不是 μ^2 的无偏估计,如果总体 X 的方差 $\sigma^2>0$,那么

$$E(\overline{X}^2)=D(\overline{X})+[E(\overline{X})]^2=\frac{\sigma^2}{n}+\mu^2.$$

因而用 $\overline{X}^2$ 估计 μ^2 不是无偏的.

例 7.2.2　设样本$(X_1,X_2,\cdots,X_n)$来自具有数学期望μ，方差为σ^2的总体X，则样本方差

$$S^2=\frac{1}{n-1}\sum_{i=1}^{n}(X_i-\overline{X})^2$$

是σ^2的无偏估计量.

证明

$$\begin{aligned}E(S^2)&=E\left[\frac{1}{n-1}\sum_{i=1}^{n}(X_i-\overline{X})^2\right]=\frac{1}{n-1}E\left[\sum_{i=1}^{n}(X_i-\overline{X})^2\right]\\&=\frac{1}{n-1}E\left\{\sum_{i=1}^{n}[(X_i-\mu)-(\overline{X}-\mu)]^2\right\}\\&=\frac{1}{n-1}E\left[\sum_{i=1}^{n}(X_i-\mu)^2-2\sum_{i=1}^{n}(X_i-\mu)(\overline{X}-\mu)+n(\overline{X}-\mu)^2\right]\\&=\frac{1}{n-1}E\left[\sum_{i=1}^{n}(X_i-\mu)^2-n(\overline{X}-\mu)^2\right]\\&=\frac{1}{n-1}\left[\sum_{i=1}^{n}E(X_i-\mu)^2-nE(\overline{X}-\mu)^2\right]\\&=\frac{1}{n-1}\left(n\sigma^2-n\cdot\frac{\sigma^2}{n}\right)=\sigma^2.\end{aligned}$$

但是若用样本二阶中心矩$\widetilde{S^2}$作为σ^2的估计量

$$\hat{\sigma}^2=\widetilde{S^2}=\frac{1}{n}\sum_{i=1}^{n}(X_i-\overline{X})^2,$$

由于$E(\hat{\sigma}^2)=E(\widetilde{S^2})=E\left(\frac{n-1}{n}S^2\right)=\frac{n-1}{n}E(S^2)=\frac{n-1}{n}\sigma^2$，所以$\widetilde{S^2}$是有偏的. 因此一般总是取$S^2$而不取$\widetilde{S^2}$为$\sigma^2$的估计量. 然而$S$一般也不是$\sigma$的无偏估计. 例如，设$X_1,X_2,\cdots,X_n$是来自正态总体$N(\mu,\sigma^2)$的一个样本，由第6章定理6.2.5知$\frac{(n-1)S^2}{\sigma^2}\sim\chi^2(n-1)$，所以

$$\begin{aligned}E\left(\frac{\sqrt{n-1}S}{\sigma}\right)&=\int_0^{+\infty}\frac{\sqrt{x}}{2^{\frac{n-1}{2}}\Gamma\left(\frac{n-1}{2}\right)}\mathrm{e}^{-\frac{x}{2}}x^{\frac{n-1}{2}-1}\mathrm{d}x\\&=\frac{1}{2^{\frac{n-1}{2}}\Gamma\left(\frac{n-1}{2}\right)}2^{\frac{n}{2}}\Gamma\left(\frac{n}{2}\right)=\frac{\sqrt{2}\,\Gamma\left(\frac{n}{2}\right)}{\Gamma\left(\frac{n-1}{2}\right)},\end{aligned}$$

$$E(S)=\sqrt{\frac{2}{n-1}}\cdot\frac{\Gamma\left(\frac{n}{2}\right)}{\Gamma\left(\frac{n-1}{2}\right)}\sigma\neq\sigma,$$

可见$\sqrt{\frac{1}{n-1}\sum_{i=1}^{n}(X_i-\overline{X})^2}$不是$\sigma$的无偏估计量.

一个未知参数的无偏估计量可能不存在，即使存在也可能不唯一.

例 7.2.3　设总体$X\sim B(n,p)$，$0<p<1$，X_1是取自总体X的一个简单样本，证明$\frac{1}{p}$不

存在无偏估计量.

证明 若$\frac{1}{p}$存在无偏估计量,则由无偏估计的定义,对一切的 $0<p<1$,存在某个关于 X_1 的统计量 $T(X_1)$满足:

$$E[T(X_1)]=\sum_{i=0}^{n} T(i)C_n^i p^i(1-p)^{n-i}=\frac{1}{p}.$$

这显然不可能,因为上式左边是一个关于 p 的多项式,而右边不是多项式,且在 $p=0$ 处还无意义.

例 7.2.4 设 $X_1,X_2,\cdots,X_n$ 来自数学期望为 μ 的总体,判断下列统计量是否为 μ 的无偏估计:

(1)$X_i(i=1,2,\cdots,n)$;

(2)$\frac{1}{2}X_1+\frac{1}{3}X_3+\frac{1}{6}X_n$;

(3)$\frac{1}{3}X_1+\frac{1}{3}X_2$.

解 (1)因为 $E(X_i)=E(X)=\mu$,故 X_i 是 μ 的无偏估计量.

(2)因为

$$E\left(\frac{1}{2}X_1+\frac{1}{3}X_3+\frac{1}{6}X_n\right)$$
$$=\frac{1}{2}E(X_1)+\frac{1}{3}E(X_3)+\frac{1}{6}E(X_n)=\frac{1}{2}E(X)+\frac{1}{3}E(X)+\frac{1}{6}E(X)=\mu,$$

故$\frac{1}{2}X_1+\frac{1}{3}X_3+\frac{1}{6}X_n$ 是 μ 的无偏估计量.

(3)因为 $E\left(\frac{1}{3}X_1+\frac{1}{3}X_2\right)=\frac{2}{3}\mu\neq\mu$,故当 $\mu\neq 0$ 时,$\frac{1}{3}X_1+\frac{1}{3}X_2$ 不是 μ 的无偏估计量.

由上面诸例可见,如果 $\hat{\theta}$ 是参数 θ 的无偏估计,除了 f 是线性函数以外,并不能推出 $\hat{\theta}$ 的函数 $f(\hat{\theta})$也是参数函数 $f(\theta)$的无偏估计.

7.2.2 有效估计

对于未知参数 θ 的无偏估计是很多的,例如,不仅 $\overline{X}$ 是总体均值 μ 的无偏估计,而且 $\hat{\mu}=\sum_{i=1}^{n} c_iX_i$(其中$\sum_{i=1}^{n} c_i=1$)也是参数 μ 的无偏估计.

比较参数 θ 的两个无偏估计量 $\hat{\theta}_1$ 和 $\hat{\theta}_2$,如果 $\hat{\theta}_1$ 较 $\hat{\theta}_2$ 更密集在 θ 附近,我们就认为 $\hat{\theta}_1$ 较 $\hat{\theta}_2$ 理想. 而估计量 $\hat{\theta}$ 密集在 θ 附近的程度通常是用 $E(\hat{\theta}-\theta)^2$ 来衡量,若 $\hat{\theta}$ 是无偏的,则 $E(\hat{\theta}-\theta)^2=D(\hat{\theta})$,从这个意义来说,无偏估计量以方差小者为好,即较为有效,故有如下标准.

定义 7.2.2 设 $\hat{\theta}_1,\hat{\theta}_2$ 是 θ 的两个无偏估计量,若

$$\frac{D(\hat{\theta}_1)}{D(\hat{\theta}_2)}<1,$$

则称 $\hat{\theta}_1$ **较** $\hat{\theta}_2$ **有效**(efficiency).

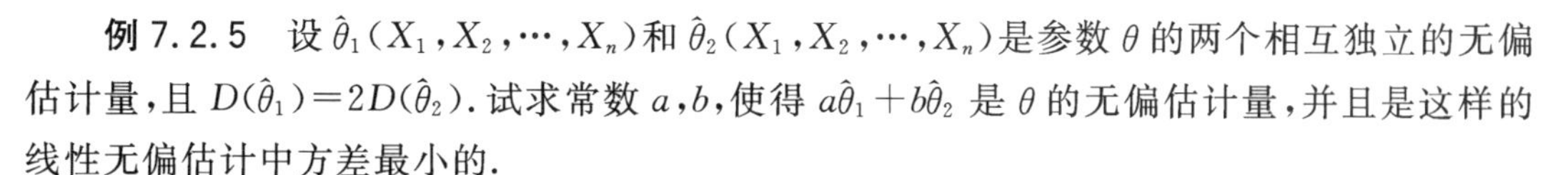

例 7.2.5　设 $\hat{\theta}_1(X_1,X_2,\cdots,X_n)$ 和 $\hat{\theta}_2(X_1,X_2,\cdots,X_n)$ 是参数 θ 的两个相互独立的无偏估计量，且 $D(\hat{\theta}_1)=2D(\hat{\theta}_2)$. 试求常数 a,b，使得 $a\hat{\theta}_1+b\hat{\theta}_2$ 是 θ 的无偏估计量，并且是这样的线性无偏估计中方差最小的.

解　由 $a\hat{\theta}_1+b\hat{\theta}_2$ 是 θ 的无偏估计量得

$$E(a\hat{\theta}_1+b\hat{\theta}_2)=(a+b)\theta=\theta,$$

所以　$a+b=1$，即 $b=1-a$.

又因为

$$D(a\hat{\theta}_1+b\hat{\theta}_2)=a^2D(\hat{\theta}_1)+(1-a)^2D(\hat{\theta}_2)=(3a^2-2a+1)D(\hat{\theta}_2),$$

故要使其最小，即求 $f(a)=3a^2-2a+1=3\left(a-\frac{1}{3}\right)^2+\frac{2}{3}$ 取到最小值. 显然当 $a=\frac{1}{3}$ 时，$f(a)$ 最小. 所以 $a=\frac{1}{3}$，$b=\frac{2}{3}$.

例 7.2.6　设 $X_1,X_2,\cdots,X_n$ 是来自总体 X 的样本，$EX=\mu$，$DX=\sigma^2$. 证明：当 $\sum_{i=1}^{n}a_i=1$ 时，在 μ 的形如 $\hat{\mu}=\sum_{i=1}^{n}a_iX_i$ 的无偏估计量中，$\overline{X}$ 最有效.

证明　因为 $X_1,X_2,\cdots,X_n$ 相互独立，且 $DX_i=\sigma^2$，所以

$$D(\sum_{i=1}^{n}a_iX_i)=\sum_{i=1}^{n}a_i^2D(X_i)=\sum_{i=1}^{n}a_i^2\sigma^2.$$

由柯西—许瓦兹不等式：当 $\sum_{i=1}^{n}a_i=1$ 时，$\sum_{i=1}^{n}a_i^2\geqslant\frac{1}{n}$，仅当 $a_1=a_2=\cdots=a_n=\frac{1}{n}$ 时等号成立. 所以，$\hat{\mu}=\overline{X}$ 最有效.

7.2.3　一致性

我们注意到总体参数 θ 的估计量 $\hat{\theta}(X_1,X_2,\cdots,X_n)$ 依赖于容量为 n 的样本，因此自然希望 n 越大用 $\hat{\theta}(X_1,X_2,\cdots,X_n)$ 去估计 θ 就越精确. 由此引入一个衡量估计量好坏的标准——一致估计(相合估计).

定义 7.2.3　设 $\hat{\theta}_n(X_1,X_2,\cdots,X_n)$ 为总体未知参数 θ 的估计量，若 $\hat{\theta}_n(X_1,X_2,\cdots,X_n)$ 依概率收敛于 θ，即对任意 $\varepsilon>0$，恒有

$$\lim_{n\to\infty}P\{|\hat{\theta}_n-\theta|\geqslant\varepsilon\}=0,$$

则称 $\hat{\theta}_n$ 为 θ 的**一致(相合)估计量**(consistent estimate).

例 7.2.7　设有一批产品，为估计其废品率 p，随机抽取一样本 $(X_1,X_2,\cdots,X_n)$，其中

$$X_i=\begin{cases}1, & \text{若取得废品},\\ 0, & \text{若取得合格品},\end{cases}\qquad i=1,2,\cdots,n.$$

若取 $\hat{p}=\overline{X}=\frac{1}{n}\sum_{i=1}^{n}X_i$ 为 p 的估计，问 $\hat{p}=\overline{X}$ 是否是废品率 p 的一致无偏估计量？

解　因 $E(\hat{p})=E(\overline{X})=p$，所以 $\hat{p}$ 是 p 的无偏估计量. 又因为 $X_1,X_2,\cdots,X_n$ 相互独立，且服从相同的分布，$E(X_i)=p$，$D(X_i)=p(1-p)$，$i=1,2,\cdots,n$. 故由大数定律知 $\hat{p}=\overline{X}=$

$\frac{1}{n}\sum_{i=1}^{n}X_i$ 依概率收敛于 p. 所以 $\hat{p}=\overline{X}$ 是废品率 p 的一致无偏估计量.

例 7.2.8 设 $X\sim U(0,\theta)$,其中 θ 是未知参数,$X_1,X_2,\cdots,X_n$ 是取自总体 X 的样本,试证明:$\hat{\theta}=\max\{X_1,X_2,\cdots,X_n\}$是 θ 的相合估计量.

解 因为 $\hat{\theta}=X_{(n)}$ 的概率密度函数为

$$f_n(x)=\begin{cases}n\left(\frac{x}{\theta}\right)^{n-1}\frac{1}{\theta}=\frac{n}{\theta^n}x^{n-1}, & 0\leqslant x\leqslant\theta,\\ 0, & \text{其他}.\end{cases}$$

所以

$$E(\hat{\theta})=\int_0^\theta x\,\frac{n}{\theta^n}x^{n-1}\mathrm{d}x=\frac{n}{n+1}\theta,$$

$$D(\hat{\theta})=E(\hat{\theta}^2)-[E(\hat{\theta})]^2=\int_0^\theta x^2\,\frac{n}{\theta^n}x^{n-1}\mathrm{d}x-\left(\frac{n}{n+1}\theta\right)^2$$

$$=\frac{n}{n+2}\theta^2-\frac{n^2}{(n+1)^2}\theta^2=\frac{n}{(n+1)^2(n+2)}\theta^2.$$

故

$$P\{|\hat{\theta}-\theta|\geqslant\varepsilon\}$$

$$=P\left\{\left|\hat{\theta}-\frac{n}{n+1}\theta-\frac{1}{n+1}\theta\right|\geqslant\varepsilon\right\}\leqslant P\left\{\left|\hat{\theta}-\frac{n}{n+1}\theta\right|+\frac{1}{n+1}\theta\geqslant\varepsilon\right\}$$

$$=P\left\{\left|\hat{\theta}-\frac{n}{n+1}\theta\right|\geqslant\varepsilon-\frac{1}{n+1}\theta\right\}=P\left\{|\hat{\theta}-E(\hat{\theta})|\geqslant\varepsilon-\frac{1}{n+1}\theta\right\}$$

$$\leqslant\frac{D(\hat{\theta})}{\left(\varepsilon-\frac{1}{n+1}\theta\right)^2}(\text{切比雪夫不等式})=\frac{n\theta^2}{(n+1)^2(n+2)\left(\varepsilon-\frac{1}{n+1}\theta\right)^2}\xrightarrow{n\to\infty}0,$$

即 $\lim\limits_{n\to\infty}P\{|\hat{\theta}-\theta|\geqslant\varepsilon\}=0$,所以 $\hat{\theta}$ 是 θ 的相合估计量.

一般地有:

(1)样本矩为总体矩的一致估计量;

(2)未知参数的最大似然估计量也是未知参数的一致估计量.

证明略,有兴趣的读者请参见 H. 克拉默著,魏宗舒译《统计学数学方法》.

无偏性、有效性、一致性是评价估计量的一些基本标准. 在实际问题中,我们自然希望估计量同时具有无偏性、有效性及一致性,但往往不能同时满足,尤其是一致性,要求样本容量充分大,这一般不容易做到. 而无偏性和有效性不论是在直观还是理论上都比较合理,所以在实际中的应用较多.

7.3 区间估计

7.3.1 区间估计的基本概念

前面讨论了参数的点估计问题. 点估计,即用适当的统计量 $\hat{\theta}(X_1,X_2,\cdots,X_n)$ 去估计未

知参数 θ,这些选定的统计量都在一定意义下是被估参数 θ 的优良估计. 对给定的样本观测值 $(x_1,x_2,\cdots,x_n)$,算得的估计值 $\hat{\theta}(x_1,x_2,\cdots,x_n)$ 是被估参数 θ 的良好近似. 但近似程度如何? 误差范围多大? 可信程度又如何? 这些问题都是点估计无法回答的. 下面将要介绍的区间估计则在一定意义下回答了上述问题.

定义 7.3.1 设总体 X 的密度函数 $f(x;\theta)$(或分布律 $p(x;\theta)$)中参数 θ 未知,$\theta\in\Theta$(Θ 是 θ 的可能取值的范围),对于给定的数值 $\alpha(0<\alpha<1)$,若由样本 $(X_1,X_2,\cdots,X_n)$ 确定两个统计量 $\theta_l(X_1,X_2,\cdots,X_n)$ 和 $\theta_u(X_1,X_2,\cdots,X_n)$,使得对任意 $\theta\in\Theta$,有

$$P\{\theta_l\leqslant\theta\leqslant\theta_u\}\geqslant 1-\alpha, \tag{7.3.1}$$

则称随机区间 $[\theta_l,\theta_u]$ 是 θ 的 $1-\alpha$ **置信区间**(confidence interval),θ_l 和 θ_u 分别称为 θ 的**置信下限和置信上限**(lower, upper confidence limit),$1-\alpha$ 称为**置信度**(degree of confidence),或**置信水平**(confidence level),并记 $L=\theta_u-\theta_l$ 为置信区间长度.

式(7.3.1)的直观意义是:若反复抽样多次(每次抽样容量都为 n),每个样本观测值 $(x_1,x_2,\cdots,x_n)$ 确定一个区间 $[\theta_l,\theta_u]$,按照伯努利大数定律,在这些区间中,包含 θ 真值的约占 $100(1-\alpha)\%$,不包含 θ 真值的仅占 $100\alpha\%$ 左右. 如 $\alpha=0.05$,则表示反复抽样 100 次,测得 100 个区间中,大约有 95 个包含 θ 的真实值,而不包含 θ 的约为 5 个.

上述定义表明,用置信区间估计未知参数 θ,置信度(置信水平)$1-\alpha$ 反映了置信区间估计参数 θ 的可靠程度,置信区间的长度 L 则反映了置信区间估计参数 θ 的精确程度. 对固定的样本容量 n,要提高区间估计(置信区间)的可靠度,即减小 α,则势必增大置信区间的长度 L,从而精确度就会降低. 由此可见在区间估计中,精度和可靠度是相互矛盾的. 现今流行的区间估计理论是原籍波兰的美国著名统计学家奈曼(J. Neyman)在 20 世纪 30 年代建立起来的. 奈曼所提出并为广范接受的原则是:先保证可靠度,在这个前提下尽量使精度提高,即在保证给定置信度(置信水平)之下去寻找优良精度的区间估计(置信区间). 限于本课程要求的范围,我们将从直观出发来讨论构造合理置信区间的问题. 下面介绍一种构造置信区间(区间估计)的一般方法——枢轴变量法.

7.3.2 枢轴变量法

枢轴变量法(pivotal-quantity method)是构造未知数 θ 的置信区间的一个常用方法. 它的具体步骤是:

(1)从 θ 的点估计 $\hat{\theta}$($\hat{\theta}$ 通常是 θ 的一个良好估计)出发,构造 $\hat{\theta}(X_1,X_2,\cdots,X_n)$ 与 θ 的一个函数 $G(\hat{\theta},\theta)$,使得 $G(\hat{\theta},\theta)$ 的分布是已知的,而且与 θ 无关,称函数 $G(\hat{\theta}(X_1,X_2,\cdots,X_n),\theta)$ 为枢轴变量;

(2)对给定的 $\alpha(a<\alpha<1)$,适当选取两常数 a 与 b,满足

$$P\{a\leqslant G(\hat{\theta},\theta)\leqslant b\}\geqslant 1-\alpha. \tag{7.3.2}$$

特别当 $G(\hat{\theta},\theta)$ 的分布为连续型时,应选取 a,b 使对给定的 $\alpha(0<\alpha<1)$,有

$$P\{a\leqslant G(\hat{\theta},\theta)\leqslant b\}=1-\alpha; \tag{7.3.3}$$

(3)把不等式 $a\leqslant G(\hat{\theta},\theta)\leqslant b$ 进行等价变换使之成为 $\theta_l(X_1,X_2,\cdots,X_n)\leqslant\theta\leqslant\theta_u(X_1,X_2,\cdots,X_n)$ 的形式,若这一变换能够实现,则 $[\theta_l,\theta_u]$ 就是 θ 的一个置信度为 $1-\alpha$ 的置

信区间.

这种利用枢轴变量构造置信区间的方法称为枢轴变量法.

上述三步中关键是第一步:构造枢轴变量 $G(\hat{\theta}(X_1,X_2,\cdots,X_n),\theta)$,为使后两步可行,$G(\hat{\theta},\theta)$的分布不能含有未知参数.比如标准正态分布 $N(0,1)$,χ^2 分布等都不含未知参数.因此在构造枢轴变量时,要尽量使其分布为上述一些分布.为解决这一关键问题,在正态总体情形,第6章中抽样分布定理已为此作了准备.

第二步是确定常数 a,b,在 $G(\hat{\theta},\theta)$的分布密度函数单峰且对称(如标准正态分布,t 分布)时可取 b 使得

$$P\{-b\leqslant G(\hat{\theta},\theta)\leqslant b\}=1-\alpha, \tag{7.3.4}$$

这时 $a=-b$,b 为 $G(\hat{\theta},\theta)$的概率分布的 $1-\alpha/2$ 分位点.可以证明,在 $G(\hat{\theta},\theta)$的分布密度函数单峰且对称情形,由式(7.3.4)确定的 a,b 使得置信区间的长度均值为最短.

在 $G(\hat{\theta},\theta)$的分布密度函数单峰但非对称(如 χ^2 分布,F 分布)时,可如下选取 a,b:

令
$$P\{G(\hat{\theta},\theta)<a\}=\frac{\alpha}{2},\quad P\{G(\hat{\theta},\theta)>b\}=\frac{\alpha}{2}, \tag{7.3.5}$$

即取 a 为 $G(\hat{\theta},\theta)$的概率分布的$\frac{\alpha}{2}$分位点,b 为 $G(\hat{\theta},\theta)$的概率分布的 $1-\frac{\alpha}{2}$分位点.下面我们讨论正态总体情形参数的区间估计问题.

7.3.3 已知方差 σ^2,求均值 μ 的置信区间

设$(X_1,X_2,\cdots,X_n)$为总体 $N(\mu,\sigma^2)$的一个样本,由第6章抽样分布定理6.2.4可知

$$U=\frac{\overline{X}-\mu}{\sigma/\sqrt{n}}=\frac{\sqrt{n}(\overline{X}-\mu)}{\sigma}\sim N(0,1),$$

因此取 U 为枢轴变量.对给定的 $\alpha(0<\alpha<1)$,按标准正态分布分位点的定义有

$$P\{|U|\leqslant u_{1-\frac{\alpha}{2}}\}=1-\alpha,$$

即

$$P\left\{|\overline{X}-\mu|\leqslant u_{1-\frac{\alpha}{2}}\frac{\sigma}{\sqrt{n}}\right\}=1-\alpha,$$

由此得到

$$P\left\{\overline{X}-u_{1-\frac{\alpha}{2}}\frac{\sigma}{\sqrt{n}}\leqslant\mu\leqslant\overline{X}+u_{1-\frac{\alpha}{2}}\frac{\sigma}{\sqrt{n}}\right\}=1-\alpha. \tag{7.3.6}$$

例如 $\alpha=0.05$ 时有 $u_{1-\frac{\alpha}{2}}=u_{0.975}=1.96$,代入式(7.3.6)得

$$P\left\{\overline{X}-1.96\frac{\sigma}{\sqrt{n}}\leqslant\mu\leqslant\overline{X}+1.96\frac{\sigma}{\sqrt{n}}\right\}=0.95. \tag{7.3.7}$$

由式(7.3.6)可知 μ 的置信水平为 $1-\alpha$ 的置信区间为

$$\left[\overline{X}-u_{1-\frac{\alpha}{2}}\frac{\sigma}{\sqrt{n}},\overline{X}+u_{1-\frac{\alpha}{2}}\frac{\sigma}{\sqrt{n}}\right]. \tag{7.3.8}$$

式(7.3.7)表明:μ 包含在随机区间$\left[\overline{X}-1.96\frac{\sigma}{\sqrt{n}},\overline{X}+1.96\frac{\sigma}{\sqrt{n}}\right]$内的概率为0.95.粗略地

说，在 100 次抽样中，大致有 95 次使 μ 包含于 $\left[\overline{X}-1.96\frac{\sigma}{\sqrt{n}}, \overline{X}+1.96\frac{\sigma}{\sqrt{n}}\right]$ 之内，而其余 5 次可能未在置信区间内.

例 7.3.1　某车间生产滚珠，从长期实践知道，滚珠直径可认为服从正态分布，现从某天产品里随机抽取 6 件，测得直径为(单位：mm)

14.6，15.1，14.9，14.8，15.2，15.1.

(1)试估计该天产品的平均直径；

(2)若已知方差为 0.06，试求平均直径的置信区间($\alpha=0.05$，$\alpha=0.01$).

解　(1)$\hat{\mu}=\bar{x}=\frac{1}{6}(14.6+\cdots+15.1)=14.95$.

(2)由于滚珠直径 X 服从正态分布，$\alpha=0.05$ 时，查正态分布表得

$$u_{0.975}=1.96,$$

又

$$\sigma^2=0.06, \quad n=6,$$

所以

$$\bar{x}-1.96\frac{\sigma}{\sqrt{n}}=14.95-1.96\frac{\sqrt{0.06}}{\sqrt{6}}=14.75,$$

$$\bar{x}+1.96\frac{\sigma}{\sqrt{n}}=15.15,$$

即 μ 的置信水平为 $1-0.05$ 的置信区间为[14.75,15.15].

$\alpha=0.01$ 时，$u_{1-\frac{\alpha}{2}}=u_{0.995}=2.576$. 同理可求得 μ 的置信水平为 $1-0.01$ 的置信区间为[14.69,15.21].

从上例可知，当置信水平 $1-\alpha$ 较大时，置信区间也较大；当置信水平 $1-\alpha$ 较小时，则置信区间也较小.

用 $\left[\overline{X}-u_{1-\frac{\alpha}{2}}\frac{\sigma}{\sqrt{n}}, \overline{X}+u_{1-\frac{\alpha}{2}}\frac{\sigma}{\sqrt{n}}\right]$ 作 μ 的置信区间，其条件是 X 服从正态分布，且方差 σ^2 已知. 但在有些问题中，预先并不知道 X 服从什么分布，这种情况下只要样本容量足够大，则仍然可用 $\left[\overline{X}-u_{1-\frac{\alpha}{2}}\frac{\sigma}{\sqrt{n}}, \overline{X}+u_{1-\frac{\alpha}{2}}\frac{\sigma}{\sqrt{n}}\right]$ 作为 $E(X)$ 的置信区间. 这是因为由中心极限定理可知，无论 X 服从什么分布，当 n 充分大时，随机变量 $\frac{\overline{X}-E(X)}{\sqrt{D(X)/n}}$ 近似服从标准正态分布 $N(0,1)$. 至于容量 n 要多大才算充分大，这没有统一的绝对的标准，n 越大，近似程度越好.

7.3.4　方差 σ^2 未知，求 μ 的置信区间

实际问题中经常遇到的是方差未知的情况，此时如何求 μ 的置信区间呢？一个很自然的想法是利用样本方差代替总体方差，即以 $S^2=\frac{1}{n-1}\sum_{i=1}^{n}(X_i-\overline{X})^2$ 代替 σ^2，用 S 代替 σ.

设$(X_1, X_2, \cdots, X_n)$是正态总体 $N(\mu,\sigma^2)$的样本，由第 6 章抽样分布定理 6.2.6 可知

$$T=\frac{\sqrt{n}(\overline{X}-\mu)}{S}\sim t(n-1),$$

故取 T 作为枢轴变量.对给定的 α,按 t 分布分位点的定义有

$$P\left\{\left|\frac{\overline{X}-\mu}{S/\sqrt{n}}\right|\leqslant t_{1-\frac{\alpha}{2}}(n-1)\right\}=1-\alpha,$$

即

$$P\left\{|\overline{X}-\mu|\leqslant t_{1-\frac{\alpha}{2}}(n-1)\frac{S}{\sqrt{n}}\right\}=1-\alpha.$$

由此得到

$$P\left\{\overline{X}-t_{1-\frac{\alpha}{2}}(n-1)\frac{S}{\sqrt{n}}\leqslant\mu\leqslant\overline{X}+t_{1-\frac{\alpha}{2}}(n-1)\frac{S}{\sqrt{n}}\right\}=1-\alpha. \tag{7.3.9}$$

故 μ 的置信区间为

$$\left[\overline{X}-t_{1-\frac{\alpha}{2}}(n-1)\frac{S}{\sqrt{n}},\overline{X}+t_{1-\frac{\alpha}{2}}(n-1)\frac{S}{\sqrt{n}}\right]. \tag{7.3.10}$$

例 7.3.2 对某型号飞机进行了 15 次试验,测得最大飞行速度(m/s)为

422.2,417.2,425.6,420.3,425.8,423.1,418.7,428.2,

438.3,434.0,412.3,431.5,413.5,441.3,423.0.

根据长期经验,可以认为最大飞行速度服从正态分布,试就上述试验数据对最大飞行速度的期望值 μ 进行区间估计($\alpha=0.05$).

解 用 X 表示最大飞行速度,因方差 σ^2 未知,故用式(7.3.10)进行区间估计,具体计算如下.

$$\bar{x}=\frac{1}{n}\sum_{i=1}^{n}x_i=\frac{1}{15}(422.2+\cdots+423.0)=425.0,$$

$$\begin{aligned}s^2&=\frac{1}{n-1}\sum_{i=1}^{n}(x_i-\bar{x})^2\\&=\frac{1}{14}[(422.2-425.0)^2+\cdots+(423.0-425.0)^2]=72.05.\end{aligned}$$

自由度 $n-1=15-1=14$(样本容量 n 减去 1),对 $\alpha=0.05$ 查 t 分布表得 $t_{1-\frac{0.05}{2}}(14)=t_{0.975}(14)=2.145$,于是

$$\bar{x}-t_{0.975}(14)\frac{s}{\sqrt{n}}=425.0-2.145\sqrt{\frac{72.05}{15}}=420.3,$$

$$\bar{x}+t_{0.975}(14)\frac{s}{\sqrt{n}}=425.0+2.145\sqrt{\frac{72.05}{15}}=429.7.$$

故 μ 的置信水平为 0.95 的置信区间为[420.3,429.7].

7.3.5 均值 μ 已知,求方差 σ^2 的置信区间

设$(X_1,X_2,\cdots,X_n)$为总体 $X\sim N(\mu,\sigma^2)$的一个样本,由于 σ^2 的最大似然估计为 $\hat{\sigma}^2=$

$\frac{1}{n}\sum_{i=1}^{n}(x_i-\mu)^2$，且

$$Q=\frac{1}{\sigma^2}\sum_{i=1}^{n}(X_i-\mu)^2\sim\chi^2(n),$$

故取 Q 为枢轴变量. 对给定的 α，按 χ^2 分布分位点的定义有

$$P\left\{\chi^2_{\frac{\alpha}{2}}(n)\leqslant\frac{\sum_{i=1}^{n}(X_i-\mu)^2}{\sigma^2}\leqslant\chi^2_{1-\frac{\alpha}{2}}(n)\right\}=1-\alpha,$$

由此得到

$$P\left\{\frac{\sum_{i=1}^{n}(X_i-\mu)^2}{\chi^2_{1-\frac{\alpha}{2}}(n)}\leqslant\sigma^2\leqslant\frac{\sum_{i=1}^{n}(X_i-\mu)^2}{\chi^2_{\frac{\alpha}{2}}(n)}\right\}=1-\alpha. \tag{7.3.11}$$

故 σ^2 的置信水平为 $1-\alpha$ 的置信区间为

$$\left[\frac{\sum_{i=1}^{n}(X_i-\mu)^2}{\chi^2_{1-\frac{\alpha}{2}}(n)},\frac{\sum_{i=1}^{n}(X_i-\mu)^2}{\chi^2_{\frac{\alpha}{2}}(n)}\right], \tag{7.3.12}$$

σ 的置信水平为 $1-\alpha$ 的置信区间为

$$\left[\sqrt{\frac{\sum_{i=1}^{n}(X_i-\mu)^2}{\chi^2_{1-\frac{\alpha}{2}}(n)}},\sqrt{\frac{\sum_{i=1}^{n}(X_i-\mu)^2}{\chi^2_{\frac{\alpha}{2}}(n)}}\right]. \tag{7.3.13}$$

7.3.6　均值 $\boldsymbol{\mu}$ 未知，求方差 $\boldsymbol{\sigma}^2$ 的置信区间

设 $(X_1,X_2,\cdots,X_n)$ 为总体 $X\sim N(\mu,\sigma^2)$ 的一个样本，由第 6 章抽样分布定理6.2.5知

$$Q=\frac{(n-1)S^2}{\sigma^2}\sim\chi^2(n-1),$$

故取 Q 为枢轴变量. 对给定的 α，按 χ^2 分布的分位点定义有

$$P\left\{\chi^2_{\frac{\alpha}{2}}(n-1)\leqslant\frac{(n-1)S^2}{\sigma^2}\leqslant\chi^2_{1-\frac{\alpha}{2}}(n-1)\right\}=1-\alpha,$$

由此得到

$$P\left\{\frac{(n-1)S^2}{\chi^2_{1-\frac{\alpha}{2}}(n-1)}\leqslant\sigma^2\leqslant\frac{(n-1)S^2}{\chi^2_{\frac{\alpha}{2}}(n-1)}\right\}=1-\alpha, \tag{7.3.14}$$

故 σ^2 的置信水平为 $1-\alpha$ 的置信区间为

$$\left[\frac{(n-1)S^2}{\chi^2_{1-\frac{\alpha}{2}}(n-1)},\frac{(n-1)S^2}{\chi^2_{\frac{\alpha}{2}}(n-1)}\right]. \tag{7.3.15}$$

σ 的置信水平为 $1-\alpha$ 的置信区间为

$$\left[\sqrt{\frac{(n-1)S^2}{\chi^2_{1-\frac{\alpha}{2}}(n-1)}},\sqrt{\frac{(n-1)S^2}{\chi^2_{\frac{\alpha}{2}}(n-1)}}\right]. \tag{7.3.16}$$

例 7.3.3 从自动机床加工的同类零件中任取 16 件测得长度值为(单位:mm)

12.15,12.12,12.01,12.28,12.09,12.16,12.03,12.01,

12.06,12.13,12.07,12.11,12.08,12.01,12.03,12.06.

设零件长度服从正态分布 $N(\mu,\sigma^2)$.

(1)求零件长度的方差,标准差的估计值;

(2)求零件长度的方差,标准差的置信区间($\alpha=0.05$).

解 以 S^2 作为 σ^2 的估计,S 作为 σ 的估计.

(1) $\hat{\sigma}^2=\frac{1}{15}\sum_{i=1}^{16}(x_i-\bar{x})^2=0.0050$, $\hat{\sigma}=\sqrt{0.0050}=0.071$.

(2) 查 χ^2 分布表得

$$\chi^2_{\frac{\alpha}{2}}(n-1)=\chi^2_{0.025}(15)=6.26,\quad \chi^2_{1-\frac{\alpha}{2}}(n-1)=\chi^2_{0.975}(15)=27.5,$$

$$\frac{(n-1)S^2}{\chi^2_{1-\frac{\alpha}{2}}(n-1)}=\frac{0.075}{27.5}=0.0027,\quad \frac{(n-1)S^2}{\chi^2_{\frac{\alpha}{2}}(n-1)}=\frac{0.075}{6.26}=0.0120.$$

所以 σ^2 的置信水平为 0.95 的置信区间为[0.0027,0.0120],σ 的置信水平为 0.95 的置信区间为[0.052,0.110].

7.3.7 二正态总体均值差 $\boldsymbol{\mu}_1-\boldsymbol{\mu}_2$ 的区间估计

在实际中常遇到这样的问题,已知某产品的质量指标 X 服从正态分布,由于工艺改变,原料不同,设备条件不同或操作人员不同等因素引起总体均值、方差的改变.我们需要知道这些改变有多大,这就需要考虑二正态总体均值差或方差比的估计问题.

设 $\overline{X}_1$ 和 S_1^2 是总体 $N(\mu_1,\sigma_1^2)$ 的容量为 n_1 的样本均值和样本方差,$\overline{X}_2$ 和 S_2^2 是总体 $N(\mu_2,\sigma_2^2)$ 的容量为 n_2 的样本均值和样本方差,并设这两个样本相互独立,则 $\overline{X}_1-\overline{X}_2$ 服从正态分布,且

$$E(\overline{X}_1-\overline{X}_2)=\mu_1-\mu_2,\quad D(\overline{X}_1-\overline{X}_2)=\frac{\sigma_1^2}{n_1}+\frac{\sigma_2^2}{n_2}.$$

(1) 当 σ_1^2 和 σ_2^2 均已知时,$\mu_1-\mu_2$ 的 $1-\alpha$ 置信区间为

$$\left[(\overline{X}_1-\overline{X}_2)\pm u_{1-\frac{\alpha}{2}}\sqrt{\frac{\sigma_1^2}{n_1}+\frac{\sigma_2^2}{n_2}}\right].\tag{7.3.17}$$

(2) 当 σ_1^2 和 σ_2^2 都未知时,只要 n_1 和 n_2 都很大(实用上约大于 50),则可用

$$\left[(\overline{X}_1-\overline{X}_2)\pm u_{1-\frac{\alpha}{2}}\sqrt{\frac{S_1^2}{n_1}+\frac{S_2^2}{n_2}}\right]\tag{7.3.18}$$

作为 $\mu_1-\mu_2$ 的近似的 $1-\alpha$ 置信区间.

(3) 当 σ_1^2 和 σ_2^2 都未知,但有 $\sigma_1^2=\sigma_2^2$,此时由第 6 章抽样分布定理 6.2.7 可知

$$\frac{(\overline{X}_1-\overline{X}_2)-(\mu_1-\mu_2)}{\sqrt{(n_1-1)S_1^2+(n_2-1)S_2^2}}\sqrt{\frac{n_1n_2(n_1+n_2-2)}{n_1+n_2}}\sim t(n_1+n_2-2),\tag{7.3.19}$$

从而有 $\mu_1-\mu_2$ 的 $1-\alpha$ 置信区间为

$$\left[(\overline{X}_1-\overline{X}_2)\pm t_{1-\frac{\alpha}{2}}(n_1+n_2-2)\sqrt{\frac{(n_1-1)S_1^2+(n_2-1)S_2^2}{n_1+n_2-2}}\sqrt{\frac{n_1+n_2}{n_1 n_2}}\right]. \tag{7.3.20}$$

令 $S_w^2=\frac{(n_1-1)S_1^2+(n_2-1)S_2^2}{n_1+n_2-2}$，则 $\mu_1-\mu_2$ 的置信区间为

$$\left[(\overline{X}_1-\overline{X}_2)\pm t_{1-\frac{\alpha}{2}}(n_1+n_2-2)S_w\sqrt{\frac{1}{n_1}+\frac{1}{n_2}}\right]. \tag{7.3.21}$$

例 7.3.4　为比较 A 与 B 两种型号同一产品的寿命，随机抽取 A 型产品 5 个，测得平均寿命 $\overline{X}_1=1\ 000$ h，标准差 $S_A=28$ h；随机抽取 B 型产品 7 个，测得平均寿命 $\overline{X}_2=980$ h，标准差 $S_B=32$ h. 设总体都是正态的，并且由生产过程知它们的方差相等，求二总体均值差 $\mu_A-\mu_B$ 的置信水平为 0.99 的置信区间.

解　由于实际抽样的随机性，可推知这两种型号产品的样本相互独立，又由于二总体方差相等，故应由式(7.3.21)来确定置信区间. 由于 $\alpha=0.01$，$\frac{\alpha}{2}=0.005$，$n_1+n_2-2=10$，查得

$$t_{1-\frac{\alpha}{2}}=t_{1-0.005}=3.169\ 3,$$

$$S_w^2=\frac{1}{10}[(5-1)\times 28^2+(7-1)\times 32^2]=928.\ S_w=\sqrt{928}=30.46,$$

故所求 $\mu_A-\mu_B$ 置信水平为 0.99 的置信区间为

$$\left[(1\ 000-980)\pm(3.1\ 693)\times 30.46\times\sqrt{\frac{1}{5}+\frac{1}{7}}\right],$$

即置信区间为[−36.5, 76.5].

7.3.8　二正态总体方差比$\frac{\sigma_1^2}{\sigma_2^2}$的区间估计

设二正态总体 $N(\mu_1,\sigma_1^2)$，$N(\mu_2,\sigma_2^2)$的参数都未知，它们相应的容量分别为 n_1，n_2 的二相互独立的样本的样本方差分别为 S_1^2 和 S_2^2，下面求方差比$\frac{\sigma_1^2}{\sigma_2^2}$的置信水平为$1-\alpha$的置信区间.

由第 6 章的抽样分布定理 6.2.8 知

$$F=\frac{S_1^2/S_2^2}{\sigma_1^2/\sigma_2^2}\sim F(n_1-1,n_2-1),$$

故取 F 为枢轴变量. 对给定的 α，按 F 分布分位点的定义有

$$P\left\{F_{\frac{\alpha}{2}}(n_1-1,n_2-1)\leqslant\frac{S_1^2}{S_2^2}\Big/\frac{\sigma_1^2}{\sigma_2^2}\leqslant F_{1-\frac{\alpha}{2}}(n_1-1,n_2-1)\right\}=1-\alpha,$$

由此得到

$$P\left\{\frac{S_1^2}{S_2^2}\frac{1}{F_{1-\frac{\alpha}{2}}(n_1-1,n_2-1)}\leqslant\frac{\sigma_1^2}{\sigma_2^2}\leqslant\frac{S_1^2}{S_2^2}\frac{1}{F_{\frac{\alpha}{2}}(n_1-1,n_2-1)}\right\}=1-\alpha, \tag{7.3.22}$$

所以$\frac{\sigma_1^2}{\sigma_2^2}$的置信水平为 $1-\alpha$ 的置信区间为

$$\left[\frac{S_1^2}{S_2^2}\frac{1}{F_{1-\frac{\alpha}{2}}(n_1-1,n_2-1)},\frac{S_1^2}{S_2^2}\frac{1}{F_{\frac{\alpha}{2}}(n_1-1,n_2-1)}\right]. \tag{7.3.23}$$

例 7.3.5 设 $X_A \sim N(\mu_1,\sigma_1^2)$，$X_B \sim N(\mu_2,\sigma_2^2)$，参数都为未知，随机取容量 $n_A=25$，$n_B=15$ 的两个独立样本，测得样本方差 $S_A^2=6.38$，$S_B^2=5.15$，求二总体方差比 $\frac{\sigma_1^2}{\sigma_2^2}$ 的置信水平为 0.90 的置信区间.

解 $\alpha=0.1$，查表得

$$F_{1-\frac{0.1}{2}}(25-1,15-1)=F_{0.95}(24,14)=2.35,$$

$$F_{1-\frac{0.1}{2}}(15-1,25-1)=F_{0.95}(14,24)=2.13,$$

又

$$F_{\frac{0.1}{2}}(24,14)=\frac{1}{F_{1-\frac{0.1}{2}}(14,24)}=\frac{1}{2.13},$$

$$\frac{S_A^2}{S_B^2}=\frac{6.38}{5.15}=1.24,$$

故 $\frac{\sigma_1^2}{\sigma_2^2}$ 的置信水平为 0.90 的置信区间为 $\left(\frac{1.24}{2.35},1.24\times2.13\right)$，即(0.528，2.64).

7.3.9 单侧置信区间

上述区间估计都是双侧的，而许多实际问题中只需对区间的上限或下限做出估计即可.例如，对于设备或元件，平均寿命过长没有什么问题，而过短就要有问题了，因此我们关心的是平均寿命 θ 的“下限”；与此相反，在考虑产品的次品率 p 时，我们常常关心的是参数 p 的“上限”.为此，我们给出单侧置信区间的概念.

设总体 X 的密度函数 $f(x;\theta)$（或分布律 $p(x;\theta)$）中参数 θ 未知，对给定的数值 $\alpha(0<\alpha<1)$，若由样本$(X_1,X_2,\cdots,X_n)$确定的统计量 $\theta_l(X_1,\cdots,X_n)$，满足

$$P\{\theta\geqslant\theta_l\}=1-\alpha,$$

则称随机区间$[\theta_l,+\infty)$是 θ 的置信度（置信水平）为 $1-\alpha$ 的**单侧置信区间**(one-sided confidence interval)，θ_l 称为 θ 的**单侧置信下限**(one-sided confidence lower limit).

又若统计量 $\theta_u(X_1,X_2,\cdots,X_n)$ 满足

$$P\{\theta\leqslant\theta_u\}=1-\alpha,$$

则称随机区间$(-\infty,\theta_u]$是 θ 的置信度（置信水平）为 $1-\alpha$ 的**单侧置信区间**，θ_u 称为 θ 的**单侧置信上限**(one-sided confidence upper limit).

例如，若正态总体 $X\sim N(\mu,\sigma^2)$ 中 μ 和 σ^2 均未知，设$(X_1,X_2,\cdots,X_n)$是 X 的一个样本，由

$$\frac{(\overline{X}-\mu)\sqrt{n}}{S}\sim t(n-1),$$

有

$$P\left\{\frac{(\overline{X}-\mu)\sqrt{n}}{S}\leqslant t_{1-\alpha}(n-1)\right\}=1-\alpha,$$

由此得

$$P\left\{\mu\geqslant\overline{X}-t_{1-\alpha}(n-1)\frac{S}{\sqrt{n}}\right\}=1-\alpha.$$

因此 μ 的置信度为 $1-\alpha$ 的单侧置信区间为 $\left[\overline{X}-t_{1-\alpha}(n-1)\frac{S}{\sqrt{n}},+\infty\right)$.

例 7.3.6 一批电子元件,随机取 5 只作寿命试验,测得寿命数据如下(单位:h):1 050,1 100,1 120,1 250,1 280.若寿命服从正态分布,试求寿命均值的置信水平为 0.95 的单侧置信下限.

解 $\alpha=0.05$, $t_{1-\alpha}(5-1)=t_{0.95}(4)=2.131\,8$.

$$\overline{x}=\frac{1}{5}(1\,050+\cdots+1\,280)=1\,160,$$

$$s^2=\frac{1}{5-1}[(1\,050-1\,160)^2+\cdots+(1\,280-1\,160)^2]=\frac{1}{4}\times 39\,800=9\,950,$$

故寿命均值的 0.95 的单侧置信区间为 $\left[1\,160-2.131\,8\times\frac{\sqrt{9\,950}}{\sqrt{5}},+\infty\right)$,即 $(1\,065,+\infty)$,所求置信下限为 1 065.

习　　题

1. 填空题.

(1) 设总体 X 的概率密度函数为

$$f(x;\theta)=\begin{cases}\theta x^{\theta-1}, & 0<x<1,\\ 0, & \text{其他},\end{cases}$$

其中 $\theta>0$,是未知参数,从总体 X 中抽取样本 $X_1,X_2,\cdots,X_n$,样本均值为 $\overline{X}$,则未知参数 θ 的矩估计量 $\hat{\theta}=$______.

(2) 设 $X\sim B(m,p)$,其中 $p(0<p<1)$ 为未知参数,从总体 X 中抽取样本 $X_1,X_2,\cdots,X_n$,样本均值为 $\overline{X}$,则未知参数 p 的矩估计量 $\hat{p}=$______.

(3) 设 $\hat{\theta}_i=\hat{\theta}_i(X_1,X_2,\cdots,X_n)(i=1,2,\cdots,k)$ 均为总体 X 的分布中未知参数 θ 的无偏估计量,如果 $\hat{\theta}=\sum\limits_{i=1}^{k}c_i\hat{\theta}_i$ 是 θ 的无偏估计量,则常数 $c_1,c_2,\cdots,c_k$ 应满足条件______.

2. 选择题.

(1) 设 $X_1,X_2,\cdots,X_n$ 是总体 $X\sim N(0,\sigma^2)$ 的样本,则未知参数 σ^2 的无偏估计量为(　　).

(A) $\hat{\theta}^2=\frac{1}{n-1}\sum\limits_{i=1}^{n}X_i^2$　　(B) $\hat{\theta}^2=\frac{1}{n}\sum\limits_{i=1}^{n}X_i^2$

(C) $\hat{\theta}^2=\frac{1}{n+1}\sum\limits_{i=1}^{n}X_i^2$　　(D) $\hat{\theta}^2=\frac{1}{n}\sum\limits_{i=1}^{n}(X_i-\overline{X})^2$

(2) 设 $X\sim N(\mu,\sigma^2)$,其中 μ 已知,$\sigma^2\neq 0$ 为未知参数,$X_1,X_2,\cdots,X_n$ 是来自总体 X 的样本,样本均值为 $\overline{X}$,则 σ^2 的最大似然估计量为(　　).

(A) $\hat{\sigma}^2=\frac{1}{n-1}\sum\limits_{i=1}^{n}(X_i-\overline{X})^2$　　(B) $\hat{\sigma}^2=\frac{1}{n}\sum\limits_{i=1}^{n}(X_i-\overline{X})^2$

(C) $\hat{\sigma}^2=\frac{1}{n-1}\sum_{i=1}^{n}(X_i-\mu)^2$　　(D) $\hat{\sigma}^2=\frac{1}{n}\sum_{i=1}^{n}(X_i-\mu)^2$

(3)设随机变量 $X_1,X_2,\cdots,X_n$ 相互独立且同分布，$\overline{X}=\frac{1}{n}\sum_{i=1}^{n}X_i$，$S^2=\frac{1}{n-1}\sum_{i=1}^{n}(X_i-\overline{X})^2$，$D(X_i)=\sigma^2$，$i=1,2,\cdots,n$，则 S(　　).

(A)是 σ 的无偏估计量　　(B)是 σ 的最大似然估计量

(C)是 σ 的一致估计量　　(D)与 $\overline{X}$ 相互独立

3. 设总体 X 具有分布律

X	1	2	3
p_k	θ^2	$2\theta(1-\theta)$	$(1-\theta)^2$

其中 $\theta(0<\theta<1)$ 为未知参数. 已知取得了样本观测值 $x_1=1,x_2=2,x_3=1$，求 θ 的矩估计值和最大似然估计值.

4. 一地质学家为研究密歇根湖湖滩地区的岩石成分，随机地自该地区取 100 个样品，每个样品有 10 块石子，记录了每个样品中属于石灰石的石子数. 假设这 100 次观察相互独立，并且由过去经验知，它们都服从参数为 $n=10$，p 的二项分布. p 是这地区一块石子是石灰石的概率. 求 p 的最大似然估计值. 该地质学家所得的数据如下：

样本中属于石灰石的石子数	0	1	2	3	4	5	6	7	8	9	10
观察到石灰石的样品个数	0	1	6	7	23	26	21	12	3	1	0

5. 设总体 X 的概率密度函数为

$$f(x)=\begin{cases}1-\theta, & 0\leqslant x<1,\\ 1+\theta, & 1\leqslant x\leqslant 2,\\ 0, & \text{其他}.\end{cases}$$

$X_1,X_2,\cdots,X_n$ 是从总体 X 中抽取的一个样本. 记 N 为样本观测值中小于 1 的个数，求 θ 的矩估计量和最大似然估计量.

6. 设总体 X 的概率密度函数为

$$f(x)=\begin{cases}\frac{\lambda^\alpha}{\Gamma(\alpha)}x^{\alpha-1}\mathrm{e}^{-\lambda x}, & x>0,\\ 0, & \text{其他},\end{cases}$$

其中 $\alpha>0$ 为已知参数，$\lambda>0$ 为未知参数. $X_1,X_2,\cdots,X_n$ 是取自总体 X 中抽取的样本，求 λ 的矩估计量和最大似然估计量.

7. 给出一个来自均匀分布总体 $f(x,\beta)=\frac{1}{\beta}$，$0\leqslant x\leqslant\beta$，容量为 n 的样本$(X_1,X_2,\cdots,X_n)$，求：

(1) 参数 β 的最大似然估计量；

(2) 总体均值的最大似然估计量；

(3) 总体方差的最大似然估计量.

8. 箱子中装有一批产品，其中次品件数与合格品件数之比为 R，未知，$R>0$. 现从箱中有放回地抽取 n 个产品进行测试，发现其中有 K 件是次品，求 R 的最大似然估计值.

9. 设$(X_1,X_2,\cdots,X_n)$为总体 X 的样本，欲使

$$\hat{\sigma}^2=k\sum_{i=1}^{n-1}(X_{i+1}-X_i)^2$$

为 σ^2 的无偏估计，问 k 应取什么值？

10. 设 $\hat{\theta}$ 是参数 θ 的无偏估计，且有 $D(\hat{\theta})>0$，试证 $\hat{\theta}^2=(\hat{\theta})^2$ 不是 θ^2 的无偏估计.

11. 设 $X_1,X_2,\cdots,X_n$ 是来自总体 $X\sim N(\mu,\sigma^2)$的样本，μ 已知. 问 σ^2 的两个无偏估计量 $S_1^2=\frac{1}{n}\sum\limits_{i=1}^{n}(X_i-\mu)^2$ 和 $S_2^2=\frac{1}{n-1}\sum\limits_{i=1}^{n}(X_i-\overline{X})^2$ 哪个更有效？

12. 若总体均值 μ 与总体方差都存在，试证样本均值 $\overline{X}$ 是 μ 的一致估计.

13. 设总体 X 服从$[0,\theta]$上的均匀分布，$X_1,X_2,\cdots,X_n$ 是从总体 X 中抽取的一个样本，证明 $\hat{\theta}_1=2\overline{X}$ 和 $\hat{\theta}_2=X_{(n)}$ 都是 θ 的一致估计.

14. 随机地从一批零件中抽取 16 个，测得其长度(单位：cm)如下：

2.14，2.10，2.13，2.15，2.13，2.12，2.13，2.10，

2.15，2.12，2.14，2.10，2.13，2.11，2.14，2.11.

设该零件长度分布为正态的，试求总体均值 μ 的 0.90 置信区间.

(1) 若已知 $\sigma=0.01$；

(2) 若 σ 未知.

15. 设 $X_1,X_2,\cdots,X_n$ 从正态总体 $N(\mu,\sigma^2)$中抽取的一个样本，其中 μ,σ^2 均未知，求 μ 的置信水平为 $1-\alpha$ 的置信区间长度 L 平方的数学期望.

16. 设总体 X 的方差为 1，根据来自 X 的容量为 100 的一个样本，测得样本均值为 5，求 X 的数学期望的置信水平近似等于 0.95 的置信区间.

17. 测量铅的密度 16 次，测得 $\overline{X}=2.705$，$S=0.029$，试求出铅的密度均值的置信水平为 0.95 的置信区间. 设这 16 次测量结果可以看作来自同一正态总体的样本.

18. 对方差 σ^2 为已知的正态总体来说，问需取容量 n 为多大的样本，方使总体值 μ 的置信水平为 $1-\alpha$ 的置信区间长度不大于 L？

19. 随机地从 A 种导线中抽取 4 根，并从 B 种导线中抽取 5 根，测得其电阻(Ω)如下：

A 种导线　0.143，0.142，0.143，0.137；

B 种导线　0.140，0.142，0.136，0.138，0.140.

设测试数据分别服从正态分布 $N(\mu_1,\sigma^2)$，$N(\mu_2,\sigma^2)$，并且它们相互独立，又 μ_1,μ_2 及 σ^2 均为未知，试求 $\mu_1-\mu_2$ 的 0.95 的置信区间.

20. 随机地抽取某种炮弹 9 发进行试验，测得炮口速度的样本标准差 S 为 11 m/s. 设炮口速度服从正态分布，求这种炮弹的炮口速度的标准差 σ 的 0.95 的置信区间.

21. 测得一批 20 个钢件的屈服点(t/cm²)为

4.98，5.11，5.20，5.20，5.11，5.00，5.61，4.88，5.27，5.38，

5.46，5.27，5.23，4.96，5.35，5.15，5.35，4.77，5.38，5.54.

设屈服点近似服从正态分布，试求：

(1) 屈服点总体均值的 0.95 的置信区间；

(2) 屈服点总体标准差 σ 的 0.95 置信区间.

22. 冷抽铜丝的折断力服从正态分布，从一批铜丝中任取 10 根试验折断力，得数据如下(单位：kg)：

573，572，570，568，572，570，570，596，584，582.

求标准差的 0.95 的置信区间.

23. 测量某种仪器的工作温度 5 次得：

1 250 ℃，1 275 ℃，1 265 ℃，1 245 ℃，1 260 ℃.

问温度均值以 0.95 把握落在何范围？(设温度服从正态分布)

24. 有两种灯泡，一种用 A 型灯丝，另一种用 B 型灯丝，随机地抽取这两种灯泡各 10 只作试验，得到它们的寿命(h)如下：

A 型灯丝　1 293，1 380，1 614，1 497，1 340，1 643，1 466，1 627，1 387，1 711；

B 型灯丝　1 061，1 065，1 092，1 017，1 021，1 138，1 143，1 094，1 270，1 028.

设两样本相互独立，并设两种灯泡寿命都服从正态分布且方差相等，求这两个总体平均寿命差 $\mu_A-\mu_B$ 的 0.90 的置信区间.

25. 有两位化验员 A，B，他们独立地对某种聚合物的含氯量用相同的方法各作了 10 次测定. 其测定值的方差 S^2 依次为 0.541 9 和 0.606 5. 设 σ_A^2 和 σ_B^2 分别为 A，B 所测量的数据总体(设为正态分布)的方差，求方差比 σ_A^2/σ_B^2 的 0.95 的置信区间.

26. 从甲、乙两个蓄电池厂的产品中分别抽取 10 个产品，测得蓄电池的容量(A·h)如下：

甲厂　146，141，138，142，140，143，138，137，142，137；

乙厂　141，143，139，139，140，141，138，140，142，136.

设蓄电池的容量服从正态分布，求两个工厂生产的蓄电池的容量方差比的置信水平为 0.95 的置信区间.

第8章 假设检验

本章主要内容

- ○ 假设检验基本思想介绍
- ○ 单个正态总体均值、方差的检验
- ○ 两个正态总体均值与方差的检验
- ○ 总体比例的假设检验
- ○ 总体分布的假设检验

上一章讨论了对总体参数的估计,本章将介绍统计推断中另一类重要问题——假设检验. 所谓假设检验,就是对总体的分布形式和这种分布形式的某些参数提出假设,然后根据已掌握的资料和样本观察值构造适当的统计量,对假设的正确性作判断,并使这种判断具有一定的可靠性.

8.1 假设检验的基本概念

8.1.1 基本思想

先看一个实际问题.

例 8.1.1 某车间生产铆钉,它的标准直径为 $\mu_0=2$ cm. 即使工艺条件不变,所生产铆钉的直径也不可能全等于 μ_0,而是在 μ_0 附近波动着,从过去大量数据知其服从正态分布,且方差为 $\sigma^2=0.1^2\ \text{cm}^2$. 现在采用了一种新工艺,抽取用新工艺生产的 $n=100$ 个铆钉,测得其平均直径为 $\overline{X}=1.978$ cm ,问 $\overline{X}$ 与 μ_0 的差异纯粹是偶然的波动,还是反映了工艺改变的影响呢? 从此例可看出,生产中或科学试验中,要求我们处理的数据,总是有波动的,而这种波动是由两种不同性质的误差引起的. 一种误差是随机误差,它是由于生产(或试验)中受偶然因素的影响以及对产品测量的不准确所造成的,即使在同一工艺条件下,这种误差也不可能避免. 另一种误差是所谓条件误差,它是由于工艺条件的改变等原因所造成的.

显然,如何正确地区分这两种误差是解决上述问题的关键. 但是,这两种误差经常纠缠在一起,除了极为明显的情况,一般是难于直观地分辨的.

假设检验是帮助我们处理这一类问题的一种科学方法. 所根据的原理是"小概率事件在一次试验中几乎是不可能实现的",这也称为实际推断原理.

这原理不能进行证明,但按这一原理去行事是行之有效的. 人们不仅在生产和科学试验中按这一原理去做,在日常生活中人们也是不自觉地遵循着它. 如"在长途汽车的一次行车中汽车失事"这一事件是小概率事件,所以每当我们坐长途汽车时,仍很坦然地坐在车上,并不提心吊胆地认为我们坐的这一次班车会失事(尽管汽车失事屡见不鲜).

现在,再以例 8.1.1 来说明,如果工艺的改变对铆钉直径没有影响(这种假设,在统计学中称为原假设),也就是说不存在条件误差,$\overline{X}$ 与 μ_0 的差异纯粹是随机误差. 或者说样本仍可看作是从原来总体中抽取的,所以 $\overline{X}$ 应遵从 $N\left(\mu_0,\dfrac{\sigma_0^2}{n}\right)$. 现在,$\overline{X}=1.978$ 落在区间

$$\left(\mu_0-1.96\frac{\sigma_0}{\sqrt{n}},\mu_0+1.96\frac{\sigma_0}{\sqrt{n}}\right)=(1.98,\quad 2.02)$$

之外,而这一事件的概率仅为 0.05,即平均每 20 次试验才出现一次. 现在我们只作了一次试验,得到的 $\overline{X}=1.978$ 就落在这个区间之外,这样就推翻了"工艺改变对铆钉直径没有影响"的原假设,即可认为工艺改变使铆钉直径偏小了. 这就是假设检验的基本思想.

至于概率小到何种程度才称小概率,不同的问题中有不同的标准. 这与两类错误(见下段)所造成的损失大小有关. 对于通常情况,我们总是以 0.05 或 0.01 作为小概率.

今后我们将任意一个有关未知分布的假设称为**统计假设**(statistical hypothesis),简称

假设.假设检验是根据样本提供的信息作统计推断,以判断总体是否具有某种特定的特性.假设检验的基本思想是带概率性质的反证法:为了判断某一个“结论”是否成立,先假设该“结论”成立,然后在该结论成立的前提下进行推导和运算.如果推导运算的结果与实际推断原理相矛盾,即小概率事件在一次实验中发生了,则认为原“结论”不成立.在例 8.1.1 中我们把所涉及的两种情况用统计假设的形式表示出来,第一个统计假设 $\mu=2$ 表示采用新工艺后铆钉的平均直径没有变化,并称为**原假设**(null hypothesis),用符号 $H_0:\mu=2$ 表示.第二个统计假设 $\mu\neq 2$ 表示采用新工艺后铆钉平均直径有了显著变化,称为**备择假设**(alternative hypothesis),用符号 $H_1:\mu\neq 2$ 表示.至于在两个假设中哪一个作为原假设,哪一个作为备择假设,要看具体目的和要求.

在例 8.1.1 中总体的分布类型为已知,仅是某个参数为未知,只要对未知参数做出假设,就可完全确定总体的分布.这种仅涉及总体分布的未知参数的统计假设称为**参数假设**(parametric hypothesis).在有些问题中并非是对某些参数做出判断,而是只对未知分布函数的类型或者它的某些特征提出假设,则称为**非参数假设**(non-parametric hypothesis).例如自动车床加工轴,从成品中抽取 11 根,测量它们的直径(mm),数据如下:10.52, 10.41, 10.32, 10.18, 10.64, 10.77, 10.82, 10.67, 10.59, 10.38, 10.49.问这批零件的直径是否服从正态分布?这就是非参数假设检验问题.

8.1.2 两类错误

在例 8.1.1 中,我们拒绝原假设 H_0 的根据是样本平均数 $\overline{X}$ 落在区间 $\left(\mu_0-1.96\frac{\sigma_0}{\sqrt{n}},\ \mu_0+1.96\frac{\sigma_0}{\sqrt{n}}\right)$之外,也就是说新工艺生产的铆钉平均直径与 μ_0 相差较大,即有显著差异.如果 $\overline{X}$ 落在区间之内,我们就接受原假设,这时,我们说新工艺生产的铆钉平均直径与 μ_0 无显著差异.

落在其中而承认原假设正确的区域称为接受域(acceptance region)或相容域,记为 $\overline{W}$;接受域之外的样本观测值构成的集合称为拒绝域(rejection region),记为 W.

由于假设检验是根据样本提供的信息推断总体,毕竟小概率事件在一次实验中有可能发生,反之发生概率很大的事件在一次实验中也有可能不发生.因此假设检验推断的结果不管是肯定还是否定是就一定概率而言的,不管接受 H_0 还是拒绝 H_0 都是带有一定可靠程度的推断.不可避免地会犯错误,即做出错误的判断.当 H_0 为真时,而样本的观察值落入了拒绝域 W,我们拒绝 H_0,称这种错误为第一类错误或“拒真”的错误.其发生的概率称为拒真概率,通常记为 α.用式子表示为

$$P(T\in W\mid H_0\text{ 为真})=\alpha.$$

反之,当 H_0 不真时,而样本的观察值落入了接受域 $\overline{W}$,因而接受了 H_0,称这种错误为第二类错误或“取伪”错误.其发生的概率称为犯第二类错误的概率或取伪概率,通常记为 β.用式子表示为

$$P(T\in \overline{W}\mid H_0\text{ 不真})=\beta.$$

为明确起见,我们把这两类错误列于下表中.

两类错误

判断 \ 真实情况	H_0 为真	H_0 不真
拒绝 $H_0(T\in W)$	犯第一类错误	判断正确
接收 $H_0(T\in \overline{W})$	判断正确	犯第二类错误

例 8.1.2 设总体 $X\sim N(\mu,\sigma_0^2)$，σ_0^2 已知. $X_1,X_2,\cdots,X_n$ 是从总体 X 中抽取的一个样本. 假设检验

$$H_0:\mu=\mu_0,H_1:\mu=\mu_1$$

的拒绝域 $W=\{\overline{X}>\mu_0+\frac{\sigma_0 u_\alpha}{\sqrt{n}}\}$. 求该检验犯两类错误的概率.

解 易知当 H_0 成立时，$\frac{\overline{X}-\mu_0}{\sigma_0/\sqrt{n}}\sim N(0,1)$；当 H_1 成立时，$\frac{\overline{X}-\mu_1}{\sigma_0/\sqrt{n}}\sim N(0,1)$，所以，犯第一类错误的概率为

$$P\left\{\overline{X}>\mu_0+\frac{\sigma_0 u_\alpha}{\sqrt{n}}\,\middle|\,\mu=\mu_0\right\}=P\left\{\frac{\overline{X}-\mu_0}{\sigma_0/\sqrt{n}}>u_\alpha\,\middle|\,\mu=\mu_0\right\}=\alpha,$$

犯第二类错误的概率

$$\beta=P\left\{\overline{X}\leqslant\mu_0+\frac{\sigma_0 u_\alpha}{\sqrt{n}}\,\middle|\,\mu=\mu_1\right\}=P\left\{\frac{\overline{X}-\mu_1}{\sigma_0/\sqrt{n}}\leqslant u_\alpha-\frac{\mu_1-\mu_0}{\sigma_0/\sqrt{n}}\right\}=\Phi\left(u_\alpha-\frac{\mu_1-\mu_0}{\sigma_0/\sqrt{n}}\right).$$

上述两类错误概率的大小可用下图中的阴影面积表示. 图中 $a_i=\frac{\mu_i}{\sigma_0/\sqrt{n}}$，$i=0,1,L=a_0+u_\alpha$. 由图中可以看出，若要第一类错误概率 α 变小，则 u_α 变大，从而第二类错误的概率 $\beta=\Phi\left(u_\alpha-\frac{\mu_1-\mu_0}{\sigma_0}\sqrt{n}\right)$ 也随之变大.

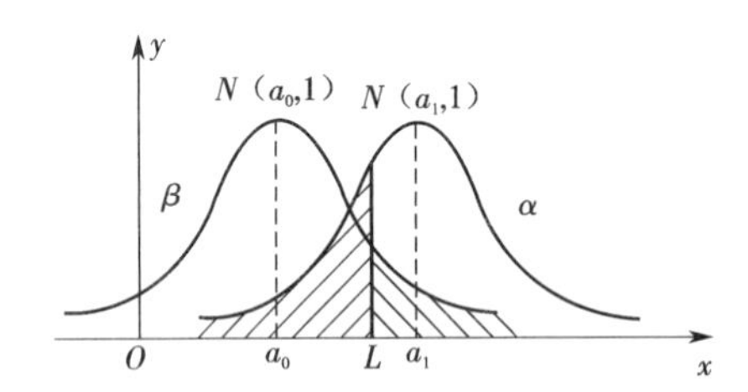

我们自然希望，所作的检验犯两类错误的概率尽可能都小，甚至不犯错误，但实际上，这是不可能的. 当样本容量 n 固定时，一般情形下，减少犯其中一类错误的概率，就会增加犯另一类错误的概率，它们之间的关系犹如区间估计问题中置信水平与置信区间的长度的关系那样. 通常的做法是按奈曼—皮尔逊提出的原则，控制犯第一类错误的概率不超过某个预先指定的显著水平$(0<\alpha<1)$，而使犯第二类错误的概率也尽量地小. 具体实行这个原则有许多困难，因而有时把这个原则简化成只要求犯第一类错误的概率等于 α，而不考虑犯第二类错误的概率. 这类统计假设检验问题称为显著性检验问题.

8.1.3　检验步骤

(1)根据问题的要求,建立原假设 H_0 及备择假设 H_1;

(2)根据 H_0 的内容,选取合适的统计量,并确定统计量的分布;

(3)在给定的显著水平为 α 的条件下,查统计量所遵从的分布的分位数表,定出临界值,确定拒绝域 W;

(4)由样本观察值算出统计量的具体值;

(5)做出判断:统计量的具体值落入拒绝域 W 中,则拒绝 H_0,否则接受 H_0.

关于假设检验问题,我们再做如下几点说明.

(1)假设检验中的"接受"和"拒绝"用语,它反映当事者在所面对的样本证据之下,对该命题所采取的一种态度、倾向性,以至某种必须或自愿采取的行动,而不是在逻辑上"证明"了该命题正确或不正确,这自然是因为样本有随机性.例如,从一批废品率很大的产品抽出的样本中,也可能碰巧包含了较多的正品,而导致该批产品被接受.但由于我们给定了显著性水平 α,因而控制住了犯第一类错误的概率,故而"拒绝"总是有说服力的,"接受"总是没有说服力的,而且 α 越小,则说服力越强.这是我们做出判断后必须理解的.

(2)对检验的结果来说,拒绝 H_0 是有说服力的,接受 H_0 是没有说服力的.因为拒绝 H_0 是根据实际推断原理(即小概率事件在一次试验中几乎是不可能发生的)做出的结论,这是有说服力的,而且 α 越小,说服力越强.若接受 H_0,只能说没有充足的理由拒绝 H_0,才接受 H_0.因此一般说不拒绝 H_0,而不说接受 H_0.

(3)原假设 H_0 和备择假设 H_1 并不是平等的.由假设检验基本原理知道,接受 H_1 必须有充足的理由,而接受 H_0 只要没有足够理由拒绝 H_0 就可接受 H_0,因此 H_0 是受到保护的假设,没有足够的理由不应受到否定,而 H_1 是必须有足够的理由才接受的假设.

(4)提出假设 H_0 遵循的三个原则为:①尽量使样本观测值与假设 H_0 矛盾,因为我们不应该轻易接受一次抽样的观测结果.②尽量使后果严重一类错误成为第一类错误,因为第一类错误的概率(显著性水平 α)是可以控制的.③尽量将过去的资料提供的论断或选择经验保守的作为假设 H_0.实际问题中,若需检验新的方法(新材料、新工艺、新产品等)是否比原方法好,我们总是设原假设 H_0:旧方法优于新方法,备择假设 H_1:新方法优于旧方法.因为新材料、新工艺、新产品等可能存在一些还未发现的隐患,从而引起不好的后果,所以要接受它们必须有充分的理由,即要求实验结果提供充分的证据.

8.2　参数假设检验

在工农业生产和科学实验中,多数情况是总体分布类型已知,要检验的只是有关参数值的假设,这称为参数假设检验.鉴于中心极限定理证明常见的随机变量很多都是遵从正态分布的,所以我们要着重介绍正态分布参数的假设检验法.

正态分布有两个参数,一个是均值 μ,另一个是方差 σ^2.这两个参数确定之后,一个正态分布 $N(\mu,\sigma^2)$就完全可以确定下来了.因此,关于正态分布的参数检验问题,也就是检验这两个参数的问题.

8.2.1 单个正态总体的情况

设总体 $X \sim N(\mu, \sigma^2)$, $X_1, X_2, \cdots, X_n$ 是来自总体 X 的样本,样本均值和方差分别为 $\overline{X}$ 和 S^2. 取显著性水平为 α.

8.2.1.1 方差 σ^2 已知,检验 μ

$$H_0: \mu = \mu_0, H_1: \mu \neq \mu_0.$$

由第 7 章知,样本均值 $\overline{X}$ 是对 μ 的最好估计量,因此可用 $\overline{X}$ 来检验有关均值 μ 的假设. 如果原假设 H_0 为真时,由定理 6.2.4 知 $\overline{X} \sim N\left(\mu_0, \frac{\sigma_0^2}{n}\right)$,因而有

$$U = \frac{\overline{X} - \mu_0}{\sigma_0}\sqrt{n} \tag{8.2.1}$$

服从标准正态分布,故可用 U 作为检验的统计量. 在 H_0 不真时,$|U|$ 的观测值有偏大的趋势. 对给定的显著性水平 α,由 $P\{|U| > u_{1-\frac{\alpha}{2}}\} = \alpha$, 得拒绝域

$$W = \{|U| > u_{1-\frac{\alpha}{2}}\}, \tag{8.2.2}$$

或 $$W = \{U < -u_{1-\frac{\alpha}{2}} \text{或} U > u_{1-\frac{\alpha}{2}}\},$$

这里 $u_{1-\frac{\alpha}{2}}$ 为由正态 $N(0,1)$ 表查出的 $1-\frac{\alpha}{2}$ 分位点(见图 8.2.1).

再从样本观测值算出式(8.2.1)中的 U 值,若 $|u| > u_{1-\frac{\alpha}{2}}$,则拒绝原假设 H_0,并认为总体均值 μ 与原假设 μ_0 有显著差异,若 $|u| \leqslant u_{1-\frac{\alpha}{2}}$,接受 $H_0: \mu = \mu_0$. 这种检验法称为 u 检验法. 由于在备择假设 H_1 中,μ 可能在 μ_0 左侧($\mu < \mu_0$),也可能在 μ_0 右侧 ($\mu > \mu_0$),所以此类检验称为双侧检验.

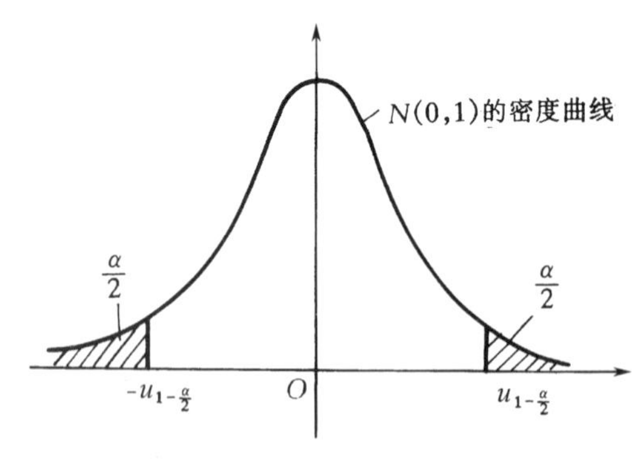

图 8.2.1

例 8.2.1 某切割机在正常工作时,切割每段金属棒的平均长度为 10.5 cm. 设切割机切割每段金属棒的长度服从正态分布,且根据长期经验知其方差为 $\sigma_0^2 = 0.15^2 \text{cm}^2$. 某日为了检验切割机工作是否正常,随机地抽取 15 段进行测量,其结果如下(单位:cm):

10.4,10.6,10.1,10.4,10.5,10.3,10.3,10.2,

10.9,10.6,10.8,10.5,10.7,10.2,10.7.

试问该机工作是否正常($\alpha=0.05$)?

解 $H_0: \mu=\mu_0=10.5$, $H_1: \mu\neq 10.5$.

利用统计量 $U=\frac{\overline{X}-\mu_0}{\sigma_0}\sqrt{n}$ 作检验,在 H_0 为真时,$U\sim N(0,1)$,因 $\alpha=0.05$,由正态 $N(0,1)$ 表查得 $1-\frac{\alpha}{2}=0.975$ 分位点 $u_{0.975}=1.96$.

由所给数据算得

$$|u|=\left|\frac{\overline{X}-\mu_0}{\sigma_0}\sqrt{n}\right|=\left|\frac{10.48-10.5}{0.15}\sqrt{15}\right|=0.52,$$

因 $|u|=0.52<1.96$,故不能拒绝原假设 H_0,因而认为切割机工作正常.

有时,我们只关心总体均值是否增大.例如,经过工艺改革后,考虑灯泡平均寿命是否比以前提高.只有改革后确实提高了灯泡平均寿命的新工艺才能使用.对于此种情况,我们要检验的是在新工艺下的总体均值 μ 是等于原来的总体均值 μ_0,还是大于 μ_0?即要在 $H_0:\mu=\mu_0$, $H_1: \mu>\mu_0$(或 $H_0:\mu\leqslant\mu_0$, $H_1:\mu>\mu_0$)之中作一抉择.

类似于前面的讨论,在显著性水平 α 下,我们仍用式(8.2.1)的 U 作为检验统计量.当 H_0 成立时,$\overline{X}-\mu_0$ 的值应较小,等价地,U 的观察值 $u(x_1,x_2,\cdots,x_n)$ 应较小;反之,如果发现 $u(x_1,x_2,\cdots,x_n)$ 的值较大,自然应该拒绝 H_0.于是,拒绝域为

$$W=\{U>u_{1-\alpha}\}, \tag{8.2.3}$$

这一检验称为右方单侧检验.

如果要检验的假设为

$$H_0: \mu=\mu_0, \quad H_1: \mu<\mu_0 (\text{或 } H_0:\mu\geqslant\mu_0, H_1:\mu<\mu_0),$$

仍然可用检验统计量 U.当 H_0 成立(即 $\mu\geqslant\mu_0$)时,$\overline{X}-\mu_0$ 的值应较大,等价地,U 的观察值 $u(x_1,x_2,\cdots,x_n)$ 应较大;反之,如果发现 $u(x_1,x_2,\cdots,x_n)$ 的值较小,自然应该拒绝 H_0.于是,拒绝域为

$$W=\{U<-u_{1-\alpha}\}, \tag{8.2.4}$$

这一检验称为左方单侧检验.

由上述讨论可见,选择单侧检验还是双侧检验取决于备择假设.

例 8.2.2 某厂生产一种灯泡,其寿命 X 服从正态分布 $N(\mu,200^2)$,从过去较长一段时间的生产情况来看,灯泡的平均寿命为 1 500 h.现采用新工艺后,在所生产的灯泡中抽取 25 只,测得平均寿命 1 675 h.问采用新工艺后,灯泡寿命是否有显著提高($\alpha=0.05$)?

此问题就是要在新产品平均寿命 μ 是等于原来的 1 500 h 还是大于 1 500 h 这两者中作一抉择.

解 设 $H_0: \mu=1\,500$, $H_1: \mu>1\,500$. 利用统计量 $U=\frac{\overline{X}-\mu_0}{\sigma_0}\sqrt{n}$ 作检验.在 H_0 为真时,$U\sim N(0,1)$,对给定的 $\alpha=0.05$,查正态分布表 $u_{1-\alpha}=u_{0.95}=1.645$.

由所给数据可算出 U 的观测值

$$u=\frac{\overline{X}-\mu_0}{\sigma_0}\sqrt{n}=\frac{1\,675-1\,500}{200}\sqrt{25}=4.375>1.645,$$

故拒绝 H_0，认为灯泡寿命有显著提高.

8.2.1.2 **方差 σ^2 未知，检验 μ**

$$H_0:\mu=\mu_0,\quad H_1:\mu\neq\mu_0.$$

因 σ^2 未知，不能选用 $U=\frac{\overline{X}-\mu_0}{\sigma}\sqrt{n}$ 作为检验统计量. 一个自然的想法是用方差的无偏估计量 S^2 去替代总体方差 σ^2，构造 T 统计量

$$T=\frac{\overline{X}-\mu_0}{S}\sqrt{n}. \tag{8.2.5}$$

在 H_0 为真时，由定理 6.2.6 知 $T\sim t(n-1)$. 在 H_0 不真时，$|T|$ 的观察值有偏大的趋势. 故对给定的显著性水平 α，由

$$P\{|T|>t_{1-\frac{\alpha}{2}}(n-1)\}=\alpha$$

查表求出 T 的 α 双侧分位点 $t_{1-\frac{\alpha}{2}}(n-1)$，得拒绝域

$$W=\{|T|>t_{1-\frac{\alpha}{2}}(n-1)\}. \tag{8.2.6}$$

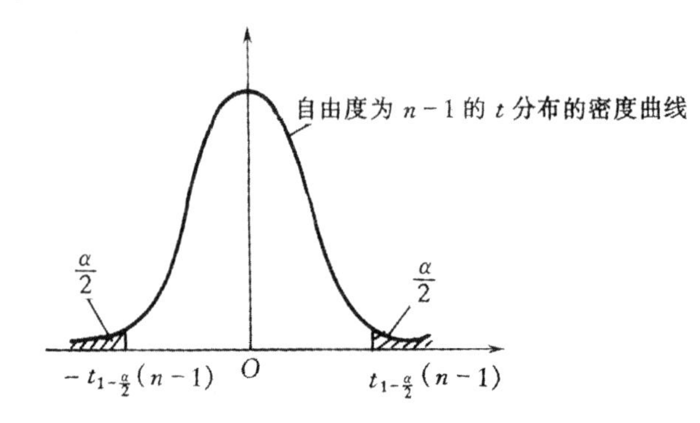

图 8.2.2

若由样本的观测值 $(x_1,x_2,\cdots,x_n)$ 算出 $|t|>t_{1-\frac{\alpha}{2}}(n-1)$，则拒绝原假设 H_0，否则就接受 H_0. 这种检验方法称为双侧 t 检验.

t 检验也有类似于 u 检验法的单侧检验情况，如考虑假设

$$H_0:\ \mu=\mu_0,\qquad H_1:\ \mu>\mu_0$$

的检验，在给定水平 α 下，其拒绝域为

$$W=\{T>t_{1-\alpha}(n-1)\}. \tag{8.2.7}$$

其他不再详述，请看表 8.2.1.

例 8.2.3 用某种钢生产的钢筋的强度 X 服从正态分布，且 $E(X)=50.00\ \mathrm{kg/mm^2}$. 今改变炼钢的配方，利用新法炼了 9 炉钢，从这 9 炉钢生产的钢筋中每炉抽一根测得其强度分别为56.01，52.45，51.53，48.52，49.04，53.38，54.02，52.13，52.15.

试问用新法炼钢生产的钢筋其强度的均值是否有明显提高($\alpha=0.05$)？

解 根据问题的特点，我们取

$$H_0:\ \mu=50.00,\quad H_1:\ \mu>50.00.$$

表 8.2.1　正态总体参数的显著性假设检验

检验参数		假设 H_0	假设 H_1	统　计　量	显著水平 α 下拒绝 H_0 若
单个总体	μ	$\mu=\mu_0$（$\sigma^2=\sigma_0^2$ 已知）	$\mu\neq\mu_0$	$U=\frac{\overline{X}-\mu_0}{\sigma_0}\sqrt{n}$	$\lvert U\rvert>u_{1-\frac{\alpha}{2}}$
			$\mu>\mu_0$		$U>u_{1-\alpha}$
			$\mu<\mu_0$		$U<-u_{1-\alpha}$
		$\mu=\mu_0$（$\sigma^2>0$ 未知）	$\mu\neq\mu_0$	$T=\frac{\overline{X}-\mu_0}{S}\sqrt{n}$	$\lvert T\rvert>t_{1-\frac{\alpha}{2}}(n-1)$
			$\mu>\mu_0$		$T>t_{1-\alpha}(n-1)$
			$\mu<\mu_0$		$T<-t_{1-\alpha}(n-1)$
	σ^2	$\sigma^2=\sigma_0^2$（$\mu=\mu_0$ 已知）	$\sigma^2\neq\sigma_0^2$	$\chi^2=\frac{1}{\sigma_0^2}\sum_{i=1}^{n}(X_i-\mu_0)^2$	$\chi^2<\chi^2_{\frac{\alpha}{2}}(n)$ 或 $\chi^2>\chi^2_{1-\frac{\alpha}{2}}(n)$
			$\sigma^2>\sigma_0^2$		$\chi^2>\chi^2_{1-\alpha}(n)$
			$\sigma^2<\sigma_0^2$		$\chi^2<\chi^2_{\alpha}(n)$
		$\sigma^2=\sigma_0^2$（μ 未知）	$\sigma^2\neq\sigma_0^2$	$\chi^2=\frac{1}{\sigma_0^2}\sum_{i=1}^{n}(X_i-\overline{X})^2$	$\chi^2<\chi^2_{\frac{\alpha}{2}}(n-1)$ 或 $\chi^2>\chi^2_{1-\frac{\alpha}{2}}(n-1)$
			$\sigma^2>\sigma_0^2$		$\chi^2>\chi^2_{1-\alpha}(n-1)$
			$\sigma^2<\sigma_0^2$		$\chi^2<\chi^2_{\alpha}(n-1)$
两个总体	μ^2	$\mu_1=\mu_2$（σ_1^2，σ_2^2 已知）	$\mu_1\neq\mu_2$	$U=(\overline{X}-\overline{Y})\Big/\sqrt{\frac{\sigma_1^2}{n_1}+\frac{\sigma_2^2}{n_2}}$	$\lvert U\rvert>u_{1-\frac{\alpha}{2}}$
			$\mu_1>\mu_2$		$U>u_{1-\alpha}$
			$\mu_1<\mu_2$		$U<-u_{1-\alpha}$
		$\mu_1=\mu_2$（σ_1^2，σ_2^2 未知且相等）	$\mu_1\neq\mu_2$	$T=\frac{\overline{X}-\overline{Y}}{\sqrt{(n_1-1)S_1^2+(n_2-1)S_2^2}}\cdot\sqrt{\frac{n_1n_2(n_1+n_2-2)}{n_1+n_2}}$	$\lvert T\rvert>t_{1-\frac{\alpha}{2}}(n_1+n_2-2)$
			$\mu_1>\mu_2$		$T>t_{1-\alpha}(n_1+n_2-2)$
			$\mu_1<\mu_2$		$T<-t_{1-\alpha}(n_1+n_2-2)$
	σ^2	$\sigma_1^2=\sigma_2^2$（μ_1，μ_2 已知）	$\sigma_1^2\neq\sigma_2^2$	$F=\frac{\frac{1}{n_1}\sum_{j=1}^{n_1}(X_j-\mu_1)^2}{\frac{1}{n_2}\sum_{i=1}^{n_2}(Y_i-\mu_2)^2}$	$F<F_{\frac{\alpha}{2}}(n_1,n_2)$ 或 $F>F_{1-\frac{\alpha}{2}}(n_1,n_2)$
			$\sigma_1^2>\sigma_2^2$		$F>F_{1-\alpha}(n_1,n_2)$
			$\sigma_1^2<\sigma_2^2$		$F<F_{\alpha}(n_1,n_2)$
		$\sigma_1^2=\sigma_2^2$（μ_1，μ_2 未知）	$\sigma_1^2\neq\sigma_2^2$	$F=\frac{S_1^2}{S_2^2}$	$F<F_{\frac{\alpha}{2}}(n_1-1,n_2-1)$ 或 $F>F_{1-\frac{\alpha}{2}}(n_1-1,n_2-1)$
			$\sigma_1^2>\sigma_2^2$		$F>F_{1-\alpha}(n_1-1,n_2-1)$
			$\sigma_1^2<\sigma_2^2$		$F<F_{\alpha}(n_1-1,n_2-1)$

由于总体的方差未知，所以选用统计量 T，在 H_0 为真下

$$T=\frac{\sqrt{n}(\overline{X}-\mu_0)}{S}\sim t(n-1).$$

对显著性水平 $\alpha=0.05$，查表得 $t_{0.95}(8)=1.86$，因而拒绝域为　$W=\{T>1.86\}$.

代入样本观察值算得 $\bar{x}=52.14$，$s=2.346$，

$$t=\frac{\sqrt{9}(52.14-50.00)}{2.346}=2.74.$$

结论为 $t=2.74>t_{0.95}(8)=1.86$，所以拒绝 H_0 即认为强度有明显提高.

8.2.1.3 **已知均值 μ，检验 σ^2**

$$H_0: \sigma^2=\sigma_0^2, \quad H_1: \sigma^2\neq\sigma_0^2.$$

因 $\mu=\mu_0$ 已知常数，$\frac{1}{n}\sum_{i=1}^{n}(X_i-\mu_0)^2$ 是总体方差 σ_0^2 的无偏估计量，在 H_0 为真时，$\frac{1}{n}\sum_{i=1}^{n}(X_i-\mu_0)^2$ 应在 σ_0^2 周围波动，否则将偏离 σ_0^2，因此是构造检验假设 $H_0(\sigma^2=\sigma_0^2)$的合适的统计量，为了查表便利，将它标准化得到

$$\chi^2=\frac{\sum_{i=1}^{n}(X_i-\mu_0)^2}{\sigma_0^2}. \tag{8.2.8}$$

由定理 6.2.1 推论知道，式(8.2.8)定义的统计量 χ^2 在 H_0 为真时，服从自由度为 n 的 χ^2 分布.

这时对于给定的显著性水平 α，为使犯第二类错误的概率尽可能小，且计算又方便，可取拒绝域为

$$W=\{\chi^2<\chi_{\frac{\alpha}{2}}^2(n) \text{或} \chi^2>\chi_{1-\frac{\alpha}{2}}^2(n)\}. \tag{8.2.9}$$

这里 $\chi_{\frac{\alpha}{2}}^2(n)$和 $\chi_{1-\frac{\alpha}{2}}^2(n)$分别是自由度为 n 的 χ^2 分布的$\frac{\alpha}{2}$和 $1-\frac{\alpha}{2}$ 分位点(见图8.2.3).

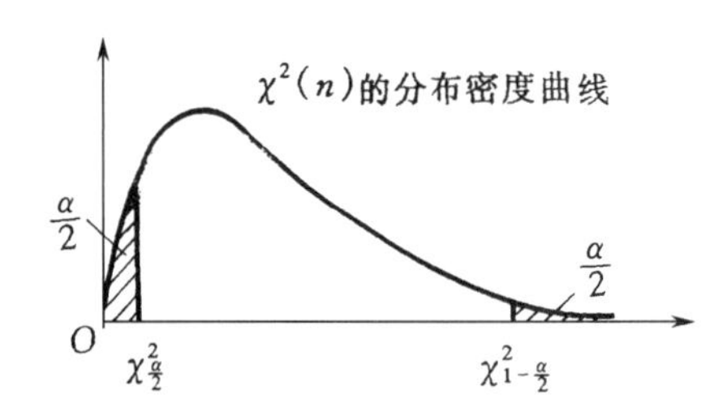

图 8.2.3

把样本观测值代入式(8.2.8)算得 χ^2 之值，若大于 $\chi_{1-\frac{\alpha}{2}}^2(n)$或小于 $\chi_{\frac{\alpha}{2}}^2(n)$，就拒绝 H_0，否则就接受 H_0.

8.2.1.4 **未知均值 μ，检验 σ^2**

$$H_0: \sigma^2=\sigma_0^2, \quad H_1: \sigma^2\neq\sigma_0^2.$$

当 μ 未知时，式(8.2.8)就不再是统计量. 一个自然的想法是用 $\bar{X}$ 代替式(8.2.8)中的 μ，即用统计量

$$\chi^2=\frac{\sum_{i=1}^{n}(X_i-\bar{X})^2}{\sigma_0^2} \tag{8.2.10}$$

作检验. 在 H_0 为真时，由定理 6.2.5 知$\chi^2\sim\chi^2(n-1)$，与上面情况类似地选取拒绝域.

这种检验方法称为 χ^2 检验. 它也有单侧检验的情形,可查看表 8.2.1.

例 8.2.4　一细纱车间纺出某种细纱支数标准差为 1.2. 某日从纺出的一批纱中,随机抽 15 缕进行支数测量,测得子样标准差 S 为 2.1,问纱的均匀度有无显著变化($\alpha=0.05$)?假定总体分布是正态的.

解　该日纺出纱的支数构成一个正态总体,按题意要检验假设

$$H_0: \sigma^2=1.2^2, \quad H_1: \sigma^2\neq 1.2^2.$$

用 χ^2 检验法. 由 $\alpha=0.05$,自由度 $n-1=15-1=14$,查 χ^2 分布表得 $\chi^2_{\frac{\alpha}{2}}(n-1)=5.629$, $\chi^2_{1-\frac{\alpha}{2}}(n-1)=26.119$.

计算 $\chi^2=(n-1)S^2/\sigma_0^2=14\times\dfrac{2.1^2}{1.2^2}=42.875$.

易见 $\chi^2>26.119$,所以拒绝原假设. 即这天细纱均匀度有显著变化.

例 8.2.5　某种导线,要求其电阻的标准差不得超过 0.005 Ω. 今在生产的一批导线中取样品 9 根,测得 $S=0.007$ Ω. 问在显著性水平 $\alpha=0.05$ 条件下,能认为这批导线的方差显著偏大吗?

解　$H_0: \sigma^2=(0.005)^2, \quad H_1: \sigma^2>(0.005)^2.$

由于 μ 未知,取统计量

$$\chi^2=\frac{(n-1)S^2}{\sigma_0^2}\sim\chi^2(9-1).$$

由 $\alpha=0.05$, 查表 $\chi^2_{1-\alpha}(8)=\chi^2_{0.95}(8)=15.5$, $W=\{\chi^2>15.5\}$.

由样本值,计算得到

$$\chi^2=\frac{8\times 0.007^2}{0.005^2}=15.68>15.5.$$

故拒绝 H_0,认为这批导线的方差显著地偏大.

8.2.2　两个正态总体均值与方差的假设检验

设总体 $X\sim N(\mu_1,\sigma_1^2)$, $Y\sim N(\mu_2,\sigma_2^2)$, $X_1,X_2,\cdots,X_{n_1}$ 和 $Y_1,Y_2,\cdots,Y_{n_2}$ 分别取自总体 X 和总体 Y 的样本且相互独立. 样本的均值和方差分别为 $\overline{X}, S_1^2$ 和 $\overline{Y}, S_2^2$.

8.2.2.1　已知方差,两个总体的均值检验

$$H_0: \mu_1=\mu_2, \quad H_1: \mu_1\neq\mu_2.$$

检验假设 $\mu_1=\mu_2$,等价于检验假设 $\mu_1-\mu_2=0$. 仿照前面的方法,当 H_0 为真时,

$$E(\overline{X}-\overline{Y})=0,\ D(\overline{X}-\overline{Y})=\frac{\sigma_1^2}{n_1}+\frac{\sigma_2^2}{n_2},$$

故

$$(\overline{X}-\overline{Y})\sim N\left(0,\frac{\sigma_1^2}{n_1}+\frac{\sigma_2^2}{n_2}\right).$$

统计量

$$U=(\overline{X}-\overline{Y})\Big/\sqrt{\frac{\sigma_1^2}{n_1}+\frac{\sigma_2^2}{n_2}} \tag{8.2.11}$$

服从 $N(0,1)$ 分布. 对给定的显著性水平 α,查正态分布表得 $u_{1-\frac{\alpha}{2}}$,取拒绝域

$$W=\{|U|>u_{1-\frac{\alpha}{2}}\}. \tag{8.2.12}$$

将观测值 $(x_1,x_2,\cdots,x_{n_1})$,$(y_1,y_2,\cdots,y_{n_2})$代入式(8.2.11)算出 u 值.若$|u|>u_{1-\frac{\alpha}{2}}$,则拒绝 H_0,否则接受 H_0.

8.2.2.2　**方差未知但相等,两个总体均值检验**

$$H_0: \mu_1=\mu_2, \quad H_1: \mu_1\neq\mu_2.$$

这两个总体的均值和方差的无偏估计分别为 $\overline{X},S_1^2$ 和 $\overline{Y},S_2^2$.如果 $H_0:\mu_1=\mu_2$ 为真,即 $\mu_1-\mu_2=0$ 为真,那么$|\overline{X}-\overline{Y}|$应该在 0 的周围随机地摆动.根据定理 6.2.7,可以选取统计量 T,且知在 H_0 成立条件下有

$$T=\frac{\overline{X}-\overline{Y}}{\sqrt{(n_1-1)S_1^2+(n_2-1)S_2^2}}\sqrt{\frac{n_1n_2(n_1+n_2-2)}{n_1+n_2}}\sim t(n_1+n_2-2). \tag{8.2.13}$$

对给定的水平 α,查自由度为 n_1+n_2-2 的 t 分布表,得 $t_{1-\frac{\alpha}{2}}(n_1+n_2-2)$分位点,有

$$P\{|T|>t_{1-\frac{\alpha}{2}}(n_1+n_2-2)\}=\alpha,$$

假设检验的拒绝域为

$$W=\{|T|>t_{1-\frac{\alpha}{2}}(n_1+n_2-2)\}. \tag{8.2.14}$$

若由样本观测值$(x_1,x_2,\cdots,x_{n_1})$,$(y_1,y_2,\cdots,y_{n_2})$按式(8.2.13)算出的$|t|>t_{1-\frac{\alpha}{2}}$,则拒绝 H_0,即认为两总体的均值有显著的差异.否则,没有显著差异,也即可认为这两样本来自同一总体.

这里特别要注意,这两个总体的方差必须相等,对其他备择假设情况 $\mu_1<\mu_2,\mu_1>\mu_2$ 也可得到相应的单侧检验,请看表 8.2.1.

例 8.2.6　根据以往的经验,元件的电阻服从正态分布.现在对 A,B 两批同类无线电元件的电阻进行测试,测得结果如下(单位:Ω):

A	0.140	0.138	0.143	0.141	0.144	0.137
B	0.135	0.140	0.142	0.136	0.138	0.140

已知 $\sigma_1^2=\sigma_2^2$,能否认为两批元件的电阻无显著差异($\alpha=0.05$).

解　$H_0: \mu_1=\mu_2$,　　$H_1: \mu_1\neq\mu_2$.

对水平 $\alpha=0.05$,自由度 $n_1+n_2-2=6+6-2=10$,查得 $t_{1-\frac{\alpha}{2}}(10)=2.228$.再由样本算得

$$\bar{x}=0.140\,5, \quad \bar{y}=0.138\,5,$$

$$(n_1-1)S_1^2=\sum_{i=1}^{n}(x_i-\bar{x})^2=3.75\times10^{-5},$$

$$(n_2-1)S_2^2=\sum_{i=1}^{n}(y_i-\bar{y})^2=3.55\times10^{-5}.$$

用式(8.2.13)算得 T 的观测值为

$$t=\frac{0.140\,5-0.138\,5}{\sqrt{3.75\times10^{-5}+3.55\times10^{-5}}}\sqrt{30}=1.28.$$

由于$|t|=1.28<2.228$,故接受 H_0,即认为两批元件的电阻无显著差异.

前面我们在检验两个总体均值 $\mu_1=\mu_2$ 时,是在两总体的方差已知或虽未知但相等的条件下进行的,那么,如何得出两总体方差未知但相等的结论呢?这就需要考虑两总体方差的

检验.

8.2.2.3　成对数据的 t 检验

在前面用于两个正态总体均值的比较检验中,我们实际上假定来自这两个正态总体的样本是相互独立的.但情况不总是这样,可能这两个正态总体的样本是来自同一个总体上的重复"测量",它们是成对出现的且是相关的.例如,为了考察一种降血压药的效果,测试了 n 个高血压病人服药前后的血压分别为 $X_1,X_2,\cdots,X_n$ 和 $Y_1,Y_2,\cdots,Y_n$.这里(X_i,Y_i)是第 i 个病人服药前和服药后的血压,它们是有关系的,不会相互独立.另一方面,$X_1,X_2,\cdots,X_n$ 是 n 个不同病人的血压,由于个人体质诸方面的条件不同,这 n 个观测值也不能看成来自同一正态总体的样本.$Y_1,Y_2,\cdots,Y_n$ 也一样.这样的数据称为成对数据.对这样的数据用 8.2.3 中所讨论的方法就不合适.但是,因为 X_i 和 Y_i 是在同一个人身上观测到的血压,所以,X_i-Y_i 就消除了人的体质诸方面的条件差异,仅剩下降血压药的效果.从而我们可以把 $d_i=X_i-Y_i,i=1,2,\cdots,n$ 看成来自正态总体 $N(\mu,\sigma^2)$的样本,其中 μ 就是降血压药的平均效果.降血压药是否有效,就归结为检验如下假设 $H_0:\mu=0,H_1:\mu\neq0$.

因为 $d_1,d_2,\cdots,d_n$ 是来自正态总体 $N(\mu,\sigma^2)$的样本,若记

$$\bar{d}=\frac{1}{n}\sum_{i=1}^{n}d_i,\quad S_d^2=\frac{1}{n-1}\sum_{i=1}^{n}(d_i-\bar{d})^2,$$

则由 8.2 中的讨论知,假设 H_0 的显著性水平为 α 的拒绝域为

$$W=\left\{(d_1,d_2,\cdots,d_n):\frac{|\bar{d}|}{S_d/\sqrt{n}}>t_{1-\frac{\alpha}{2}}(n-1)\right\}.\tag{8.2.15}$$

对应的 p 值为

$$p=P\left\{|T|>\frac{|\bar{d}|}{S_d/\sqrt{n}}\right\}=2\min\left\{P\left\{T>\frac{\bar{d}}{S_d/\sqrt{n}}\right\},P\left\{T<\frac{\bar{d}}{S_d/\sqrt{n}}\right\}\right\}.$$

例 8.2.7　为了检验 A,B 两种测定铁矿含铁量的方法是否有明显差异,现用这两种方法测定了取自 12 个不同铁矿的矿石标本的含铁量(%),结果列于表 8.2.2.问这两种测定方法是否有显著性差异?取 $\alpha=0.05$.

表 8.2.2　铁矿石含铁量(%)

标本号	方法 A	方法 B	d_i
1	38.25	38.27	−0.02
2	31.68	31.71	−0.03
3	26.24	26.22	+0.02
4	41.29	41.33	−0.04
5	44.81	44.80	+0.01
6	46.37	46.39	−0.02
7	35.42	35.46	−0.04
8	38.41	38.39	+0.02
9	42.68	42.72	−0.04
10	46.71	46.76	−0.05
11	29.20	29.18	+0.02
12	30.76	30.79	−0.03

解 将方法 A 与方法 B 的测定结果分别记为 $X_1,X_2,\cdots,X_{12}$ 和 $Y_1,Y_2,\cdots,Y_{12}$. 由于这 12 个标本来自不同铁矿,因此,$X_1,X_2,\cdots,X_{12}$不能看成来自同一个总体的样本,$Y_1,Y_2,\cdots,Y_{12}$也一样,故需用成对 t 检验. 记

$$d_i=X_i-Y_i,i=1,2,\cdots,12,$$

由样本数据计算得 $\bar{d}=-0.016\,7,S_d^2=0.000\,7$. 查表得

$$t_{t-\frac{\alpha}{2}}(n-1)=t_{0.975}(11)=2.201.$$

又因为 $|T_0|=\dfrac{|\bar{d}|}{S_d/\sqrt{n}}=\dfrac{0.016\,7}{\sqrt{0.000\,7/12}}=2.187<t_{0.975}(11)$,

所以不拒绝 H_0,即认为两种测定方法无显著性差异.

8.2.2.4 **μ_1,μ_2 未知时,检验两总体方差**

$$H_0:\sigma_1^2=\sigma_2^2,\quad H_1:\sigma_1^2\neq\sigma_2^2.$$

如用相应的无偏估计量

$$S_1^2=\frac{1}{n_1-1}\sum_{i=1}^{n_1}(X_i-\bar{X})^2 \text{ 及 } S_2^2=\frac{1}{n_2-1}\sum_{j=1}^{n_2}(Y_j-\bar{Y})^2$$

代替 σ_1^2 及 σ_2^2. 容易看出,当 $H_0:\sigma_1^2=\sigma_2^2$ 为真时,S_1^2/S_2^2 应在 1 周围随机摆动. 当这比值很大或很小时,H_0 都不大可能成立,因此它的拒绝域应由两个集合构成. 具体做法如下.

选取统计量

$$F=S_1^2/S_2^2. \tag{8.2.16}$$

在原假设 $H_0:\sigma_1^2=\sigma_2^2$ 为真时,由定理 6.2.8 知,F 服从自由度为(n_1-1,n_2-1)的 F 分布.

对给定的显著水平 α,为使犯第二类错误的概率近似地最小,可由

$$P(F>F_{1-\frac{\alpha}{2}}(n_1-1,n_2-1))=\frac{\alpha}{2}$$

和

$$P(F<F_{\frac{\alpha}{2}}(n_1-1,n_2-1))=\frac{\alpha}{2}$$

查自由度为(n_1-1,n_2-1)的 F 分布表定出两临界值(见图 8.2.4),得拒绝域为

$$W=\{F<F_{\frac{\alpha}{2}}(n_1-1,n_2-1) \text{ 或 } F>F_{1-\frac{\alpha}{2}}(n_1-1,n_2-1)\}. \tag{8.2.17}$$

然后运用样本观测值代入式(8.2.16)算得 F,若 F 落入拒绝域,则拒绝原假设 H_0,否则接受 H_0.

根据关系式

$$F_{\frac{\alpha}{2}}(n_1-1,n_2-1)=\frac{1}{F_{1-\frac{\alpha}{2}}(n_2-1,n_1-1)},$$

拒绝域又可写为

$$W=\left\{F<\frac{1}{F_{1-\frac{\alpha}{2}}(n_2-1,n_1-1)} \text{ 或 } F>F_{1-\frac{\alpha}{2}}(n_1-1,n_2-1)\right\}. \tag{8.2.18}$$

当 μ_1 与 μ_2 已知时,和上面讨论类似,差异仅在于每一个变量的自由度各增加 1 就行了,见表 8.2.1. 因为这个检验法运用的统计量服从 F 分布,所以常称为 F 检验法.

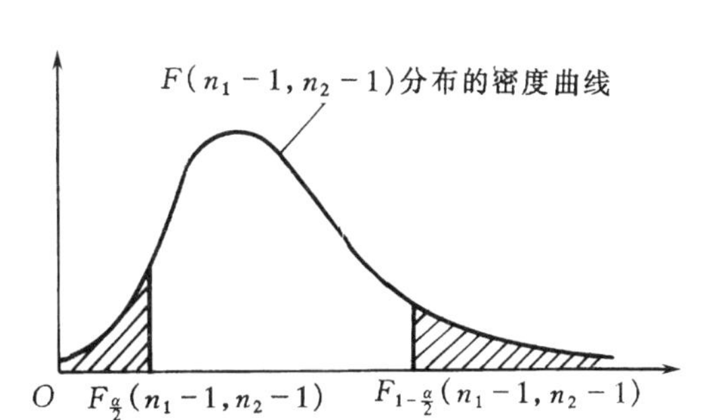

图 8.2.4

例 8.2.8　检验例 8.2.6 中的方差是否相等($\alpha=0.02$)?

解　$H_0: \sigma_1^2=\sigma_2^2$,　　$H_1: \sigma_1^2\neq\sigma_2^2$.

两个样本容量 $n_1=n_2=6$,由样本观测值算出方差的无偏估计 $S_1^2=3.75\times10^{-5}/5$ 和 $S_2^2=3.55\times10^{-5}/5$,再由式(8.2.16)算出

$$F=\frac{3.75\times10^{-5}/5}{3.55\times10^{-5}/5}\approx1.06.$$

对给定显著性水平 $\alpha=0.02$,查两个自由度均为 5 的 F 分布表得

$$F_{1-\frac{\alpha}{2}}(5,5)=11, F_{\frac{\alpha}{2}}=\frac{1}{F_{1-\frac{\alpha}{2}}(5,5)}=0.09.$$

由于 $0.09<F<11$,所以不能拒绝原假设 H_0;从而认为两个总体的方差是相等的.

顺便提出,对于非正态总体,在大样本的情形(一般检验均值在 $n>30$)下,由中心极限定理可知样本均值又近似服从正态分布 $N(\mu,\frac{1}{n}\sigma^2)$,因此也可以类似使用 U 检验法解决总体均值的检验,此处从略,只介绍总体比率检验.

例 8.2.9　某农业试验站为了研究某种新化肥对农作物产量的效力,在若干小区进行试验,测得产量(单位:kg)如下:

施肥:　34,35,32,33,34,30;

未施肥:29,27,32,31,28,32,31.

设农作物的产量服从正态分布,检验该种化肥对提高产量的效力是否显著($\alpha=0.10$)?

解　设 X 为施肥后的产量,Y 为施肥前的产量. 根据条件知 $X\sim N(\mu_1,\sigma_1^2)$,$Y\sim N(\mu_2,\sigma_2^2)$,由于总体方差 σ_1^2 和 σ_2^2 均未知,故首先对方差进行检验:$H_0:\sigma_1^2=\sigma_2^2$,$H_1:\sigma_1^2\neq\sigma_2^2$.

由样本数据计算得　$\bar{x}=33$,$s_1^2=3.2$,$\bar{y}=30$,$s_2^2=4$,

$$F=\frac{s_1^2}{s_2^2}=\frac{3.2}{4}=0.8,$$

$\alpha=0.10$,$m=6$,$n=7$,查 F 分布表得 $F_{5,6}(0.95)=4.39$,

$$F_{5,6}(0.05)=\frac{1}{F_{6,5}(0.95)}=\frac{1}{4.95}=0.202.$$

因为 $0.202<0.8<4.39$,所以 $F_{5,6}(0.05)<F<F_{5,6}(0.95)$,故不拒绝 H_0,即认为 $\sigma_1^2=\sigma_2^2$.

然后对均值进行检验，为此提出检验问题

$$H_0:\mu_1\leqslant\mu_2,H_1:\mu_1>\mu_2.$$

$$T=\frac{\bar{x}-\bar{y}}{\sqrt{\dfrac{(m-1)s_1^2+(n-1)s_2^2}{m+n-2}}}\sqrt{\frac{mn}{m+n}}=\frac{33-30}{\sqrt{\dfrac{5\times3.2+6\times4}{11}}}\sqrt{\frac{6\times7}{6+7}}=2.828.$$

由 $\alpha=0.1$，查 t 分布表 $t_{1-\alpha}(m+n-2)=t_{0.9}(11)=1.3634$.

因为 $T=2.828>t_{0.9}(11)=1.3634$，所以拒绝 H_0，即认为该种化肥对提高产量的效力是显著的.

8.2.3 总体比率检验

我们把总体中具有某种特征的单位占全部单位的比称作总体比率，记作 p；把样本中具有这种特征的单位占全部单位的比称作样本的比率，记为 $\hat{p}$. 在实际问题中，我们又如何根据样本资料推断总体比率？即如何由样本构造适当的统计量，对下列常见的假设

(1) $H_0:p=p_0,\quad H_1:p\neq p_0$,

(2) $H_0:p\leqslant p_0,\quad H_1:p>p_0$,

(3) $H_0:p\geqslant p_0,\quad H_1:p<p_0$

进行检验.

类似例 7.2.6 可以证明样本比率 $\hat{p}=\overline{X}$ 是总体比率 p 的无偏估计量，在样本容量很大条件下，由中心极限定理知样本比率 $\hat{p}=\overline{X}$ 近似服从正态分布，$\hat{p}\sim N(p,\frac{1}{n}p(1-p))$. 因此当用样本比率推断总体比率时，可用检验统计量

$$U=\frac{\hat{p}-p}{\sqrt{p(1-p)}}\sqrt{n},\tag{8.2.19}$$

在总体比率为 $p=p_0$ 的条件下，近似地有 $U\sim N(0,1)$. 当显著性水平为 α，上述三种类型的检验拒绝域分别为

$$W_1=\{|U|>u_{1-\frac{\alpha}{2}}\},\quad W_2=\{U>u_{1-\alpha}\},\quad W_3=\{|U|>-u_{1-\alpha}\}.$$

例 8.2.10 出口一批产品共 5 000 件，按规定产品经检验后次品率不超过 10%才能出口，今从中任意抽取 100 件，发现 12 个次品. $\alpha=0.05$，问这批产品能否出口？

解 若设这批产品的次品率为 p，则问题转化成判断是否 $p>0.1$.

$$H_0:\ p=0.1,\quad H_1:\ p>0.1.$$

由于 $n=100$ 是大样本，$\hat{p}=\overline{X}=0.12$，故选择统计量

$$U=\frac{\hat{p}-p}{\sqrt{p(1-p)}}\sqrt{n},$$

在 H_0 成立下 U 的观察值

$$u=\frac{0.12-0.10}{\sqrt{0.10\times0.90}}\sqrt{100}\approx0.667.$$

由于是单侧检验，其拒绝域 $W=\{U>u_{1-\alpha}\}$，$\alpha=0.05$，$\quad u_{1-\alpha}=1.645$，

而　　　$u=0.667<1.645$

未落入拒绝域中，应接受 H_0，认为这批产品的次品率没有超过 10%，可以出口.

8.2.4　区间估计与假设检验的联系与区别

参数的区间估计与假设检验是两种不同的统计推断. 它们的联系是：一般由未知参数的置信水平为 $1-\alpha$ 的置信区间可以很容易得到对应的假设检验显著性水平为 α 的接受域，反之亦然. 例如，设总体 $X\sim N(\mu,\sigma^2)$，$X_1,X_2,\cdots,X_n$ 是来自总体 X 的样本，方差 σ^2 未知. 则 μ 的置信水平为 $1-\alpha$ 的置信区间为

$$\overline{X}-\frac{S}{\sqrt{n}}t_{1-\frac{\alpha}{2}}(n-1)\leqslant\mu\leqslant\overline{X}+\frac{S}{\sqrt{n}}t_{1-\frac{\alpha}{2}}(n-1).$$

如将 μ 改为 μ_0 则得到假设检验：$H_0:\mu=\mu_0$，$H_0:\mu\neq\mu_0$ 的接受域：

$$\left\{\overline{X}-\frac{S}{\sqrt{n}}t_{1-\frac{\alpha}{2}}(n-1)<\mu_0<\overline{X}+\frac{S}{\sqrt{n}}t_{1-\frac{\alpha}{2}}(n-1)\right\},$$

即

$$\left|\frac{\sqrt{n}(\overline{X}-\mu_0)}{S}\right|\leqslant t_{1-\frac{\alpha}{2}}(n-1).$$

反之，将假设检验 $H_0:\mu=\mu_0$，$H_0:\mu\neq\mu_0$ 的接受域

$$\overline{X}-\frac{S}{\sqrt{n}}t_{1-\frac{\alpha}{2}}(n-1)<\mu_0<\overline{X}+\frac{S}{\sqrt{n}}t_{1-\frac{\alpha}{2}}(n-1)$$

中 μ_0 改为 μ，则得到 μ 的置信水平为 $1-\alpha$ 的置信区间为

$$\left[\overline{X}-\frac{S}{\sqrt{n}}t_{1-\frac{\alpha}{2}}(n-1),\overline{X}+\frac{S}{\sqrt{n}}t_{1-\frac{\alpha}{2}}(n-1)\right].$$

它们的区别是：首先，置信区间是属于参数估计的范畴. 其次，两者所使用的量的意义有一些不同. 如方差 σ^2 未知时，正态总体均值 μ 的置信区间使用的量是枢轴量 $\frac{\sqrt{n}(\overline{X}-\mu)}{S}$，因为 μ 未知；而对应的假设检验 $H_0:\mu=\mu_0$，$H_0:\mu\neq\mu_0$ 所使用的量是统计量 $\frac{\sqrt{n}(\overline{X}-\mu_0)}{S}$，$\mu_0$ 是给定的已知数. 最后，两者对结果的解释也有一些不同. 例如，方差 σ^2 未知时，对正态总体均值 μ 的假设检验 $H_0:\mu=\mu_0$，$H_0:\mu\neq\mu_0$，当接受 H_0，且当显著性水平 α 较小时，μ 的 $1-\alpha$ 置信区间 $\left[\overline{X}-\frac{S}{\sqrt{n}}t_{1-\frac{\alpha}{2}}(n-1),\overline{X}+\frac{S}{\sqrt{n}}t_{1-\frac{\alpha}{2}}(n-1)\right]$ 长度较长，估计精度低，此时没有多大把握认为 $\mu=\mu_0$；反之，当我们拒绝 H_0，且当显著性水平 α 较大时，μ 的 $1-\alpha$ 置信区间长度较短，区间估计精度高. 虽然可能置信区间不包括 μ_0，但此时置信区间可能就在 μ_0 附近，仍然可以认为 $\mu=\mu_0$. 综上所述，区间估计的解释和假设检验的结果有一点不同.

8.3　非参数假设检验

前面所讨论的各种统计假设检验，几乎都假定了总体是正态分布的，然后才根据样本来对参数进行检验. 但在许多实际问题中，往往对总体的形式一无所知，那么怎样检验某总体是否服从正态分布呢？更一般地，怎样检验一个随机变量 X 的分布函数是某个给定函数

$F(x)$呢？这就是本节要讨论的总体分布假设检验问题.另一问题是检验两个分布是否相等问题.这两类问题都称为非参数假设检验问题.由于所用的方法不依赖于分布，这种不依赖于分布的统计方法统称为非参数统计法.χ^2 拟合检验法就是其中的一种方法.

8.3.1 χ^2 拟合检验法

设总体分布为 $F(x)$(理论分布)，$(X_1,X_2,\cdots,X_n)$为取自总体的样本.现在的问题是如何用此组样本去检验假设

$$H_0: F(x)=F_0(x),$$

$F_0(x)$为某给定的分布函数.

首先用分点$-\infty=t_0<t_1<t_2<\cdots<t_{k-1}<t_k=+\infty$把数直线分成 k 个互不相容的区间$(-\infty,t_1]$，$(t_1,t_2]$，$\cdots$，$(t_{k-1},+\infty)$，这些区间不一定有相同的长度.

设$(x_1,x_2,\cdots,x_n)$是容量为 n 的样本的一组观测值，v_i 为样本观测值 $x_1,x_2,\cdots,x_n$ 中落入$(t_{i-1},t_i]$的频数，$\sum\limits_{i=1}^{k} v_i=n$，则$\dfrac{v_i}{n}$是样本观测值落入$(t_{i-1},t_i]$的频率.

若 $H_0: F(x)=F_0(x)$为真，则总体 X 落入$(t_{i-1},t_i]$的概率 $p_i=F_0(t_i)-F_0(t_{i-1})$.按大数定律，当 n 充分大时$\left|\dfrac{v_i}{n}-p_i\right|$应该比较小$(1\leqslant i\leqslant k)$，从而

$$\sum_{i=1}^{k}\left(\frac{v_i}{n}-p_i\right)^2\frac{n}{p_i}=\sum_{i=1}^{k}\frac{(v_i-np_i)^2}{np_i}$$

也应该比较小，其中因子$\dfrac{n}{p_i}$起“平衡”作用.否则，当 p_i 很小时，即使$\dfrac{v_i}{n}$与 p_i 的差相对于 p_i 比较大时，$\left(\dfrac{v_i}{n}-p_i\right)^2$ 仍然很小.我们取

$$\chi^2=\sum_{i=1}^{k}\frac{(v_i-np_i)^2}{np_i} \tag{8.3.1}$$

作为检验用的统计量，很明显，统计量式(8.3.1)的值愈小，愈能说明总体的分布是 $F_0(x)$.那么统计量式(8.3.1)本身服从什么分布呢？皮尔逊(K·Pearson)定理证明了在 H_0 成立的条件下，当 n 趋向无穷时，式(8.3.1)的极限分布是自由度为 $k-1$ 的 χ^2 分布.详细证明可参看《统计学数学方法》(魏宗舒译).

因此，对给定显著水平 α，可以先从 χ^2 分布中查得满足

$$P(\chi^2>\chi^2_{1-\alpha}(k-1))=\alpha$$

的分位点 $\chi^2_{1-\alpha}(k-1)$，得拒绝域

$$W=\{\chi^2>\chi^2_{1-\alpha}(k-1)\}. \tag{8.3.2}$$

若样本观测值代入式(8.3.1)算得的值 $\chi^2>\chi^2_{1-\alpha}$，则拒绝 H_0； 若$\chi^2\leqslant\chi^2_{1-\alpha}$，则认为 H_0 成立.

上述检验法称为 χ^2 拟合检验法.这是检验总体分布为某个指定分布的一种最常用的方法.

使用上述方法时，样本容量要大，一般 $n\geqslant 50$.划分区间时，每个区间包含的样本个体数不能太少，太少时可通过并组的办法使 $np_i\geqslant 5$.在计算 $p_i=F_0(t_i)-F_0(t_{i-1})$时，$F_0(x)$必须

完全确知才行，如 $F_0(x)$ 中有 r 个参数未知，可用这些参数的极大似然估计量来代替，使得分布函数 $F_0(x)$ 完全确定，再按上法进行检验，不过此时 χ^2 的自由度为 $k-r-1$（此结论的证明略）.

例 8.3.1 在一正 20 面体的 20 个面上，分别标以数字 0，1，2，…，9. 每个数字在两个对称的面上标出. 为检验其匀称性，共作 800 次投掷试验，数字 0，1，2，…，9 朝正上方的次数如下：

数字	0	1	2	3	4	5	6	7	8	9
频数	74	92	83	79	80	73	77	75	76	91

问：该正 20 面体是否匀称（$\alpha=0.05$）？

解 H_0：该正 20 面体是匀称的. H_1：该正 20 面体是非匀称的，此时，

$$p_i=P(X=i)=\frac{1}{10},\quad i=0,1,2,\cdots,9.$$

$$np_i=800\times\frac{1}{10}=80.$$

根据投掷试验列表如下：

数字	0	1	2	3	4	5	6	7	8	9
频数 v_i	74	92	83	79	80	73	77	75	76	91
v_i-np_i	-6	12	3	-1	0	-7	-3	-5	-4	11
$(v_i-np_i)^2$	36	144	9	1	0	49	9	25	16	121

由上表可得 $\chi^2=\sum_{i=0}^{9}\frac{(v_i-np_i)^2}{np_i}=5.125.$

在 $\alpha=0.05$ 下，查自由度为 $k-1=10-1=9$ 的 χ^2 分布表，得 $\chi^2_{1-\alpha}(9)=16.9$，而 $5.125<16.9$ 故不能拒绝原假设，即认为正 20 面体是匀称的.

例 8.3.2 电话交换台在某一小时内接到用户的呼唤次数按每分钟统计，得如下记录表：

呼唤次数 i	0	1	2	3	4	5	6	$\geqslant 7$
频　数 v_i	8	16	17	10	6	2	1	0

试检验每分钟电话呼唤次数 X 是否服从泊松分布（$\alpha=0.05$）？

解 泊松分布只有一个参数 λ，由于未知，需要先对 λ 做出估计. 用极大似然估计法可得 $\hat{\lambda}=\overline{X}$，且知 $\overline{X}$ 的观察值为

$$\bar{x}=\frac{1}{60}(0\times8+1\times16+2\times17+3\times10+4\times6+5\times2+6\times1)=2.$$

于是可建立假设

$$H_0:\quad P(X=i)=\frac{2^i\mathrm{e}^{-2}}{i!},\qquad i=0,1,2,\cdots.$$

假如 H_0 成立，则每分钟所接到的呼唤次数的理论频数为

$$np_i=60\,\frac{2^i\mathrm{e}^{-2}}{i!},\qquad i=0,1,2,\cdots.$$

其计算结果列入下表中.其中有些理论频数小于 5 的组,予以合并,使新的组内理论频数大于等于 5.注意最后一组≥7 的 $p_i=\sum_{i=7}^{\infty}\frac{2^i e^{-2}}{i!}$.

i	v_i	np_i		v_i-np_i	$(v_i-np_i)^2$	$(v_i-np_i)^2/np_i$
0	8	8.120 4		−0.120 4	0.014 5	0.001 8
1	16	16.240 2		−0.240 2	0.057 7	0.003 6
2	17	16.240 2		0.759 8	0.577 3	0.035 5
3	10	10.826 4		−0.826 4	0.682 9	0.063 1
4	6	5.413 8	8.572 8	0.427 2	0.182 5	0.021 3
5	2	2.165 4				
6	1	0.721 8				
7	0	0.271 8				
Σ	60	—		—	—	0.125 3

现在 $k=5,r=1,k-r-1=5-1-1=3$.查表,$\chi^2_{0.95}(3)=7.815$. $w=\{\chi^2>7.815\}$.

由于 $$\chi^2=\sum_{i=0}^{4}\frac{(\nu_i-np_i)^2}{np_i}=0.125\ 3<7.815,$$

故在显著水平 $\alpha=0.05$ 下接受 H_0,即每分钟呼唤次数 X 服从 $\lambda=2$ 的泊松分布.

8.3.2 符号检验法

设两个连续型总体 X 和 Y,它们的分布函数依次为 $F_1(x),F_2(x)$(都未知),现在从这两个总体中相互独立地抽取容量为 N 的样本:$X_1,X_2,\cdots,X_N$ 及 $Y_1,Y_2,\cdots,Y_N$,可记作

$$(X_1,Y_1),(X_2,Y_2),\cdots,(X_N,Y_N).$$

我们现在感兴趣的不是 X 和 Y 分别服从什么分布,而是要问它们是否服从相同的分布,因而原假设可以取为

$$H_0: F_1(x)=F_2(x).$$

当 $X_i>Y_i$ 时记为(+)号,当 $X_i<Y_i$ 时记为(−)号,当 $X_i=Y_i$ 时记为(0)$(1\leqslant i\leqslant N)$,并用 n_+ 和 n_- 分别表示(+)号和(−)号的个数.令 $n=n_++n_-$.

直观上,当 H_0 成立时,$(X_i>Y_i)$和$(X_i<Y_i)$的概率相等,(+)号个数和(−)号个数应相差不大.或者说当 n 固定时,$\min(n_+,n_-)$不应太小,否则,应该认为 H_0 不成立.选统计量

$$S=\min(n_+,n_-). \tag{8.3.3}$$

对于 n 和给定水平 α,查符号检验表,可得相应的临界值 S_α.

当 $S=\min(n_+,n_-)\leqslant S_\alpha$, 则拒绝原假设 $F_1(x)=F_2(x)$.

当 $S=\min(n_+,n_-)>S_\alpha$, 则接受 $F_1(x)=F_2(x)$.

例 8.3.3 两台机床生产同一型号的零件,测得其零件长度(单位:cm)数据如下表:

A	20.54	27.32	29.10	21.34	24.41	20.98	29.95	17.38	21.74	31.72	31.82
B	26.27	25.09	21.85	23.39	18.41	22.60	24.64	13.62	11.84	12.77	31.82

在显著水平 $\alpha=0.05$ 下,试用符号检验法,检验两台机床生产零件长度有无显著差异.

解 $H_0:F_1(x)=F_2(x),H_1:F_1(x)\neq F_2(x)$.

先把样本值列表整理如下:

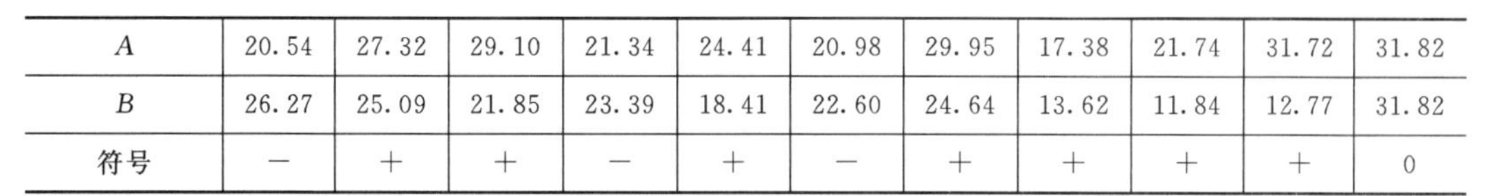

A	20.54	27.32	29.10	21.34	24.41	20.98	29.95	17.38	21.74	31.72	31.82
B	26.27	25.09	21.85	23.39	18.41	22.60	24.64	13.62	11.84	12.77	31.82
符号	−	+	+	−	+	−	+	+	+	+	0

由表可知，$n_+=7$，$n_-=3$，于是 $S=\min\{n_+,n_-\}=3$. 在符号检验表的 $n=n_++n_-=10$，$\alpha=0.05$ 栏中查得 $S_\alpha=S_{0.05}=1$.

因 $S=3>1$，故接受假设 $F_1(x)=F_2(x)$. 即认为两台机床生产零件长度无显著差异.

需要注意：只要在 N 次独立试验的每一次中，有两个可能的结果，并且每一可能的结果的概率都等于$\frac{1}{2}$，即只要 $P(+)=P(-)=\frac{1}{2}$，就可应用符号检验法. 所以每次试验中可以不是两个变量在取值，而可以只是一个变量在取值.

例 8.3.4　某糖厂用自动打包机包装糖，每一包糖的质量服从正态分布，其标准质量为 100 kg. 某日开工后测量了 9 包，有 4 包超过100 kg，5 包低于100 kg，问打包机工作是否正常（$\alpha=0.05$）？

解　H_0：打包机工作正常，即所打糖包平均质量为100 kg. 在原假设下，一包糖的质量超过100 kg的概率等于$\frac{1}{2}$，一包糖质量低于100 kg的概率也等于$\frac{1}{2}$（从概率论上可以一包糖质量恰等于100 kg的概率等于 0，但实际中会出现100 kg的情形，一般地会出现两数据相等的情形，此时，可将这一对数据去掉），超过时算作（+）号出现，低于时算作（−）号出现，应用符号检验法 $n=9$，$n_+=4$，$n_-=5$，$S=\min\{n_+,n_-\}=4$，查 $\alpha=0.05$ 的符号检验表得 $S_\alpha=1$.

因 $S=4>1$，所以可认为打包机工作正常.

符号检验法的特点是简单、直观，并不要求已知被检验量的分布. 但其精度较差，没有充分利用数据所提供的信息，而且要求数据搭配成对. 下面的秩和检验法，在一定程度上可对上述缺陷给以弥补.

8.3.3　秩和检验法

设两个总体的分布函数分别为 $F_1(x)$和 $F_2(x)$，这两个分布函数连续但未知. 今从这两个总体中，分别抽取容量各为 n 和 m 的样本，检验假设 H_0：$F_1(x)=F_2(x)$.

把两样本的观测数据依大小次序排列，并统一编号，规定每个数据在排列中所对应的序数称为该数的秩，对于相同的数值则用它们序数的平均值来作秩. 把容量为 n 的样本的秩加起来得秩和 T_1，容量为 m 的样本的秩加起来得秩和 T_2. 取统计量为

$$T=\text{容量为}\min\{n,m\}\text{的样本所对应的秩和}. \tag{8.3.4}$$

即当 $n<m$ 时 $T=T_1$，当 $n>m$ 时 $T=T_2$. 直观上可以想到如果$F_1(x)=F_2(x)$为真时，那么 T 既不应该太大也不应该太小. 因此，对给定水平 α，查秩和检验表，可得出对应于 T 的下限 $T^{(1)}$ 和上限 $T^{(2)}$.

当 $T\leqslant T^{(1)}$ 或 $T\geqslant T^{(2)}$ 时，拒绝 $F_1(x)=F_2(x)$，即认为两总体差异显著.

当 $T^{(1)}<T<T^{(2)}$ 时，不能拒绝 $F_1(x)=F_2(x)$，即认为两总体差异不显著.

例 8.3.5　用两种不同的材料的灯丝制造灯泡. 今分别随机抽取若干个灯泡进行寿命试验，得数据如下（单位：h）：

材料Ⅰ	1 610	1 650	1 680	1 700	1 750	1 720	1 800
材料Ⅱ	1 580	1 600	1 640	1 630	1 700		

问两种材料的灯泡寿命有无明显差异($\alpha=0.05$)?

解 将数据按大小次序排列成下表：

编号	1	2	3	4	5	6	7	8	9	10	11	12
材料Ⅰ			1 610			1 650	1 680		1 700	1 720	1 750	1 800
材料Ⅱ	1 580	1 600		1 630	1 640				1 700			
秩	1	2	3	4	5	6	7	8.5	8.5	10	11	12

这里1 700 h甲乙两种材料均有,它们的秩取平均数$\dfrac{8+9}{2}=8.5$.材料Ⅱ的容量最小,于是统计量 T 应取材料Ⅱ的秩和,即

$$T=1+2+4+5+8.5=20.5.$$

在秩和检验表的 $\alpha=0.05$, $n_1=\min\{5,7\}=5$, $n_2=7$ 的栏内,查得秩和下限 $T^{(1)}=22$,秩和上限 $T^{(2)}=43$.

现在 $T=20.5<T^{(1)}=22$.所以拒绝假设,认为两种材料对灯泡寿命的影响有显著的差异.

附带说明一下,秩和检验表中 n_1 对应于 m 与 n 中的较小者,n_2 对应于 m 与 n 中的较大者.在表中只列到 $n_1,n_2\leqslant 10$ 的情形,当其中有一个大于10时,我们可以利用 T 的极限分布来检验.可以证明,当 m, n 较大时,T 近似地服从正态分布：

$$N\left(\frac{n_1(n_1+n_2+1)}{2},\quad \left(\sqrt{\frac{n_1n_2(n_1+n_2+1)}{12}}\right)^2\right)$$

(其中 n_1 是 m 与 n 中较小者,n_2 是 m 与 n 中较大者).这时可用 u 检验法,统计量

$$U=\frac{T-\dfrac{n_1(n_1+n_2+1)}{2}}{\sqrt{\dfrac{n_1n_2(n_1+n_2+1)}{12}}}$$

服从 $N(0,1)$,从而对水平 α,查正态分布表即可.

例 8.3.6 对例 8.3.3 应用秩和检验法.

解 设 H_0：$F_1(x)=F_2(x)$,H_1:$F_1(x)\neq F_2(x)$.

把样本值列表整理如下：

编号	1	2	3	4	5	6	7	8	9	10	11
A				17.38		20.54	20.98	21.34	21.74		
B	11.84	12.77	13.62		18.41					21.85	22.60
秩	1	2	3	4	5	6	7	8	9	10	11
编号	12	13	14	15	16	17	18	19	20	21	22
A		24.41				27.32	29.10	29.95	31.72	31.82	
B	23.39		24.64	25.09	26.27						31.82
秩	12	13	14	15	16	17	18	19	20	21.5	21.5

现在 $n_1=11,n_2=11$，都超过了10，可以用 T 的极限分布来作检验，容易算出

$$\frac{n_1(n_1+n_2+1)}{2}=126.5,\quad \sqrt{\frac{n_1n_2(n_1+n_2+1)}{12}}=15.22,$$

因两组容量相等，所以

$$T=1+2+3+5+10+11+12+14+15+16+21.5=110.5,$$

或

$$T=4+6+7+8+9+13+17+18+19+20+21.5=142.5,$$

$$u=\left|T-\frac{n_1(n_1+n_2+1)}{2}\right|\Bigg/\sqrt{\frac{n_1n_2(n_1+n_2+1)}{12}}=1.05,$$

对于 $\alpha=0.05$，查正态分布表得临界值 $u_{0.975}=1.96$.

此时 $|u|=1.05<1.96$，于是接收假设 $F_1(x)=F_2(x)$. 即认为两机床生产的零件无显著差异.

习　题

1. 设总体 X 服从 Poisson 分布 $P(\lambda)$，X_1,X_2 是从总体 X 中抽取的一个样本. 假设检验问题 $H_0:\lambda=0.5,H_1:\lambda=1$ 的拒绝域 $W=\{X_1+X_2\geqslant 2\}$. 试分别求该检验犯第一类错误和第二类错误的概率.

2. 从正态总体 $N(\mu,1)$ 中抽取100个样品，计算得样本均值 $\bar{x}=5.32$.

(1)在显著性水平 $\alpha=0.05$ 下检验假设 $H_0:\mu=5$.

(2)计算上述检验在 $H_1:\mu=4.8$ 时犯第二类错误的概率.

3. 某种元件的寿命服从正态分布，它的标准差 $\sigma=150$ h，今抽取一个容量为26的样本，测得样本均值为1 637 h，问在水平 $\alpha=0.05$ 下，能否认为这批元件的寿命期望值为1 600 h?

4. 在产品检验时，原假设 H_0：产品合格. 为了使"次品混入正品"的可能性很小，在样本容量 n 固定的条件下，显著水平 α 应取大些还是小些?

5. 已知某炼铁厂的铁水含碳量在正常情况下服从正态分布 $N(4.55,0.11^2)$. 某日测得5炉铁水含碳量如下：4.28，4.40，4.42，4.35，4.37. 如果标准差不变，该日铁水含碳量的平均值是否有显著变化(取 $\alpha=0.05$)?

6. 某厂生产的某种钢索的断裂强度服从 $N(\mu,\sigma^2)$ 分布，其中 $\sigma=40$ kg/cm^2. 现从一批这种钢索的容量为9的一个样本测得断裂强度平均值 $\bar{x}$，与以往正常生产时 μ 相比，$\bar{x}$ 较 μ 大20 kg/cm^2. 该总体方差不变，问在 $\alpha=0.01$ 下能否认为这批钢索质量有显著提高?

7. 某厂对废水进行处理，要求某种有毒物质的浓度小于19 mg/L. 抽样检查得到10个数据，其样本均值为 $\bar{x}=17.1$ mg/L. 设有毒物质的含量服从正态分布，且已知方差 $\sigma^2=8.5$ mg^2/L^2. 问在显著水平 $\alpha=0.05$ 下，处理后的废水是否合格?

8. 设样本 $X_1,X_2,\cdots,X_{25}$ 取自正态总体 $N(\mu,9)$，其中 μ 为未知参数，$\bar{X}$ 为样本平均值. 如果对检验问题 $H_0:\mu=\mu_0$，$H_1:\mu\neq\mu_0$ 取检验的拒绝域：$W=\{|\bar{X}-\mu_0|\geqslant C\}$. 试决定常数 C，使检验的显著性水平为0.05.

9. 某厂生产镍合金线，其抗拉强度的均值为10 620 kg/mm^2，今改进工艺后生产一批镍合金线，抽取10根，测得抗拉强度(kg/mm^2)为

10 512,10 623,10 668,10 554,10 776,

10 707,10 557,10 581,10 666,10 670.

认为抗拉强度服从正态分布,取 $\alpha=0.05$,问新生产的镍合金线的抗拉强度是否比过去生产的合金线抗拉强度要高?

10. 8 名学生独立地测定同一物质的密度,分别测得其值(单位:g/cm^3)为

11.49, 11.51, 11.52, 11.53, 11.47, 11.46, 11.55, 11.50.

假定测定值服从正态分布,试根据这些数据检验该物质的实际密度是否为 11.53 ($\alpha=0.05$).

11. 进行 5 次试检验,测得锰的熔化点(℃)如下:1 260,1 280,1 255,1 266,1 254.已知锰的熔化点服从正态分布,是否可以认为锰的熔化点为 1 260 ℃($\alpha=0.05$).

12. 无线电厂生产的某种高频管,其中一项指标服从正态分布 $N(\mu,\sigma^2)$,今从一批产品中抽取 8 个高频管,测得指标数据为

68, 43, 70, 65, 55, 56, 60, 72.

(1) 已知总体数学期望 $\mu=60$ 时,检验假设 $H_0:\sigma^2=8^2$($\alpha=0.05$);

(2) 总体数学期望 μ 未知时,检验假设 $H_0:\sigma^2=8^2$($\alpha=0.05$).

13. 从一台车床加工的一批轴料中取 15 件测量其椭圆度,计算得椭圆度的样本标准差 $S=0.025$,问该批轴料椭圆度的方差与规定的 $\sigma^2=0.000\,4$ 有无显著差别($\alpha=0.05$,椭圆度服从正态分布)?

14. 用过去的铸造法,所造的零件的强度平均值是 52.8 g/mm^2,标准差是 1.6 g/mm^2.为了降低成本,改变了铸造方法,抽取 9 个样本,测其强度(g/mm^2)为 51.9, 53.0, 52.7, 54.1, 53.2, 52.3, 52.5, 51.1, 54.1.假设强度服从正态分布,试判断是否没有改变强度的均值和标准差($\alpha=0.05$).

15. 电工器材厂生产一批保险丝,取 10 根测得其熔化时间(min)为 42, 65, 75, 78, 59, 57, 68, 54, 55, 71.问是否可以认为整批保险丝的熔化时间的方差小于等于 80($\alpha=0.05$,熔化时间为正态变量)?

16. 比较甲,乙两种安眠药的疗效.将 20 名患者分成两组,每组 10 人.其中 10 人服用甲药后延长睡眠的时数分别为 1.9, 0.8, 1.1, 0.1, −0.1, 4.4, 5.5, 1.6, 4.6, 3.4;另 10 人服用乙药后延长睡眠的时数分别为 0.7,−1.6,−0.2,−1.2,−0.1,3.4,3.7,0.8, 0.0, 2.0.若服用两种安眠药后增加的睡眠时数服从方差相同的正态分布.试问两种安眠药的疗效有无显著性差异($\alpha=0.10$)?

17. 一药厂生产一种新的止痛药,厂商希望验证服用新药片后至药效开始起作用的时间间隔比原有的止痛片至少缩短一半,因此厂商提出如下假设检验:

$$H_0:\mu_1=2\mu_2,H_1:\mu_1>2\mu_2.$$

其中 μ_1,μ_2 分别表示服用原有止痛片和服用新止痛片后至药效开始起作用的时间间隔的总体的均值.设两个总体相互独立,且均为正态总体;两个总体的方差均已知,分别为 σ_1^2 和 σ_2^2.现从两个总体中分别抽取样本 $X_1,X_2,\cdots,X_m$ 和 $Y_1,Y_2,\cdots,Y_n$,试在显著性水平 α 下,给出上述假设检验的统计量及拒绝域.

18. 在平炉上进行一项新法炼钢试验,试验是在同一只平炉上进行的,设老法炼钢的得

率$X \sim N(\mu_1, \sigma^2)$，新法炼钢的得率$Y \sim N(\mu_2, \sigma^2)$. 用老法与新法各炼10炉钢，得率分别为

老法 78.1， 72.4， 76.2， 74.3， 77.4，
78.4， 76.0， 75.5， 76.7， 77.3；

新法 79.1， 81.0， 77.3， 79.1， 80.0，
79.1， 79.1， 77.3， 80.2， 82.1.

试问新法炼钢是否提高了得率($\alpha=0.005$)？

19. 10个病人服用两种安眠药后所增加的(或减少的)睡眠时间(单位：h)如下表：

病号	1	2	3	4	5	6	7	8	9	10
安眠药Ⅰ	1.4	−1.5	4.0	−2.5	4.5	5.5	−2	1.5	0.5	5.5
安眠药Ⅱ	1.9	0.8	3.0	−0.5	3.0	2.5	−0.5	2.5	2.0	2.5

假设病人服安眠药后增加(或减少)的睡眠时间服从正态分布，试在$\alpha=0.10$下检验第二种安眠药是否较第一种效果更稳定？

20. 热处理车间工人为提高振动板的硬度，对淬火温度进行试验，在两种淬火温度A与B中，测得硬度如下：

温度A： 85.6， 85.9， 85.9， 85.7， 85.8，
85.7， 86.0， 85.5， 85.4， 85.5；

温度B： 86.2， 85.7， 86.5， 86.0， 85.7，
85.8， 86.3， 86.0， 86.0， 85.8.

设振动板的硬度服从正态分布，可否认为改变淬火温度对振动板的硬度有显著影响($\alpha=0.05$)？

21. 为确定某工艺对降低橡胶制品中含硫量(质量分数，%)，在产品中随机抽取了10件样品，记录了处理前后含硫量如下：

处理前	6.05	5.75	7.12	7.10	6.80	6.55	5.90	7.24	5.75	7.30
处理后	5.68	5.40	5.90	6.05	6.00	5.55	5.15	6.34	5.60	6.40

试根据数据确定这种工艺对降低橡胶制品中含硫量的变化有无作用($\alpha=0.05$)？

22. 某药厂声称，该厂生产特殊药品能在6 h内解除某种过敏的效率为0.9. 今在有这种过敏的200人中，使用该药品后，有160人在6 h内解除了过敏，试问药厂对特殊药品疗效的说法是否真实($\alpha=0.01$)？

23. 设$A_i=\left\{x;\ \frac{i-1}{4}\leqslant x<\frac{i}{4}\right\}$， $i=1,2,3$. $A_4=\left\{x;\ \frac{3}{4}\leqslant x\leqslant 1\right\}$，取80个观察值，其中落入$A_i(i=1,2,3,4)$的频数分别为6，18，20，36. 问在显著水平$\alpha=0.01$下，总体的分布函数可否为

$$F_0(x)=\begin{cases}0, & x\leqslant 0,\\ x^2, & 0<x\leqslant 1,\\ 1, & x>1.\end{cases}$$

24. 有一个正四面体，将其四面分别涂为红、黄、蓝、白四种不同颜色. 现做如下实验：任意抛掷该四面体，直到白色的一面与地面相接触为止，记录下抛掷的次数. 如此实验200次，

其结果如下：

抛掷次数	1	2	3	4	≥5
频数	56	48	32	28	36

试问该四面体是否均匀($\alpha=0.05$)?

25. 由某矿区的某号孔抽取 200 块岩蕊，测定某种化学元素的含量. 经分组统计如下表.

含量间隔	5～15	15～25	25～35	35～45	45～55	55～65	65～75	75～85
组中值	10	20	30	40	50	60	70	80
频数	5	18	32	52	45	30	14	4

现在检验该元素含量是否服从分布 $N(44, 15.4^2)$，其中 44 为子样平均数，15.4 为子样标准差($\alpha=0.005$)?

26. 随机抽查 1 000 人，按性别和是否色盲分类如下表：

分类	男	女
正常	464	536
色盲	38	6

试在显著性水平 $\alpha=0.01$ 下检验色盲是否与性别有关系?

27. 检查产品质量时，每次抽取 10 个产品来检查，共取 100 次，得到每 10 个产品中次品数的分布如下.

每次取出的次品数 x_i	0	1	2	3	4	5	6	7	8	9	10
频数 v_i	35	40	18	5	1	1	0	0	0	0	0

利用 χ^2 准则检验生产过程中出现次品的概率是否可以认为是不变的，即次品数是否服从二项分布(取 $\alpha=0.05$)?

28. 甲乙两人分析同一气体的 CO_2 含量，得数据如下表.

甲	14.7	15.0	15.2	14.8	15.5	14.6	14.9	14.8	15.1	15.0
乙	14.6	15.1	15.4	14.7	15.2	14.7	14.8	14.6	15.2	15.0
甲	14.7	14.8	14.7	15.0	14.9	14.9	15.2	14.7	15.4	15.3
乙	14.6	14.6	14.8	15.3	14.7	14.6	14.8	14.9	15.2	15.0

用符号检验法，检验两人的分析结果有无显著差异($\alpha=0.05$)?

29. 在甲乙两台同型梳棉机上，进行纤维转移率试验，除机台外其他工艺条件都相同，经试验得两个容量不同的纤维转移率样本数据如下表.

甲	8.655	10.019	9.880	8.797	9.071	9.071	—	—	—
乙	8.726	8.371	9.131	8.946	7.436	8.000	7.332	8.907	6.850

用秩和法检验，对纤维转移率而言，这两台机器是否存在机台差异($\alpha=0.05$)?

30. 5 月份，在 2 000 个交易对象中，有 0.4 的交易对象提出了增加冷藏库订货的计划. 到了 7 月份，这一比率看来有增加迹象. 为此任选 400 个交易对象作调查，其中有 184 个提出增加冷藏库订货计划，问冷藏库订货计划有无显著增加($\alpha=0.025$)?

第9章 方差分析与回归分析

本章主要内容

○ 单因素试验方差分析理论介绍及应用

○ 一元线性回归分析模型、最小二乘估计及相关模型参数的检验

○ 一元非线性回归转化为线性回归模型

方差分析是从方差的角度分析试验数据,从而鉴定试验影响因素作用大小的一种统计方法.回归分析是确定两种或两种以上变数间相互依赖的定量关系的一种统计分析方法.方差分析和回归分析的内容都较多,本章仅讨论简单的单因素方差分析和一元线性回归分析的相关内容.

9.1 单因素试验方差分析

一般影响实验结果的因素有很多,如某种化工产品的质量,可能会受到反应温度、压力、催化剂等可控制因素的影响,还可能受到一些外界的不可控的随机因素(如气温等)的影响.方差分析是对实验结果作数据分析,推断各因素对实验结果的影响是否显著的一种有效的推断方法.

在统计学上,称试验中加以考察的各种因素为因子,用 $A,B,C,\cdots$ 表示.每个因子在试验中所处不同状态称为水平,如因子 A 有 r 个水平,用 $A_1,A_2,\cdots,A_r$ 表示.如果在试验中只有一个因子在变化,其他可控条件不变,称它为单因子试验.在单因子试验中,若只有两个水平,就是上章讲过的两个总体的比较问题.超过两水平时,就是多个总体的比较问题,可用本节介绍的**单因素方差分析法**(one-way analysis of variance method).

9.1.1 单因素方差分析数学模型

例 9.1.1 某厂用 4 种不同配料方案制成灯丝,生产了 4 批灯泡.在每批灯泡中随机地抽取若干灯泡,测得其使用寿命(单位:h)如表 9.1.1 所示.问这 4 批灯泡的使用寿命有无显著差异.

表 9.1.1 灯泡的寿命数据

抽取灯泡号 / 使用寿命 / 灯泡种类	1	2	3	4	5	6	7	8
A_1	1 600	1 610	1 650	1 680	1 700	1 720	1 800	
A_2	1 580	1 640	1 640	1 700	1 750			
A_3	1 460	1 550	1 600	1 620	1 640	1 660	1 740	1 820
A_4	1 510	1 520	1 530	1 570	1 600	1 680		

此例中,试验的指标是灯泡的使用寿命,因素 A 是配料方案,A_1,A_2,A_3,A_4 是 A 的 4 个水平,分别表示 4 种不同的配料方案.

从表中数据可以看出,即使在同一配料方案下,灯泡的使用寿命也不尽相同,这种差异是由于试验受到随机性因素影响而引起的.在因素 A 的某个水平 $A_i(i=1,2,3,4)$ 下进行试验,所得灯泡的使用寿命为一个随机变量,记为 X_i,它与数学期望 $E(X_i)$ 的偏差为随机误差,一般认为这类随机误差 $X_i-E(X_i)$ 服从数学期望为 0 的正态分布.

把每一种配料方案下灯泡的使用寿命 X_i 看作一个总体,$i=1,2,3,4$.由于试验的其他条件不变,因此可认为这 4 个总体的方差是相同的.设

$$X_i \sim N(\mu_i, \sigma^2), i=1,2,3,4.$$

从 4 个总体中分别抽取容量为 n_i 的样本：

$$X_{i1}, X_{i2}, \cdots, X_{in_i}, i=1,2,3,4.$$

试验的目的就是检验假设：

$$H_0: \mu_1=\mu_2=\mu_3=\mu_4 \tag{*}$$

是否成立.

直观的想法是，若因素不同水平下的数据间的偏差与随机误差相差不大，则认为 4 个总体的数学期望无显著差异；反之则认为 4 个总体的数学期望有显著差异.

方差分析就是检验假设（*）的一种统计方法.

因此，单因素方差分析问题的一般提法如下：

因素 A 有 r 个不同水平 $A_1, A_2, \cdots, A_r$，在水平 A_i 下的总体记为 X_i，设

$$X_i \sim N(\mu_i, \sigma^2), i=1,2,\cdots,r,$$

且各总体相互独立. 在水平 A_i 下进行 n_i 次独立试验，获得样本 $X_{i1}, X_{i2}, \cdots, X_{in_i}$，其中

$$X_{ij} \sim N(\mu_i, \sigma^2), j=1,2,\cdots,n_i; i=1,2,\cdots,r,$$

且所有的 X_{ij} 相互独立. 试验结果如表 9.1.2 所示.

表 9.1.2　单因素方差分析的数据表

指标 序号 水平	1	2	…	j	…	n_j
A_1	x_{11}	x_{12}	…	x_{1j}	…	x_{1n_1}
A_2	x_{21}	x_{22}	…	x_{2j}	…	x_{1n_2}
⋮	⋮	⋮		⋮		⋮
A_i	x_{i1}	x_{i2}	…	x_{ij}	…	x_{1n_i}
⋮	⋮	⋮		⋮		⋮
A_r	x_{r1}	x_{r2}	…	x_{rj}	…	x_{m_r}

令 $\varepsilon_{ij}=X_{ij}-\mu_i (j=1,2,\cdots,n_i; i=1,2,\cdots,r)$，则 ε_{ij} 为水平 A_i 下第 j 次试验的误差，$\varepsilon_{ij} \sim N(0,\sigma^2)$，于是单因素试验方差分析的数学模型为

$$\begin{cases} X_{ij}=\mu_i+\varepsilon_{ij}, \\ \varepsilon_{ij} \sim N(0,\sigma^2), \end{cases} \quad j=1,2,\cdots,n_i; i=1,2,3,\cdots,r, \tag{9.1.1}$$

其中 ε_{ij} 相互独立.

由于因素 A 在不同水平下，对我们关心的某项指标值的影响是通过 r 个均值 $\mu_1, \mu_2, \cdots, \mu_r$ 来表现，因此考察这种影响是否显著，需要检验假设

$$H_0: \mu_1=\mu_2=\cdots=\mu_r, H_1: \mu_1, \mu_2, \cdots, \mu_r \text{ 不全等}. \tag{9.1.2}$$

记 $\mu=\dfrac{1}{n}\sum\limits_{i=1}^{r} n_i\mu_i \left(n=\sum\limits_{i=1}^{r} n_i\right)$，称 μ 为总平均值. 又记 $\alpha_i=\mu_i-\mu$，称 α_i 为因素 A 的第 i 个水平 A_i 对指标的效应. 这样 μ_i 之间的差异等价于 α_i 之间的差异，且 X_{ij} 可分解为

$$X_{ij}=\mu+\alpha_i+\varepsilon_{ij}, \tag{9.1.3}$$

称式(9.1.3)为指标 X_{ij} 的效应分解式.易证 $\sum_{i=1}^{r} n_i \alpha_i=0$.于是上述数学模型(9.1.1)可等价地表示为如下形式：

$$\begin{cases} X_{ij}=\mu+\alpha_i+\varepsilon_{ij}, \\ \sum_{i=1}^{r} n_i\alpha_i=0, j=1,2,\cdots,n_i; i=1,2,\cdots,r, \\ \varepsilon_{ij}\sim N(0,\sigma^2). \end{cases} \tag{9.1.4}$$

其中 ε_{ij} 相互独立.

现在,要比较 r 个均值 $\mu_1,\mu_2,\cdots,\mu_r$ 是否相等,即式(9.1.2)是否成立,等价于检验

$$H_0:\alpha_1=\alpha_2=\cdots=\alpha_r=0, H_1:\alpha_1,\alpha_2,\cdots,\alpha_r \text{ 不全为零}. \tag{9.1.5}$$

9.1.2 统计分析

为导出检验式(9.1.5)的统计量,首先分析引起 X_{ij} 波动的原因.通常用 X_{ij} 与 $\overline{X}$ 之间的总偏差平方和来刻画 X_{ij} 的波动程度.如果 H_0 为真,那么诸 X_{ij} 的波动是由随机因素影响引起的;如果 H_0 不真,除随机因素影响外,还应包含因素 A 的不同水平作用所产生的差异.因此,我们常用平方和分解法,在总的偏差平方和中把这两种差异分开,然后再进行比较,可以得到关于上述假设的一个检验法.

若令

$$\overline{X}=\frac{1}{n}\sum_{i=1}^{r}\sum_{j=1}^{n_i} X_{ij}, \quad n=\sum_{i=1}^{r} n_i,$$

$$X_{i\cdot}=\sum_{j=1}^{n_i} X_{ij}, \qquad i=1,2,\cdots,r,$$

$$\overline{X}_{i\cdot}=\frac{1}{n_i}\sum_{j=1}^{n_i} X_{ij}.$$

则

$$\begin{aligned}\sum_{i=1}^{r}\sum_{j=1}^{n_i}(X_{ij}-\overline{X})^2 &= \sum_{i=1}^{r}\sum_{j=1}^{n_i}[(X_{ij}-\overline{X}_{i\cdot})+(\overline{X}_{i\cdot}-\overline{X})]^2 \\ &= \sum_{i=1}^{r}\sum_{j=1}^{n_i}(X_{ij}-\overline{X}_{i\cdot})^2+2\sum_{i=1}^{r}\sum_{j=1}^{n_i}[(X_{ij}-\overline{X}_{i\cdot})(\overline{X}_{i\cdot}-\overline{X})]+\sum_{i=1}^{r}\sum_{j=1}^{n_i}(\overline{X}_{i\cdot}-\overline{X})^2.\end{aligned}$$

对于固定的 i，$\sum_{j=1}^{n_i}(X_{ij}-\overline{X}_{i\cdot})=\sum_{j=1}^{n_i} X_{ij}-n_i\overline{X}_{i\cdot}=0$，

因此上式的第二项为零.所以

$$\sum_{i=1}^{r}\sum_{j=1}^{n_i}(X_{ij}-\overline{X})^2=\sum_{i=1}^{r}\sum_{j=1}^{n_i}(X_{ij}-\overline{X}_{i\cdot})^2+\sum_{i=1}^{r} n_i(\overline{X}_{i\cdot}-\overline{X})^2.$$

为书写简便记

$$S_{\mathrm{T}}=\sum_{i=1}^{r}\sum_{j=1}^{n_i}(X_{ij}-\overline{X})^2, \quad S_{\mathrm{A}}=\sum_{i=1}^{r} n_i(\overline{X}_{i\cdot}-\overline{X})^2, S_{\mathrm{E}}=\sum_{i=1}^{r}\sum_{j=1}^{n_i}(X_{ij}-\overline{X}_{i\cdot})^2, \tag{9.1.6}$$

则

$$S_{\mathrm{T}}=S_{\mathrm{A}}+S_{\mathrm{E}} \tag{9.1.7}$$

称式(9.1.7)为平方和分解式，其中 S_T 称为**总离差平方和**(total sum of squares of deviation)，是描述全部数据离散程度的数量指标. 等式说明它可分为两项，第一项 S_A 表示各组之间，主要由因子的不同水平影响而产生的**组间离差平方和**(sum of squares of deviation between classes)，在一定程度上它反映了各总体均值 μ_i 之间的差异程度. 第二项 S_E 表示同一样本组内，由随机因素影响产生的**组内离差平方和**(sum of squares of deviation within classes)，它反映了组内样本的随机波动.

为帮助记忆，还可以从式(9.1.6)分析直接得到自由度.

因为 S_T 是 n 个变量 $X_{ij}-\overline{X}$ 的平方和，有一个线性约束条件

$$\sum_{i=1}^{r}\sum_{j=1}^{n_i}(X_{ij}-\overline{X})=0,$$

故 S_T 的自由度为 $n-1$.

S_A 是 r 个变量 $\sqrt{n_i}(\overline{X}_{i\cdot}-\overline{X})$ 的平方和，有一个线性约束条件

$$\sum_{i=1}^{r}\sqrt{n_i}[\sqrt{n_i}(\overline{X}_{i\cdot}-\overline{X})]=0,$$

故 S_A 的自由度为 $r-1$.

S_E 是 n 个变量 $X_{ij}-\overline{X}_{i\cdot}$ 的平方和，有 r 个线性约束条件

$$\sum_{j=1}^{n_i}(X_{ij}-\overline{X}_{i\cdot})=0,\quad i=1,2,\cdots,r.$$

故 S_E 的自由度为 $n-r$.

如何构造统计量呢？这可从 S_E 和 S_A 的数学期望得到启发.

$$E(S_A)=E\left[\sum_{i=1}^{r}n_i(\overline{X}_{i\cdot}-\overline{X})^2\right]=E\left[\sum_{i=1}^{r}n_i\overline{X}_{i\cdot}^2-n\overline{X}^2\right]=\sum_{i=1}^{r}n_iE\overline{X}_{i\cdot}^2-nE\overline{X}^2$$
$$=\sum_{i=1}^{r}n_i\left(\frac{\sigma^2}{n_i}+\mu_i^2\right)-n\left(\frac{\sigma^2}{n}+\mu^2\right)=(r-1)\sigma^2+\sum_{i=1}^{r}n_i(\mu_i-\mu)^2,$$

$$E(S_E)=E\left[\sum_{i=1}^{r}\sum_{j=1}^{n_i}(X_{ij}-\overline{X}_{i\cdot})^2\right]$$
$$=E\left[\sum_{i=1}^{r}\left(\sum_{j=1}^{n_i}X_{ij}^2-n_i\overline{X}_{i\cdot}^2\right)\right]=\sum_{i=1}^{r}\left[\sum_{j=1}^{n_i}EX_{ij}^2-n_iE\overline{X}_{i\cdot}^2\right]$$
$$=\sum_{i=1}^{r}\left[n_i(\sigma^2+\mu_i^2)-n_i\left(\frac{\sigma^2}{n_i}+\mu_i^2\right)\right]=\sum_{i=1}^{r}(n_i-1)\sigma^2=(n-r)\sigma^2.$$

注意到 S_E，S_A 是若干项平方和，其大小与参加求和的项数有关. 为消去项数影响，让 S_E，S_A 分别除以各自的自由度，再取期望

$$E\left(\frac{S_E}{n-r}\right)=\sigma^2. \tag{9.1.8}$$

$$E\left(\frac{S_A}{r-1}\right)=\sigma^2+\frac{1}{r-1}\sum_{i=1}^{r}n_i(\mu_i-\mu)^2. \tag{9.1.9}$$

由式(9.1.8)知，$\frac{S_E}{n-r}$是 σ^2 的无偏估计. 式(9.1.9)在 H_0 为真下，有$\mu_i-\mu=0,i=1,2,\cdots,r.$ 这时$\frac{S_A}{r-1}$也是 σ^2 的无偏估计量.

构造统计量

$$F=\frac{\frac{S_A}{r-1}}{\frac{S_E}{n-r}}=\frac{\bar{S}_A}{\bar{S}_E}. \tag{9.1.10}$$

其中 $\bar{S}_A=\frac{S_A}{r-1}$, $\bar{S}_E=\frac{S_E}{n-r}$.

当 H_0 为真时,由式(9.1.8)和式(9.1.9)可知,F 值应较小,如果 F 值显著地大,可以认为 H_0 不真.这些只是直观上的分析.只有导出统计量 F 的分布,才能在给定的 α 下,找出拒绝域.

为此,我们不加证明给出下述结论.

(1) $\frac{S_E}{\sigma^2}\sim\chi^2(n-r)$.

(2)当 H_0 为真时,$\frac{S_A}{\sigma^2}\sim\chi^2(r-1)$,且 S_A 与 S_E 相互独立,从而

$$\frac{(n-r)S_A}{(r-1)S_E}\sim F(r-1,n-r).$$

即式(9.1.10)确定的统计量

$$F=\frac{\bar{S}_A}{\bar{S}_E}\sim F(r-1,n-r).$$

于是,对给定的显著水平 α $(0<\alpha<1)$,由

$$P(F>F_{1-\alpha}(r-1,n-r))=\alpha$$

得拒绝域 $W=\{F>F_{1-\alpha}(r-1,n-r)\}$.

上述分析结果常总结列成表 9.1.3 形式,并称为方差分析表.

表 9.1.3 方差分析表

方差来源	平方和	自由度	均方	F 值	临界值	显著性
组间	S_A	$r-1$	$\bar{S}_A=\frac{S_A}{r-1}$	$F=\frac{\bar{S}_A}{\bar{S}_E}$	$F_{1-\alpha}(r-1,n-r)$	
组内	S_E	$n-r$	$\bar{S}_E=\frac{S_E}{n-r}$			
总和	S_T	$n-1$				

当 $F>F_{0.95}(r-1,n-r)$时,称为显著,记 *;

当 $F>F_{0.99}(r-1,n-r)$时,称为高度显著,记为 * *.

为了避免计算误差大,可以利用下列公式计算平方和.

$$S_T=\sum_{i=1}^{r}\sum_{j=1}^{n_i}X_{ij}^2-\frac{1}{n}\Big(\sum_{i=1}^{r}\sum_{j=1}^{n_i}X_{ij}\Big)^2, \tag{9.1.11}$$

$$S_A=\sum_{i=1}^{r}\frac{1}{n_i}\Big(\sum_{j=1}^{n_i}X_{ij}\Big)^2-\frac{1}{n}\Big(\sum_{i=1}^{r}\sum_{j=1}^{n_i}X_{ij}\Big)^2, \tag{9.1.12}$$

$$S_E=S_T-S_A. \tag{9.1.13}$$

当 $n_1=n_2=\cdots=n_r=s$ 时,称为等重复试验,并有

$$S_T=\sum_{i=1}^{r}\sum_{j=1}^{s}X_{ij}^2-\frac{1}{n}\left(\sum_{i=1}^{r}\sum_{j=1}^{s}X_{ij}\right)^2,$$

$$S_A=\frac{1}{s}\sum_{i=1}^{r}\left(\sum_{j=1}^{s}X_{ij}\right)^2-\frac{1}{n}\left(\sum_{i=1}^{r}\sum_{j=1}^{s}X_{ij}\right)^2.$$

定理　在单因素试验方差分析的数学模型(9.1.4)中,若记

$$P=\frac{1}{n}\left(\sum_{i=1}^{r}\sum_{j=1}^{n_i}X_{ij}\right)^2=n(\overline{X})^2,Q=\sum_{i=1}^{r}\frac{1}{n_i}\left(\sum_{j=1}^{n_i}X_{ij}\right)^2,R=\sum_{i=1}^{r}\sum_{j=1}^{n_i}X_{ij}^2,$$

则有

$$S_A=Q-P,S_E=R-Q,S_T=R-P.$$

证明从略.

当指标值 x_{ij} 较大,为化简计算,可适当选取常数 a 和 b,对数据作简化处理:

$$Y_{ij}=\frac{X_{ij}-a}{b}. \tag{9.1.14}$$

记 Y_{ij} 对应的效应平方和为

$$S_A'=\sum_{i=1}^{r}\sum_{j=1}^{n_i}(\overline{Y}_{i\cdot}-\overline{Y})^2,$$

误差平方和为

$$S_E'=\sum_{i=1}^{r}\sum_{j=1}^{n_i}(\overline{Y}_{ij}-\overline{Y}_{i\cdot})^2,$$

其中 $\overline{Y}_{i\cdot}=\frac{1}{n_i}\sum_{j=1}^{n_i}Y_{ij},\overline{Y}=\frac{1}{n}\sum_{i=1}^{r}\sum_{j=1}^{n_i}Y_{ij}$,则易证

$$\frac{S_A'}{S_E'}=\frac{S_A}{S_E}. \tag{9.1.15}$$

可将计算结果列成表 9.1.4 进行分析.

表 9.1.4　单因素试验方差分析表

方差来源	平方和	自由度	均方和	F 值	显著性
因素 A 误差 E	$S_A=Q-P$ $S_E=R-Q$	$r-1$ $n-r$	$\overline{S}_A=S_A/(r-1)$ $\overline{S}_E=S_E/(n-r)$	$F=\frac{\overline{S}_A}{\overline{S}_E}$	
总和	$S_T=R-P$	$n-1$			

在方差分析表中,一般作如下规定:若在水平 $\alpha=0.01$ 下拒绝 H_0,即 $F>F_{1-0.01}(r-1,n-r)$,则称因素 A 影响**高度显著**(highly significant),并记为"* *";若在水平 $\alpha=0.05$ 下拒绝 H_0,但在 $\alpha=0.01$ 下不拒绝 H_0,即 $F_{1-0.01}(r-1,n-r)>F>F_{1-0.05}(r-1,n-r)$,则称因素 A **影响显著**,并记为"*";若在水平 $\alpha=0.1$ 下拒绝 H_0,但在 $\alpha=0.05$ 下不拒绝 H_0,即 $F_{1-0.05}(r-1,n-r)>F>F_{1-0.1}(r-1,n-r)$,则称因素 A 有一定影响,并记为"(*)";若在水平 $\alpha=0.1$ 时不拒绝 H_0,即 $F<F_{1-0.1}(r-1,n-r)$,则称因素 A **无显著影响**.

对例 9.1.1 中的数据 x_{ij} 作如下处理：$y_{ij}=\dfrac{y_{ij}-1\,600}{10}$，将 y_{ij} 的数据列成表 9.1.5.

计算得 $S_A'=Q-P=443.61$，$S_E'=R-Q=1\,513.51$，

$$F=\frac{S_A'/(r-1)}{S_E'/(n-r)}=\frac{443.61/3}{1\,513.51/22}=2.149\,4.$$

又对 $\alpha=0.1$，查表得 $F_{1-\alpha}(r-1,n-r)=F_{0.90}(3,22)=2.35$. 因 $F=2.149\,4<2.35=F_{0.90}(3,22)$，所以接受 H_0，认为因素 A(灯丝配料)对灯泡使用寿命无显著影响. 将上述计算、分析过程整理成方差分析表 9.1.6.

表 9.1.5 平方和中间计算表

水平＼指标＼序号	1	2	3	4	5	6	7	8	$\sum_j y_{ij}$	$\frac{1}{n_i}(\sum_j y_{ij})^2$	$\sum_j y_{ij}^2$
A_1	0	1	5	8	10	12	20	—	56	448	734
A_2	−2	4	4	10	15	—	—	—	31	192.2	361
A_3	−14	−5	0	2	4	6	14	22	29	105.125	957
A_4	−9	−8	−7	−3	0	8	—	—	−19	60.167	267
	$r=4,n=26$								$P=\frac{1}{n}(\sum_{i=1}^{r}\sum_{j=1}^{n_i}y_{ij})^2=\frac{1}{26}(97)^2=361.88$	$Q=\sum_{i=1}^{r}\frac{1}{n_i}(\sum_{j=1}^{n_i}y_{ij})^2=805.49$	$R=\sum_{i=1}^{r}\sum_{j=1}^{n_i}(y_{ij})^2=2\,319$

表 9.1.6 例 9.1.1 的方差分析表

方差来源	平方和	自由度	均方和	F 值	显著性
因素 A	$S'_A=443.61$	3	147.87	2.15	无显著影响
误差 E	$S'_E=1\,513.51$	22	68.79		
总和	$S'_T=1\,957.12$	25			

经过方差分析，发现 4 批灯泡的使用寿命没有显著差别. 因此，在选择灯丝材料时就可以从其他方面去考虑，如在 4 种配料方案中选择能使灯泡成本较低的材料等.

例 9.1.2 某试验室对钢锭模进行选材试验时，将 4 种成分的生铁作为试样进行热疲劳测定. 其方法是将试样加热到 700 ℃后投入 20 ℃的水中急冷，这样反复进行直至试样断裂，最后看试样经受的次数. 显然经受的次数越多，质量就越好.

试验结果列于表 9.1.7，试检验 4 种生铁的试样的抗疲劳性能是否有显著差异？

解 本例是单因子水平为 4 的不等重复试验($n_1=7,n_2=5,n_3=8,n_4=6$)，μ_1,μ_2,μ_3,μ_4 分别表示 4 种成分生铁的抗热疲劳性能(均值). 我们要检验假设

$$H_0:\mu_1=\mu_2=\mu_3=\mu_4,\ H_1:\mu_1,\mu_2,\mu_3,\mu_4 \text{ 不全等}.$$

$$(1)\ S_T=\sum_{i=1}^{r}\sum_{j=1}^{n_i}X_{ij}^2-\frac{1}{n}\Big(\sum_{i=1}^{r}\sum_{j=1}^{n_i}X_{ij}\Big)^2=698\,959-\frac{1}{26}4\,257^2=1\,957.12,$$

表 9.1.7　4 种钢锭模材热疲劳试验数据及方差分析计算表

材料差别 \ 试号		1	2	3	4	5	6	7	8	n_i	$\sum_{j=1}^{n_i} X_{ij}$	$(\sum_{j=1}^{n_i} X_{ij})^2$	$\frac{(\sum_{j=1}^{n_i} X_{ij})^2}{n_i}$	$\sum_{j=1}^{n_i} X_{ij}^2$
材料种类	1	160	161	165	168	170	172	180		7	1 176	1 382 976	197 568	197 854
	2	158	164	164	170	175				5	831	690 561	138 112.2	138 281
	3	146	155	160	162	164	166	174	182	8	1 309	1 713 481	214 185.12	215 037
	4	151	152	153	157	160	168			6	941	885 481	147 580.17	147 787
	总和									$n=\sum_{i=1}^{r} n_i=26$	$\sum_{i=1}^{r}\sum_{j=1}^{n_i} X_{ij}=4257$		$\sum_{i=1}^{r}\frac{(\sum_{j=1}^{n_i} X_{ij})^2}{n_i}=697\ 445.49$	$\sum_{i=1}^{r}\sum_{j=1}^{n_i} X_{ij}^2=698\ 959$

$$S_A=\sum_{i=1}^{r}\frac{\left(\sum_{j=1}^{n_i}X_{ij}\right)^2}{n_i}-\frac{1}{n}\left(\sum_{i=1}^{r}\sum_{j=1}^{n_i}X_{ij}\right)^2=697\ 445.49-\frac{1}{26}4\ 257^2=443.61,$$

$$S_E=S_T-S_A=1\ 513.51.$$

(2)确定自由度.

S_T 的自由度　$n-1=26-1=25$,

S_A 的自由度　$r-1=4-1=3$,

S_E 的自由度　$n-r=26-4=22$.

(3)$F=\dfrac{\overline{S}_A}{\overline{S}_E}=\dfrac{147.87}{68.79}=2.15$.

(4)由 $\alpha=0.05$,查表得 $F_{0.95}(3,22)=3.65$.

上述步骤通常用方差分析表列出如下.

表 9.1.8　方差分析表(例 9.1.2)

方差来源	平方和	自由度	均方	F 值	临界值	显著性
组间	443.61	3	147.87	2.15	$F_{0.95}=3.65$	
组内	1 513.51	22	68.79			
总和	1 957.12	25				

$F<F_{0.95}(3,22)$.故接受 H_0,认为 4 种生铁试样的热疲劳性能无显著差异.

9.1.3　单因子试验方差分析中的参数估计

由上面的讨论,我们不难得到单因子方差分析模型中未知参数的估计.由于

$$E(\overline{X}_{i\cdot})=\mu+\alpha_i,E(\overline{X})=\mu,i=1,2,\cdots,r.$$

因此　$\hat{\mu}=\overline{X},\hat{\alpha}_i=\overline{X}_{i\cdot}-\overline{X},i=1,2,\cdots,r$

分别是 μ 和 α_i 的无偏估计(注意应使等式 $\sum\limits_{i=1}^{p}n_i\hat{\alpha}_i=0$ 成立).

不管假设是否成立,$\overline{S}_E$ 都是 σ^2 的无偏估计,即

$$\hat{\sigma}^2=\overline{S}_E=\frac{S_E}{n-r}.$$

还可给出两个总体 $N(\mu_i,\sigma^2)$ 和 $N(\mu_j,\sigma^2)(i\neq j)$ 的均值差 $\mu_i-\mu_j=\alpha_i-\alpha_j$ 的区间估计.事实上,由于

$$\frac{(\overline{X}_{i\cdot}-\overline{X}_{j\cdot})-(\alpha_i-\alpha_j)}{\sqrt{\frac{1}{n_i}+\frac{1}{n_j}}\hat{\sigma}}\sim t(n-r),$$

于是均值差 $\mu_i-\mu_j=\alpha_i-\alpha_j$ 的 $1-\alpha$ 置信区间为

$$\left[\overline{X}_{i\cdot}-\overline{X}_{j\cdot}-\sqrt{\frac{1}{n_i}+\frac{1}{n_j}}\hat{\sigma}t_{1-\frac{\alpha}{2}}(n-r),\overline{X}_{i\cdot}-\overline{X}_{j\cdot}+\sqrt{\frac{1}{n_i}+\frac{1}{n_j}}\hat{\sigma}t_{1-\frac{\alpha}{2}}(n-r)\right].$$

例 9.1.3(续例 9.1.2)　由 $\overline{X}_{1\cdot}=168,\overline{X}_{2\cdot}=166.2,\overline{X}_{3\cdot}=163,\overline{X}_{4\cdot}=156.83$ 及 $\overline{X}=163.73$,可以算出因子 A 各个效应的估计:$\hat{\alpha}_1=\overline{X}_{1\cdot}-\overline{X}=4.27,\hat{\alpha}_2=\overline{X}_{2\cdot}-\overline{X}=2.47,\hat{\alpha}_3=$

$\overline{X}_{3}.-\overline{X}=-0.73$，$\hat{\alpha}_{4}.=\overline{X}_{4}-\overline{X}=-6.9$ 及 σ^2 的无偏估计 $\hat{\sigma}^2=\overline{S}_E=68.79$.

均值差 $\mu_i-\mu_j$ 的置信水平为 95%的置信区间如表 9.1.10，这里 $t_{0.975}(22)=2.0739$，$n_1=7$，$n_2=5$，$n_3=8$，$n_4=6$.

表 9.1.10　$\mu_i-\mu_j$ 的 95%置信区间

$\mu_i-\mu_j$	$\overline{X}_i.-\overline{X}_j.$	置信区间
$\mu_1-\mu_2$	1.8	[−8.27,11.87]
$\mu_1-\mu_3$	5	[−3.90,13.90]
$\mu_1-\mu_4$	11.17	[1.60,20.74]
$\mu_2-\mu_3$	3.2	[−6.61,13.01]
$\mu_2-\mu_4$	9.37	[−1.05,19.79]
$\mu_3-\mu_4$	6.17	[−3.13,15.47]

9.2　一元线性回归分析

人们在实践活动中，经常要考虑变量与变量之间的关系.变量之间的关系有两种类型.一种类型是变量之间存在着确定性的关系，例如，在具有一定电阻 R 的电路中，电流 I 与加在电路两端的电压 U 之间遵循欧姆定律，即 $I=U/R$，对给定的电压值 U，电流 I 的对应值由上式完全确定.变量之间的这种确定性关系，就是我们在高等数学中所讨论的函数关系.然而，在大量实际问题中我们会遇到另一种类型的变量之间的关系，例如，人的身高与体重，这两个变量之间不存在确定性关系，一个人的身高不能完全确定他的体重，两个身高相同的人，体重也不一定相同，但身高与体重这两个变量之间却有着一定的关系，高一些的人，平均说来，也重一些.又如，炼钢厂冶炼某种钢时，炼钢炉中钢液含碳量与冶炼时间这两个变量，虽然不存在确定性关系，在不同的炉次中，对于相同的含碳量，冶炼时间常不相同，但平均说来，含碳量较低一些，冶炼时间相应也较长一些，因此这两个变量之间又有着一定的关系，我们把变量之间的这种非确定性关系统称为相关关系.

设有两个变量存在相关关系.一种情形是，这两个变量都是随机变量；而第二种情形是，其中一个变量是可以测量和控制的非随机变量，或说是普通变量(以 x 表示)，另一个变量是随机变量(以 y 表示)，这时就把 x 作为自变量，把 y 作为因变量.对第二种情形，当自变量 x 的值确定之后，因变量 y 的值还不能完全确定，我们把它看作随机变量，但 y 的数学期望能够随之确定.这个数学期望应是 x 的函数，记作$\mu(x)$，称为 y 关于 x 的**回归函数**.于是自变量 x 与因变量 y 之间的关系可以用如下的模型来描述：

$$y=\mu(x)+\varepsilon, \tag{9.2.1}$$

其中 ε 是随机误差，它满足 $E(\varepsilon)=0$.模型(9.2.1)中只有一个自变量，基于这个模型的统计分析称为**一元回归分析**.如果 $\mu(x)$是 x 的线性函数，即 $\mu(x)=\beta_0+\beta_1 x$，模型(9.2.1)可化为

$$y=\beta_0+\beta_1 x+\varepsilon, \tag{9.2.2}$$

其中 β_0 和 β_1 都是未知参数，β_1 称为回归系数.β_0 和 β_1 分别是直线 $\mu(x)=\beta_0+\beta_1 x$ 的截距和斜率，还假定 $E(\varepsilon)=0$，$\mathrm{Var}(\varepsilon)=\sigma^2>0$.$\sigma^2$ 称为**误差方差**(error variance)，它也是未知参数.对于一元线性回归，估计 $\mu(x)$的问题就转化为求 β_0 和 β_1 的估计问题.用适当的统计方法获得 β_0 和 β_1 的估计值 $\hat{\beta}_0$ 和 $\hat{\beta}_1$ 之后，对于给定的 x 我们就用 $\hat{\beta}_0+\hat{\beta}_1 x$ 作为 $\mu(x)=\beta_0+\beta_1 x$ 的

估计. 称 $\hat{\mu}(x)=\hat{\beta}_0+\hat{\beta}_1 x$ 为 y 关于 x 的**经验回归函数**(empirical regression function).

方程

$$\hat{y}=\hat{\beta}_0+\hat{\beta}_1 x \tag{9.2.3}$$

称为 y 关于 x 的**经验线性回归方程**(empirical linear regression equation),简称线性回归方程,其相应的图形称为**经验回归直线**. 有时也把"经验"两字略掉.

在一元线性回归分析中主要解决以下三个问题:

(1)对未知参数 β_0,β_1 和 σ^2 作点估计,并由此获得回归方程;

(2)对回归系数 β_1 作假设检验;

(3)对于自变量 x 的给定值 x_0,对与之对应的因变量 y_0 作预测.

9.2.1 β_0 和 β_1 的估计及其性质

1. β_0 和 β_1 的最小二乘估计

对于自变量 x 和因变量 y 的 n 对观察值 $(x_1,y_1),(x_2,y_2),\cdots,(x_n,y_n)$(这里要求 $x_1,x_2,\cdots,x_n$ 不全相同),将它们在直角坐标系中点出,称这样的图为散点图,如图9.2.1所示,由式(9.2.1)有

$$y_i=\beta_0+\beta_1 x_i+\varepsilon_i,\ i=1,2,\cdots,n, \tag{9.2.4}$$

其中 ε_i 是对 y_i 观察时的随机误差. 假设 $\varepsilon_1,\varepsilon_2,\cdots,\varepsilon_n$ 两两不相关且与式(9.2.1)中的 ε 有相同的分布,$E(\varepsilon_i)=0$,$\mathrm{Var}(\varepsilon_i)=\sigma^2>0$,$i=1,2,\cdots,n$. 式(9.2.4)和关于 ε_i 的假设放在一起称为模型(9.2.4). 这里关于 ε_i 的假设在实际应用中一般都是近似成立的.

下面用最小二乘法来求 β_0 和 β_1 的估计. 假设 β_0 和 β_1 的估计已经求出,记为 $\hat{\beta}_0$ 和 $\hat{\beta}_1$. 这时回归函数 $\beta_0+\beta_1 x$ 在点 x_i 的值的估计也可获得:$\hat{y}_i=\hat{\beta}_0+\hat{\beta}_1 x_i (i=1,2,\cdots,n)$,称由此式求得的 $\hat{y}_i$ 为**回归值**(regressed value),有时也称为**预测值**(predicted value)($\hat{y}_i$ 实际上是 y_i 的数学期望的估计). 另一方面,与 x_i 对应的因变量的观察值 Y_i 也已获得,见图 9.2.2. 我们当然希望他们之间的偏差 $e_i=|y_i-\hat{y}_i|(i=1,2,\cdots,n)$ 越小越好. β_0 和 β_1 的合理估计应使 $\sum_{i=1}^{n}(y_i-\hat{y}_i)^2$ 达到最小.

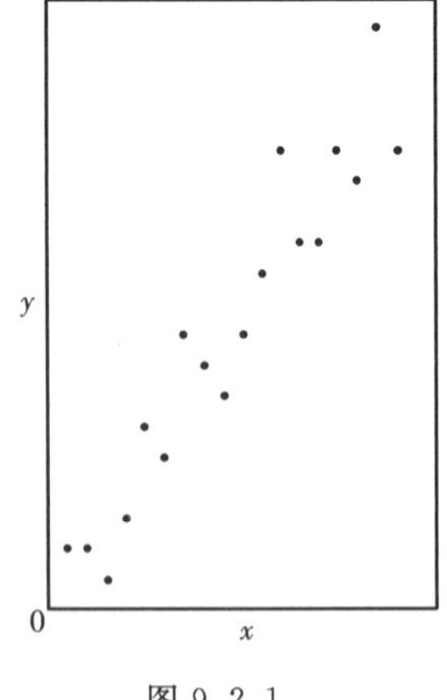

图 9.2.1

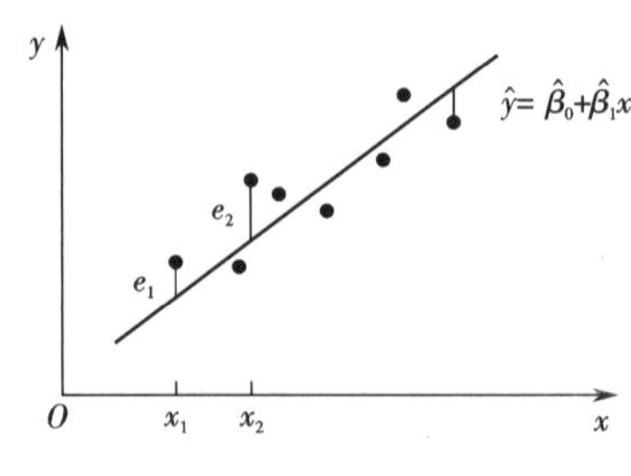

图 9.2.2

这里使用 $\sum_{i=1}^{n}(y_i-\hat{y}_i)^2$ 而不用 $\sum_{i=1}^{n}|y_i-\hat{y}_i|$ 是为了数学上处理方便. 记

$$Q(\beta_0,\beta_1)=\sum_{i=1}^{n}(y_i-\beta_0-\beta_1 x_i)^2, \tag{9.2.5}$$

使得

$$\min_{\beta_0,\beta_1} Q(\beta_0,\beta_1)=Q(\hat{\beta}_0,\hat{\beta}_1) \tag{9.2.6}$$

成立的 $\hat{\beta}_0$ 和 $\hat{\beta}_1$ 称为 β_0 和 β_1 的**最小二乘估计**(least squares estimate). 获得最小二乘估计的方法称为**最小二乘法**(least squares algorithm).

为求 $Q(\beta_0,\beta_1)$的最小值点,可使用微分法.

分别求 $Q(\beta_0,\beta_1)$关于 β_0 和 β_1 的偏导数,并令它们等于零,得

$$\frac{\partial Q}{\partial \beta_0}=-2\sum_{i=1}^{n}(y_i-\beta_0-\beta_1 x_i)=0,\ \frac{\partial Q}{\partial \beta_1}=-2\sum_{i=1}^{n}(y_i-\beta_0-\beta_1 x_i)x_i=0.$$

于是得方程组

$$\begin{cases} n\beta_0+\left(\sum_{i=1}^{n}x_i\right)\beta_1=\sum_{i=1}^{n}y_i, \\ \left(\sum_{i=1}^{n}x_i\right)\beta_0+\left(\sum_{i=1}^{n}x_i^2\right)\beta_1=\left(\sum_{i=1}^{n}x_iy_i\right). \end{cases} \tag{9.2.7}$$

式(9.2.7)称为**正规方程组**. 其系数行列式为

$$\begin{vmatrix} n & \sum x_i \\ \sum x_i & \sum x_i^2 \end{vmatrix}=n\sum x_i^2-\left(\sum x_i\right)^2=n\sum (x_i-\bar{x})^2,$$

其中 $\bar{x}=\frac{1}{n}\sum x_i$. 为简便起见,上式中将"$\sum_{i=1}^{n}$"简记为"$\sum$",本节其余部分也这样来记. 由于 $x_1,x_2,\cdots,x_n$ 不全相同,所以 $\sum (x_i-\bar{x})^2\neq 0$. 正规方程组有唯一解

$$\hat{\beta}_1=\frac{n\sum x_iy_i-\left(\sum x_i\right)\left(\sum y_i\right)}{n\sum x_i^2-\left(\sum x_i\right)^2}=\frac{\sum (x_i-\bar{x})(y_i-\bar{y})}{\sum (x_i-\bar{x})^2}=\frac{\sum (x_i-\bar{x})y_i}{\sum (x_i-\bar{x})^2}, \tag{9.2.8}$$

$$\hat{\beta}_0=\bar{y}-\hat{\beta}_1\bar{x}, \tag{9.2.9}$$

其中 $\bar{y}=\frac{1}{n}\sum y_i$. 通常记

$$l_{xx}=\sum (x_i-\bar{x})^2=\sum x_i^2-\frac{1}{n}\left(\sum x_i\right)^2, \tag{9.2.10}$$

$$l_{xy}=\sum (x_i-\bar{x})(y_i-\bar{y})=\sum x_iy_i-\frac{1}{n}\left(\sum x_i\right)\left(\sum y_i\right), \tag{9.2.11}$$

于是

$$\hat{\beta}=\frac{l_{xy}}{l_{xx}},\ \hat{\beta}_0=\bar{y}-\frac{l_{xy}}{l_{xx}}\bar{x}.$$

例 9.2.1 合成纤维抽丝工段第一导丝盘速度对丝的质量很重要,今发现它和电流的周波有关系,由生产记录得到如下 10 对数据.

周波(x_i)	49.2	50.0	49.3	49.0	49.0	49.5	49.8	49.9	50.2	50.2
第一导丝盘速度(y_i)	16.7	17.0	16.8	16.6	16.7	16.8	16.9	17.0	17.0	17.1

求第一导丝盘速度关于电流周波的线性回归方程.

解 先算出 $\sum x_i=496.1$, $\sum y_i=168.6$,

$$\sum x_i^2=24\ 613.51,\quad \sum x_iy_i=8\ 364.92,$$

由式(9.2.10),式(9.2.11)得

$$l_{xx}=\sum x_i^2-\frac{1}{n}(\sum x_i)^2=24\ 613.51-\frac{1}{10}\times(496.1)^2=1.989,$$

$$l_{xy}=\sum x_iy_i-\frac{1}{n}(\sum x_i)(\sum y_i)=8\ 364.92-\frac{1}{10}\times(496.1)(168.6)=0.674,$$

于是

$$\hat{\beta}_1=\frac{l_{xy}}{l_{xx}}=\frac{0.674}{1.989}=0.339,\hat{\beta}_0=\bar{y}-\hat{\beta}_1\bar{x}=16.86-0.339\times49.61=0.04,$$

所求线性回归方程为

$$\hat{y}=0.04+0.339x.$$

下面给出回归系数最小二乘估计量的某些性质.

性质 1 $\hat{\beta}_0,\hat{\beta}_1$ 分别是 β_0,β_1 的无偏估计,且

$$\mathrm{Var}(\hat{\beta}_0)=\left(\frac{1}{n}+\frac{\bar{x}^2}{l_{xx}}\right)\sigma^2=\frac{\sum\limits_{i=1}^{n}x_i^2}{nl_{xx}}\sigma^2;\tag{9.2.12}$$

$$\mathrm{Var}(\hat{\beta}_1)=\frac{1}{l_{xx}}\sigma^2;\tag{9.2.13}$$

$$\mathrm{Cov}(\hat{\beta}_0,\hat{\beta}_1)=-\frac{\bar{x}}{l_{xx}}\sigma^2.\tag{9.2.14}$$

证明 由式(9.2.8)有

$$\hat{\beta}_1=\frac{\sum\limits_{i=1}^{n}(x_i-\bar{x})y_i}{l_{xx}}=\sum_{i=1}^{n}\frac{x_i-\bar{x}}{l_{xx}}y_i=\sum_{i=1}^{n}C_iy_i,\tag{9.2.15}$$

其中 $C_i=\dfrac{x_i-\bar{x}}{S_{xx}}$,易见

$$\sum_{i=1}^{n}C_i=0,\sum_{i=1}^{n}C_ix_i=1,\sum_{i=1}^{n}C_i^2=\frac{1}{l_{xx}},\tag{9.2.16}$$

故

$$E(\hat{\beta}_1)=\sum_{i=1}^{n}C_iE(y_i)=\sum_{i=1}^{n}C_i(\beta_0+\beta_1x_i)=\beta_1,$$

$$\mathrm{Var}(\hat{\beta})=\sum_{i=1}^{n}C_i^2\mathrm{Var}(y_i)=\sigma^2\sum_{i=1}^{n}C_i^2=l_{xx}\sigma^2,$$

又由式(9.2.8)得

$$\hat{\beta}_0=\bar{y}-\hat{\beta}_1\bar{x}=\bar{y}-\sum_{i=1}^{n}C_iy_i\bar{x}=\sum_{i=1}^{n}\left(\frac{1}{n}-C_i\bar{x}\right)y_i,\tag{9.2.17}$$

故

$$E(\hat{\beta}_0)=\sum_{i=1}^{n}\left(\frac{1}{n}-C_i\bar{x}\right)E(y_i)=\sum_{i=1}^{n}\left(\frac{1}{n}-C_i\bar{x}\right)(\beta_0+\beta_1 x_i)=\beta_0,$$

$$\operatorname{Var}(\hat{\beta}_0)=\sum_{i=1}^{n}\left(\frac{1}{n}-C_i\bar{x}\right)^2\operatorname{Var}(y_i)=\sigma^2\sum_{i=1}^{n}\left(\frac{1}{n}-C_i\bar{x}\right)^2=\left(\frac{1}{n}+\frac{\bar{x}^2}{l_{xx}}\right)\sigma^2=\frac{\sum_{i=1}^{n}x_i^2}{nl_{xx}}\sigma^2,$$

$$\begin{aligned}\operatorname{Cov}(\hat{\beta}_0,\hat{\beta}_1)&=\operatorname{Cov}\left(\sum_{i=1}^{n}\left(\frac{1}{n}-C_i\bar{x}\right)y_i,\sum_{i=1}^{n}C_iy_i\right)=\sum_{i=1}^{n}\operatorname{Cov}\left(\left(\frac{1}{n}-C_i\bar{x}\right)y_i,C_iy_i\right)\\&=\sigma^2\sum_{i=1}^{n}\left(\frac{1}{n}-C_i\bar{x}\right)C_i=-\frac{\bar{x}}{l_{xx}}\sigma^2.\end{aligned}$$

性质 2　$\operatorname{Cov}(\hat{\beta}_1,\bar{y})=0$，即 $\hat{\beta}_1$ 与 $\bar{y}$ 不相关.

证明　由式(9.2.14)得

$$\operatorname{Cov}(\hat{\beta}_1,\bar{y})=\operatorname{Cov}\left(\sum_{i=1}^{n}C_iy_i,\frac{1}{n}\sum_{i=1}^{n}y_i\right)=\frac{\sigma^2}{n}\sum_{i=1}^{n}C_i=0.$$

9.2.2　参数 σ^2 的估计

在得到了经验回归方程后，容易计算回归值 $\hat{y}_i=\hat{\beta}_0+\hat{\beta}_1x_i$. $\hat{\varepsilon}_i=y_i-\hat{y}_i$ 称为第 i 个**残差**(residual)，$i=1,2,\cdots,n$，可以作为误差 ε_i 的一个估计.

$$Q_0=\sum_{i=1}^{n}\hat{\varepsilon}_i^2=\sum_{i=1}^{n}(y_i-\hat{y}_i)^2=\sum_{i=1}^{n}(y_i-\hat{\beta}_0-\hat{\beta}_1x_i)^2 \tag{9.2.18}$$

称为**残差平方和**(sum of squares of residual)，它代表 y_i 与经验回归直线上点的纵坐标 $\hat{y}$ 的离差平方和，反映了试验的随机误差，因此一个基于 Q_0 的统计量作为 σ^2 的估计，应该具有良好的性质. 将 $\hat{\beta}_0=\bar{y}-\hat{\beta}_1\bar{x}$ 代入上式，再由式(9.2.18)可得

$$\begin{aligned}Q_0&=\sum_{i=1}^{n}(y_i-\bar{y})^2+\hat{\beta}_1^2\sum_{i=1}^{n}(x_i-\bar{x})^2-2\hat{\beta}_1\sum_{i=1}^{n}(x_i-\bar{x})(y_i-\bar{y})\\&=l_{yy}+\hat{\beta}_1^2l_{xx}-\hat{\beta}_1l_{xy}\\&=l_{yy}-\hat{\beta}_1l_{xy} &(9.2.19)\\&=l_{yy}-\frac{l_{xy}^2}{l_{xx}}, &(9.2.20)\end{aligned}$$

故可用

$$\hat{\sigma}^2=\frac{Q_0}{n-2}=\frac{l_{yy}-\hat{\beta}_1l_{xy}}{n-2} \tag{9.2.21}$$

作为 σ^2 的一个估计量.

性质 3　$\hat{\sigma}^2$ 为 σ^2 的无偏估计.

证明　由式(9.2.19)及(9.2.20)，$Q_0=l_{yy}-\frac{l_{2xy}}{l_{xx}}=l_{yy}-\hat{\beta}_1^2l_{xx}$，为证明 $\hat{\sigma}^2$ 的无偏性，我们需要计算

$$\begin{aligned}E(l_{yy})&=E\left[\sum_{i=1}^{n}(y_i-\bar{y})^2\right]=\sum_{i=1}^{n}E(y_i^2)-nE(\bar{y}^2)\\&=\sum_{i=1}^{n}\{\operatorname{Var}(y_i)+[E(y_i)]^2\}-n\{\operatorname{Var}(\bar{y})+[E(\bar{y})]^2\}\end{aligned}$$

$$=\sum_{i=1}^{n}\left[\sigma^2+(\beta_0+\beta_1 x_i)^2\right]-n\left[\frac{\sigma^2}{n}+(\beta_0+\beta_1\bar{x})^2\right]$$

$$=(n-1)\sigma^2+\beta_1^2\left(\sum_{i=1}^{n}x_i^2-n\bar{x}^2\right)=(n-1)\sigma^2+\beta_1^2 l_{xx},$$

由性质 1 有

$$E(\hat{\beta}_1^2 l_{xx})=l_{xx}E(\hat{\beta}_1^2)=S_{xx}\{\mathrm{Var}(\hat{\beta}_1)+[E(\hat{\beta}_1)]^2\}=l_{xx}\left(\frac{1}{l_{xx}}\sigma^2+\beta_1^2\right)=\sigma^2+\beta_1^2 l_{xx},$$

所以 $E(Q_0)=(n-2)\sigma^2$，从而 $\hat{\sigma}^2$ 为 σ^2 的无偏估计.

例 9.2.2 已经知道加入某种催化剂可以降低汽车在燃烧汽油时排出废气中氧化氮的含量.现在试验加入不同量的催化剂(这是可严格控制的变量，作为自变量 x)，测量废气中氧化氮的降低量(这个降低量受种种因素的影响，作为因变量 y)，结果如下表所示：

催化剂量(x)	1	1	2	3	4	4	5	6	6	7
氧化氮降低量(y)	2.1	2.5	3.1	3.0	3.8	3.2	4.3	3.9	4.4	4.8

这是两个变量间的简单线性回归，容易算得

$$\bar{x}=3.9,\quad \bar{y}=3.51,\quad l_{xx}=40.9,\quad l_{yy}=6.849,\quad l_{xy}=15.81,$$

代入式(9.2.8)和式(9.2.9)得

$$\hat{\beta}_1=\frac{l_{xy}}{l_{xx}}=\frac{15.81}{40.9}=0.386\,55,\hat{\beta}_0=\bar{y}-\hat{\beta}_1\bar{x}=2.002\,44.$$

因此，得到经验回归方程(或调用 R 函数 lm($y\sim x$))

$$\hat{y}=2.002\,44+0.386\,55x.$$

由式(9.2.20)，残差平方和

$$Q=l_{yy}-\hat{\beta}_1 l_{xy}=0.737\,6,$$

故 $$\hat{\sigma}^2=\frac{Q}{n-2}=0.092\,2.$$

9.2.3 线性回归的显著性检验

对任意给定的一组数据$(x_1,y_1),(x_2,y_2),\cdots,(x_n,y_n)$都可以用式(9.2.8)和(9.2.9)计算最小二乘估计 $\hat{\beta}_0,\hat{\beta}_1$，从而得到回归直线 $y=\hat{\beta}_0+\hat{\beta}_1 x$. 但这并不能说明 y 与 x 之间确实存在线性关系. 如果观测值 y_i 与回归值 $\hat{y}_i$ 的差，即残差 $\hat{\varepsilon}_i$ 比较小，我们就可以认为 y 与 x 之间确实存在线性相关关系. 因此有必要进行线性回归的显著性检验，这可以表示为对假设

$$H_0:\beta_1=0,H_1:\beta_1\neq 0 \tag{9.2.22}$$

的检验. 首先对 l_{yy}(称为数据的总离差平方和)进行分解.

$$l_{yy}=\sum_{i=1}^{n}(y_i-\bar{y})^2=\sum_{i=1}^{n}(y_i-\hat{y}_i+\hat{y}_i-\bar{y})^2$$

$$=\sum_{i=1}^{n}(y_i-\hat{y}_i)^2+\sum_{i=1}^{n}(\hat{y}_i-\bar{y})^2+2\sum_{i=1}^{n}(y_i-\hat{y}_i)(\hat{y}_i-\bar{y}),$$

由式(9.2.8)有

$$\hat{y}_i=\hat{\beta}_0+\hat{\beta}_1 x_i=\bar{y}+\hat{\beta}_1(x_i-\bar{x}),$$

又因为

$$\sum_{i=1}^{n}(y_i-\hat{y}_i)(\hat{y}_i-\bar{y})=\sum_{i=1}^{n}[y_i-\bar{y}-\hat{\beta}_1(x_i-\bar{x})]\hat{\beta}_1(x_i-\bar{x})=\hat{\beta}_1 l_{xy}-\hat{\beta}_1^2 l_{xx}=0.$$

故

$$l_{yy}=\sum_{i=1}^{n}(y_i-\hat{y}_i)^2+\sum_{i=1}^{n}(\hat{y}_i-\bar{y})^2 \triangleq Q+U, \tag{9.2.23}$$

称其为平方和分解公式. 其中 $Q=\sum_{i=1}^{n}(y_i-\hat{y}_i)^2$，即式(9.2.18)给出的残差平方和，反映了随机误差的存在而引起因变量的波动；

$$U=\sum_{i=1}^{n}(y_i-\bar{y})^2 \tag{9.2.24}$$

称为**回归平方和**(sum of squares of regression)，表示回归值 $\hat{y}_i$ 的波动，易得

$$U=\hat{\beta}_1^2 l_{xx}. \tag{9.2.25}$$

对统计假设(9.2.22)有多种检验法，我们先给出 F 检验法.

在对每一个 x 值，$Y\sim N(a+bx,\sigma^2)$的假定下，可以证明(证明略)：

$$\frac{Q}{\sigma^2}=\frac{1}{\sigma^2}\sum_{i=1}^{n}(y_i-\hat{y}_i)^2\sim\chi^2(n-2),$$

在 H_0 为真(即 $b=0$)时，

$$\frac{U}{\sigma^2}=\frac{1}{\sigma^2}\sum_{i=1}^{n}(\hat{y}_i-\bar{y})^2\sim\chi^2(1),$$

并且 U 与 Q 独立. 于是

$$F=\frac{\frac{U}{\sigma^2}}{\frac{Q}{\sigma^2}/(n-2)}=(n-2)\frac{U}{Q}\sim F(1,n-2).$$

在 H_0 不真时，Y 与 x 的线性关系显著，U 在 l_{yy} 中所占比例较大，$F=(n-2)\frac{U}{Q}$有偏大的趋势，因此，对给定的显著性水平 α，由

$$P\{F>F_{1-\alpha}(1,n-2)\}=\alpha,$$

得 H_0 的拒绝域为

$$\{F>F_{1-\alpha}(1,n-2)\}. \tag{9.2.26}$$

例 9.2.3(续例 9.2.1) 在水平 $\alpha=0.05$ 下，对第一导丝盘速度与电流周波的线性回归方程作线性回归显著性检验.

解 在例 9.2.1 中已算出 $l_{xx}=1.989$，$\hat{\beta}=0.339$，于是由式(9.2.25)，

$$U=\hat{\beta}^2 l_{xx}=(0.339)^2\times1.989=0.229.$$

又在上一段已算出 $l_{yy}=0.244$，于是

$$Q=l_{yy}-U=0.244-0.229=0.015.$$

所以 $$F=(n-2)\frac{U}{Q}=8\times\frac{0.229}{0.015}=122.13.$$

$\alpha=0.05$ 时，$F_{1-\alpha}(1,n-2)=F_{0.95}(1,8)=5.32$.

因为 $F>F_{0.95}(1,8)$，所以拒绝 H_0，从而接受 H_1:$\beta\neq0$. 这说明 Y 与 x 的线性关系是显著的. 因此例 9.2.1 中所求得的线性回归方程有实用价值.

例 9.2.4 在摸索高产经验的过程中，为总结出根据小麦基本苗数，推算成熟期有效穗数的方法，在5块田上进行了试验，在同样的肥料和管理水平下，取得下表中的数据.求基本苗数与有效穗数之间的线性回归方程，并作线性回归的显著性检验(取 $\alpha=0.05$).

编号	基本苗数 x_i 万株/单位面积	有效穗数 y_i 万株/单位面积
1	15	39.4
2	25.8	42.9
3	30	41.0
4	36.6	43.1
5	44.4	49.2

解 基本苗数作自变量 x，有效穗数作因变量 Y. 散点图如图 9.2.3，从散点图上还难以看出 Y 与 x 是否有明显的线性关系. 按题意，先求出线性回归方程，并作线性回归的显著性检验.

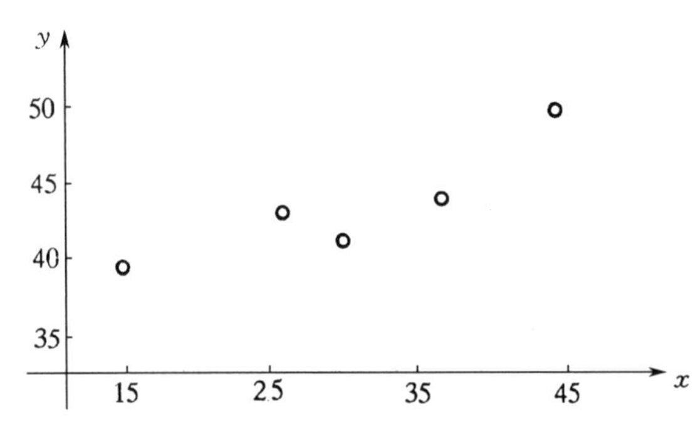

图 9.2.3

$$\sum x_i=151.8,\quad \sum y_i=215.6,$$

$$\sum x_i^2=5\ 101.56,\quad \sum x_iy_i=6\ 689.76,$$

$$l_{xx}=\sum x_i^2-\frac{1}{n}(\sum x_i)^2=5\ 101.56-\frac{1}{5}\times(151.8)^2=492.912,$$

$$l_{xy}=\sum x_iy_i-\frac{1}{n}(\sum x_i)(\sum y_i)=6\ 689.76-\frac{1}{5}(151.8)(215.6)=144.144,$$

于是

$$\hat{\beta}_1=\frac{l_{xy}}{l_{xx}}=\frac{144.144}{492.912}=0.292,$$

$$\hat{\beta}_0=\bar{y}-\hat{b}\bar{x}=43.12-0.292\times30.36=34.3,$$

所求线性回归方程为

$$\hat{y}=34.3+0.292x.$$

下面再对线性回归作显著性检验. 由式(9.2.25)得

$$U=\hat{\beta}_1^2 l_{xx}=(0.292)^2\times492.912=42.03,$$

又
$$\sum y_i^2=9\ 352.02,$$

$$l_{yy}=\sum y_i^2-\frac{1}{n}(\sum y_i)^2=9\ 352.02-\frac{1}{5}(215.6)^2=55.35,$$

$$Q=l_{yy}-U=55.35-42.03=13.32,$$

于是

$$F=(n-2)\frac{U}{Q}=3\times\frac{42.03}{13.32}=9.47.$$

在水平 $\alpha=0.05$ 下

$$F_{1-\alpha}(1,n-2)=F_{0.95}(1,3)=10.1,$$

因为 $F=9.47<10.1$，所以接受 $H_0:\beta_1=0$，即线性回归并不显著，Y 与 x 的线性关系不明显.

最后我们再由上述的 F 检验法导出 R 检验法. 考虑检验统计量

$$R=\frac{l_{xy}}{\sqrt{l_{xx}l_{yy}}}=\hat{\beta}_1\sqrt{\frac{l_{xx}}{l_{yy}}} \tag{9.2.27}$$

或

$$R^2=\hat{\beta}_1^2\frac{l_{xx}}{l_{yy}}. \tag{9.2.28}$$

通常称 R 为**线性相关系数**(linear correlation coefficient)，称 R^2 为**相关指数**(correlation index)或**决定系数**(coeffcient of determination)，$|R|$(或 R^2)的观测值的大小反映了自变量与因变量之间线性相关程度. $|R|$(或 R^2)越接近 1，说明线性相关程度越紧密，所配直线效果越好. 实际上，$R^2=U/l_{yy}$ 反映了回归平方和在总离差平方和中的比例，或者说，在 y 的总离差中，可以用 x 与 y 之间的线性关系来解释的部分是 R^2，故当 $|R|>c$ 时，拒绝 H_0，其中临界值 c 网上有表可查.

由式(9.2.28)有

$$R^2=\frac{U}{l_{yy}}=\frac{U}{U+Q}$$

即 $\frac{U}{Q}=\frac{R^2}{1-R^2}$，因为

$$F=(n-2)\frac{U}{Q}=(n-2)\frac{R^2}{1-R^2}, \tag{9.2.29}$$

H_0 的拒绝域 $\{F>F_{1-\alpha}(1,n-2)\}$ 等价于

$$(n-2)\frac{R^2}{1-R^2}>F_{1-\alpha}(1,n-2),$$

即等价于

$$|R|>\sqrt{\frac{F_{1-\alpha}(1,n-2)}{n-2+F_{1-\alpha}(1,n-2)}}. \tag{9.2.30}$$

所以当我们用相关系数 R 作线性回归的显著性检验时，式(9.2.30)就是 H_0 的拒绝域. 这就是 R **检验法**.

如对于例 9.2.4，

$$r=\frac{l_{xy}}{\sqrt{l_{xx}}\sqrt{l_{yy}}}=\frac{144.144}{\sqrt{492.912}\sqrt{55.35}}=0.873,$$

而

$$\sqrt{\frac{F_{0.95}(1,3)}{3+F_{0.95}(1,3)}}=\sqrt{\frac{10.1}{3+10.1}}=0.878,$$

可见不能拒绝 H_0.

这里需要指出的是:在式(9.2.30)右边的临界值 $\sqrt{\dfrac{F_{1-\alpha}(1,n-2)}{n-2+F_{1-\alpha}(1,n-2)}}$ 是与 n 有关的,当 n 较小时,此临界值较大. 在例 9.2.4 中,$n=5$ 较小,我们算出相关系数 $R=0.873$,已经比较接近 1,似乎可以认为两个变量间有线性关系了,但是在水平 $\alpha=0.05$ 下,$|R|$ 仍未超过临界值 0.878,所以不能认为两变量有明显的线性关系. 其实,当 n 较小时,相关系数的绝对值容易接近 1,我们必须按照式(9.1.19),与临界值加以比较,才能判定两变量间是否有明显的线性关系. 特别地,当 $n=2$ 时,只有两个样本点,因为两点决定一条直线,所以此时相关系数的绝对值必为 1,但这对两个变量之间的关系不能说明什么问题.

9.2.4 预测与控制

我们已经介绍了建立线性回归方程的方法以及如何作线性回归的显著性检验. 如果经检验两变量间的线性关系是明显的,所建立的线性回归方程对表示两变量间的关系就有实用价值. 可以用它来进行预测与控制.

先讨论预测问题. 对变量 x 取定的某个值 x_0,由回归方程可得 $\hat{y}_0=\hat{a}+\hat{b}x_0$,$\hat{y}_0$ 是 $x=x_0$ 时 y 的期望 $a+bx_0$ 的估计值. 在 $x=x_0$ 条件下的随机变量 y 记为 y_0,所谓预测,就是对给定的置信水平 $1-\alpha$,确定一个区间 $(\hat{y}_0-\delta,\hat{y}_0+\delta)$ 使得

$$P\{\hat{y}_0-\delta<y_0<\hat{y}_0+\delta\}=1-\alpha,$$

即

$$P\{|y_0-\hat{y}_0|<\delta\}=1-\alpha.$$

在假定 $y\sim N(a+bx,\sigma^2)$ 时,可以证明(证明略)

$$y_0-\hat{y}_0\sim N\left\{0,\sigma^2\left[1+\frac{1}{n}+\frac{(x_0-\bar{x})^2}{\sum\limits_{i=1}^{n}(x_i-\bar{x})^2}\right]\right\},$$

于是

$$\frac{y_0-\hat{y}_0}{\sigma\sqrt{1+\dfrac{1}{n}+\dfrac{(x_0-\bar{x})^2}{\sum(x_i-\bar{x})^2}}}\sim N(0,1),$$

而且 $\dfrac{Q}{\sigma^2}=\dfrac{1}{\sigma^2}\sum(y_i-\hat{y}_i)^2\sim\chi^2(n-2)$,$Q$ 与 $(y_0-\hat{y}_0)$ 独立,从而

$$T=\frac{y_0-\hat{y}_0}{\sigma\sqrt{1+\dfrac{1}{n}+\dfrac{(x_0-\bar{x})^2}{\sum(x_i-\bar{x})^2}}}\Bigg/\sqrt{\frac{Q}{\sigma^2}\Big/(n-2)}=\frac{(y_0-\hat{y}_0)\sqrt{n-2}}{\sqrt{Q\left[1+\dfrac{1}{n}+\dfrac{(x_0-\bar{x})^2}{\sum(x_i-\bar{x})^2}\right]}}\sim t(n-2),$$

于是

$$P\left\{\left|\frac{(y_0-\hat{y}_0)\sqrt{n-2}}{\sqrt{Q\left[1+\dfrac{1}{n}+\dfrac{(x_0-\bar{x})^2}{\sum(x_i-\bar{x})^2}\right]}}\right|<t_{1-\frac{\alpha}{2}}(n-2)\right\}=1-\alpha,$$

即

$$P\{\hat{y}_0-\delta<y_0<\hat{y}_0+\delta\}=1-\alpha,$$

其中

$$\delta=t_{1-\frac{\alpha}{2}}(n-2)\sqrt{\frac{Q}{n-2}\left[1+\frac{1}{n}+\frac{(x_0-\overline{x})^2}{\sum(x_i-\overline{x})^2}\right]}.\tag{9.2.31}$$

$(\hat{y}_0-\delta,\hat{y}_0+\delta)$就是 y_0 的置信水平为$(1-\alpha)$的预测区间. 由式(9.2.31)可知，当置信水平$(1-\alpha)$与样本观测值(x_i,y_i)，$i=1,2,\cdots,n$ 给定时，δ 仍与 x_0 有关，x_0 越靠近 $\overline{x}$，δ 就越小，预测就越精密.

把 x_0 一般地写为 x 时，预测区间$(\hat{y}_0-\delta,\hat{y}_0+\delta)$就写为$(\hat{y}-\delta(x),\hat{y}+\delta(x))$，这里 $\hat{y}=\hat{a}+\hat{b}x$，

$$\delta(x)=t_{1-\frac{\alpha}{2}}(n-2)\sqrt{\frac{Q}{n-2}\left[1+\frac{1}{n}+\frac{(x-\overline{x})^2}{\sum(x_i-\overline{x})^2}\right]}.\tag{9.2.32}$$

作曲线 $y=\hat{y}-\delta(x)$与 $y=\hat{y}+\delta(x)$，这两条曲线形成一个含回归直线 $\hat{y}=\hat{a}+\hat{b}x$ 在中间的呈喇叭形的带域，且在 $x=\overline{x}$ 处最窄，如图 9.2.4 所示.

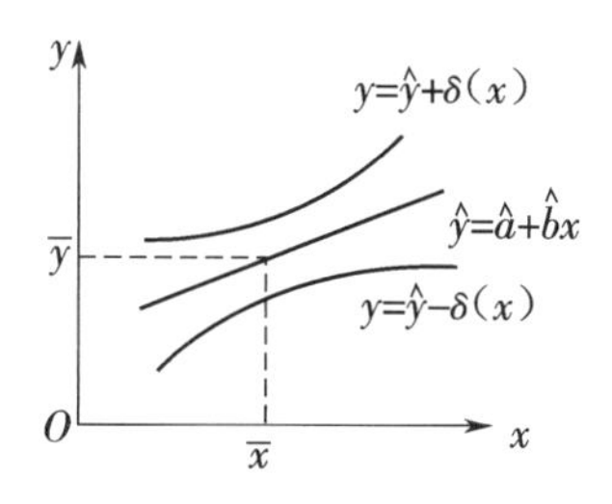

图 9.2.4

例 9.2.5(续例 9.2.1 与例 9.2.3)　对周波 $x=49.6$，求第一导丝盘速度 Y 的 95%预测区间.

解　根据回归方程

$$\hat{y}=0.04+0.339x,$$

当 $x=49.6$ 时，$\hat{y}=16.85$.

在例 9.2.1 与例 9.2.3 中已算出

$$\overline{x}=49.61,$$

$$l_{xx}=\sum(x_i-\overline{x})^2=1.989,$$

$$Q=0.015,$$

查表知 $t_{1-\frac{\alpha}{2}}(n-2)=t_{0.975}(8)=2.306$，于是由式(9.2.32)，

$$\delta=2.306\sqrt{\frac{0.015}{8}\left[1+\frac{1}{10}+\frac{(49.6-49.61)^2}{1.989}\right]}=0.10,$$

所求预测区间为

$$(16.85-0.10,\quad 16.85+0.10)=(16.75,\quad 16.95).$$

控制问题是预测的反问题. 若要求 Y 落在某个范围 $y_1<Y<y_2$，问应控制自变量 x 在何处取值. 我们只要能确定这样两个数 x_1,x_2，使得

$$\hat{y}-\delta(x_1)\geqslant y_1,$$

$$\hat{y}+\delta(x_2)\leqslant y_2,$$

则当 $x_1<x<x_2$ 时，就以至少$(1-\alpha)$的概率保证 x 所相应的 Y 落在(y_1,y_2)内.

在实际应用回归方程进行预测与控制时，由于 δ 的计算公式过于复杂，常做一些简化. 当 x 离 $\bar{x}$ 不太远，而且 n 较大时，有

$$\sqrt{1+\frac{1}{n}+\frac{(x-\bar{x})^2}{\sum(x_i-\bar{x})^2}}\approx 1,$$

$$t_{1-\frac{\alpha}{2}}(n-2)\approx u_{1-\frac{\alpha}{2}},$$

其中 $u_{1-\frac{\alpha}{2}}$ 是 $N(0,1)$ 的分位点. 记 $s=\sqrt{\frac{Q}{n-2}}$，则

$$\delta\approx u_{1-\frac{\alpha}{2}}\cdot s. \tag{9.2.33}$$

例如当置信水平 $(1-\alpha)=95.45\%$ 时，$1-\frac{\alpha}{2}=0.977\ 25$，因此 $u_{1-\frac{\alpha}{2}}=2$，由式(9.2.33)，$\delta\approx 2s$.

在平面上，作两条平行于回归直线的直线 $y=\hat{a}+\hat{b}x-2s$ 及 $y=\hat{a}+\hat{b}x+2s$，如图 9.2.5 和图 9.2.6.

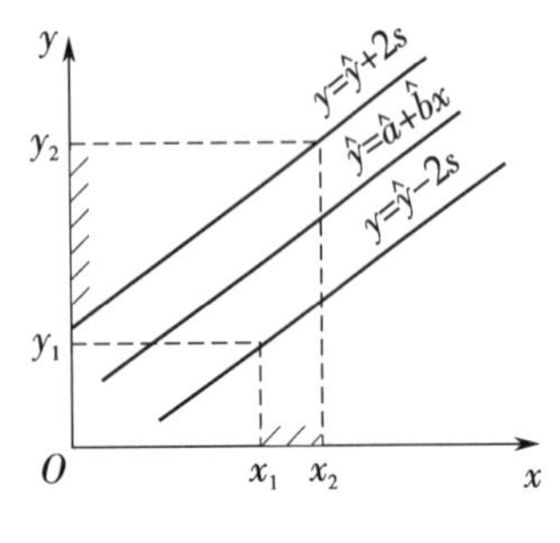

图 9.2.5

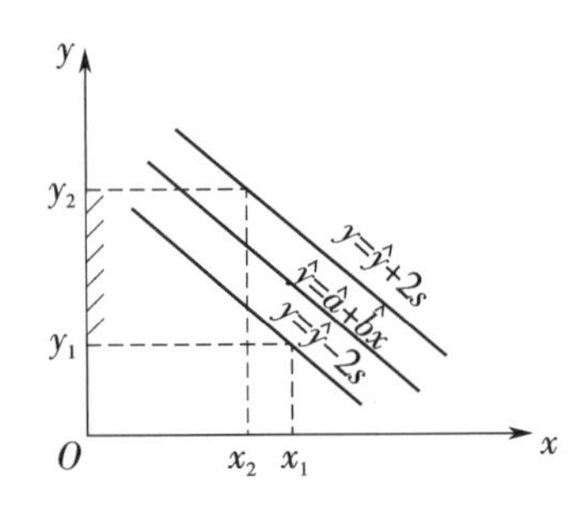

图 9.2.6

当 n 较大时，在离 $\bar{x}$ 不太远的 x 处，我们就能以 95.45% 的概率预测 Y 的取值落在这两条直线所夹的带形区域内. 反过来，若要求 Y 落在范围 (y_1,y_2)，也只要通过方程

$$\hat{a}+\hat{b}x_1-2s=y_1,$$
$$\hat{a}+\hat{b}x_2+2s=y_2,$$

分别解出 x_1,x_2，从而确定 x 取值的控制范围，如图 9.2.5 和图 9.2.6 所示.

9.3 一元非线性回归

在两个变量的回归问题中，不属于线性关系的情形也很多，如果从专业知识知道两个变量存在某种非线性关系，或者根据样本观测值通过检验判定两个变量的线性关系不明显，从散点图上看出两个变量有某种曲线关系，就应考虑用曲线来拟合，作非线性回归(或说曲线回归)，即假定回归函数是某种非线性函数.

非线性回归的方法有多种，我们仅介绍通过变量转换把曲线回归化为线性回归的方法.

例 混凝土的抗压强度随着养护时间的延长而增加，现将一批混凝土作成 12 个试块，记录了养护时间与抗压强度的数据：

养护时间 x_i/d	2	3	4	5	7	9	12	14	17	21	28	56
抗压强度 y_i/(kg/cm²)	35	42	47	53	59	65	68	73	76	82	86	99

试求抗压强度与养护时间的回归方程.

解 作散点图(图9.3.1),从图上看这12个样本点不是在一条直线附近分布着,而呈一条曲线,曲线形状像对数函数曲线,所以我们假定回归函数为

$$y=a+b\ln x.$$

作变量转换,令 $x'=\ln x$,则

$$y=a+bx'.$$

这就变成了一元线性回归问题.

由下表

$x'_i=\ln x_i$	0.693	1.099	1.386	1.609	1.946	2.197
y_i	35	42	47	53	59	65
$x'_i=\ln x_i$	2.485	2.639	2.833	3.045	3.332	4.025
y_i	68	73	76	82	86	99

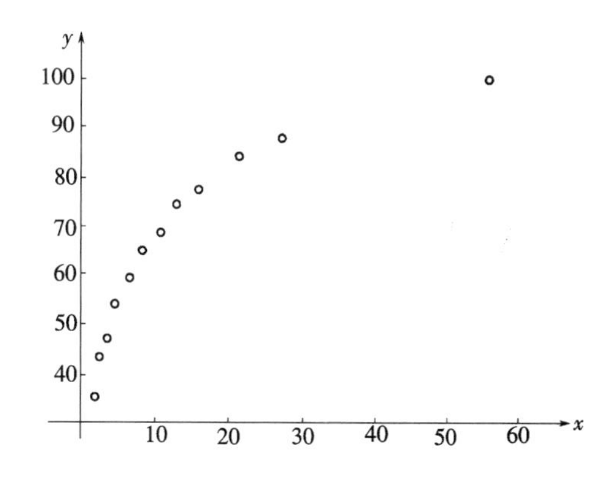

图 9.3.1

算得 $\overline{x'}=2.274$,$\overline{y}=65.417$,$\hat{b}=\dfrac{\sum x'_iy_i-n\overline{x'}\,\overline{y}}{\sum x'^2_i-n\overline{x'}^2}=19.53$,$\hat{a}=\overline{y}-\hat{b}\,\overline{x'}=21.0$.

于是得抗压强度与养护时间的非线性回归方程

$$\hat{y}=21.0+19.53\ln x.$$

在曲线回归中,正确选择曲线类型是变量转换的前提.如果无专业方面的结论,一般可通过观察分析散点图,与常见的函数曲线对比,确定哪种曲线类型比较合适.图9.3.2至图9.3.7是一些常见的可由变量转换线性化的函数曲线类型,供应用时参考.

(1)双曲线函数:$\dfrac{1}{y}=a+b\dfrac{1}{x}$(图9.3.2).

转换关系:令 $y'=\dfrac{1}{y}$,$x'=\dfrac{1}{x}$,则 $y'=a+bx'$.

(2)幂函数:$y=dx^b$(图9.3.3).

转换关系:$y'=\ln y$,$x'=\ln x$,$a=\ln d$,则 $y'=a+bx'$.

(3)指数函数:$y=de^{bx}$(图9.3.4).

转换关系:$y'=\ln y$,$a=\ln d$,则 $y'=a+bx$.

(4)负指数函数:$y=de^{\frac{b}{x}}$(图9.3.5).

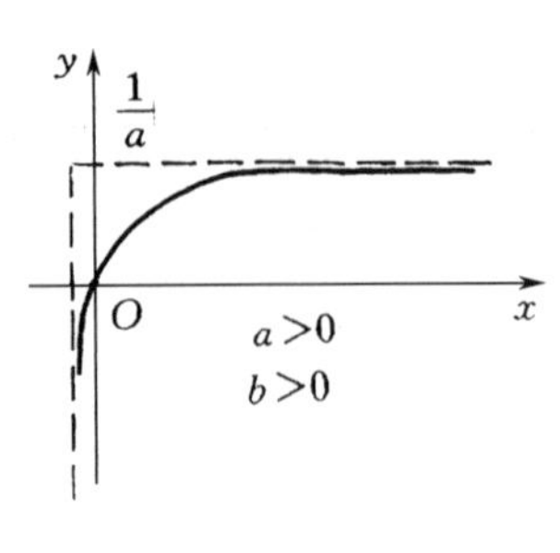

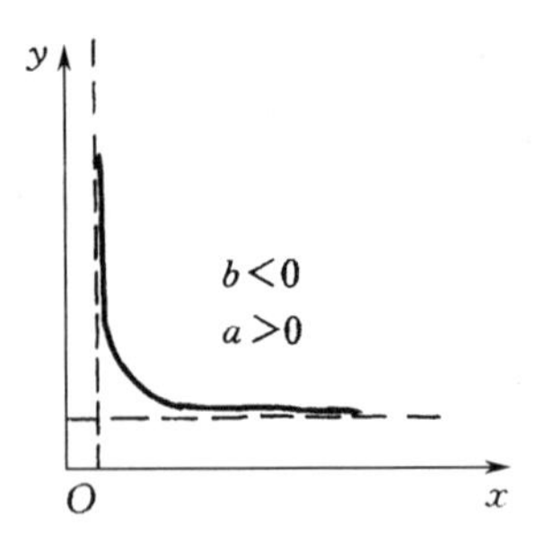

$$\frac{1}{y}=a+b\frac{1}{x}$$

图 9.3.2

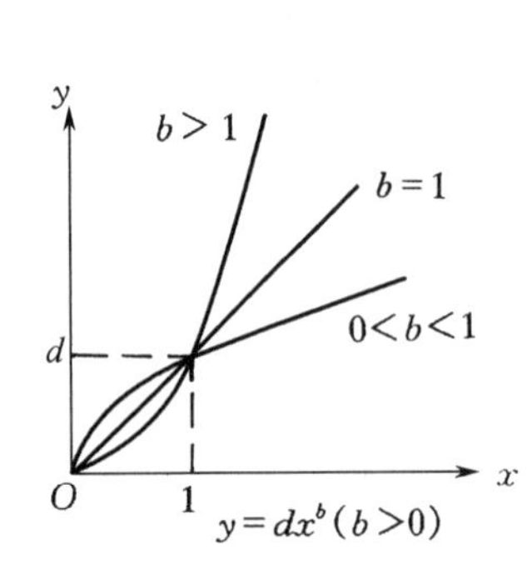

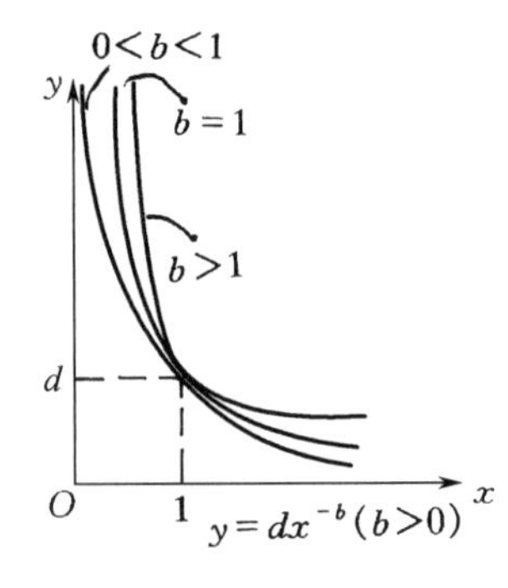

图 9.3.3

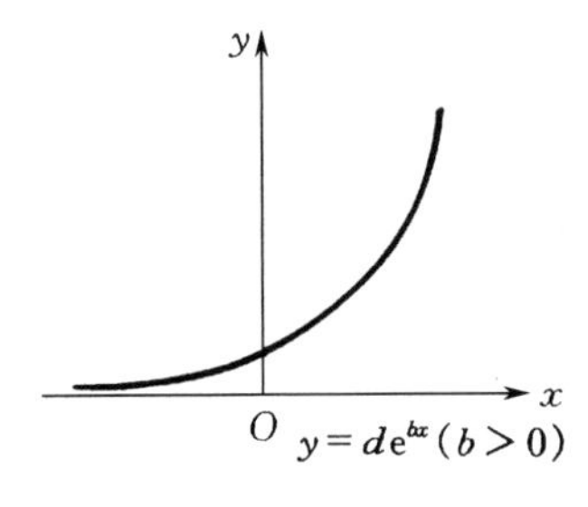

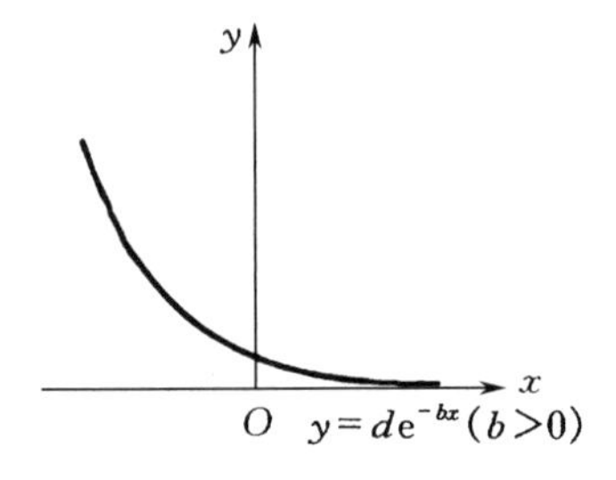

图 9.3.4

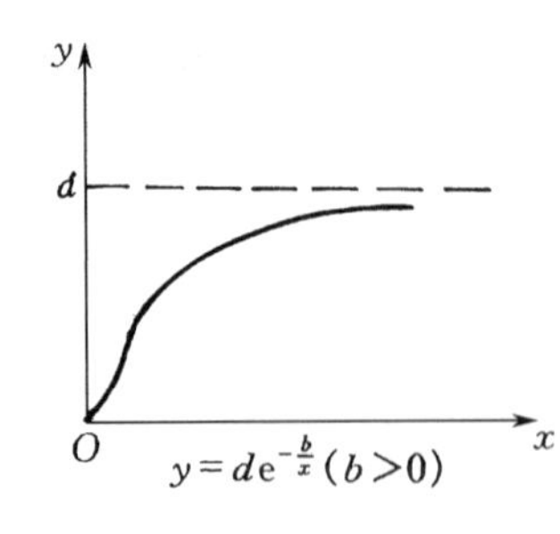

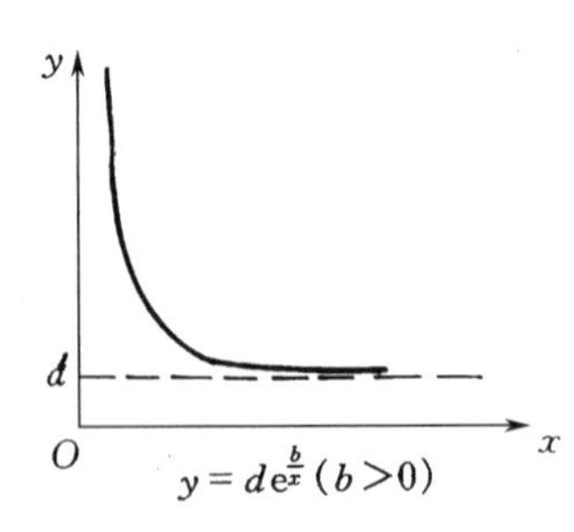

图 9.3.5

转换关系：$y'=\ln y, x'=\dfrac{1}{x}, a=\ln d$，则 $y'=a+bx'$.

(5)对数函数：$y=a+b\lg x$(图 9.3.6).

转换关系：$x'=\lg x$，则 $y=a+bx'$.

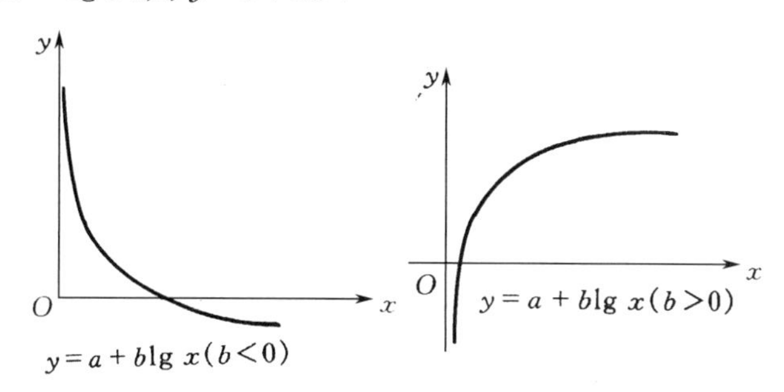

图 9.3.6

(6)S 型曲线：$y=\dfrac{1}{a+be^{-x}}$(图 9.3.7).

转换关系：$y'=\dfrac{1}{y}, x'=e^{-x}$，则 $y'=a+bx'$.

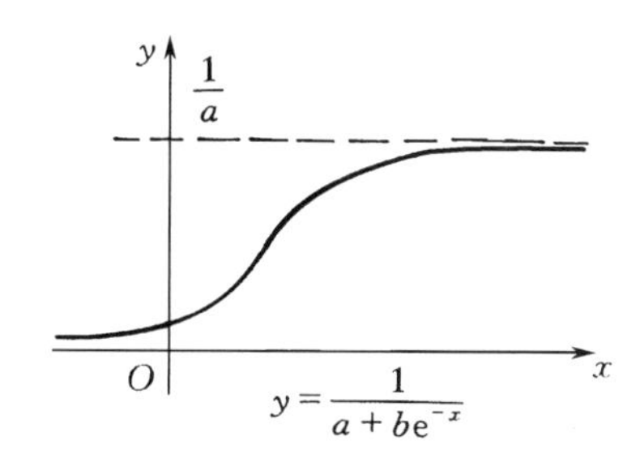

图 9.3.7

在一元线性回归中，我们知道可用相关系数的绝对值$|r|$(或用 r^2)的大小来检验回归直线与样本点拟合的好坏，而

$$r^2=\frac{U}{l_{yy}}=1-\frac{Q}{l_{yy}}=1-\frac{\sum (y_i-\hat{y}_i)^2}{\sum (y_i-\bar{y})^2}. \tag{9.3.1}$$

在曲线回归中，我们用类似于式(9.3.1)中最右边的量来衡量回归曲线与样本点拟合的好坏.定义

$$R^2=1-\frac{\sum (y_i-\hat{y}_i)^2}{\sum (y_i-\bar{y})^2}, \tag{9.3.2}$$

并称 R^2 为相关指数. R^2 越接近 1，所配曲线拟合得越好.但要注意，式(9.3.2)中的 y_i 都是原变量的值，$\hat{y}_i$ 是回归曲线上的值. R^2 是原变量 x, y 之间的指标，与转换后的变量 x', y' 的相关系数的平方 r^2 一般是不同的.

现对上例中所配的回归曲线 $\hat{y}=21.0+19.53\ln x$ 计算抗压强度与养护时间的相关指数.先求出 $\hat{y}_i=21.0+19.53\ln x_i$，再求出

$$\sum (y_i-\hat{y}_i)^2=8.48,$$

又 $$\sum (y_i-\bar{y})^2=\sum y_i^2-n\bar{y}^2=55\ 363-12\times(65.417)^2=4\ 010.393,$$

于是得相关指数

$$R^2=1-\frac{8.48}{4\ 010.393}=0.997\ 9.$$

在一元非线性回归中，有时我们不知道回归函数属于哪种类型的函数，从散点图上也不能肯定用哪种类型的曲线来拟合最适宜，这时可以用几个不同类型的曲线来拟合，分别求出回归曲线，然后比较哪个类型的回归曲线使相关指数最大，择出其中最好的.

习　　题

1. 把一批同种纱线袜放在不同温度的水中洗涤，进行收缩率试验. 水温分为 6 个水平，每个水平下各洗 4 只袜子，袜子的收缩率以百分数记，其值如下表. 试按显著水平为 0.05 和 0.01 判断不同洗涤水温对袜子的收缩率是否有显著影响？

水温/℃ \ 试号	1	2	3	4
30	4.3	7.8	3.2	6.5
40	6.1	7.3	4.2	4.1
50	10.0	4.8	5.4	9.6
60	6.5	8.3	8.6	8.2
70	9.3	8.7	7.2	10.1
80	9.5	8.8	11.4	7.8

2. 设有 3 台同样规格的机器，用来生产厚度为 $\frac{1}{4}$ cm 的铝板. 今要了解各台机器生产的产品的平均厚度是否相同，取样测至 1‰ cm（千分之一厘米），得结果如下表. 试在显著水平 $\alpha=0.05$ 下检验差异显著性.

试号 \ 机号	1	2	3
1	0.236	0.257	0.258
2	0.238	0.253	0.264
3	0.248	0.255	0.259
4	0.245	0.254	0.267
5	0.243	0.261	0.262

3. 用 3 种不同金属小球测定引力常数，实验结果如下表，试在 $\alpha=0.01$ 下检验不同小球对引力常数的测定有无显著影响（单位：$10^{-11}\,\mathrm{N\cdot m^2/kg^2}$）？

铂	6.661	6.661	6.667	6.667	6.664	—
金	6.683	6.681	6.676	6.678	6.679	6.672
玻璃	6.678	6.671	6.675	6.672	6.674	—

4. 小白鼠在接种 3 种不同菌型伤寒杆菌后的存活天数如下表所示.

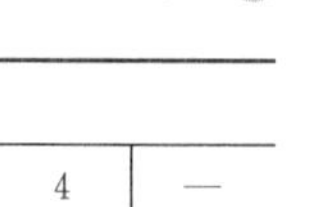

菌型	存活天数										
Ⅰ	2	4	3	3	4	7	7	2	5	4	—
Ⅱ	5	6	8	5	9	7	11	6	6	—	—
Ⅲ	7	10	6	6	7	9	5	9	6	3	10

试问在显著性水平 $\alpha=0.05$ 下检验 3 种菌型的平均存活天数有无显著性差异.

5. 钢材的磨耗损失与其 Rockwell 硬度有关. 对某种钢材的磨耗损失(Y)与 Rockwell 硬度(x)作了 8 次测量,其结果如下表:

Rockwell 硬度	60	62	63	67	70	74	79	81
磨耗损失	251	245	246	233	221	202	188	170

由经验知道,Y_i 与 x_i 之间有下述关系:

$$Y_i=\beta_0+\beta_1 x_i+\varepsilon_i, i=1,2,\cdots,8,$$

其中,$E(\varepsilon_i)=0$,$\mathrm{Var}(\varepsilon_i)=\sigma^2$,且各 ε_i 互不相关.

(1)求 β_0 和 β_1 的最小二乘估计和线性回归方程;

(2)求 σ^2 的无偏估计 $\hat{\sigma}^2$.

6. 炼铝厂测得所产铸模用的铝的硬度 x 与抗张强度 y 数据如下.

x_i	68	53	70	84	60	72	51	83	70	64
y_i	288	293	349	343	290	354	283	324	340	286

(1) 求线性回归方程 $\hat{y}=\hat{\beta}_0+\hat{\beta}_1 x$;

(2) 在显著性水平 $\alpha=0.05$ 下检验所得线性回归方程的显著性;

(3) 当铝的硬度 $x=65$ 时,求抗张强度的 95%预测区间.

7. 考察温度对产量的影响,测得下列 9 组数据.

温度 x_i/℃	20	25	30	35	40	50	55	60	65
产量 y_i/kg	13.2	15.4	16.3	17.2	17.9	19.8	21.4	22.8	24.4

(1)求线性回归方程;

(2)在 $\alpha=0.05$ 下检验所求线性回归方程的显著性;

(3)若线性回归效果显著,求 $x=42$ ℃时产量的预测值及置信水平为 0.95 的预测区间;

(4)要使产量在(17,22)范围内的概率为 90%,温度应控制在什么范围?

8. 某炼钢厂所用的盛钢桶,在使用过程中由于钢液及熔渣侵蚀,其容积不断增大. 经过试验,盛钢桶的容量与相应使用次数(寿命)的关系如下表.

使用次数(x_i)	2	3	4	5	6	7	8	9	10
容量(y_i)单位:t	106.42	108.20	109.58	109.50	109.70	109.90	109.93	109.99	110.49
使用次数(x_i)	11	12	13	14	15	16	18	19	
容量(y_i)单位:t	110.59	110.60	110.80	110.60	110.90	110.76	111.00	111.20	

设回归函数型为 $\dfrac{1}{y}=a+\dfrac{b}{x}$,试估计 a,b.

附 录

表 1 常用分布表

分布名称	分布律或概率密度	数学期望	方差	参数范围
单点分布	$P\{X=C\}=1$ （C 为常数）	C	0	—
(0—1) 分布	$P\{X=k\}=p^k(1-p)^{1-k}$ $(k=0,1)$	p	pq	$0<p<1$ $q=1-p$
二项分布 $B(n,p)$	$P\{X=k\}=C_n^k p^k q^{n-k}$ $k=0,1,\cdots,n$	np	npq	$0<p<1$ $q=1-p$ n 为自然数
泊松分布 $P(\lambda)$	$P\{X=k\}=\frac{\lambda^k}{k!}e^{-\lambda}$ $k=0,1,2,\cdots$	λ	λ	$\lambda>0$
超几何分布	$P\{X=k\}=\frac{C_M^k C_{N-M}^{n-k}}{C_N^n}$ $k=0,1,2,\cdots,\min(M,n)$	$\frac{nM}{N}$	$\frac{n(N-n)(N-M)M}{N^2(N-1)}$	n,M,N 为自然数 $n\leqslant N,M\leqslant N$
几何分布	$P\{X=k\}=q^{k-1}p$ $k=1,2,\cdots$	$\frac{1}{p}$	$\frac{q}{p^2}$	$0<p<1$ $q=1-p$
负二项分布	$P\{X=k\}=C_{k-1}^{r-1}p^r q^{k-r}$ $k=r,r+1,\cdots$	$\frac{r}{p}$	$\frac{rq}{p^2}$	$0<p<1$ $q=1-p$ r 为自然数
均匀分布	$f(x)=\begin{cases}\frac{1}{b-a}, & a\leqslant x\leqslant b\\ 0, & \text{其他}\end{cases}$	$\frac{a+b}{2}$	$\frac{(b-a)^2}{12}$	$b>a$
指数分布	$f(x)=\begin{cases}\lambda e^{-\lambda x}, & x>0\\ 0, & x\leqslant 0\end{cases}$	$\frac{1}{\lambda}$	$\frac{1}{\lambda^2}$	$\lambda>0$
正态分布 $N(\mu,\sigma^2)$	$f(x)=\frac{1}{\sqrt{2\pi}\sigma}e^{-\frac{(x-\mu)^2}{2\sigma^2}}$ $-\infty<x<+\infty$	μ	σ^2	μ 任意 $\sigma>0$
Γ 分布	$f(x)=\begin{cases}\frac{\beta^\alpha}{\Gamma(\alpha)}x^{\alpha-1}e^{-\beta x}, & x>0\\ 0, & x\leqslant 0\end{cases}$	$\frac{\alpha}{\beta}$	$\frac{\alpha}{\beta^2}$	$\alpha>0$ $\beta>0$
Beta 分布	$f(x)=\begin{cases}\frac{\Gamma(\alpha+\beta)}{\Gamma(\alpha)\Gamma(\beta)}x^{\alpha-1}(1-x)^{\beta-1}, & 0<x<1\\ 0, & \text{其他}\end{cases}$	$\frac{\alpha}{\alpha+\beta}$	$\frac{\alpha\beta}{(\alpha+\beta+1)(\alpha+\beta)^2}$	$\alpha>0$ $\beta>0$

续表

分布名称	分布律或概率密度	数学期望	方差	参数范围
对数正态分布	$f(x)=\begin{cases}\dfrac{1}{\sqrt{2\pi}\sigma x}e^{-\frac{(\ln x-\mu)^2}{2\sigma^2}}, & x>0\\ 0, & x\leqslant 0\end{cases}$	$e^{\mu+\frac{1}{2}\sigma^2}$	$e^{2\mu+\sigma^2}(e^{\sigma^2}-1)$	μ任意 $\sigma>0$
威布尔分布	$f(x)=\begin{cases}\dfrac{\beta}{\eta}\left(\dfrac{x}{\eta}\right)^{\beta-1}e^{-\left(\frac{x}{\eta}\right)^{\beta}}, & x>0\\ 0, & 其他\end{cases}$	$\eta\Gamma\left(\dfrac{1}{\beta}+1\right)$	$\eta^2\left\{\Gamma\left(\dfrac{2}{\beta}+1\right)-\left[\Gamma\left(\dfrac{1}{\beta}+1\right)\right]^2\right\}$	$\beta>0$ $\eta>0$
柯西分布	$f(x)=\dfrac{1}{\pi}\left[\dfrac{\lambda}{\lambda^2+(x-\mu)^2}\right]$	不存在	不存在	$\lambda>0$ μ任意

表 2

泊松分布表

$$P(X\geqslant x)=\sum_{r=x}^{\infty}\frac{e^{-\lambda}\lambda^{r}}{r!},\text{其中 } X\sim P(\lambda)$$

x	$\lambda=0.1$	$\lambda=0.2$	$\lambda=0.3$	$\lambda=0.4$	$\lambda=0.5$	$\lambda=0.6$	$\lambda=0.7$
0	1.000 000 0	1.000 000 0	1.000 000 0	1.000 000 0	1.000 000	1.000 000	1.000 000
1	0.095 162 6	0.181 269 2	0.259 181 8	0.329 680 0	0.393 469	0.451 188	0.503 415
2	0.004 678 8	0.017 523 1	0.036 936 3	0.061 551 9	0.090 204	0.121 901	0.155 805
3	0.000 154 7	0.001 148 5	0.003 599 5	0.007 926 3	0.014 388	0.023 115	0.034 142
4	0.000 003 8	0.000 056 8	0.000 265 8	0.000 776 3	0.001 752	0.003 358	0.005 753
5		0.000 002 3	0.000 015 8	0.000 061 2	0.000 172	0.000 394	0.000 786
6		0.000 000 1	0.000 000 8	0.000 004 0	0.000 014	0.000 039	0.000 090
7				0.000 000 2	0.000 001	0.000 003	0.000 009
8							0.000 001

x	$\lambda=0.8$	$\lambda=0.9$	$\lambda=1.0$	$\lambda=1.2$	$\lambda=1.4$	$\lambda=1.6$	$\lambda=1.8$
0	1.000 000	1.000 000	1.000 000	1.000 000	1.000 000	1.000 000	1.000 000
1	0.550 671	0.593 430	0.632 121	0.698 806	0.753 403	0.798 103	0.834 701
2	0.191 208	0.227 518	0.264 241	0.337 373	0.408 167	0.475 069	0.537 163
3	0.047 423	0.062 857	0.080 301	0.120 513	0.166 502	0.216 642	0.269 379
4	0.009 080	0.013 459	0.018 988	0.033 769	0.053 725	0.078 813	0.108 708
5	0.001 411	0.002 344	0.003 660	0.007 746	0.014 253	0.023 682	0.036 407
6	0.000 184	0.000 343	0.000 594	0.001 500	0.003 201	0.006 040	0.010 378
7	0.000 021	0.000 043	0.000 083	0.000 251	0.000 622	0.001 336	0.002 569
8	0.000 002	0.000 005	0.000 010	0.000 037	0.000 107	0.000 260	0.000 562
9			0.000 001	0.000 005	0.000 016	0.000 045	0.000 110
10				0.000 001	0.000 002	0.000 007	0.000 019
11						0.000 001	0.000 003

x	$\lambda=2.0$	$\lambda=2.5$	$\lambda=3.0$	$\lambda=3.5$	$\lambda=4.0$	$\lambda=4.5$	$\lambda=5.0$
0	1.000 000	1.000 000	1.000 000	1.000 000	1.000 000	1.000 000	1.000 000
1	0.864 665	0.917 915	0.950 213	0.969 803	0.981 684	0.988 891	0.993 262
2	0.593 994	0.712 703	0.800 852	0.864 112	0.908 422	0.938 901	0.959 572
3	0.323 323	0.456 187	0.576 810	0.679 153	0.761 897	0.826 422	0.875 348
4	0.142 876	0.242 424	0.352 768	0.463 367	0.566 530	0.657 704	0.734 974
5	0.052 652	0.108 822	0.184 737	0.274 555	0.371 163	0.467 896	0.559 507
6	0.016 563	0.042 021	0.083 918	0.142 386	0.214 870	0.297 070	0.384 039
7	0.004 533	0.014 187	0.033 509	0.065 288	0.110 674	0.168 949	0.327 817
8	0.001 096	0.004 247	0.011 905	0.026 739	0.051 134	0.086 586	0.133 372
9	0.000 237	0.001 140	0.003 803	0.009 874	0.021 363	0.040 257	0.068 094
10	0.000 046	0.000 277	0.001 102	0.003 315	0.008 132	0.017 093	0.0348 28
11	0.000 008	0.000 062	0.000 292	0.001 019	0.002 840	0.006 669	0.013 695
12		0.000 013	0.000 071	0.000 289	0.000 915	0.002 404	0.005 453
13		0.000 002	0.000 016	0.000 076	0.000 274	0.000 805	0.002 019
14			0.000 003	0.000 019	0.000 076	0.000 252	0.000 698
15			0.000 001	0.000 004	0.000 020	0.000 074	0.000 226
16				0.000 001	0.000 005	0.000 020	0.000 069
17					0.000 001	0.000 005	0.000 020
18						0.000 001	0.000 005
19							0.000 001

表 3　　**标准正态分布函数表**

$$\Phi(u)=\frac{1}{\sqrt{2\pi}}\int_{-\infty}^{u} e^{-\frac{x^2}{2}}dx(u\geqslant 0)$$

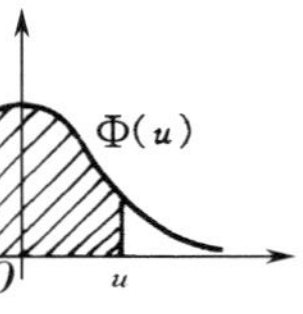

u	0.00	0.01	0.02	0.03	0.04	0.05	0.06	0.07	0.08	0.09	u
0.0	0.500 0	0.504 0	0.508 0	0.512 0	0.516 0	0.519 9	0.523 9	0.527 9	0.531 9	0.535 9	0.0
0.1	0.539 8	0.543 8	0.547 8	0.551 7	0.555 7	0.559 6	0.563 6	0.567 5	0.571 4	0.575 3	0.1
0.2	0.579 3	0.583 2	0.587 1	0.591 0	0.594 8	0.598 7	0.602 6	0.606 4	0.610 3	0.614 1	0.2
0.3	0.617 9	0.621 7	0.625 5	0.629 3	0.633 1	0.636 8	0.640 6	0.644 3	0.648 0	0.651 7	0.3
0.4	0.655 4	0.659 1	0.662 8	0.666 4	0.670 0	0.673 6	0.677 2	0.680 8	0.684 4	0.687 9	0.4
0.5	0.691 5	0.695 0	0.698 5	0.701 9	0.705 4	0.708 8	0.712 3	0.715 7	0.719 0	0.722 4	0.5
0.6	0.725 7	0.729 1	0.732 4	0.735 7	0.738 9	0.742 2	0.745 4	0.748 6	0.751 7	0.754 9	0.6
0.7	0.758 0	0.761 1	0.764 2	0.767 3	0.770 3	0.773 4	0.776 4	0.779 4	0.782 3	0.785 2	0.7
0.8	0.788 1	0.791 0	0.793 9	0.796 7	0.799 5	0.802 3	0.805 1	0.807 8	0.810 6	0.813 3	0.8
0.9	0.815 9	0.818 6	0.821 2	0.823 8	0.826 4	0.828 9	0.831 5	0.834 0	0.836 5	0.838 9	0.9
1.0	0.841 3	0.843 8	0.846 1	0.848 5	0.850 8	0.853 1	0.855 4	0.857 7	0.859 9	0.862 1	1.0
1.1	0.864 3	0.866 5	0.868 6	0.870 8	0.872 9	0.874 9	0.877 0	0.879 0	0.881 0	0.883 0	1.1
1.2	0.884 9	0.886 9	0.888 8	0.890 7	0.892 5	0.894 4	0.896 2	0.898 0	0.899 7	0.901 47	1.2
1.3	0.903 20	0.904 90	0.906 58	0.908 24	0.909 88	0.911 49	0.913 09	0.914 66	0.916 21	0.917 74	1.3
1.4	0.919 24	0.920 73	0.922 20	0.923 64	0.925 07	0.926 47	0.927 85	0.929 22	0.930 56	0.931 89	1.4
1.5	0.933 19	0.934 48	0.935 74	0.936 99	0.938 22	0.939 43	0.940 62	0.941 79	0.942 95	0.944 08	1.5
1.6	0.945 20	0.946 30	0.947 38	0.948 45	0.949 50	0.950 53	0.951 54	0.952 54	0.953 52	0.954 49	1.6
1.7	0.955 43	0.956 37	0.957 28	0.958 18	0.959 07	0.959 94	0.960 80	0.961 64	0.962 46	0.963 27	1.7
1.8	0.964 07	0.964 85	0.965 62	0.966 38	0.967 12	0.967 84	0.968 56	0.969 26	0.969 95	0.970 62	1.8
1.9	0.971 28	0.971 93	0.972 57	0.973 20	0.973 81	0.974 41	0.975 00	0.975 58	0.976 15	0.976 70	1.9
2.0	0.977 25	0.977 78	0.978 31	0.978 82	0.979 32	0.979 82	0.980 30	0.980 77	0.981 24	0.981 69	2.0
2.1	0.982 14	0.982 57	0.983 00	0.983 41	0.983 82	0.984 22	0.984 61	0.985 00	0.985 37	0.985 74	2.1
2.2	0.986 10	0.986 45	0.986 79	0.987 13	0.987 45	0.987 78	0.988 09	0.988 40	0.988 70	0.988 99	2.2

续表

u	0.00	0.01	0.02	0.03	0.04	0.05	0.06	0.07	0.08	0.09	u
2.3	0.989 28	0.989 56	0.989 83	$0.9^{2}0097$	$0.9^{2}0358$	$0.9^{2}0613$	$0.9^{2}0863$	$0.9^{2}1106$	$0.9^{2}1344$	$0.9^{2}1576$	2.3
2.4	$0.9^{2}1802$	$0.9^{2}2024$	$0.9^{2}2240$	$0.9^{2}2451$	$0.9^{2}2656$	$0.9^{2}2857$	$0.9^{2}3053$	$0.9^{2}3244$	$0.9^{2}3431$	$0.9^{2}3613$	2.4
2.5	$0.9^{2}3790$	$0.9^{2}3963$	$0.9^{2}4132$	$0.9^{2}4297$	$0.9^{2}4457$	$0.9^{2}4614$	$0.9^{2}4766$	$0.9^{2}4915$	$0.9^{2}5060$	$0.9^{2}5201$	2.5
2.6	$0.9^{2}5339$	$0.9^{2}5473$	$0.9^{2}5604$	$0.9^{2}5731$	$0.9^{2}5855$	$0.9^{2}5975$	$0.9^{2}6093$	$0.9^{2}6207$	$0.9^{2}6319$	$0.9^{2}6427$	2.6
2.7	$0.9^{2}6533$	$0.9^{2}6636$	$0.9^{2}6736$	$0.9^{2}6833$	$0.9^{2}6928$	$0.9^{2}7020$	$0.9^{2}7110$	$0.9^{2}7197$	$0.9^{2}7282$	$0.9^{2}7365$	2.7
2.8	$0.9^{2}7445$	$0.9^{2}7523$	$0.9^{2}7599$	$0.9^{2}7673$	$0.9^{2}7744$	$0.9^{2}7814$	$0.9^{2}7882$	$0.9^{2}7948$	$0.9^{2}8012$	$0.9^{2}8074$	2.8
2.9	$0.9^{2}8134$	$0.9^{2}8193$	$0.9^{2}8250$	$0.9^{2}8305$	$0.9^{2}8359$	$0.9^{2}8411$	$0.9^{2}8462$	$0.9^{2}8511$	$0.9^{2}8559$	$0.9^{2}8605$	2.9
3.0	$0.9^{2}8650$	$0.9^{2}8694$	$0.9^{2}8736$	$0.9^{2}8777$	$0.9^{2}8817$	$0.9^{2}8856$	$0.9^{2}8893$	$0.9^{2}8930$	$0.9^{2}8965$	$0.9^{2}8999$	3.0
3.1	$0.9^{3}0324$	$0.9^{3}0646$	$0.9^{3}0957$	$0.9^{3}1260$	$0.9^{3}1553$	$0.9^{3}1836$	$0.9^{3}2112$	$0.9^{3}2378$	$0.9^{3}2636$	$0.9^{3}2886$	3.1
3.2	$0.9^{3}3129$	$0.9^{3}3363$	$0.9^{3}3590$	$0.9^{3}3810$	$0.9^{3}4024$	$0.9^{3}4230$	$0.9^{3}4429$	$0.9^{3}4623$	$0.9^{3}4810$	$0.9^{3}4991$	3.2
3.3	$0.9^{3}5166$	$0.9^{3}5335$	$0.9^{3}5499$	$0.9^{3}5658$	$0.9^{3}5811$	$0.9^{3}5959$	$0.9^{3}6103$	$0.9^{3}6242$	$0.9^{3}6376$	$0.9^{3}6505$	3.3
3.4	$0.9^{3}6631$	$0.9^{3}6752$	$0.9^{3}6869$	$0.9^{3}6982$	$0.9^{3}7091$	$0.9^{3}7197$	$0.9^{3}7299$	$0.9^{3}7398$	$0.9^{3}7493$	$0.9^{3}7585$	3.4
3.5	$0.9^{3}7674$	$0.9^{3}7759$	$0.9^{3}7842$	$0.9^{3}7922$	$0.9^{3}7999$	$0.9^{3}8074$	$0.9^{3}8146$	$0.9^{3}8215$	$0.9^{3}8282$	$0.9^{3}8347$	3.5
3.6	$0.9^{3}8409$	$0.9^{3}8469$	$0.9^{3}8527$	$0.9^{3}8583$	$0.9^{3}8637$	$0.9^{3}8689$	$0.9^{3}8739$	$0.9^{3}8787$	$0.9^{3}8834$	$0.9^{3}8879$	3.6
3.7	$0.9^{3}8922$	$0.9^{3}8964$	$0.9^{4}0039$	$0.9^{4}0426$	$0.9^{4}0799$	$0.9^{4}1158$	$0.9^{4}1504$	$0.9^{4}1838$	$0.9^{4}2159$	$0.9^{4}2468$	3.7
3.8	$0.9^{4}2765$	$0.9^{4}3052$	$0.9^{4}3327$	$0.9^{4}3593$	$0.9^{4}3848$	$0.9^{4}4094$	$0.9^{4}4331$	$0.9^{4}4558$	$0.9^{4}4777$	$0.9^{4}4988$	3.8
3.9	$0.9^{4}5190$	$0.9^{4}5385$	$0.9^{4}5573$	$0.9^{4}5753$	$0.9^{4}5926$	$0.9^{4}6092$	$0.9^{4}6253$	$0.9^{4}6406$	$0.9^{4}6554$	$0.9^{4}6696$	3.9
4.0	$0.9^{4}6833$	$0.9^{4}6964$	$0.9^{4}7090$	$0.9^{4}7211$	$0.9^{4}7327$	$0.9^{4}7439$	$0.9^{4}7546$	$0.9^{4}7649$	$0.9^{4}7748$	$0.9^{4}7843$	4.0
4.1	$0.9^{4}7934$	$0.9^{4}8022$	$0.9^{4}8106$	$0.9^{4}8186$	$0.9^{4}8263$	$0.9^{4}8338$	$0.9^{4}8409$	$0.9^{4}8477$	$0.9^{4}8542$	$0.9^{4}8605$	4.1
4.2	$0.9^{4}8665$	$0.9^{4}8723$	$0.9^{4}8778$	$0.9^{4}8832$	$0.9^{4}8882$	$0.9^{4}8931$	$0.9^{4}8978$	$0.9^{5}0226$	$0.9^{5}0655$	$0.9^{5}1066$	4.2
4.3	$0.9^{5}1460$	$0.9^{5}1837$	$0.9^{5}2199$	$0.9^{5}2545$	$0.9^{5}2876$	$0.9^{5}3193$	$0.9^{5}3497$	$0.9^{5}3788$	$0.9^{5}4066$	$0.9^{5}4332$	4.3
4.4	$0.9^{5}4587$	$0.9^{5}4831$	$0.9^{5}5065$	$0.9^{5}5288$	$0.9^{5}5502$	$0.9^{5}5706$	$0.9^{5}5902$	$0.9^{5}6089$	$0.9^{5}6268$	$0.9^{5}6439$	4.4
4.5	$0.9^{5}6602$	$0.9^{5}6759$	$0.9^{5}6908$	$0.9^{5}7051$	$0.9^{5}7187$	$0.9^{5}7318$	$0.9^{5}7442$	$0.9^{5}7561$	$0.9^{5}7675$	$0.9^{5}7784$	4.5
4.6	$0.9^{5}7888$	$0.9^{5}7987$	$0.9^{5}8081$	$0.9^{5}8172$	$0.9^{5}8258$	$0.9^{5}8340$	$0.9^{5}8419$	$0.9^{5}8494$	$0.9^{5}8566$	$0.9^{5}8634$	4.6
4.7	$0.9^{5}8699$	$0.9^{5}8761$	$0.9^{5}8821$	$0.9^{5}8877$	$0.9^{5}8931$	$0.9^{5}8983$	$0.9^{6}0320$	$0.9^{6}0789$	$0.9^{6}1235$	$0.9^{6}1661$	4.7
4.8	$0.9^{6}2067$	$0.9^{6}2453$	$0.9^{6}2822$	$0.9^{6}3173$	$0.9^{6}3508$	$0.9^{6}3827$	$0.9^{6}4131$	$0.9^{6}4420$	$0.9^{6}4696$	$0.9^{6}4958$	4.8
4.9	$0.9^{6}5208$	$0.9^{6}5446$	$0.9^{6}5673$	$0.9^{6}5889$	$0.9^{6}6094$	$0.9^{6}6289$	$0.9^{6}6475$	$0.9^{6}6652$	$0.9^{6}6821$	$0.9^{6}6981$	4.9

表 4　　χ^2 分布分位点表

$$P\{\chi^2(n)<\chi^2_p(n)\}=p$$

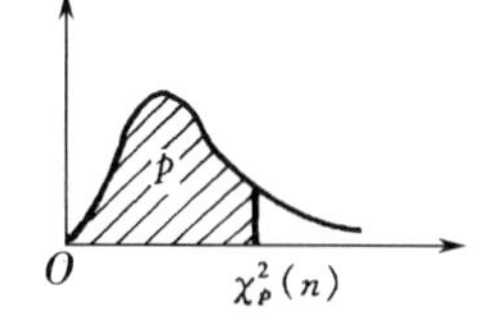

n	p=0.005	0.01	0.025	0.05	0.10	0.25
1	—	—	0.001	0.004	0.016	0.102
2	0.010	0.020	0.051	0.103	0.211	0.575
3	0.072	0.115	0.216	0.352	0.584	1.213
4	0.207	0.297	0.484	0.711	1.064	1.923
5	0.412	0.554	0.831	1.145	1.610	2.675
6	0.676	0.872	1.237	1.635	2.204	3.455
7	0.989	1.239	1.690	2.167	2.833	4.255
8	1.344	1.646	2.180	2.733	3.490	5.071
9	1.735	2.088	2.700	3.325	4.168	5.899
10	2.156	2.558	3.247	3.940	4.865	6.737
11	2.603	3.053	3.816	4.575	5.578	7.584
12	3.074	3.571	4.404	5.226	6.304	8.438
13	3.565	4.107	5.009	5.892	7.042	9.299
14	4.075	4.660	5.629	6.571	7.790	10.165
15	4.601	5.229	6.262	7.261	8.547	11.037
16	5.142	5.812	6.908	7.962	9.312	11.912
17	5.697	6.408	7.564	8.672	10.085	12.792
18	6.265	7.015	8.231	9.390	10.865	13.675
19	6.844	7.633	8.907	10.117	11.651	14.562
20	7.434	8.260	9.591	10.851	12.443	15.452
21	8.034	8.897	10.283	11.591	13.240	16.344
22	8.643	9.542	10.982	12.388	14.042	17.240
23	9.260	10.196	11.689	13.091	14.848	18.137
24	9.886	10.856	12.401	13.848	15.659	19.037
25	10.520	11.524	13.120	14.611	16.473	19.939
26	11.160	12.198	13.844	15.379	17.292	20.843
27	11.808	12.879	14.573	16.151	18.114	21.749
28	12.461	13.565	15.308	16.928	18.939	22.657
29	13.121	14.257	16.047	17.708	19.768	23.567
30	13.787	14.954	16.791	18.493	20.599	24.478
31	14.458	15.655	17.539	19.281	21.434	25.390
32	15.134	16.362	18.291	20.072	22.271	26.304
33	15.815	17.074	19.047	20.867	23.110	27.219
34	16.501	17.789	19.806	21.664	23.952	28.136
35	17.192	18.509	20.569	22.465	24.797	29.054
36	17.887	19.233	21.336	23.269	25.643	29.973
37	18.586	19.960	22.106	24.075	26.492	30.893
38	19.289	20.691	22.878	24.884	27.343	31.815
39	19.996	21.426	23.654	25.695	28.196	32.737

续表

n	$p=0.75$	0.90	0.95	0.975	0.99	0.995
1	1.323	2.706	3.841	5.024	6.635	7.879
2	2.773	4.605	5.991	7.378	9.210	10.597
3	4.108	6.251	7.815	9.348	11.345	12.838
4	5.385	7.779	9.488	11.143	13.277	14.860
5	6.626	9.236	11.071	12.833	15.086	16.750
6	7.841	10.645	12.592	14.449	16.812	18.548
7	9.037	12.017	14.067	16.013	18.475	20.278
8	10.219	13.362	15.507	17.535	20.090	21.955
9	11.389	14.684	16.919	19.023	21.666	23.589
10	12.549	15.987	18.307	20.483	23.209	25.188
11	13.701	17.275	19.675	21.920	24.725	26.757
12	14.845	18.549	21.026	23.337	26.217	28.299
13	15.984	19.812	22.362	24.736	27.688	29.819
14	17.117	21.064	23.685	26.119	29.141	31.319
15	18.245	22.307	24.996	27.488	30.578	32.801
16	19.369	23.542	26.296	28.845	32.000	34.267
17	20.489	24.769	27.587	30.191	33.409	35.718
18	21.605	25.989	28.869	31.526	34.805	37.156
19	22.718	27.204	30.144	32.852	36.191	38.582
20	23.828	28.412	31.410	34.170	37.566	39.997
21	24.935	29.615	32.671	36.479	38.932	41.401
22	26.039	30.813	33.924	36.781	40.289	42.796
23	27.141	32.007	35.172	38.076	41.638	44.181
24	28.241	33.196	36.415	39.304	42.980	45.559
25	29.339	34.382	37.652	40.646	44.314	46.928
26	30.435	35.563	38.885	41.923	45.642	48.290
27	31.528	36.741	40.113	43.194	46.963	49.645
28	32.620	37.916	41.337	44.461	48.278	50.993
29	33.711	39.087	42.557	45.722	49.588	52.336
30	34.800	40.256	43.773	46.979	50.892	53.672
31	35.887	41.422	44.985	48.232	52.191	55.003
32	36.973	42.585	46.194	49.480	53.486	56.328
33	38.058	43.745	47.400	50.725	54.776	57.648
34	39.141	44.903	48.602	51.966	56.061	58.964
35	40.223	46.059	49.802	53.203	57.342	60.275
36	41.304	47.212	50.998	54.437	58.619	61.581
37	42.383	48.363	52.192	55.668	59.892	62.883
38	43.462	49.513	53.384	56.896	61.162	64.181
39	44.539	50.600	54.572	58.120	62.428	65.476

表 5　　　　　　**t 分布分位点表**

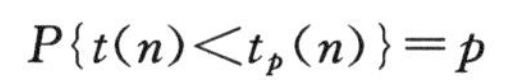

$P\{t(n)<t_p(n)\}=p$

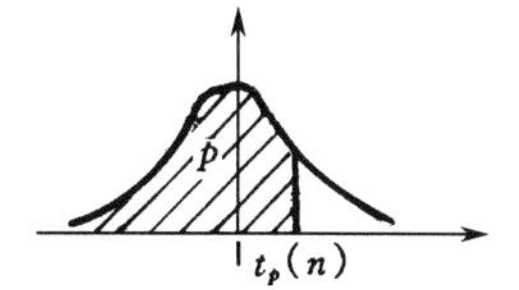

n	$p=0.75$	0.90	0.95	0.975	0.99	0.995
1	1.000 0	3.077 7	6.313 8	12.706 2	31.820 7	63.657 4
2	0.816 5	1.885 6	2.920 0	4.302 7	6.964 6	9.924 8
3	0.764 9	1.637 7	2.353 4	3.182 4	4.540 7	5.840 9
4	0.740 7	1.533 2	2.131 8	2.776 4	3.746 9	4.604 1
5	0.726 7	1.475 9	2.015 0	2.570 6	3.364 9	4.032 2
6	0.717 6	1.439 8	1.943 2	2.446 9	3.142 7	3.707 4
7	0.711 1	1.414 9	1.894 6	2.364 6	2.998 0	3.499 5
8	0.706 4	1.396 8	1.859 5	2.306 0	2.896 5	3.355 4
9	0.702 7	1.383 0	1.833 1	2.262 2	2.821 4	3.249 8
10	0.699 8	1.372 2	1.812 5	2.228 1	2.763 8	3.169 3
11	0.697 4	1.363 4	1.795 9	2.201 0	2.718 1	3.105 8
12	0.695 5	1.356 2	1.782 3	2.178 8	2.681 0	3.054 5
13	0.693 8	1.350 2	1.770 9	2.160 4	2.650 3	3.012 3
14	0.692 4	1.345 0	1.761 3	2.144 8	2.624 5	2.976 8
15	0.691 2	1.340 6	1.753 1	2.131 5	2.602 5	2.946 7
16	0.690 1	1.336 8	1.745 9	2.119 9	2.583 5	2.920 8
17	0.689 2	1.333 4	1.739 6	2.109 8	2.566 9	2.898 2
18	0.688 4	1.330 4	1.734 1	2.100 9	2.552 4	2.878 4
19	0.687 6	1.327 7	1.729 1	2.093 0	2.539 5	2.860 9
20	0.687 0	1.325 3	1.724 7	2.086 0	2.528 0	2.845 3
21	0.686 4	1.323 2	1.720 7	2.079 6	2.517 7	2.831 4
22	0.685 8	1.321 2	1.717 1	2.073 9	2.508 3	2.818 8
23	0.685 3	1.319 5	1.713 9	2.068 7	2.499 9	2.807 3
24	0.684 8	1.317 8	1.710 9	2.063 9	2.492 2	2.796 9
25	0.684 4	1.316 3	1.708 1	2.059 5	2.485 1	2.787 4
26	0.684 0	1.315 0	1.705 6	2.055 5	2.478 6	2.778 7
27	0.683 7	1.313 7	1.703 3	2.051 8	2.472 7	2.770 7
28	0.683 4	1.312 5	1.701 1	2.048 4	2.467 1	2.763 3
29	0.683 0	1.311 4	1.699 1	2.045 2	2.462 0	2.756 4
30	0.682 8	1.310 4	1.697 3	2.042 3	2.457 3	2.750 0
31	0.682 5	1.309 5	1.695 5	2.039 5	2.452 8	2.744 0
32	0.682 2	1.308 6	1.693 9	2.036 9	2.448 7	2.738 5
33	0.682 0	1.307 7	1.692 4	2.034 5	2.444 8	2.733 3
34	0.681 8	1.307 0	1.690 9	2.032 2	2.441 1	2.728 4
35	0.681 6	1.306 2	1.689 6	2.030 1	2.437 7	2.723 8
36	0.681 4	1.305 5	1.688 3	2.028 1	2.434 5	2.719 5
37	0.681 2	1.304 9	1.687 1	2.026 2	2.431 4	2.715 4
38	0.681 0	1.304 2	1.686 0	2.024 4	2.428 6	2.711 6
39	0.680 8	1.303 6	1.684 9	2.022 7	2.425 8	2.707 9
40	0.680 7	1.303 1	1.683 9	2.021 1	2.423 3	2.704 5

表 6

F 分布分位点表

$$P(F<F_p)=p$$
$$F_p=F_p(n_1,n_2)$$

$p=0.75$

n_2 \ n_1	1	2	3	4	5	6	7	8	9	10	12	15	20	24	30	40	60	120	∞	n_1 / n_2
1	5.83	7.50	8.20	8.58	8.82	8.98	9.10	9.19	9.26	9.32	9.41	9.49	9.58	9.63	9.67	9.71	9.76	9.80	9.85	1
2	2.57	3.00	3.15	3.23	3.28	3.31	3.34	3.35	3.37	3.38	3.39	3.41	3.43	3.43	3.44	3.45	3.46	3.47	3.48	2
3	2.02	2.28	2.36	2.39	2.41	2.42	2.43	2.44	2.44	2.44	2.45	2.46	2.46	2.46	2.47	2.47	2.47	2.47	2.47	3
4	1.81	2.00	2.05	2.06	2.07	2.08	2.08	2.08	2.08	2.08	2.08	2.08	2.08	2.08	2.08	2.08	2.08	2.08	2.08	4
5	1.69	1.85	1.88	1.89	1.89	1.89	1.89	1.89	1.89	1.89	1.89	1.89	1.88	1.88	1.88	1.88	1.87	1.87	1.87	5
6	1.62	1.76	1.78	1.79	1.79	1.78	1.78	1.78	1.77	1.77	1.77	1.76	1.76	1.75	1.75	1.75	1.74	1.74	1.74	6
7	1.57	1.70	1.72	1.72	1.71	1.71	1.70	1.70	1.69	1.69	1.68	1.68	1.67	1.67	1.66	1.66	1.65	1.65	1.65	7
8	1.54	1.66	1.67	1.66	1.66	1.65	1.64	1.64	1.63	1.63	1.62	1.62	1.61	1.60	1.60	1.59	1.59	1.58	1.58	8
9	1.51	1.62	1.63	1.63	1.62	1.61	1.60	1.60	1.59	1.59	1.58	1.57	1.56	1.56	1.55	1.54	1.54	1.53	1.53	9
10	1.49	1.60	1.60	1.59	1.59	1.58	1.57	1.56	1.56	1.55	1.54	1.53	1.52	1.52	1.51	1.51	1.50	1.49	1.48	10
11	1.47	1.58	1.58	1.57	1.56	1.55	1.54	1.53	1.53	1.52	1.51	1.50	1.49	1.49	1.48	1.47	1.47	1.46	1.45	11
12	1.46	1.56	1.56	1.55	1.54	1.53	1.52	1.51	1.51	1.50	1.49	1.48	1.47	1.46	1.45	1.45	1.44	1.43	1.42	12
13	1.45	1.55	1.55	1.53	1.52	1.51	1.50	1.49	1.49	1.48	1.47	1.46	1.45	1.44	1.43	1.42	1.42	1.41	1.40	13
14	1.44	1.53	1.53	1.52	1.51	1.50	1.49	1.48	1.47	1.46	1.45	1.44	1.43	1.42	1.41	1.41	1.40	1.39	1.38	14
15	1.43	1.52	1.52	1.51	1.49	1.48	1.47	1.46	1.46	1.45	1.44	1.43	1.41	1.41	1.40	1.39	1.38	1.37	1.36	15
16	1.42	1.51	1.51	1.50	1.48	1.47	1.46	1.45	1.44	1.44	1.43	1.41	1.40	1.39	1.38	1.37	1.36	1.35	1.34	16
17	1.42	1.51	1.50	1.49	1.47	1.46	1.45	1.44	1.43	1.43	1.41	1.40	1.39	1.38	1.37	1.36	1.35	1.34	1.33	17
18	1.41	1.50	1.49	1.48	1.46	1.45	1.44	1.43	1.42	1.42	1.40	1.39	1.38	1.37	1.36	1.35	1.34	1.33	1.32	18

续表

$p=0.75$

n_2 \ n_1	1	2	3	4	5	6	7	8	9	10	12	15	20	24	30	40	60	120	∞	n_1 / n_2
19	1. 41	1. 49	1. 49	1. 47	1. 46	1. 44	1. 43	1. 42	1. 41	1. 41	1. 40	1. 38	1. 37	1. 36	1. 35	1. 34	1. 33	1. 32	1. 30	19
20	1. 40	1. 49	1. 48	1. 47	1. 45	1. 44	1. 43	1. 42	1. 41	1. 40	1. 39	1. 37	1. 36	1. 35	1. 34	1. 33	1. 32	1. 31	1. 29	20
21	1. 40	1. 48	1. 48	1. 46	1. 44	1. 43	1. 42	1. 41	1. 40	1. 39	1. 38	1. 37	1. 35	1. 34	1. 33	1. 32	1. 31	1. 30	1. 28	21
22	1. 40	1. 48	1. 47	1. 45	1. 44	1. 42	1. 41	1. 40	1. 39	1. 39	1. 37	1. 36	1. 34	1. 33	1. 32	1. 31	1. 30	1. 29	1. 28	22
23	1. 39	1. 47	1. 47	1. 45	1. 43	1. 42	1. 41	1. 40	1. 39	1. 38	1. 37	1. 35	1. 34	1. 33	1. 32	1. 31	1. 30	1. 28	1. 27	23
24	1. 39	1. 47	1. 46	1. 44	1. 43	1. 41	1. 40	1. 39	1. 38	1. 38	1. 36	1. 35	1. 33	1. 32	1. 31	1. 30	1. 29	1. 28	1. 26	24
25	1. 39	1. 47	1. 46	1. 44	1. 42	1. 41	1. 40	1. 39	1. 38	1. 37	1. 36	1. 34	1. 33	1. 32	1. 31	1. 29	1. 28	1. 27	1. 25	25
26	1. 38	1. 46	1. 45	1. 44	1. 42	1. 41	1. 39	1. 38	1. 37	1. 37	1. 35	1. 34	1. 32	1. 31	1. 30	1. 29	1. 28	1. 26	1. 25	26
27	1. 38	1. 46	1. 45	1. 43	1. 42	1. 40	1. 39	1. 38	1. 37	1. 36	1. 35	1. 33	1. 32	1. 31	1. 30	1. 28	1. 27	1. 26	1. 24	27
28	1. 38	1. 46	1. 45	1. 43	1. 41	1. 40	1. 39	1. 38	1. 37	1. 36	1. 34	1. 33	1. 31	1. 30	1. 29	1. 28	1. 27	1. 25	1. 24	28
29	1. 38	1. 45	1. 45	1. 43	1. 41	1. 40	1. 38	1. 37	1. 36	1. 35	1. 34	1. 32	1. 31	1. 30	1. 29	1. 27	1. 26	1. 25	1. 23	29
30	1. 38	1. 45	1. 44	1. 42	1. 41	1. 39	1. 38	1. 37	1. 36	1. 35	1. 34	1. 32	1. 30	1. 29	1. 28	1. 27	1. 26	1. 24	1. 23	30
40	1. 36	1. 44	1. 42	1. 40	1. 39	1. 37	1. 36	1. 35	1. 34	1. 33	1. 31	1. 30	1. 28	1. 26	1. 25	1. 24	1. 22	1. 21	1. 19	40
60	1. 35	1. 42	1. 41	1. 38	1. 37	1. 35	1. 33	1. 32	1. 31	1. 30	1. 29	1. 27	1. 25	1. 24	1. 22	1. 21	1. 19	1. 17	1. 15	60
120	1. 34	1. 40	1. 39	1. 37	1. 35	1. 33	1. 31	1. 30	1. 29	1. 28	1. 26	1. 24	1. 22	1. 21	1. 19	1. 18	1. 16	1. 13	1. 10	120
∞	1. 32	1. 39	1. 37	1. 35	1. 33	1. 31	1. 29	1. 28	1. 27	1. 25	1. 24	1. 22	1. 19	1. 18	1. 16	1. 14	1. 12	1. 08	1. 00	∞

续表

$p=0.90$

n_2 \ n_1	1	2	3	4	5	6	7	8	9	10	15	20	30	50	100	200	500	∞	n_1 / n_2
1	39.9	49.5	53.6	55.8	57.2	58.2	58.9	59.4	59.9	60.2	61.2	61.7	62.3	62.7	63.0	63.2	63.3	63.3	1
2	8.53	9.00	9.16	9.24	9.29	9.33	9.35	9.37	9.38	9.39	9.42	9.44	9.46	9.47	9.48	9.49	9.49	9.49	2
3	5.54	5.46	5.39	5.34	5.31	5.28	5.27	5.25	5.24	5.23	5.20	5.18	5.17	5.15	5.14	5.14	5.14	5.13	3
4	4.54	4.32	4.19	4.11	4.05	4.01	3.98	3.95	3.94	3.92	3.87	3.84	3.82	3.80	3.78	3.77	3.76	3.76	4
5	4.06	3.78	3.62	3.52	3.45	3.40	3.37	3.34	3.32	3.30	3.34	3.21	3.17	3.15	1.13	3.12	3.11	3.10	5
6	3.78	3.46	3.29	3.18	3.11	3.05	3.01	2.98	2.96	2.94	2.87	2.84	2.80	2.77	2.75	2.73	2.73	2.72	6
7	3.59	3.26	3.07	2.96	2.88	2.83	2.78	2.75	2.72	2.70	2.63	2.59	2.56	2.52	2.50	2.48	2.48	2.47	7
8	3.46	3.11	2.92	2.81	2.73	2.67	2.62	2.59	2.56	2.54	2.46	2.42	2.38	2.35	2.32	2.31	2.30	2.29	8
9	3.36	3.01	2.81	2.69	2.61	2.55	2.51	2.47	2.44	2.42	2.34	2.30	2.25	2.22	2.19	2.17	2.17	2.16	9
10	3.28	2.92	2.73	2.61	2.52	2.46	2.41	2.38	2.35	2.32	2.24	2.20	2.16	2.12	2.09	2.07	2.06	2.06	10
11	3.23	2.86	2.66	2.54	2.45	2.39	2.34	2.30	2.27	2.25	2.17	2.12	2.08	2.04	2.00	1.99	1.98	1.97	11
12	3.18	2.81	2.61	2.48	2.39	2.33	2.28	2.24	2.21	2.19	2.10	2.06	2.01	1.97	1.94	1.92	1.91	1.90	12
13	3.14	2.76	2.56	2.43	2.35	2.28	2.23	2.20	2.16	2.14	2.05	2.01	1.96	1.92	1.88	1.86	1.85	1.85	13
14	3.10	2.73	2.52	2.39	2.31	2.24	2.19	2.15	2.12	2.10	2.01	1.96	1.91	1.87	1.83	1.82	1.80	1.80	14
15	3.07	2.70	2.49	2.36	2.27	2.21	2.16	2.12	2.09	2.06	1.97	1.92	1.87	1.83	1.79	1.77	1.76	1.76	15
16	3.05	2.67	2.46	2.33	2.24	2.18	2.13	2.09	2.06	2.03	1.94	1.89	1.84	1.79	1.76	1.74	1.73	1.72	16
17	3.03	2.64	2.44	2.31	2.22	2.15	2.10	2.06	2.03	2.00	1.91	1.86	1.81	1.76	1.73	1.71	1.69	1.69	17
18	3.01	2.62	2.42	2.29	2.20	2.13	2.08	2.04	2.00	1.98	1.89	1.84	1.78	1.74	1.70	1.68	1.67	1.66	18
19	2.99	2.61	2.40	2.27	2.18	2.11	2.06	2.02	1.98	1.96	1.86	1.81	1.76	1.71	1.67	1.65	1.64	1.63	19
20	2.97	2.59	2.38	2.25	2.16	2.09	2.04	2.00	1.96	1.94	1.84	1.79	1.74	1.69	1.65	1.63	1.62	1.61	20
22	2.95	2.56	2.35	2.22	2.13	2.06	2.01	1.97	1.93	1.00	1.81	1.76	1.70	1.65	1.61	1.59	1.58	1.57	22
24	2.93	2.54	2.33	2.19	2.10	2.04	1.98	1.94	1.91	1.88	1.78	1.73	1.67	1.62	1.58	1.56	1.54	1.53	24
26	2.91	2.52	2.31	2.17	2.08	2.01	1.96	1.92	1.88	1.86	1.76	1.71	1.65	1.59	1.55	1.53	1.51	1.50	26

续表

$p=0.90$

n_1 / n_2	1	2	3	4	5	6	7	8	9	10	15	20	30	50	100	200	500	∞	n_1 / n_2
28	2.89	2.50	2.29	2.16	2.06	2.00	1.94	1.90	1.87	1.84	1.74	1.69	1.63	1.57	1.53	1.50	1.49	1.48	28
30	2.88	2.49	2.28	2.14	2.05	1.98	1.93	1.88	1.85	1.82	1.72	1.67	1.61	1.55	1.51	1.48	1.47	1.46	30
40	2.84	2.44	2.23	2.09	2.00	1.93	1.87	1.83	1.79	1.76	1.66	1.61	1.54	1.48	1.43	1.41	1.39	1.38	40
50	2.81	2.41	2.20	2.06	1.97	1.90	1.84	1.80	1.76	1.73	1.63	1.57	1.50	1.44	1.39	1.36	1.34	1.33	50
60	2.79	2.39	2.18	2.04	1.95	1.87	1.82	1.77	1.74	1.71	1.60	1.54	1.48	1.41	1.36	1.33	1.31	1.29	60
80	2.77	2.37	2.15	2.02	1.92	1.85	1.79	1.75	1.71	1.68	1.57	1.51	1.44	1.38	1.32	1.28	1.26	1.24	80
100	2.76	2.36	2.14	2.00	1.91	1.83	1.78	1.73	1.70	1.66	1.56	1.49	1.42	1.35	1.29	1.26	1.23	1.21	100
200	2.73	2.33	2.11	1.97	188	1.80	1.75	1.70	1.66	1.63	1.52	1.46	1.38	1.31	1.24	1.20	1.17	1.14	200
500	2.72	2.31	2.10	1.96	1.86	1.79	1.73	1.68	1.64	1.61	1.50	1.44	1.36	1.28	1.21	1.16	1.12	1.09	500
∞	2.71	2.30	2.08	1.94	1.85	1.77	1.72	1.67	1.63	1.60	1.49	1.42	1.34	1.26	1.18	1.13	1.08	1.00	∞

续表

$p=0.95$

n_2 \ n_1	1	2	3	4	5	6	7	8	9	10	12	14	16	18	20	n_1 / n_2
1	161	200	216	225	230	234	237	239	241	242	244	245	246	247	248	1
2	18.5	19.0	19.2	19.2	19.3	19.3	19.4	19.4	19.4	19.4	19.4	19.4	19.4	19.4	19.4	2
3	10.1	9.55	9.28	9.12	9.01	8.94	8.89	8.85	8.81	8.79	8.74	8.71	8.69	8.67	8.66	3
4	7.71	6.94	6.59	6.39	6.26	6.16	6.09	6.04	6.00	5.96	5.91	5.87	5.84	5.82	5.80	4
5	6.61	5.79	5.41	5.19	5.05	4.95	4.88	4.82	4.77	4.74	4.68	4.64	4.60	4.58	4.56	5
6	5.99	5.14	4.76	4.53	4.39	4.28	4.21	4.15	4.10	4.06	4.00	3.96	3.92	3.90	3.87	6
7	5.59	4.74	4.35	4.12	3.97	3.87	3.79	3.73	3.68	3.64	3.57	3.53	3.49	3.47	3.44	7
8	5.32	4.46	4.07	3.84	3.69	3.58	3.50	3.44	3.39	3.35	3.28	3.24	3.20	3.17	3.15	8
9	5.12	4.26	3.86	3.63	3.48	3.37	3.29	3.23	3.18	3.14	3.07	3.03	2.99	2.96	2.96	9
10	4.96	4.10	3.71	3.48	3.33	3.22	3.14	3.07	3.02	2.98	2.91	2.86	2.83	2.80	2.77	10
11	4.84	3.98	3.59	3.36	3.20	3.09	3.01	2.95	2.90	2.85	2.79	2.74	2.70	2.67	2.65	11
12	4.75	3.89	3.49	3.26	3.11	3.00	2.91	2.85	2.80	2.75	2.69	2.64	2.60	2.57	2.54	12
13	4.67	3.81	3.41	3.18	3.03	2.92	2.83	2.77	2.71	2.67	2.60	2.55	2.51	2.48	1.46	13
14	4.60	3.74	3.34	3.11	2.96	2.85	2.76	2.70	2.65	2.60	2.53	2.48	2.44	2.41	2.39	14
15	4.54	3.68	3.29	3.06	2.90	2.79	2.71	2.64	2.59	2.54	2.48	2.42	2.38	2.35	2.33	15
16	4.49	3.63	3.24	3.01	2.85	2.74	2.66	2.59	2.54	2.49	2.42	2.37	2.33	2.30	2.28	16
17	4.45	3.59	3.20	2.96	2.81	2.70	2.61	2.55	2.49	2.45	2.38	2.33	2.29	2.26	2.23	17
18	4.41	3.55	3.16	2.93	2.77	2.66	2.58	2.51	2.46	2.41	2.34	2.29	2.25	2.22	2.19	18
19	4.38	3.52	3.13	2.90	2.74	2.63	2.54	2.48	2.42	2.38	2.31	2.26	2.21	2.18	2.16	19
20	4.35	3.49	3.10	2.87	2.71	2.60	2.51	2.45	2.39	2.35	2.28	2.22	2.18	2.15	2.12	20
21	4.32	3.47	3.07	2.84	2.68	2.57	2.49	2.42	2.37	2.32	2.25	2.20	2.16	2.12	2.10	21
22	4.30	3.44	3.05	2.82	2.66	2.55	2.46	2.40	2.34	2.30	2.23	2.17	2.13	2.10	2.07	22
23	4.28	3.42	3.03	2.80	2.64	2.53	2.44	2.37	2.32	2.27	2.20	2.15	2.11	2.07	2.05	23
24	4.26	3.40	3.01	2.78	2.62	2.51	2.42	2.36	2.30	2.25	2.18	2.13	2.09	2.05	2.03	24
25	4.24	3.39	2.99	2.76	2.60	2.49	2.40	2.34	2.28	2.24	2.16	2.11	2.07	2.04	2.01	25
26	4.23	3.37	2.98	2.74	2.59	2.47	2.39	2.32	2.27	2.22	2.15	2.09	2.05	2.02	1.99	26
27	4.21	3.35	2.96	2.73	2.57	2.46	2.37	2.31	2.25	2.20	2.13	2.08	2.04	2.00	1.97	27
28	4.20	3.34	2.95	2.71	2.56	2.45	2.36	2.29	2.24	2.19	2.12	2.06	2.02	1.99	1.96	28

续表

$p=0.95$

n_2 \ n_1	1	2	3	4	5	6	7	8	9	10	12	14	16	18	20	n_1 / n_2
29	4.18	3.33	2.93	2.70	2.55	2.43	2.35	2.28	2.22	2.18	2.10	2.05	2.01	1.97	1.94	29
30	4.17	3.32	2.92	2.69	2.53	2.42	2.33	2.27	2.21	2.16	2.09	2.04	1.99	1.96	1.93	30
32	4.15	3.29	2.90	2.67	2.51	2.40	2.31	2.24	2.19	2.14	2.07	2.01	1.97	1.94	1.91	32
34	4.13	3.28	2.88	2.65	2.49	2.38	2.29	2.23	2.17	2.12	2.05	1.99	1.95	1.92	1.89	34
36	4.11	3.26	2.87	2.63	2.48	2.36	2.28	2.21	2.15	2.11	2.03	1.98	1.93	1.90	1.87	36
38	4.10	3.24	2.85	2.62	2.46	2.35	2.26	2.19	2.14	2.09	2.02	1.96	1.92	1.88	1.85	38
40	4.08	3.23	2.84	2.61	2.45	2.34	2.25	2.18	2.12	2.08	2.00	1.95	1.90	1.87	1.84	40
42	4.07	3.22	2.83	2.59	2.44	2.32	2.24	2.17	2.11	2.06	1.99	1.93	1.89	1.86	1.83	42
44	4.06	3.21	2.82	2.58	2.43	2.31	2.23	2.16	2.10	2.05	1.98	1.92	1.88	1.84	1.81	44
46	4.05	3.20	2.81	2.57	2.42	2.30	2.22	2.15	2.09	2.04	1.97	1.91	1.87	1.83	1.80	46
48	4.04	3.19	2.80	2.57	2.41	2.29	2.21	2.14	2.08	2.03	1.96	1.90	1.86	1.82	1.79	48
50	4.03	3.18	2.79	2.56	2.40	2.29	2.20	2.13	2.07	2.03	1.95	1.89	1.85	1.81	1.78	50
60	4.00	3.15	2.76	2.53	2.37	2.25	2.17	2.10	2.04	1.99	1.92	1.86	1.82	1.78	1.75	60
80	3.96	3.11	2.72	2.49	2.33	2.21	2.13	2.06	2.00	1.95	1.88	1.82	1.77	1.73	1.70	80
100	3.94	3.09	2.70	2.46	2.31	2.19	2.10	2.03	1.97	1.93	1.85	1.79	1.75	1.71	1.68	100
125	3.92	3.07	2.68	2.44	2.29	2.17	2.08	2.01	1.96	1.91	1.83	1.77	1.72	1.69	1.65	125
150	3.90	3.06	2.66	2.43	2.27	2.16	2.07	2.00	1.94	1.89	1.82	1.76	1.71	1.67	1.64	150
200	3.89	3.04	2.65	2.42	2.26	2.14	2.06	1.98	1.93	1.88	1.80	1.74	1.69	1.66	1.62	200
300	3.87	3.03	2.63	2.40	2.24	2.13	2.04	1.97	1.91	1.86	1.78	1.72	1.68	1.64	1.61	300
500	3.86	3.01	2.62	2.39	2.23	2.12	2.03	1.96	1.90	1.85	1.77	1.71	1.66	1.62	1.59	500
1 000	3.85	3.00	2.61	2.38	2.22	2.11	2.02	1.95	1.89	1.84	1.76	1.70	1.65	1.61	1.58	1 000
∞	3.84	3.00	2.60	2.37	2.21	2.10	2.01	1.94	1.88	1.83	1.75	1.69	1.64	1.60	1.57	∞

续表

$p=0.95$

n_2 \ n_1	22	24	26	28	30	35	40	45	50	60	80	100	200	500	∞	n_1 / n_2
1	249	249	249	250	250	251	251	251	252	252	252	253	254	254	254	1
2	19.5	19.5	19.5	19.5	19.5	19.5	19.5	19.5	19.5	19.5	19.5	19.5	19.5	19.5	19.5	2
3	8.65	8.64	8.63	8.62	8.62	8.60	8.59	8.59	8.58	8.57	8.56	8.55	8.54	8.53	8.53	3
4	5.79	5.77	5.76	5.75	5.75	5.73	5.72	5.71	5.70	5.69	5.67	5.66	5.65	5.64	5.63	4
5	4.54	4.53	4.52	4.50	4.50	4.48	4.46	4.45	4.44	4.43	4.41	4.41	4.39	4.37	4.37	5
6	3.86	3.84	3.83	3.82	3.81	3.79	3.77	3.76	3.75	3.74	3.72	3.71	3.69	3.68	3.67	6
7	3.43	3.41	3.40	3.39	3.38	3.36	3.34	3.33	3.32	3.30	3.29	3.27	3.25	3.24	3.23	7
8	3.13	3.12	3.10	3.09	3.08	3.06	3.04	3.03	3.02	3.01	2.99	2.97	2.95	2.94	2.93	8
9	2.92	2.90	2.89	2.87	2.86	2.84	2.83	2.81	2.80	2.79	2.77	2.76	2.73	2.72	2.71	9
10	2.75	2.74	2.72	2.71	2.70	2.68	2.66	2.65	2.64	2.62	2.60	2.59	2.56	2.55	2.54	10
11	2.63	2.61	2.59	2.58	2.57	2.55	2.53	2.52	2.51	2.49	2.47	2.46	2.43	2.42	2.40	11
12	2.52	2.51	2.49	2.48	2.47	2.44	2.43	2.41	2.40	2.38	2.36	2.35	2.32	2.31	2.30	12
13	2.44	2.42	2.41	2.39	2.38	2.36	2.34	2.33	2.31	2.30	2.27	2.26	2.23	2.22	2.21	13
14	3.37	3.35	3.33	3.32	3.31	2.28	2.27	2.25	2.24	2.22	2.20	2.19	2.16	2.14	2.13	14
15	2.31	2.29	2.27	2.26	2.25	2.22	2.20	2.19	2.18	2.16	2.14	2.12	2.10	2.08	2.07	15
16	2.25	2.24	2.22	2.21	2.19	2.17	2.15	2.14	2.12	2.11	2.08	2.07	2.04	2.02	2.01	16
17	2.21	2.19	2.17	2.16	2.15	2.12	2.10	2.09	2.08	2.06	2.03	2.02	1.99	1.97	1.96	17
18	2.17	2.15	2.13	2.12	2.11	2.08	2.06	2.05	2.04	2.02	1.99	1.98	1.95	1.93	1.92	18
19	2.13	2.11	2.10	2.08	2.07	2.05	2.03	2.01	2.00	1.98	1.96	1.94	1.91	1.89	1.88	19
20	2.10	2.08	2.07	2.05	2.04	2.01	1.99	1.98	1.97	1.95	1.92	1.91	1.88	1.86	1.84	20
21	2.07	2.05	2.04	2.02	2.01	1.98	1.96	1.95	1.94	1.92	1.89	1.88	1.84	1.82	1.81	21
22	2.05	2.03	2.01	2.00	1.98	1.96	1.94	1.92	1.91	1.89	1.86	1.85	1.82	1.80	1.78	22
23	2.02	2.00	1.99	1.97	1.96	1.93	1.91	1.90	1.88	1.86	1.84	1.82	1.79	1.77	1.76	23
24	2.00	1.98	1.97	1.95	1.94	1.91	1.89	1.88	1.86	1.84	1.82	1.80	1.77	1.75	1.73	24
25	1.98	1.96	1.95	1.93	1.92	1.89	1.87	1.86	1.84	1.82	1.80	1.78	1.75	1.73	1.71	25
26	1.97	1.95	1.93	1.91	1.90	1.87	1.85	1.84	1.82	1.80	1.78	1.76	1.73	1.71	1.69	26
27	1.95	1.93	1.91	1.90	1.88	1.86	1.84	1.82	1.81	1.79	1.76	1.74	1.71	1.69	1.67	27
28	1.93	1.91	1.90	1.88	1.87	1.84	1.82	1.80	1.79	1.77	1.74	1.73	1.69	1.67	1.65	28

续表

$p=0.95$

n_2 \ n_1	1	2	3	4	5	6	7	8	9	10	12	14	16	18	20	n_1 / n_2
29	1.92	1.90	1.88	1.87	1.85	1.83	1.81	1.79	1.77	1.75	1.73	1.71	1.67	1.65	1.64	29
30	1.91	1.89	1.87	1.85	1.84	1.81	1.79	1.77	1.76	1.74	1.71	1.70	1.66	1.64	1.62	30
32	1.88	1.86	1.85	1.83	1.82	1.79	1.77	1.75	1.74	1.71	1.69	1.67	1.63	1.61	1.59	32
34	1.86	1.84	1.82	1.80	1.80	1.77	1.75	1.73	1.71	1.69	1.66	1.65	1.61	1.59	1.57	34
35	1.85	1.82	1.81	1.79	1.78	1.75	1.73	1.71	1.69	1.67	1.64	1.62	1.59	1.56	1.55	36
38	1.83	1.81	1.79	1.77	1.76	1.73	1.71	1.69	1.68	1.65	1.62	1.61	1.57	1.54	1.53	38
40	1.81	1.79	1.77	1.76	1.74	1.72	1.69	1.67	1.66	1.64	1.61	1.59	1.55	1.53	1.51	40
42	1.80	1.78	1.76	1.74	1.73	1.70	1.68	1.66	1.65	1.62	1.59	1.57	1.53	1.51	1.49	42
44	1.79	1.77	1.75	1.73	1.72	1.69	1.67	1.65	1.63	1.61	1.58	1.56	1.52	1.49	1.48	44
46	1.78	1.76	1.74	1.72	1.71	1.68	1.65	1.64	1.62	1.60	1.57	1.55	1.51	1.48	1.46	46
48	1.77	1.75	1.73	1.71	1.70	1.67	1.64	1.62	1.61	1.59	1.56	1.54	1.49	1.47	1.45	48
50	1.76	1.74	1.72	1.70	1.69	1.66	1.63	1.61	1.60	1.58	1.54	1.52	1.48	1.46	1.44	50
60	1.72	1.70	1.68	1.66	1.65	1.62	1.59	1.57	1.56	1.53	1.50	1.48	1.44	1.41	1.39	60
80	1.68	1.65	1.63	1.62	1.60	1.57	1.54	1.52	1.51	1.48	1.45	1.43	1.38	1.35	1.32	80
100	1.65	1.63	1.61	1.59	1.57	1.54	1.52	1.49	1.48	1.45	1.41	1.39	1.34	1.31	1.28	100
125	1.63	1.60	1.58	1.57	1.55	1.52	1.49	1.47	1.45	1.42	1.39	1.36	1.31	1.27	1.25	125
150	1.61	1.59	1.57	1.55	1.53	1.50	1.48	1.45	1.44	1.41	1.37	1.34	1.29	1.25	1.22	150
200	1.60	1.57	1.55	1.53	1.52	1.48	1.46	1.43	1.41	1.39	1.35	1.32	1.26	1.22	1.19	200
300	1.58	1.55	1.53	1.51	1.50	1.46	1.43	1.41	1.39	1.36	1.32	1.30	1.23	1.19	1.15	300
500	1.56	1.54	1.52	1.50	1.48	1.45	1.42	1.40	1.38	1.34	1.30	1.28	1.21	1.16	1.11	500
1 000	1.55	1.53	1.51	1.49	1.47	1.44	1.41	1.38	1.36	1.33	1.29	1.26	1.19	1.13	1.08	1 000
∞	1.54	1.52	1.50	1.48	1.46	1.42	1.39	1.37	1.35	1.32	1.27	1.24	1.17	1.11	1.00	∞

续表

$p=0.975$

n_2 \ n_1	1	2	3	4	5	6	7	8	9
1	647.8	799.5	864.2	899.6	921.8	937.1	948.2	956.7	963.3
2	36.51	39.00	39.17	39.25	39.30	39.33	39.36	39.37	39.39
3	17.44	16.04	15.44	15.10	14.88	14.73	14.62	14.54	14.47
4	12.22	10.65	9.98	9.60	9.36	9.20	9.07	8.98	8.90
510.01	8.43	7.76	7.39	7.15	6.98	6.85	6.76	6.68	
6	8.81	7.26	6.60	6.23	5.99	5.82	5.70	5.60	5.52
7	8.07	6.54	5.89	5.52	5.29	5.12	4.99	4.90	4.82
8	7.57	6.06	5.42	5.05	4.82	4.65	4.53	4.43	4.36
9	7.21	5.71	5.03	4.72	4.48	4.32	4.20	4.10	4.03
10	6.94	5.46	4.83	4.47	4.24	4.07	3.95	3.85	3.78
11	6.72	5.26	4.63	4.28	4.04	3.88	3.76	3.66	3.59
12	6.55	5.10	4.42	4.12	3.89	3.73	3.61	3.51	3.44
13	6.41	4.97	4.35	4.00	3.77	3.60	3.48	3.39	3.31
14	6.30	4.86	4.24	3.89	3.66	3.50	3.38	3.29	3.21
15	6.20	4.77	4.15	3.80	3.58	3.41	3.29	3.20	3.12
16	6.12	4.69	4.08	3.73	3.50	3.34	3.22	3.12	3.05
17	6.01	4.62	4.01	3.66	3.44	3.28	3.16	3.06	2.98
18	5.98	4.56	3.95	3.61	3.38	3.22	3.10	3.01	2.93
19	5.92	4.51	3.90	3.56	3.33	3.17	3.05	2.96	2.88
20	5.87	4.46	3.89	3.51	3.29	3.13	3.01	2.91	2.84
21	5.83	4.42	3.82	3.48	3.25	3.09	2.97	2.87	2.80
22	5.79	4.38	3.78	3.44	3.22	3.05	2.93	2.84	2.76
23	5.75	4.35	3.75	3.41	3.18	3.02	2.90	2.81	2.73
24	5.72	4.32	3.72	3.38	3.15	2.99	2.87	2.78	2.70
25	5.69	4.29	3.69	3.35	3.13	2.97	2.85	2.75	2.68
26	5.66	4.27	3.67	3.33	3.10	2.94	2.82	2.73	2.65
27	5.63	4.24	3.65	3.31	3.08	2.92	2.80	2.71	2.63
28	5.61	4.22	3.63	3.29	3.06	2.90	2.78	2.69	2.61
29	5.59	4.20	3.61	3.27	3.04	2.88	2.76	2.67	2.59
30	5.57	4.18	3.59	3.25	3.03	2.87	2.75	2.65	2.57
40	5.42	4.05	3.46	3.13	2.90	2.74	2.62	2.53	2.45
60	5.29	3.93	3.34	3.01	2.79	2.63	2.51	2.41	2.33
120	5.15	3.80	3.23	2.89	2.67	2.52	2.39	2.30	2.22
∞	5.02	3.69	3.12	2.79	2.57	2.41	2.29	2.19	2.11

续表

$p=0.975$

n_2 \ n_1	10	12	15	20	24	30	40	60	120	∞
1	968.6	976.7	984.9	993.1	997.2	1 001	1 006	1 010	1 014	1 018
2	39.40	39.41	39.43	39.45	39.46	39.46	39.47	39.48	39.49	39.50
3	14.42	14.34	14.25	14.17	14.12	14.08	14.04	13.99	13.95	13.90
4	8.84	8.75	8.66	8.56	8.51	8.46	8.41	8.36	8.31	8.26
5	6.62	6.52	6.43	6.33	6.28	2.23	6.18	6.12	6.07	6.02
6	5.46	5.37	5.27	5.17	5.12	5.07	5.01	4.96	4.90	4.85
7	4.76	4.67	4.57	4.47	4.42	4.36	4.31	4.25	4.20	4.14
8	4.30	4.20	4.10	4.00	3.95	3.89	3.84	3.78	3.73	3.67
9	3.96	3.87	3.77	3.67	3.61	3.56	3.51	3.45	3.39	3.33
10	3.72	3.62	3.52	3.42	3.37	3.31	3.26	3.20	3.14	3.08
11	3.53	3.43	3.33	3.23	3.17	3.12	3.06	3.00	2.94	2.88
12	3.37	3.28	3.18	3.07	3.02	2.96	2.91	2.85	2.79	2.72
13	3.25	3.15	3.05	2.95	2.89	2.84	2.78	2.72	2.66	2.60
14	3.15	3.05	2.95	2.84	2.79	2.73	2.67	2.61	2.55	2.49
15	3.06	2.96	2.86	2.76	2.70	2.64	2.59	2.52	2.46	2.40
16	2.99	2.89	2.79	2.68	2.63	2.57	2.51	2.45	2.38	2.32
17	2.92	2.82	2.72	2.62	2.56	2.50	2.44	2.38	2.32	2.25
18	2.87	2.77	2.67	2.56	2.50	2.44	2.38	2.32	2.26	2.19
19	2.82	2.72	2.62	2.51	2.45	2.39	2.33	2.27	2.20	2.13
20	2.77	2.68	2.57	2.46	2.41	2.35	2.29	2.22	2.16	2.09
21	2.73	2.64	2.53	2.42	2.37	2.31	2.25	2.18	2.11	2.04
22	2.70	2.60	2.50	2.39	2.33	2.27	2.21	2.14	2.08	2.00
23	2.67	2.57	2.47	2.36	2.30	2.24	2.18	2.11	2.04	1.97
24	2.64	2.54	2.44	2.33	2.27	2.21	2.15	2.08	2.01	1.94
25	2.61	2.51	2.41	2.30	2.24	2.18	2.12	2.05	1.98	1.91
26	2.59	2.49	2.39	2.28	2.22	2.16	2.09	2.03	1.95	1.88
27	2.57	2.47	2.36	2.25	2.19	2.13	2.07	2.00	1.93	1.85
28	2.55	2.45	2.34	2.23	2.17	2.11	2.05	1.98	1.91	1.83
29	2.53	2.43	2.32	2.21	2.15	2.09	2.03	1.96	1.89	1.81
30	2.51	2.41	2.31	2.20	2.14	2.07	2.01	1.94	1.87	1.79
40	2.39	2.29	2.18	2.07	2.01	1.94	1.88	1.80	1.72	1.64
60	2.27	2.17	2.06	1.94	1.88	1.82	1.74	1.67	1.58	1.48
120	2.16	2.05	1.94	1.82	1.76	1.69	1.61	1.53	1.43	1.31
∞	2.05	1.94	1.83	1.71	1.64	1.57	1.48	1.39	1.27	1.00

续表

$p=0.99$

n_2 \ n_1	1	2	3	4	5	6	7	8	9	10	12	14	16	18	20	n_2 \ n_1
1	405	500	540	563	576	586	593	598	602	606	611	614	617	619	621	1
2	98.5	99.0	99.2	99.2	99.3	99.3	99.4	99.4	99.4	99.4	99.4	99.4	99.4	99.4	99.4	2
3	34.1	30.8	29.5	28.7	28.2	27.9	27.7	27.5	27.3	27.2	27.1	26.9	26.8	26.8	26.7	3
4	21.2	18.0	16.7	16.0	15.5	15.2	15.0	14.8	14.7	14.5	14.4	14.2	14.2	14.1	14.0	4
5	16.3	13.3	12.1	11.4	11.0	10.7	10.5	10.3	10.2	10.1	9.89	9.77	9.68	9.61	9.55	5
6	13.7	10.9	9.78	9.15	8.75	8.47	8.26	8.10	7.98	7.87	7.72	7.60	7.52	7.45	7.40	6
7	12.2	9.55	8.45	7.85	7.46	7.19	6.99	6.84	6.72	6.62	6.47	6.36	6.27	6.21	6.16	7
8	11.3	8.65	7.59	7.01	6.63	6.37	6.18	6.03	5.91	5.81	5.67	5.56	5.48	5.41	5.36	8
9	10.6	8.02	6.99	6.42	6.06	5.80	5.61	5.47	5.35	5.26	5.11	5.00	4.92	4.86	4.81	9
10	10.0	7.56	6.55	5.99	5.64	5.39	5.20	5.06	4.94	4.85	4.71	4.60	4.52	4.46	4.41	10
11	9.65	7.21	6.22	5.67	5.32	5.07	4.89	4.74	4.63	4.54	4.40	4.29	4.21	4.15	4.10	11
12	9.33	6.93	5.95	5.41	5.06	4.82	4.64	4.50	4.39	4.30	4.16	4.05	3.97	3.91	3.86	12
13	9.07	6.70	5.74	5.21	4.86	4.62	4.44	4.30	4.19	4.10	3.96	3.86	3.78	3.71	3.66	13
14	8.86	6.51	5.56	5.04	4.70	4.46	4.28	4.14	4.03	3.94	3.80	3.70	3.62	3.56	3.51	14
15	8.68	6.36	5.42	4.89	4.56	4.32	4.14	4.00	3.89	3.80	3.67	3.56	3.49	3.42	3.37	15
16	8.53	6.23	5.29	4.77	4.44	4.20	4.03	3.89	3.78	3.69	3.55	3.45	3.37	3.31	3.26	16
17	8.40	6.11	5.18	4.67	4.34	4.10	3.93	3.79	3.68	3.59	3.46	3.35	3.27	3.21	3.16	17
18	8.29	6.01	5.09	4.58	4.25	4.01	3.84	3.71	3.60	3.51	3.37	3.27	3.19	3.13	3.08	18
19	8.18	5.93	5.01	4.50	4.17	3.94	3.77	3.63	3.52	3.43	3.30	3.19	3.12	3.05	3.00	19
20	8.10	5.85	4.94	4.43	4.10	3.87	3.70	3.56	3.46	3.37	3.23	3.13	3.05	2.99	2.94	20
21	8.02	5.78	4.87	4.37	4.04	3.81	3.64	3.51	3.40	3.31	3.17	3.07	2.99	2.93	2.88	21
22	7.95	5.72	4.82	4.31	3.99	3.76	3.59	3.45	3.35	3.26	3.12	3.02	2.94	2.88	2.83	22
23	7.88	5.66	4.76	4.26	3.94	3.71	3.54	3.41	3.30	3.21	3.07	2.97	2.89	2.83	2.78	23
24	7.82	5.61	4.72	4.22	3.90	3.67	3.50	3.36	3.26	3.17	3.03	2.93	2.85	2.79	2.74	24
25	7.77	5.57	4.68	4.18	3.86	3.63	3.46	3.32	3.22	3.13	2.99	2.89	2.81	2.75	2.70	25
26	7.72	5.53	4.64	4.14	3.82	3.59	3.42	3.29	3.18	3.09	2.96	2.86	2.78	2.72	2.66	26
27	7.68	5.49	4.60	4.11	3.78	3.56	3.39	3.26	3.15	3.06	2.93	2.82	2.75	2.68	2.63	27
28	7.64	5.45	4.57	4.07	3.75	3.53	3.36	3.23	3.12	3.03	2.90	2.79	2.72	2.65	2.60	28
29	7.60	5.42	4.54	4.04	3.73	3.50	3.33	3.20	3.09	3.00	2.87	2.77	2.69	2.62	2.57	29
30	7.56	5.39	4.51	4.02	3.70	3.47	3.30	3.17	3.07	2.98	2.84	2.74	2.66	2.60	2.55	30

续表

$p=0.99$

n_2 \ n_1	1	2	3	4	5	6	7	8	9	10	12	14	16	18	20	n_1 / n_2
32	7.50	5.34	4.46	3.97	3.65	3.43	3.26	3.13	3.02	2.93	2.80	2.70	2.62	2.55	2.50	32
34	7.44	5.29	4.42	3.93	3.61	3.39	3.22	3.09	2.98	2.89	2.76	2.66	2.58	2.51	2.46	34
36	7.40	5.25	4.38	3.89	3.57	3.35	3.18	3.05	2.95	2.86	2.72	2.62	2.54	2.48	2.43	36
38	7.35	5.21	4.34	3.86	3.54	3.32	3.15	3.02	2.92	2.83	2.69	2.59	2.51	2.45	2.40	38
40	7.31	5.18	4.31	3.83	3.51	3.29	3.12	2.99	2.89	2.80	2.66	2.56	2.48	2.42	2.37	40
42	7.28	5.15	4.29	3.80	3.49	3.27	3.10	2.97	2.86	2.78	2.64	2.54	2.46	2.40	2.34	42
44	7.25	5.12	4.26	3.78	3.47	3.24	3.08	2.95	2.84	2.75	2.62	2.52	2.44	2.37	2.32	44
46	7.22	5.10	4.24	3.76	3.44	3.22	3.06	2.93	2.82	2.73	2.60	2.50	2.42	2.35	2.30	46
48	7.20	5.08	4.22	3.74	3.43	3.20	3.04	2.91	2.80	2.72	2.58	2.48	2.40	2.33	2.28	48
50	7.17	5.06	4.20	3.72	3.41	3.19	3.02	2.89	2.79	2.70	2.56	2.46	2.38	2.32	2.27	50
60	7.08	4.98	4.13	3.65	3.34	3.12	2.95	2.82	2.72	2.63	2.50	2.39	2.31	2.25	2.20	60
80	6.96	4.88	4.04	3.56	3.26	3.04	2.87	2.74	2.64	2.55	2.42	2.31	2.23	2.17	2.12	80
100	6.90	4.82	3.98	3.51	3.21	2.99	2.82	2.69	2.59	2.50	2.37	2.26	2.19	2.12	2.07	100
125	6.84	4.78	3.94	3.47	3.17	2.95	2.79	2.66	2.55	2.47	2.33	2.23	2.15	2.08	2.03	125
150	6.81	4.75	3.92	3.45	3.14	2.92	2.76	2.63	2.53	2.44	2.31	2.20	2.12	2.06	2.00	150
200	6.76	4.71	3.88	3.41	3.11	2.89	2.73	2.60	2.50	2.41	2.27	2.17	2.09	2.02	1.97	200
300	6.72	4.68	3.85	3.38	3.08	2.86	2.70	2.57	2.47	2.38	2.24	2.14	2.06	1.99	1.94	300
500	6.69	4.65	3.82	3.36	3.05	2.84	2.68	2.55	2.44	2.36	2.22	2.12	2.04	1.97	1.92	500
1 000	6.66	4.63	3.80	3.34	3.04	2.82	2.66	2.53	2.43	2.34	2.20	2.10	2.02	1.95	1.90	1 000
∞	6.63	4.61	3.78	3.32	3.02	2.80	2.64	2.51	2.41	2.32	2.18	2.08	2.00	1.93	1.88	∞

续表

$p=0.99$

n_2 \ n_1	22	24	26	28	30	35	40	45	50	60	80	100	200	500	∞	n_2 \ n_1
1	622	623	624	625	626	628	629	630	630	631	633	633	635	636	637	1
2	99.5	99.5	99.5	99.5	99.5	99.5	99.5	99.5	99.5	99.5	99.5	99.5	99.5	99.5	99.5	2
3	26.6	26.6	26.6	26.5	26.5	26.5	26.4	26.4	26.4	26.3	26.3	26.2	26.2	26.1	26.1	3
4	14.0	13.9	13.9	13.9	13.8	13.8	13.7	13.7	13.7	13.7	13.6	13.6	13.5	13.5	13.5	4
5	9.51	9.47	9.43	9.40	9.38	9.33	9.29	9.26	9.24	9.20	9.16	9.13	9.08	9.04	9.02	5
6	7.35	7.31	7.28	7.25	7.23	7.18	7.14	7.11	7.09	7.06	7.01	6.99	6.93	6.90	6.88	6
7	6.11	6.07	6.04	6.02	5.99	5.94	5.91	5.88	5.86	5.82	5.78	5.75	5.70	5.67	5.65	7
8	5.32	5.28	5.25	5.22	5.20	5.15	5.12	5.10	5.07	5.03	4.99	4.96	4.91	4.88	4.86	8
9	4.77	4.73	4.70	4.67	4.65	4.60	4.57	4.54	4.52	4.48	4.44	4.42	4.36	4.33	4.31	9
10	4.36	4.33	4.30	4.27	4.25	4.20	4.17	4.14	4.12	4.08	4.04	4.01	3.96	3.93	3.91	10
11	4.06	4.02	3.99	3.96	3.94	3.89	3.86	3.83	3.81	3.78	3.73	3.71	3.66	3.62	3.60	11
12	3.82	3.78	3.75	3.72	3.70	3.65	3.62	3.59	3.57	3.54	3.49	3.47	3.41	3.38	3.36	12
13	3.62	3.59	3.56	3.53	3.51	3.46	3.43	3.40	3.38	3.34	3.30	3.27	3.22	3.19	3.17	13
14	3.46	3.43	3.40	3.37	3.35	3.30	3.27	3.24	3.22	3.18	3.14	3.11	3.06	3.03	3.00	14
15	3.33	3.29	3.26	3.24	3.21	3.17	3.13	3.10	3.08	3.05	3.00	2.98	2.92	2.89	2.87	15
16	3.22	3.18	3.15	3.12	3.10	3.05	3.02	2.99	2.97	2.93	2.89	2.86	2.81	2.78	2.75	16
17	3.12	3.08	3.05	3.03	3.00	2.96	2.92	2.89	2.87	2.83	2.79	2.76	2.71	2.68	2.65	17
18	3.03	3.00	2.97	2.94	2.92	2.87	2.84	2.81	2.78	2.75	2.70	2.68	2.62	2.59	2.57	18
19	2.96	2.92	2.89	2.87	2.84	2.80	2.76	2.73	2.71	2.67	2.63	2.60	2.55	2.51	2.49	19
20	2.90	2.86	2.83	2.80	2.78	2.73	2.69	2.67	2.64	2.61	2.56	2.54	2.48	2.44	2.42	20
21	2.84	2.80	2.77	2.74	2.72	2.67	2.64	2.61	2.58	2.55	2.50	2.48	2.42	2.38	2.36	21
22	2.78	2.75	2.72	2.69	2.67	2.62	2.58	2.55	2.53	2.50	2.45	2.42	2.36	2.33	2.31	22
23	2.74	2.70	2.67	2.64	2.62	2.57	2.54	2.51	2.48	2.45	2.40	2.37	2.32	2.28	2.26	23
24	2.70	2.66	2.63	2.60	2.58	2.53	2.49	2.46	2.44	2.40	2.36	2.33	2.27	2.24	2.21	24
25	2.66	2.62	2.59	2.56	2.54	2.49	2.45	2.42	2.40	2.36	2.32	2.29	2.23	2.19	2.17	25
26	2.62	2.58	2.55	2.53	2.50	2.45	2.42	2.39	2.36	2.33	2.28	2.25	2.19	2.16	2.13	26
27	2.59	2.55	2.52	2.49	2.47	2.42	2.38	2.35	2.33	2.29	2.25	2.22	2.16	2.12	2.10	27
28	2.56	2.52	2.49	2.46	2.44	2.39	2.35	2.32	2.30	2.26	2.22	2.19	2.13	2.09	2.06	28

续表

$p=0.99$

n_2 \ n_1	22	24	26	28	30	35	40	45	50	60	80	100	200	500	∞	n_2 \ n_1
29	2.53	2.49	2.46	2.44	2.41	2.36	2.33	2.30	2.27	2.23	2.19	2.16	2.10	2.06	2.03	29
30	2.51	2.47	2.44	2.41	2.39	2.34	2.30	2.27	2.25	2.21	2.16	2.13	2.07	2.03	2.01	30
32	2.46	2.42	2.39	2.36	2.34	2.29	2.25	2.22	2.20	2.16	2.11	2.08	2.02	1.98	1.96	32
34	2.42	2.38	2.35	2.32	2.30	2.25	2.21	2.18	2.16	2.12	2.07	2.04	1.98	1.94	1.91	34
36	2.38	2.35	2.32	2.29	2.26	2.21	2.17	2.14	2.12	2.08	2.03	2.00	1.94	1.90	1.87	36
38	2.35	2.32	2.28	2.26	2.23	2.18	2.14	2.11	2.09	2.05	2.00	1.97	1.90	1.86	1.84	38
40	2.33	2.29	2.26	2.23	2.20	2.15	2.11	2.08	2.06	2.02	1.97	1.94	1.87	1.83	1.80	40
42	2.30	2.26	2.23	2.20	2.18	2.13	2.09	2.06	2.03	1.99	1.94	1.91	1.85	1.80	1.78	42
44	2.28	2.24	2.21	2.18	2.15	2.10	2.06	2.03	2.01	1.97	1.92	1.89	1.82	1.78	1.75	44
46	2.26	2.22	2.19	2.16	2.13	2.08	2.04	2.01	1.99	1.95	1.90	1.86	1.80	1.75	1.73	46
48	2.24	2.20	2.17	2.14	2.12	2.06	2.02	1.99	1.97	1.93	1.88	1.84	1.78	1.73	1.70	48
50	2.22	2.18	2.15	2.12	2.10	2.05	2.01	1.97	1.95	1.91	1.86	1.82	1.76	1.71	1.68	50
60	2.15	2.12	2.08	2.05	2.03	1.98	1.94	1.90	1.88	1.84	1.78	1.75	1.68	1.63	1.60	60
80	2.07	2.03	2.00	1.97	1.94	1.89	1.85	1.81	1.79	1.75	1.69	1.66	1.58	1.53	1.49	80
100	2.02	1.98	1.94	1.92	1.89	1.84	1.80	1.76	1.73	1.69	1.63	1.60	1.52	1.47	1.43	100
125	1.98	1.94	1.91	1.88	1.85	1.80	1.76	1.72	1.69	1.65	1.59	1.55	1.47	1.41	1.37	125
150	1.96	1.92	1.88	1.85	1.83	1.77	1.73	1.69	1.66	1.62	1.56	1.52	1.43	1.38	1.33	150
200	1.93	1.89	1.85	1.82	1.79	1.74	1.69	1.66	1.63	1.58	1.52	1.48	1.39	1.33	1.28	200
300	1.89	1.85	1.82	1.79	1.76	1.71	1.66	1.62	1.59	1.55	1.48	1.44	1.35	1.28	1.22	300
500	1.87	1.83	1.79	1.76	1.74	1.68	1.63	1.60	1.56	1.52	1.45	1.41	1.31	1.23	1.16	500
1 000	1.85	1.81	1.77	1.74	1.72	1.66	1.61	1.57	1.54	1.50	1.43	1.38	1.28	1.19	1.11	1 000
∞	1.83	1.79	1.76	1.72	1.70	1.64	1.59	1.55	1.52	1.47	1.40	1.36	1.25	1.15	1.00	∞

续表

$p=0.995$

n_2 \ n_1	1	2	3	4	5	6	7	8	9
1	16 211	20 000	21 615	22 500	23 056	23 437	23 715	23 925	24 091
2	198.5	199.0	199.2	199.2	199.3	199.3	199.4	199.4	199.4
3	55.55	49.80	47.47	46.19	45.39	44.84	44.43	44.13	43.88
4	31.33	26.28	24.26	23.15	22.46	21.97	21.62	21.35	21.14
5	22.78	18.31	16.53	15.56	14.94	14.51	14.20	13.96	13.77
6	18.63	14.54	12.92	12.03	11.46	11.07	10.79	10.57	10.39
7	16.24	12.40	10.88	10.05	9.52	9.16	8.89	8.68	8.51
8	14.69	11.04	9.60	8.81	8.30	7.95	7.69	7.50	7.34
9	13.61	10.11	8.72	7.96	7.47	7.13	6.88	6.69	6.54
10	12.83	9.43	8.08	7.34	6.87	6.54	6.30	6.12	5.97
11	12.23	8.91	7.60	6.88	6.42	6.10	5.86	5.68	5.54
12	11.75	8.51	7.23	6.52	6.07	5.76	5.52	5.35	5.20
13	11.37	8.19	6.93	6.23	5.79	5.48	5.25	5.08	4.94
14	11.06	7.92	6.68	6.00	5.56	5.26	5.03	4.86	4.72
15	10.80	7.70	6.48	5.80	5.37	5.07	4.85	4.67	4.54
16	10.58	7.51	6.30	5.64	5.21	4.91	4.69	4.52	4.38
17	10.38	7.35	6.16	5.50	5.07	4.78	4.56	4.39	4.25
18	10.22	7.21	6.03	5.37	4.96	4.66	4.44	4.28	4.14
19	10.07	7.09	5.92	5.27	4.85	4.56	4.34	4.13	4.04
20	9.94	6.99	5.82	5.17	4.76	4.47	4.26	4.09	3.96
21	9.83	6.89	5.73	5.09	4.68	4.39	4.18	4.01	3.88
22	9.73	6.81	5.65	5.02	4.61	4.32	4.11	3.94	3.81
23	9.63	6.73	5.58	4.95	4.54	4.26	4.05	3.88	3.75
24	9.55	6.66	5.52	4.89	4.49	4.20	3.99	3.83	3.69
25	9.48	6.60	5.46	4.84	4.43	4.15	3.94	3.78	3.64
26	9.41	6.54	5.41	4.79	4.38	4.10	3.89	3.73	3.60
27	9.34	6.49	5.36	4.74	4.34	4.06	3.85	3.69	3.56
28	9.28	6.44	5.32	4.70	4.30	4.02	3.81	3.65	3.52
29	9.23	6.40	5.28	4.66	4.26	3.98	3.77	3.61	3.48
30	9.18	6.35	5.24	4.62	4.23	3.95	3.74	3.58	3.45
40	8.83	6.07	4.98	4.37	3.99	3.71	3.51	3.35	3.22
60	8.49	5.79	4.73	4.14	3.76	3.49	3.29	3.13	3.01
120	8.18	5.54	4.50	3.92	3.55	3.28	3.09	2.93	2.81
∞	7.88	5.30	4.28	3.72	3.35	3.09	2.90	2.74	2.62

续表

$p=0.995$

n_2 \ n_1	10	12	15	20	24	30	40	60	120	∞
1	24 224	24 426	24 630	24 836	24 940	25 044	25 148	25 253	25 359	25 465
2	199.4	199.4	199.4	199.4	199.5	199.5	199.5	199.5	199.5	199.5
3	43.69	43.39	43.08	42.78	42.62	42.47	42.31	42.15	41.99	41.83
4	20.97	20.70	20.44	20.17	20.03	19.89	19.75	19.61	19.47	19.32
5	13.62	13.38	13.15	12.90	12.78	12.66	12.53	12.40	12.27	12.14
6	10.25	10.03	9.81	9.59	9.47	9.36	9.24	9.12	9.00	8.88
7	8.38	8.18	7.97	7.75	7.65	7.53	7.42	7.31	7.19	7.08
8	7.21	7.01	6.81	6.61	6.50	6.40	6.29	6.18	6.06	5.95
9	6.42	6.23	6.03	5.83	5.73	5.62	5.52	5.41	5.30	5.19
10	5.85	5.66	5.47	5.27	5.17	5.67	4.97	4.86	4.75	4.64
11	5.42	5.24	5.05	4.86	4.76	4.65	4.55	4.44	4.34	4.23
12	5.09	4.91	4.72	4.53	4.43	4.33	4.23	4.12	4.01	3.90
13	4.82	4.64	4.46	4.27	4.17	4.07	3.97	3.87	3.76	3.65
14	4.60	4.43	4.25	4.06	3.96	3.86	3.76	3.66	3.55	3.44
15	4.42	4.25	4.07	3.88	3.79	3.69	3.58	3.48	3.37	3.26
16	4.27	4.10	3.92	3.73	3.64	3.54	3.44	3.33	3.22	3.11
17	4.14	3.97	3.79	3.61	3.51	3.41	3.31	3.21	3.10	2.98
18	4.03	3.86	3.68	3.50	3.40	3.30	3.20	3.10	2.99	2.87
19	3.93	3.76	3.59	3.40	3.31	3.21	3.11	3.00	2.89	2.78
20	3.85	3.68	3.50	3.32	3.22	3.12	3.02	2.92	2.81	2.69
21	3.77	3.60	3.43	3.24	3.15	3.05	2.95	2.84	2.73	2.61
22	3.70	3.54	3.36	3.18	3.08	2.98	2.88	2.77	2.66	2.55
23	3.64	3.47	3.30	3.12	3.02	2.92	2.82	2.71	2.60	2.48
24	3.59	3.42	3.25	3.06	2.97	2.87	2.77	2.66	2.55	2.43
25	3.54	3.37	3.20	3.01	2.92	2.82	2.72	2.61	2.50	2.38
26	3.49	3.33	3.15	2.97	2.87	2.77	2.67	2.56	2.45	2.33
27	3.45	3.28	3.11	2.93	2.83	2.73	2.63	2.52	2.41	2.29
28	3.41	3.25	3.07	2.89	2.79	2.69	2.59	2.48	2.37	2.25
29	3.38	3.21	3.04	2.86	2.76	2.66	2.56	2.45	2.33	2.21
30	3.34	3.18	3.01	2.82	2.73	2.63	2.52	2.42	2.30	2.18
40	3.12	2.95	2.78	2.60	2.50	2.40	2.30	2.18	2.06	1.93
60	2.90	2.74	2.57	2.39	2.29	2.19	2.08	1.96	1.83	1.69
120	2.71	2.54	2.37	2.19	2.09	1.98	1.87	1.75	1.61	1.43
∞	2.52	2.36	2.19	2.00	1.90	1.79	1.67	1.53	1.36	1.00

表 7

符号检验表

n	α 0.05	α 0.10	n	α 0.05	α 0.10	n	α 0.05	α 0.10	n	α 0.05	α 0.10	n	α 0.05	α 0.10
1	—	—	19	4	5	37	12	13	55	19	20	73	27	28
2	—	—	20	5	5	38	12	13	56	20	21	74	28	29
3	—	—	21	5	6	39	12	13	57	20	21	75	28	29
4	—	—	22	5	6	40	13	14	58	21	22	76	28	30
5	—	0	23	6	7	41	13	14	59	21	22	77	29	30
6	0	0	24	6	7	42	14	15	60	21	23	78	29	31
7	0	0	25	7	7	43	14	15	61	22	23	79	30	31
8	0	1	26	7	8	44	15	16	62	22	24	80	30	32
9	1	1	27	7	8	45	15	16	63	23	24	81	31	32
10	1	1	28	8	9	46	15	16	64	23	24	82	31	33
11	1	2	29	8	9	47	16	17	65	24	25	83	32	33
12	2	2	30	9	10	48	16	17	66	24	25	84	32	33
13	2	3	31	9	10	49	17	18	67	25	26	85	32	34
14	2	3	32	9	10	50	17	18	68	25	26	86	33	34
15	3	3	33	10	11	51	18	19	69	25	27	87	33	35
16	3	4	34	10	11	52	18	19	70	26	27	88	34	35
17	4	4	35	11	12	53	18	20	71	26	28	89	34	36
18	4	5	36	11	12	54	19	20	72	27	28	90	35	36

表 8

秩和检验表

$$P(T_1<T<T_2)=1-\alpha$$

n_1	n_2	$\alpha=0.025$		$\alpha=0.05$	
		T_1	T_2	T_1	T_2
2	4			3	11
	5			3	13
	6	3	15	4	14
	7	3	17	4	16
	8	3	19	4	18
	9	3	21	4	20
	10	4	22	5	21
3	3			6	15
	4	6	18	7	17
	5	6	21	7	20
	6	7	23	8	22
	7	8	25	9	24
	8	8	28	9	27
	9	9	30	10	29
	10	9	33	11	31
4	4	11	25	12	24
	5	12	28	13	27
	6	12	32	14	30
	7	13	35	15	33
	8	14	38	16	36
	9	15	41	17	39
	10	16	44	18	42
5	5	18	37	19	36
	6	19	41	20	40
	7	20	45	22	43
	8	21	49	23	47
	9	22	53	25	50
	10	24	56	26	54
6	6	26	52	28	50
	7	28	56	30	54
	8	29	61	32	58
	9	31	65	33	63
	10	33	69	35	67
7	7	37	68	39	66
	8	39	73	41	71
	10	43	83	46	80
8	8	49	87	52	84
	9	51	93	54	90
	10	54	98	57	95
9	9	63	108	66	105
	10	66	114	69	111
10	10	79	131	83	127

参考文献

[1] 威廉·费勒. 概率论及其应用(第1卷)[M]. 3版. 胡迪鹤,译. 北京:人民邮电出版社. 2014.

[2] 威廉·费勒. 概率论及其应用(第2卷)[M]. 2版. 郑元禄,译. 北京:人民邮电出版社, 2008.

[3] 王梓坤. 概率论基础及其应用[M]. 北京:科学出版社,1976.

[4] 李贤平. 概率论基础[M]. 2版. 北京:高等教育出版社,2000.

[5] 钱敏平,叶俊. 随机数学[M]. 北京:高等教育出版社,2000.

[6] 盛骤,谢式千,潘承毅. 概率论与数理统计[M]. 5版. 北京:高等教育出版社,2020.

[7] A. 帕普里斯,S. U. 佩莱. 概率、随机变量与随机过程[M]. 保铮,冯大政,水鹏朗,译. 西安:西安交通大学出版社,2012.

[8] 钟开莱. 初等概率论附随机过程[M]. 魏宗舒,译. 北京:人民教育出版社,1979.

[9] 陈希孺. 概率论与数理统计[M]. 北京:中国科学技术大学出版社,2009.

[10] 王松桂,张忠占,程维虎,等. 概率论与数理统计[M]. 4版. 北京:科学出版社,2011.

[11] 茆诗松,程依明,濮晓龙. 概率论与数理统计教程[M]. 3版. 北京:高等教育出版社, 2019.

[12] 宋占杰,胡飞,孙晓晨,等. 应用概率统计[M]. 3版. 北京:科学出版社,2017.

[13] 张家兴. 连续时空随机场的广义熵与信息度量[D]. 天津:天津大学,2024.

[14] ROSS S M. Introduction to probability models[M]. 8版. 北京:人民邮电出版社, 2006.

[15] OLOFSSON P. Probability, statistics and stochastic processes. Hoboken, New Jersey: John Wiley & Sons Inc, 2005.